U0965217

普通高等教育"十二五"规划建设教材

动物保护学

赵兴波　主编

中国农业大学出版社
·北京·

内容简介

动物保护学是一门多领域学科交叉与综合的新兴学科，并伴随人类社会的进步而处于蓬勃发展的态势。本书着重介绍动物保护学的基本概念、基础理论和技术方法，特别是新近发展的重要概念、理论和技术方法的应用，以充分反映动物保护学的发展趋势。

全书共分10章，前4章着重介绍动物保护学的基本概念、基础理论和技术方法，包括动物保护和动物福利的概念、内涵及其意义，动物种群资源保护的基本理论和技术方法，动物行为与动物保健的原理与方法，动物保护立法的历史、现状及国、内外动物保护组织概况。第五章至第十章主要从动物个体保护的层面，分别介绍农场动物、实验动物、野生动物、工作动物、伴侣动物和娱乐动物的生理、行为特点和具体的保护方法。

本书在每章的章首以"学习要点"概括本章的学习提要，提示教学提纲，章末以"小结"总结全章内容要点。每章都附有"复习思考题"和"主要参考文献"供读者参考和查阅。

图书在版编目(CIP)数据

动物保护学/赵兴波主编. —北京：中国农业大学出版社，2011.6(2021.12重印)
ISBN 978-7-5655-0292-7

Ⅰ.①动…　Ⅱ.①赵…　Ⅲ.①动物保护　Ⅳ.①S863

中国版本图书馆CIP数据核字(2011)第089406号

书　名　动物保护学
作　者　赵兴波　主编

策划编辑　张　程　潘晓丽　　**责任编辑**　潘晓丽　赵　欢
封面设计　郑　川　　**责任校对**　王晓凤　陈　莹
出版发行　中国农业大学出版社
社　址　北京市海淀区圆明园西路2号　　**邮政编码**　100193
电　话　发行部 010-62731190，2620　　读者服务部 010-62732336
编辑部 010-62732617，2618　　出　版　部 010-62733440
网　址　http://www.cau.edu.cn/caup　　**e-mail**　cbsszs@cau.edu.cn
经　销　新华书店
印　刷　北京时代华都印刷有限公司
版　次　2011年6月第1版　　2021年12月第2次印刷
规　格　787×980　16开本　20印张　366千字
定　价　46.00元

编写人员名单

主　编　赵兴波

副主编　侯建华　熊建利　朱要宏

编　者　（按章节编写顺序）

赵兴波　中国农业大学
张细权　华南农业大学
熊建利　河南科技大学
侯建华　河北农业大学
高立杰　河北农业大学
朱要宏　中国农业大学
史新娥　西北农林科技大学
杨　玉　山西农业大学
顾宪红　中国农业科学院北京畜牧兽医研究所
郝　月　中国农业科学院北京畜牧兽医研究所
王　曦　大连医科大学
宋成义　扬州大学

前　言

自1822年世界上第一部动物保护法案——《马丁法案》颁布以来，动物保护学已经历了近200年的发展历程。动物保护学具有最为广泛的学科关系，几乎涉及了现今所有的学科门类，因此使得动物保护学成为一门备受国际社会关注的知识体系，并呈现出蓬勃发展的态势。

本教材为高等院校学生“动物保护学”课程的教材。为适应社会发展需求，特别是针对动物保护学新近发展的概念、理论，教材编写小组对编写内容进行了反复的磋商，在参考国内外相关教材的编写特点和写作风格的基础上，本教材涵盖了最近20年来一些新的理论方法，使之具有较为系统的知识结构。本书内容分为两部分，第一部分内容着重介绍动物保护学的基本概念、基础理论和技术方法，包括动物保护和动物福利的概念、内涵及其意义，动物种群资源保护的基本理论和技术方法，动物行为与动物的保健原理与方法，动物保护立法的历史、现状及国内、外动物保护组织概况。第二部分内容主要从动物个体保护的层面分别介绍6类动物(农场动物、实验动物、野生动物、工作动物、伴侣动物和娱乐动物)的生理、行为特点和具体的保护方法。

全书共分10章，中国农业大学赵兴波负责前言、第一章的编写和全书内容的编排、统稿工作；华南农业大学张细权编写了第二章的第一节和第二节，并对全章内容进行了统稿；河南科技大学熊建利编写了第二章的第三节和第六章；河北农业大学侯建华编写了第二章的第四节和第七章(第七章的第三节部分内容由高立杰编写)；中国农业大学朱要宏编写了第三章和第九章(西北农林科技大学史新娥参与了第九章部分内容编写)；山西农业大学杨玉编写了第四章；中国农业科学院北京畜牧兽医研究所顾宪红和郝月编写了第五章；大连医科大学王曦编写了第八章；西北农林科技大学史新娥编写了第十章(扬州大学宋成义参与了部分内容编写)。

在本教材出版之际，特向长期从事我国动物保护事业的前辈致敬！向关注我们教材编写、出版的同行专家、读者以及动物保护组织的同仁们致以诚挚的感谢！

由于编者水平有限，对于本教材中的错误和不足之处，敬请读者批评指正。

赵兴波

2011年3月

目　录

第一章　动物保护的内容与意义

学习要点

掌握动物保护的概念及其内涵，动物保护的对象、主要内容及意义；了解动物保护的发展历史，动物保护的现状与趋势；掌握动物保护的方法，影响动物保护的因素以及动物保护学的学科关系。

动物保护(animal protection)，简单地说就是保护动物，保存动物种群(preservation)和保障个体福利(动物福利，animal welfare)。自 1822 年世界上第一部动物保护法案——《马丁法案》制定至今，动物保护在西方社会已经延续了近 200 年的发展史。在近代工业革命开展较早的欧美国家，“动物保护”几乎是家喻户晓的社会名词，动物保护作为一门科学，已经建立了完整的理论体系、技术标准、评估方法和相应的法律制度。随着我国经济社会的高速发展，社会文明不断提升，“动物保护”这个曾经在中国还稍嫌奢侈的概念，如今已经进入大众和国家政策视野中来。动物保护理念所强调的保护动物种群，已成为我国社会主义和谐社会生态文明建设的重要内容。动物保护理念所强调的保护动物福利，一方面是促进精神文明建设，倡导社会文明的需要；另一方面是我国社会与国际社会接轨的需要(如 WTO 法律框架强调的动物福利)。正如印度伟大的哲学家莫罕达斯·卡拉姆昌德·甘地(Mohandas Karamchand Gandhi，也称圣雄甘地)所说，“判断一个民族的道德水平，往往要看他们如何对待动物。”这里的“对待动物”指的就是动物保护。在一定程度上，动物保护水平反映了一个社会的文明程度和国家形象。

动物保护涉及社会方方面面，同时也是一门多学科不断交叉、融合且备受社会关注和争议的综合学科。随着我国建设社会主义和谐社会的进程，动物保护这一学科在我国即将迎来蓬勃发展的大好时机。

第一节　动物保护的概念

一、动物保护与动物福利

动物保护包括种群保护和个体保护两个层次的含义。按照动物保护国际公认标准，动物被分为农场动物（farm animals）、实验动物（laboratory animals）、伴侣动物（companion animals）、工作动物（working animals）、娱乐动物（animals in entertainment）和野生动物（wild animals）6 类，其中涉及种群保护的动物包括农场动物、实验动物和野生动物，涉及个体保护的动物包括全部的六类动物（图 1-1）。

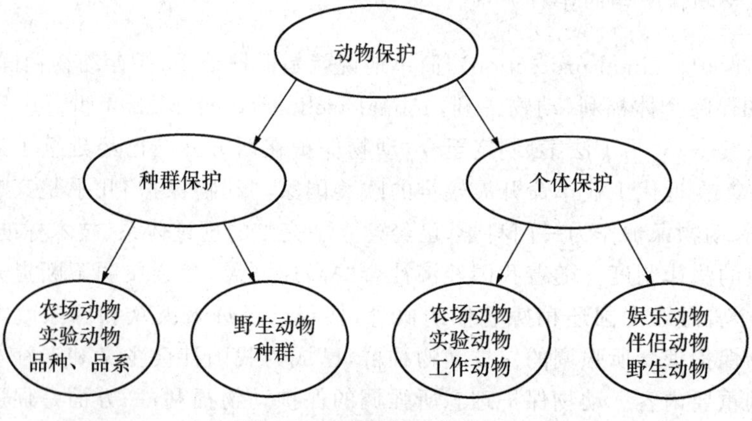

图 1-1　动物保护的含义

以种群为对象的动物保护，包括野生动物种群、实验动物品系、农场动物品种/品系（含地方品种和培育品种）等。种群保护的目的是为了保存种群资源和种群资源多样性，其实质是保护基因资源和基因资源的多样性。种群保护涉及的核心学科包括动物生态学、动物遗传育种学、野生动物保护与管理、实验动物学、水产保护学等，此外，《生物多样性公约》、《保护野生动物迁徙物种公约》等一些国际公约和国内的《野生动物保护法》、《畜牧法》以及动物保护相关条例等是动物种群保护最强有力的法律保障（图 1-2）。

以个体为对象的动物保护，其核心理念是保护动物免受生理和心理伤害，让动物在康乐中生存，在无痛苦中死亡。动物福利概念由 5 个基本要素组成，也称作为 5 项自由或 5 项福利标准。

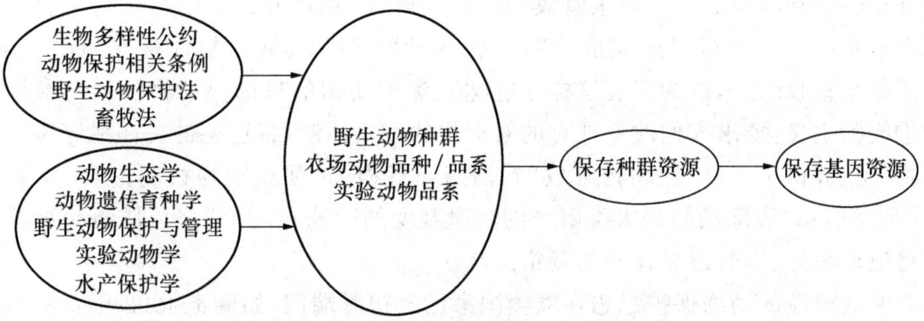

图 1-2　动物种群保护的内涵

生理福利：免受饥渴的自由；

环境福利：免受不适环境的自由；

卫生福利：免受痛苦、伤害和疾病的自由；

行为福利：享有表达天性的自由；

心理福利：免受恐惧和悲伤的自由。

个体保护涉及的核心学科包括实验动物学、畜牧学、兽医学、野生动物保护与管理、水产保护学、动物行为学、生命伦理学等，此外，动物保护组织、动物保护相关的管理条例、社会道德等也是动物个体保护的重要因素（图 1-3）。

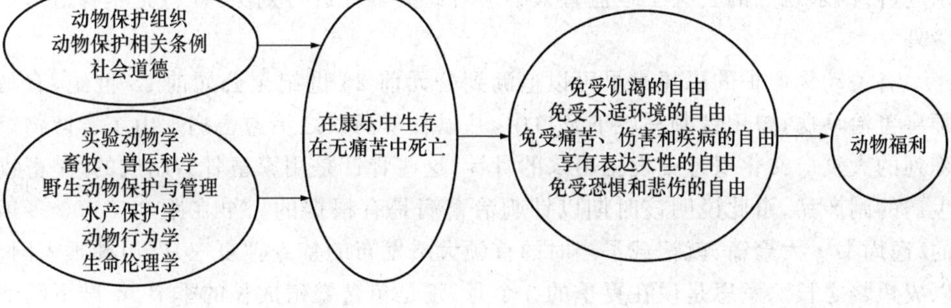

图 1-3　动物个体保护的内涵

“动物福利”与“动物权利”、“动物解放”的概念有着本质的区别。“动物权利”和“动物解放”是动物保护问题上的一种极端的观点。持这种观点的组织和个人认为一切物种均为平等，无论在法律层面或是精神层面，动物应该被当作人同等看待，主张动物享有与人类同等的权利，而不仅仅被当作人类的财产或工具。他们提出“物种歧视”和“动物解放”的概念，并把“物种歧视”与“种族歧视”、“性别歧视”相提并论;把“动物解放”与“奴隶解放”和“妇女解放”相提并论。动物权利论者主张完全禁止用动物进行科学实验,禁用(包括动物毛、皮、绒)、禁食畜产品(肉、蛋、奶),禁止畜牧生产,认为只有这样才能达到保护动物的目的。动物权利论奉行的激进废除主义,要求人们改变现有的对动物的利用体制,将道德的关怀平等地施予动物。从彼得·辛格的“动物解放”到汤姆·睿根的“强式动物权利论”以及G·L·弗兰西恩“废除动物是人类财产的法律制度的动物权利论”都是强调动物具备获得道德关怀、享受道德权利的资格。

一些极端的动物保护思想在欧美国家已经初露端倪,如瑞士1992年立法确认动物为有感知的“生命”(beings),而非“物”(things);德国2002年将动物权利的条款写入《宪法》。由澳洲学者彼得·辛格(Peter Singer)倡导的《泛人猿宣言》,呼吁赋予一个由大猩猩、猩猩以及两个亚种的黑猩猩组成的“平等群落”以3项基本权利:生存权、个体自由权和免受折磨权。这种极端的观点是远远超出动物福利的概念范畴的。

二、动物保护的历史渊源

关于动物保护考源的观点,现在学界大多认为最早记载是在古代希腊,古希腊哲学家柏拉图(Plato,427 BC—347 BC)曾在其《共和国与法律》一书中写道:当动物杀了人,除了国家授权执行者外,被杀者的家族成员和亲戚应对此杀人案进行谋杀起诉;凶杀地点的公共土地监管人必须对此类案件进行判决,并将犯罪者遣送至境外。

有关动物保护的思想最早可以追溯到公元前26世纪至公元前25世纪,有马师皇善治马病,曾用针刺马唇下及口中,并以甘草汤饮之治愈畜病。山东省博物馆陈列的大汶口文化遗址中发掘出来的骨针,这些骨针是用家畜骨磨制成的,是畜牧生产的副产品,由此说明该时期以针刺治畜病是有根据的。早在距今4 000多年的《逸周书·大聚篇》就记载了当时的首领大禹发布的禁令:“夏三月,川泽不入网,以成鱼鳖之长。”意思是说在夏季的3个月,正是鱼鳖繁殖成长的季节,不准下网到河里面去抓捕鱼和鳖。这应该是人类历史上最早保护动物的法令。应该说也是现代意义上的“禁渔期”最早的文字记载。当时的古人就按照动物发育规律去合理保护这些动物,有计划地猎捕。这是我们祖先对动物保护永续利用思想的一种表现。

距今3 000多年,西周王朝的《伐崇令》规定:“毋坏屋、毋填井、毋伐树木、毋动六畜,有不如令者死无赦。”这里的“六畜”就是指最早驯化的牛、马、羊、鸡、犬和豕(猪)。“勿动六畜”就是指不要伤害它们,违反这个禁令就是犯死罪。

反映了夏代情形的《夏小正》中,已有关于牲畜的配种(执陟)、草场分配(颁马)

和公畜去势（攻驹、攻特）的记载。《周礼》记录了管理畜牧生产的专门机构，如“牧人掌牧六牲而阜养其的，以供祭祀之牲栓”，“校人掌王马之政，辨六马（种马、戎马、齐马、田马、道马、驽马）之属”，“圉师掌教圉人养马”，“牛人掌养国之公牛”，“羊人掌羊牲”，以及草人供应舍饲所需的干草，职责分明。又有“兽医下士四人，掌疗兽病，疗兽疡”。在军队中，校人之下设巫马，巫马之下有职兽医管军马的疫病。这些记载，在一定程度上反映了西周畜牧业的发展。

春秋战国时期出现了一大批相畜专家以及《相马经》、《相牛经》等动物选育著作。

秦代的《秦简·厩苑律》规定：牛的死亡率不得超过33%，违反者，官吏要受到相应的处罚。《秦简·田律》还规定：每年二月，不准上山砍林伐木，不准堵塞水道；不到夏季，不得烧草积肥，不准采取发芽植物，捉取幼兽、幼鸟等。禁令至七月才解除。

汉、唐、元、明、清等时期颁布的法律中，也有不少保护动物的规定。比如：唐元宗先天元年，诰禁人屠杀犬、鸡；宋真宗景德三年诏牛、羊司畜有孳乳者放牧勿杀；元世祖至元三年冬严杀牛、马之禁；至元十二年颁布法令：野兔、驼鹿、狍子、瞪羚和其他动物在交配和产犊期间禁止人们去干扰和捕猎它们，违法者受到严惩。禁猎孕子野兽及屠牛、马的规定，使当时的动物数种大幅增加，促进了农牧业的发展。13世纪初始，成吉思汗又制定了《大扎撒法》，该法包含若干与环境保护有关的条款，其中对动物关照的规定非常仔细，譬如，该法律规定，任何人将牛奶或牛奶制品洒在地上，或者往躺在地上的动物身上小便将被处以刑罚。该法还严格规定了哪些动物物种和何时可以捕猎，任何违规将受到惩罚等。可见，元代对动物保护的规定更为具体、仁慈和体恤。

然而，古代中国有关动物保护记载不是严格意义上的动物保护。近代动物保护理念则源于19世纪的英国。

西方最早有关动物的成文法条是1635年爱尔兰议会通过的一项禁止法令，禁止从活羊身上拔羊毛，禁止拽马尾巴驱使马匹进行耕作等。

1641年在美国麻省殖民地，一名叫沃德（Nathanial Ward）的律师曾提出了一个有关动物保护的法案，其中包括“不得对通常使役的动物施加任何暴力或残酷行为”的条文，被认为是西方最早的动物保护条文之一。

特别值得一提的是，著名的生物学家达尔文（Charles Darwin，1809—1882）和他的进化论。1859年，达尔文出版了巨著《物种起源》。在这部著作中，他成功揭示了生物变化和发展规律，科学地解释了不同物种的起源。1871年达尔文又发表了《人类起源》，对人和动物的关系进行了更加明了的阐述，宣称人和低等动物有着共同起源，人是由古猿进化而来。达尔文的这个观点震惊了当时的学术界和宗教界，也从此根本改变了科学对人和动物关系的看法，对神学、哲学、社会学、政治学以及法律都产生了前所未有的影响。达尔文当时十分超前的科学思想和论点对19世纪和20世纪英国和整个西方国家对人与动物的看法产生直接影响，对动物福利立法不能不说也产生了直接和间接的巨大作用。

1822年英国著名人道主义者理查·马丁提出的《禁止虐待动物法案》在英国国会顺利通过，成为世界上第一部真正意义上的动物保护法律，该法案也因此被称为《马丁法案》。

1824年，鉴于英国斗犬、斗牛和斗鸡等虐待动物活动非常盛行，伦敦牧师亚瑟·布容(Arthur Broome，1780—1837)与著名的倡导废除奴隶制的议员威廉·威尔伯福斯(William Wilberforce，1728—1768)共同倡议，成立了“防止虐待动物协会”[也译成“反虐待动物协会”，Society for the Prevention of Cruelty to Animals(SPCA)]，这是世界上最早的动物福利组织。“防止虐待动物协会”的宗旨是实现减缓动物痛苦，推动扩大对动物生命的人道实践。其早期工作的一个成就是促使英国政府立法禁绝了斗牛和斗鸡。1837年，维多利亚女皇继承王位后，继续支持该组织，并允许该协会在其名称上加用“皇家”的字样，从此成为当今遍布世界各地的著名的“皇家防止虐待动物协会”(RSPCA)。在英国维多利亚女皇时代，影响深远的动物保护活动是反对用活体动物进行解剖和实验。这个运动开始是法国科学家用猫和狗做解剖实验展示时不给猫、犬使用麻醉。此做法引起公众的愤怒，导致众人开始抗议这种不人道的行为，并要求政府进行法律干涉。反对活体动物实验运动也是20世纪动物保护运动的先驱。

以此为契机，各国在动物保护领域相继立法。到20世纪二三十年代，欧洲各国这一体系已比较成熟。20世纪60年代后，欧盟、美国、加拿大、澳大利亚等都进行了动物保护的立法，世贸组织的规则中也写入了相关条款。在亚洲，新加坡、马来西亚、泰国、日本等国和我国香港、台湾地区都在20世纪完成了动物保护的立法。到目前为止世界上共有100多个国家和地区出台了有关动物保护的法律。此外，还有1 000多个国际机构和民间动物保护组织在为促进动物福利进行不懈的努力。

三、国际社会动物保护的现状与趋势

自《马丁法案》制定至今，目前世界上已有多达100多个国家和地区制定了动物保护相关法律。各国的动物保护法在具体内容上有着巨大的差异，特别是动物福利标准与各国的经济、文化、观念、传统等有着密切联系。从动物保护的趋势上可以发现,19 世纪动物保护和立法的时代特征和主要内涵是"反残酷",在理论上可以将 19 世纪动物保护立法称为"反残忍法"或者"反残酷法",20 世纪以来的现代动物保护运动和立法中,福利主义是其核心,这一时期的动物保护立法称为"动物福利法"。

我国现代动物保护工作起步较晚,目前已先后制定了《环境保护法》、《海洋环境保护法》、《森林法》、《草原法》、《渔业法》、《野生动物保护法》、《畜牧法》等,《动物保护法》也在酝酿之中。

国际社会动物保护的一个显著特征是国际化趋势,国际化的法律形式和国际化的政府和非政府组织不断涌现。在国际法方面,如国际环保公约由一系列国际公约组成,其中与动物保护相关的有《濒危野生动植物物种国际贸易公约》、《生物多样性公约》、《生物安全议定书》、《卡特赫纳生物安全议定书》,此外还有《国际捕鲸规则公约》、《保护迁徙野生动物物种公约》、《国际重要湿地特别是水禽栖息地公约》、《南极海洋生物资源保护公约》等。

西方社会的动物保护组织对动物保护发挥了重要的推动作用,当今世界的动物保护组织多达 1 000 多个,以下列举了部分著名的国际组织:

国际自然和自然资源保护联盟(International Union for Conservation of Nature and Nature Resources,IUCN)

世界动物卫生组织(Office International Des Epizooties, OIE)

世界农场动物福利协会(Compassion in World Farming,CIWF)

英国防止虐待动物协会(The Royal Society for the Prevention of Cruelty to Animals,RSPCA)

美国善待动物协会(The Humane Society of the United States,HSUS)

世界自然基金会(World Wildlife Fund,WWF)

国际爱护动物基金会(International Fund for Animal Welfare,IFAW)

世界动物保护协会(World Society for the Protection of Animals,WSPA)

国际野生生物保护学会(The Wildlife Conservation Society,WCS)

野生救援组织(Wild Aid)

国际素食协会(International Vegetarian Union,IVU)

生而自由基金会(Born Free Foundation,BFF)

美国反动物实验协会(American Anti-vivisection Society,AAVS)

国际野生动物关怀组织(Care for the Wild International,CWI)

国际保护灵长类动物联合会(International Primate Protection League,IPPL)

国际动物权利协会(International Society for Animal Rights,ISAR)

亚洲动物基金会(Animal Asia Foundation,AAF)

以英国、美国为代表的动物保护先驱国家用自己的历史证明了动物保护的发展性,即使在现代动物保护法诞生的西方国家,从反残酷法到动物福利法也经历了100多年的发展历史,动物保护是社会、经济、大众意识、道德文明共同推进的结果,它是一个历史性的概念,随着社会的进步,动物保护标准还将向高标准发展,法律将赋予人类照顾关爱动物更高的义务和责任。

第二节 动物保护的内容与意义

一、动物保护的内容

1. *农场动物*

农场动物为人类提供衣、食、住、行的产品,与人类关系最为密切。早期动物保护法和当今动物福利中最为关注的对象就是农场动物。因此,动物保护贯穿了农场动物从出生到屠宰的生命全过程,也包括种质资源和基因资源的保护。欧盟是倡导动物福利的先驱,制定有《保护农畜欧洲公约》和《保护屠宰用动物欧洲公约》,对各缔约国有相当大的约束作用。农场动物从出生到被屠宰,都要求本着人道主义让其充分享受应得到的福利待遇。

(1)饲养 农场动物的饲养方式分为集约化和非集约化两种。非集约化方式饲养的动物有足够的空间舒展其自然习性,福利状况一般比集约化方式饲养的动物较高。免受疾病和恶劣气候等的福利是农场动物保护的重要环节。集约化方式饲养的动物长期被集中圈养,必须保证每只动物都有足够的空间进行基本的转身、舔梳、站起、躺下以及伸腿等行为的自由。欧盟宪法已于2006年起禁止对怀孕母猪的束缚,2007年起禁止终生将牛养殖在狭窄的牛栏里,将于2012年起禁止将蛋鸡养在狭窄的鸡笼里和2013年生效的禁止使用狭窄的母猪围栏。

(2)运输

①对运输者的要求。考虑在进行动物运输尤其是长途运输时动物在运输中可能受到的痛苦和不安。在出发前需要考虑的问题包括不用外力时动物能否自己上车;在运输途中动物如果一直站立,它能否承受自己的体重;运输的时间是多少;运输工具是否合适;动物在运输途中是否能得到令人满意的呵护等,以做好适当的应对措施。对运输人员需经过专业培训,在运输途中要对动物进行照料和检查;驾驶员应谨慎保持车辆的平稳,避免急刹车和突然停止,转弯的时候要尽可能地慢。

②对运输工具的要求。运输工具要达到一定的标准,如安装必要的温度、湿度和通风调节设备,地板要平坦但不光滑,车的侧面不能有锋利的边沿和突出部分,不能完全密封,地板的面积要足够大,使动物能舒服地站着或正常地休息,不至于过度拥挤;运输工具要进行消毒,动物的粪便、尿液、尸体和垃圾要及时清除,以保持运输工具的清洁卫生;限制最大装载密度和采用合理的装载方法;运输工具上要有足够的水和饲料。

③运输时间方面。选择恰当的运输时间,高温天气容易造成动物在运输途中的高死亡率,要在凉快的清晨或傍晚甚至在晚上进行运输,尤其是运输猪的时候。最长的运输时间,及其间休息、饮水和饲喂时间的规定,运输时间不应超过 8 小时,超过 8 小时必须将动物卸下活动一段时间等。

④其他要求。活畜运输要经过登记和国家主管部门的认可;运输路线计划要经主管部门批准,禁止运输幼畜等。

(3)屠宰　动物屠宰无疑将给动物造成巨大的痛苦。我国现今采取的动物屠宰方式是在动物完全有知觉的情况下直接将其杀死,有的还是完全当着其同类的面。目前国际提倡的屠宰方法是无痛苦屠宰,即在屠宰前快速将其电昏或击昏,在其失去知觉后为其放血,使动物在不会感受到痛楚的情况下平静地死去。欧盟要求在屠宰时采用危害分析与关键控制点体系来衡量和检测屠宰过程,特别在致昏、放血、噪声、悬挂和电刺 5 个关键控制点进行控制。我国商业部等部门组织实施的“人道屠宰计划”就是借鉴了这一屠宰方法,尽量减少动物屠宰时的痛苦。同时,屠宰厂的结构、设备和工具不会引起动物受刺激、痛苦及伤害,屠宰间应远离动物,实施单独屠宰,屠宰人员的资质要经认定等。

2. 实验动物

实验动物广泛应用于医学、心理学、营养学、农学、畜牧兽医、劳动保护、计划生育与优生、食品卫生,生命科学、国防科学等领域,特别是医学和有关生物学的理论研究、生物药品制造、化学药品的筛选与鉴定等,有力地推动着国民经济建设和高新技术产业的发展。实验动物的保护既有个体福利的保障,也有品系或种群的保护。

国际上对实验动物普遍遵循的 3R 原则:即减少、优化、替代。

减少(reduce):指在保证获取一定数量与精确度的数据信息的前提下,减少动物的使用量。通过使用适合的动物品种、品系和高质量的实验动物,改进实验设计、规范实验动物操作程序等,达到动物使用数量的减少。

优化(refine):指在必须使用动物时,要尽量减少非人道程序的影响范围和程度。从动物人道主义去理解动物的饲养方式、方法,使其符合动物习性。使用动物做实验时，尽量减少动物痛苦，在处死时采用安乐死等。

替代(replace)：原意是指应用无知觉材料的科学方法替代活的有知觉的脊椎动物的方法，其含义是只要是使用非生物材料或无知觉的低等动物（如无脊椎动物）材料来代替使用活的脊椎动物的科学方法都属于替代。其范围包括组织学、胚胎学、细胞学或计算机模拟等方法取代整体动物实验，以低级动物代替高级动物等。

3. 伴侣动物

伴侣动物即宠物，是人与动物之间交流的纽带，欧洲立法会制定的宠物保护协约规定，不许将宠物卖给16岁以下的人，养主必须为宠物提供良好的食宿环境，保证宠物不会迷失，遗弃宠物将被判犯有虐待罪。

伴侣动物管理制度应规范伴侣动物的状况、伴侣动物的照料、伴侣动物的疾病防治与保健、伴侣动物的登记、伴侣动物的居住环境、主人状况及其责任等多方面的内容。

4. 娱乐动物

娱乐动物包括动物园内的动物、马戏团动物以及在影视业中使用的动物等，其目的是为人类表演或观赏。动物园内的动物虽由人饲养，但仍保存一定的自然习性，所以人类应尽量为其提供合适的场所与条件，使其能尽量舒展其自然习性。马戏团动物和在影视业中使用的动物从事各种超出其智力的非自然的危险表演，其福利水平应得到更多的关注：在运输时应尽量使动物舒适，提供足够的空间，定时休息，供应食物和水等，不得强迫动物从事过于与其自然习性不合的行为等；强调表演动物享有拒绝残忍娱乐的自由，即废除残忍的娱乐活动，保障生命安全不受侵犯；强调表演动物享有表演年龄、表演时间限制的自由。

5. 工作动物

工作动物又称役使动物，是指为人类提供服务的动物，包括警犬、牧犬、耕牛、拉车或驮运物品的马、牛等动物。工作动物应享有工作无危险性的保障，特殊的工作动物如警犬在执行危险任务时，应当享有特殊的安全保障措施。此外，工作动物还应享有非超负荷工作的权利，享有每天的工作时间限制，不得利用动物从事残忍的工作，为工作动物建立“退休制度”，即动物达到一定年龄后不再从事任何工作，余生享受良好的福利待遇，即“安享晚年”。

6. 野生动物

野生动物大多独立于人类在野外生活，如无人类对其生活环境及生活的干扰，其生存状态自然能得到保障。然而，目前大部分野生动物已受到人类的影响，野生动物物种在近40年里的灭绝速度已达到自然灭绝速度的100～1 000倍。因此，需要通过法律制度加以保护，通过建立广泛的动物保护区，保护野生动物种群“有家可归”，使其在栖息地区域得到有效保护。不仅保护珍贵、濒危的陆生、水生野生动物和有益的或者有重要经济、科学研究价值的陆生野生动物，也要保护非完全水生，又非完全陆生的两栖类动物和某些昆虫；既要保护动物本身，也要维护动物栖身的环境。

二、动物保护的意义

1. 经济效益

人类猎取、饲养、宰杀动物的主要驱动力是经济利益。在保护动物和经营得法的情况下，动物产业同样可以带来巨大的经济收益，既可以实现社会的认可，同时获得高品质的动物产品。如福利状态较好的散养鸡，肉和蛋经济效益远远好于笼养鸡的生产效益。

提高动物保护标准也是我国攻克动物福利贸易壁垒、适应出口贸易与经济发展的需要。20 世纪 90 年代后，动物福利成为一项新的贸易壁垒。中国是动物制品出口大国，但动物产业却缺乏基本的动物福利法律保障，导致近年来中国动物产品贸易频繁遭受绿色壁垒而造成严重的经济损失。

2. 社会效益

动物保护的社会效益远远大于经济效益。

倡导动物保护有利于提高社会的文明程度和国家形象。我国虽然保护动物历史悠久，但是由于立法落后，许多虐待动物的行为无法得到约束。近几年来“硫酸泼熊”、“高跟鞋虐猫”、“生吃猴脑”、“生烤鹅掌”、“生呛醉虾”等虐待动物行为频繁曝光，引发社会公愤，严重影响了社会文明风尚的形成，也影响了国家的国际形象。

动物保护有利于保障国家食品和公共卫生安全。动物保护不仅与动物康乐有关，也直接影响到人类的健康与福利。由于我国法制不够健全，以不当方式对待动物的行为往往屡禁不止，直接导致了“三聚氰胺”、“瘦肉精”、“注水肉”等一系列动物产品质量安全事件的发生，直接导致了严重的“餐桌污染”。同时，近年来连续暴发的“非典”、猪链球菌疫情、口蹄疫、禽流感疫情等都与动物保护状况不良直接相关。由于很多疾病是人畜共患病，改善动物的生存环境，提高动物健康水平，也就是保障人类自身的健康。

动物保护还是科学研究成果认可的通行证。除了农业，科学界也已经感受到这方面的压力。对于涉及动物实验的科研论文，国际刊物往往要求出示由“动物伦理委员会”提供的证明，证明该研究符合动物福利的伦理准则。我国各大科研机构为了应对因为我国没有动物福利立法而带给科研的压力，几乎都设立了动物伦理委员会,定期审查该机构的实验动物福利情况。

爱护动物是文明社会的标志。对动物具有爱心的人,也往往是具有社会责任感的人,提倡动物保护对儿童尤为重要,从小受到心灵的陶冶有助于他们树立人与自然和谐相处的信念,正确认识人类在自然界的地位和责任。

3. 生态效益

动物保护的一个重要内容就是保护动物种群,保护生物多样性。动物是环境的组成部分,也是人类生产、生活的重要资源,保护动物反映出对自然和环境的态度。

生物多样性是一个包括物种、基因和生态系统的概括性术语。生物多样性保护要求人们维护和恢复物种内部、物种之间以及生态系统的多样性平衡。物种灭绝本来是自然演化进程的一部分,但是由于人类的贪婪,索取大大超过了生物资源的再生能力,导致物种灭绝的速度大大加快。这不仅仅是一种生态破坏,而且对社会、经济的发展也有着不可估量的浪费。经过自然选择而存在的生物物种、基因和生态系统的多样性,是自然赋予人类最宝贵的资源和财富。世界经济有 40%直接依赖于生物资源,而且生物资源越丰富,重大科学发现和开发利用的潜力就越大,人类才能拥有战胜诸如气候变化等自然灾害的信心和实力。

第三节 关于动物保护学

一、动物保护学的内容

动物保护学是一门多学科交叉和综合,并伴随着科技、文化、社会的发展不断推陈出新的最富有活力的新兴学科,因而备受社会关注。动物保护学所涉及的保护对象包括农场动物、实验动物、伴侣动物、工作动物、娱乐动物和野生动物。动物保护学主要是探讨人们对待动物的态度以及研究如何防止动物濒危或灭绝、避免或减轻动物因患病、损伤、实验等原因所致的痛苦以及相关福利的一门科学,它既有自然科学的内容,又涉及社会科学领域。

动物保护学大体包括两方面内容,第一是对种群资源或生物多样性的保护,主要是以物种资源或种群为对象的概念、理论和实际应用为内容,包括野生动物种群、农场动物品种/品系、实验动物品系的保存、培育和合理利用;第二是动物个体福利的保护,主要是以动物个体为对象的概念、理论和实际应用为内容,包括所有的动物,即农场动物、实验动物、伴侣动物、工作动物、娱乐动物和野生动物。此外,动物保护学通常将动物保健、动物行为、动物保护立法等专业性较强且与动物保护理论密切的相关知识纳入教学内容,以形成完整、通俗、独立的知识体系。

二、动物保护学的学科关系

动物保护学是一门近年来发展迅速并且在众多学科领域里应用越来越广泛、影响越来越深远的一门学科。从学科角度来讲,动物保护学涵盖面非常广。参照中华人民共和国学科分类与代码国家标准(GB/T 13745—92),在5个大的学科门类里(自然科学、农业科学、医药科学、工程与技术科学、人文与社会科学),动物保护学几乎都直接或间接有所涉及;在58个一级学科中,动物保护学涉及了25个学科(图1-4)。

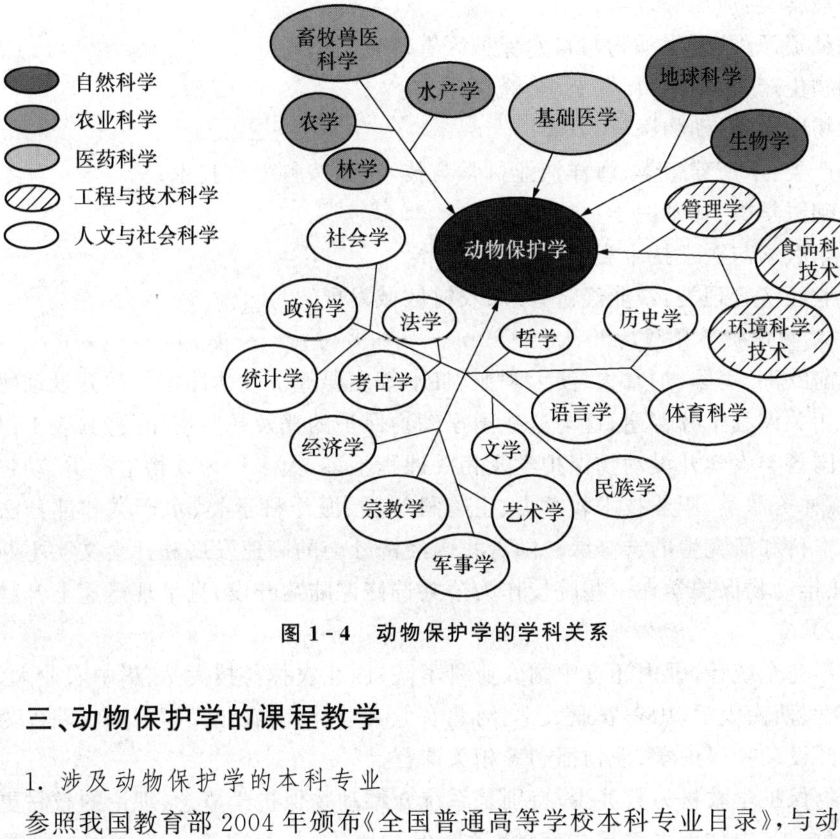

图1-4　动物保护学的学科关系

三、动物保护学的课程教学

1. 涉及动物保护学的本科专业

参照我国教育部2004年颁布《全国普通高等学校本科专业目录》,与动物保护学相关的专业包括以下17类33个专业。

哲学类:伦理学;

经济学类:环境资源与发展经济学、海洋经济学;

法学类:法学、人类学;

公安学类:警犬技术;

职业技术教育类:特用动物教育、畜禽生产教育、水产养殖教育、应用生物教育;

历史学类:考古学;

生物科学类:生物科学、生物科学与生物技术、动植物检疫、动物生物技术、生物资源科学;

海洋科学类:海洋生物资源与环境;

环境科学类:环境科学、生态学、资源环境科学;

心理学类:应用心理学;

森林资源类:野生动物与自然保护区管理;

动物生产类:动物科学、蚕学、蜂学;

动物医学类:动物医学;

水产类:水产养殖学、海洋渔业科学与技术、水族科学与技术;

基础医学类:基础医学;

临床医学与医学技术类:临床医学;

农业经济管理类:农业经济管理、农村区域发展。

2. 动物保护学课程的开设

目前欧洲、美国、加拿大、澳大利亚、日本等主要经济发达国家大学开设动物保护学及相关课程十分普遍,这与这些国家动物保护的普及是紧密相关的(表 1 - 1)。

我国各类大学开设动物保护学及相关课程不多,大多作为动物生产类、动物医学类、森林资源类、职业技术教育类、生物科学类、海洋科学类、水产类和部分法学专业的本科和研究生的选修课。随着我国经济社会的高速发展和社会文明不断进步,近几年动物保护学在一些院校作为公共选修课陆续开设,且呈现迅速上升趋势(表 1 - 2)。

据不完全统计,国内还有中国农业科学院、西北农林科技大学、华中农业大学、浙江大学、西南大学、山东农业大学、河北农业大学、河南农业大学等涉农院校为硕士学生开设动物保护学、动物福利等相关课程。

动物保护学教材为数甚少,特别是系统介绍动物保护学概念、理论的教材更是凤毛麟角。其中陆承平教授主编的《动物保护概论》是我国第一部动物保护学教材,作为新世纪的大学生,特别是动物保护相关专业的大学生掌握基本的动物保护知识显然是十分必要的。

表 1-1 国外部分大学开设动物保护学相关课程及内容概况

开设院校	国别	课程名称	课程主要内容	参考资料编号
剑桥大学	英国	动物福利 - Seminars	动物福利研讨	[1]
爱丁堡大学	英国	应用动物行为学与动物福利	动物行为学的研究方法、应用和动物福利实践	[2]
布里斯托大学	英国	动物行为学与动物福利	动物行为学和动物福利基本概念、研究方法和相关伦理学准则，评估动物福利的科学方法	[3]
格里菲斯大学	澳大利亚	动物保护法	动物保护和动物福利相关法令立法	[4]
墨尔本大学	澳大利亚	动物福利学	动物福利学理念和动物福利领域的研究方法	[5]
昆士兰大学	澳大利亚	动物福利与动物行为学及动物实验操作	综合探讨动物行为学和动物福利科学，为伴侣动物、农场动物、娱乐动物和野生动物操作、管理和保护提供基本准则	[6]
哈佛大学	美国	动物保护法	动物保护和动物福利相关法令立法	[7]
哥伦比亚大学	美国	动物保护与利用	动物利用过程中的道德准则、利用原则和动物福利	[8]
康奈尔大学	美国	动物保护与利用导论	介绍在动物资源利用的过程中如何保护动物和确保动物福利	[9]
密歇根州立大学	美国	动物福利评测	介绍动物福利科学的基本准则，并将这些准则用于测评动物福利水平	[10]
普度大学	美国	动物福利科学前沿	报告动物福利科学领域的前沿研究	[11]
		动物福利	农场动物福利及在农场动物生产中涉及的农场动物利用与福利的矛盾	
不列颠哥伦比亚大学	加拿大	动物福利研究专题报告	报告动物福利研究的相关进展	[12]
		动物福利和动物利用中的哲学问题	介绍推动动物福利运动发展的科学进展，动物利用中的哲学问题，以及与动物福利相关的社会经济法律知识	

续表 1-1

开设院校	国别	课程名称	课程主要内容	参考资料编号
圭尔夫大学	加拿大	动物福利测评	动物福利科学基本准则，并将这些准则用于测评动物福利水平	[13]
马尼托巴大学	加拿大	动物使用者培训	培训科研、实验、观赏、伴侣动物等的使用者如何正确对待动物，以确保动物福利	[14]
罗理尔大学	加拿大	动物福利与动物权利的政治和哲学基础	维护动物权利运动的主旨思想发展和维护动物权利运动的发展过程，讨论实验动物，集约化农场动物，被猎野生动物的动物福利	[15]
东北大学	日本	农场动物生产系统中的动物福利和环境问题	动物福利概念；欧盟和日本农场动物福利；OIE 动物福利措施；动物福利和动物生产；动物福利评估体系；良性动物福利系统的建立	[16]

参考资料：

[1]http://www. vet. cam. ac. uk/talks/cawaz. html.

[2]http://awic. nal. usda. gov/nal_display/index. php? info_center＝3&tax_level＝3&tax_subject＝182&topic_id＝1118&leve13_id＝6735.

[3]http://www. vetschool. bris. ac. uk/courses/msc/modules/modwelfare. html.

[4]http://www. griffith. edu. au/law/socio-legal-research-centre/research/risk-regulation-rule-law-research-program/recently-completed-projects/companion-animal-roundtable.

[5]http://www. landfood. unimelb. edu. au/courses/postgrad/mr_animal. html.

[6]http://www. hotcourses. com. au/australia/course/associate-degree-in-applied-science-animal-welfare-and-inspection-university-of-queensland/97738/882/coursedetail. html.

[7]http://www. hms. harvard. edu/orsp/animal_general. html.

[8]http://www. cumc. columbia. edu/dept/iacuc/.

[9]http://www. iacuc. cornell. edu/training/.

[10]https://www. msu. edu/～zanella/ans890. html.

[11]http://www. ag. purdue. edu/ansc/pages/CourseListings. aspx.

[12]http://www. landfood. ubc. ca/animalwelfare/education/undergrad. htm.

[13]http://www. aps. uoguelph. ca/? action＝grad_programs_welfare.

[14]http://www. umanitoba. ca/research/ors/ethics/animalcare_education_training. html.

[15]http://soundeffects. wlu. ca/archives/calendars/undergraduate/2003－2004/po338. htm.

[16]http://www. agri. tohoku. ac. jp/animal-welfare/Top. html.

表 1-2 国内部分高校开设动物保护学相关课程及内容概况

开设院校	开设学院/专业	课程名称	课程性质	课程主要内容	参考资料编号
中国农业大学	动物科技学院	动物保护概论	公共选修	动物种群保护与动物福利，农场动物、实验动物、伴侣动物、工作动物、娱乐动物和野生动物的保护及课堂讨论	[1]
上海交通大学	农学与生物学院	动物行为与保护学	公共选修	行为研究的现状和研究方法、行为遗传和行为生理、动物的觅食行为和繁殖行为、动物的时空行为、动物的社会行为和通讯行为、动物福利、宠物的保护、野生动物的保护、人类娱乐活动与动物保护等	[2]
广西大学	动物科技学院	动物保护概论	公共选修	动物保护与动物福利的内容及意义，动物试验、人类娱乐活动与动物保护，动物保护立法，集约化养殖动物及家庭动物的福利，实验动物、水生动物、经济动物、动物园动物与野生动物的保护	[3]
西北政法大学	法学专业	环境与动物福利法	本科专业选修课	对野生动物保护法和驯养动物保护法进行全面系统的介绍，不仅介绍西方动物保护立法与实践，还系统地介绍了中国动物保护现状和动物保护立法及实践	[4]
	环境资源与环境保护法专业	动物福利法学	研究生选修课	从历史的角度出发，介绍古今中外动物保护法思想的产生、发展及历史演变，系统地介绍西方国家动物(主要是驯养动物)福利立法与实践，进而引出在我国进行驯养动物福利立法的必要性以及立法实践进程中面临的障碍和具体法律制度构建的问题	
南京农业大学	动物医学院	动物保护概论	公共选修	论述了动物保护的内容和意义、动物的痛苦、动物的保健、动物福利、动物异常行为、动物试验、人类娱乐活动等和动物保护关系，同时还分别论述了家禽家畜、实验动物、家庭宠物、水生动物、经济动物、野生动物等保护措施和手段，还介绍了我国动物保护相关的法律法规	[5]
	动物科技学院	动物福利	公共选修	介绍动物福利科学、伦理学、动物福利与运用、动物与社会	[6]

续表 1-2

开设院校	开设学院/专业	课程名称	课程性质	课程主要内容	参考资料编号
东北农业大学	动物科技学院	动物福利学	博士课	介绍动物福利的产生背景、动物福利的基本概念、动物福利与相关学科的关系、动物福利的评价方法与原理，动物生产中存在的一些福利问题以及动物立法的相关问题	[7]
		动物福利专题	硕士课	介绍动物福利的产生背景、动物福利的基本概念、动物福利与相关学科的关系、动物福利的评价方法与原理，以及现代动物生产中存在哪些福利问题	
宁夏大学	生命科学学院	中国濒危动物现状	公共选修	介绍中国濒危动物的分类地位、种群分布、数量现状和趋势、濒危等级、致危因素及现有的保护措施等，采用多媒体教学，图文并茂，旨在为大家提供物种濒危的信息，促进全社会对濒危物种保护的关注	[8]
国立嘉义大学	动物科学专业	动物福利	本科课	动物伦理；动物福利；肉猪生产与动物福利；肉鸡生产与动物福利；蛋鸡生产与动物福利；动物实验的评估；实验动物的管理；流浪犬的问题及控制管理	[9]

参考资料：

[1]www. cau. edu. cn.

[2]http://cc. njau. edu. cn/Able. Acc2. Web/Page_CourseDetailTeacher. aspx? ID=13 557.

[3]http://www. gxu. edu. cn/040310/jxjw. htm.

[4]http://law. nwupl. cn/Article/.

[5]http://cc. njau. edu. cn/Able. Acc2. Web/Page_CourseDetailTeacher. aspx? ID=13 557.

[6]http://cc. njau. edu. cn/Able. Acc2. Web/Page_CourseDetail. aspx? ID=16 832.

[7]http://202. 118. 167. 67/homepage/index. do.

[8]http://jwc. nxu. edu. cn/menu/xkcx/rxk/jsjj4. htm.

[9]http://www. ncyu. edu. tw/ans/content. aspx? site_content_sn=2 243.

3. 动物保护学的教学实践

动物保护学的课程教学以传播动物保护理念、教授动物保护理论为教学目标，将“坚持以人为本，贴近实际、贴近生活、贴近学生，提高课程的科普性、实效性和趣味性”作为教学目标。

鉴于动物保护学课程的综合性和社会性，其教学风格应采取灵活多样的授课形式。

(1)拼盘授课 由于该课程的内容涉及面广，又具有广泛的社会性，所以仅仅在课堂上知识的灌输及要点的讲解不能完全适应该课程的教学，无法激发学生对课程的兴趣。因此，主动参与课程的学习就显得十分重要。本课程的一个很大的特点就是内容广泛，涉及的领域较繁杂，这是交叉学科的一个普遍特点，也是本课程教学的难点。即使教师在上课前进行了认真的备课，尽可能地考虑到了学生可能提出的问题并进行了准备，但毕竟“隔行如隔山”，主讲教师在讲授自己不熟悉的学科领域的知识时，即使可以完成教学任务，也难以出彩。拼盘式的教学方式保证了授课教师的“专业性”，如请动物医学专业的老师讲授动物保健和福利措施，请在从事动物保护相关法律法规教学的老师讲授动物保护立法，请动物遗传育种专业的老师讲授动物种质资源的保护，请马业协会的老师讲授竞技马的保护等。这种拼盘式的教学方式由主讲教师的讲授保持整个课程内容的连贯性。

(2)开放课堂 在涉及某个具体领域较多的时候，邀请该领域的专家直接进入课堂“解惑”。5年来我们邀请了多位不同研究方向的专家给学生作专题报告，这种请专家们直接面对学生作报告的形式，极大地拓展了学生们的视野，让学生们接触到最新、最现实的观念与理论。我们曾经邀请的专家包括：

英国 Mallam Dendo 咨询公司 Roger Blench 博士：人类的迁徙及其与家畜的驯化——来自亚洲和非洲的例证；

中国社会科学院考古研究所袁靖博士：中国的动物考古学研究进展；

英国加的夫大学生物多样性及生态过程研究室主任 Mike Bruford 博士：From Wool to Genes：Domestication and diversity in fleece-bearing livestock；

著名美籍华人刘国烈/Lit Ng：狩猎与野生动物保护；

国际野生生物保护学会中国项目主任解焱博士：国际野生动物救援；

世界动物保护协会“中国人道屠宰项目”李琦：“人道屠宰”与动物福利；

中国农业科学院北京畜牧兽医研究所顾宪红博士：农场动物福利与健康养殖。

(3)互动教学 美国现代著名的实用主义教育家杜威提倡“从做中学”。对于动物保护学课程，“做”涉及获取信息、理论教学与社会问题的协调统一以及教学实践。所有的理论学习都是为实践打基础的，所以要通过“做”来引发学生的注意和思考，进而从中获得知识，提升素养和能力。学生参与是动物保护学课程最重要的特色。对于这种信息量大、内容繁多的学科，让学生参与相关知识的讨论更有利于对问题的深层次探究。动物保护学课程1/3的学时交由同学们参与讨论，在教学过程中让同学们自由分组，选择公众关注的动物保护相关问题，每小组内对组员的工作任务进行分配，采取分工合作的方式共同完成，进行资料收集、整理、分析，最后讲解、讨论，完成课程论文。

(4)实践教学　实践教学的核心就是培养学生“以能力为本”。要做到这一点，必须改革传统的封闭式教学方式，采用灵活开放的教学方式。课堂不应该只有一个，根据教学内容可以建立多个相应的课堂。我们把动物保护学课程教学内容分为三大部分：基础理论传授、实地参观实习和课堂讨论，分别采用不同的教学方式。

通过参观实习活动，既提高了学生的积极性、主动性，又为后续的“课堂讨论”做铺垫。根据欧洲动物福利组织的调查显示，在从未去过农场的人群中，约35%的人在购物时会考虑到动物福利的因素，约49%的人愿意为动物福利付更多的钱，而在曾去过1～3次农场的人群中，比例分别上升至约49%和62%，在去过3次以上农场的人群中比例几乎不再上升。可见，近距离接触人类驯养的动物，对形成动物福利的观念和思想是有非常重要的意义的，而且这种体验对人观念的影响，在少数几次实地参观的经历中就能形成。因此，每年的课程安排2次实地参观实习，对于学生加深对课程内容的理解，是单纯的课堂教学所无法比拟的作用。在过去几年中，我们组织选课同学到动物园、野生动物世界、有机牧场、兽医院、实验动物中心、小动物救护中心等单位参观，并邀请当地管理人员或饲养员介绍动物的习性及饲养、救护、防疫等的相关知识。授课教师根据自己了解的情况，实地讲解我国动物保护的现状，分析我国福利概念推广中遇到的问题和困难。通过参观实习，很多学生反映对动物保护的概念、意义及今后应该为之努力的方向有了更直观更深刻的体会。

动物保护学课程中理论传授固然重要，多种多样灵活有效的教学手段和方法，更能使学生对概念和理论的理解产生意想不到的有益作用。经过多年教学实践证明，“理论知识讲解＋参观实习＋课堂讨论”的方式，对学生更好地消化吸收课堂上所讲授的内容，吸纳更多动物保护相关的信息，加深对课程内容的理解，有很大收效。同时，启发学生产生更多新奇的观点，对其提高创新能力、表达能力及团结协作的能力都大有裨益。授课过程中同学们根据自身的兴趣和知识结构进行选题和发挥，真正做到了因材施教，让不同年级不同专业的学生都能得到提高，这些收获都是单纯课堂讲授方式所无法给予的。

小　　结

动物保护学是一门多学科交叉和综合的学科，涉及自然科学、社会科学等广泛的学科内容，因而备受社会关注。动物保护涉及的对象包括农场动物、实验动物、伴侣动物、工作动物、娱乐动物和野生动物。动物保护学主要是探讨人们对待动物的态度以及研究如何防止动物濒危或灭绝、避免或减轻动物因患病、损伤、实验等原因所致的痛苦以及相关福利的一门科学。动物保护学大体包括两方面内容，第一是对种群资源或生物多样性的保护，主要以物种资源或种群为对象的概念、理论和实际应用为内容，包括野生动物种群、农场动物品种/品系、实验动物品系的保存、培育和合理利用；第二是动物个体福利的保护，主要是以动物个体为对象的概念、理论和实际应用为内容，包括所有的动物，即农场动物、实验动物、伴侣动物、工作动物、娱乐动物和野生动物。动物福利概念由 5 个基本要素组成，也称作为 5 项自由或 5 项福利标准。动物保护有其独特的历史发展历程，是人类社会文明和进步的标志，具有广泛的社会现实性和深远的发展趋势。动物保护具有广泛而深远的经济、社会和生态效益。在高等院校开设动物保护学呈现迅速上升趋势，体现了动物保护学科蓬勃发展的活力和生机。

复习思考题

1. 简述动物保护的概念及其内涵。
2. 动物福利的基本要求是什么？
3. 简述动物保护学的主要历史发展历程。
5. 动物保护的主要内容是什么？
6. 动物保护的意义是什么？

主要参考文献

1. Luigi Faucitano and Allan L. Schaefer, Welfare of Pigs-From birth to slaughter. Wageningen Academic Publishers. first edition, 2008.
2. The State of the Animals Ⅰ：2001. Salem，D. J.，and A. N. Rowan，eds. Washington，D. C.：Humane Society Press, 2001.
3. The State of the Animals Ⅱ：2003. Salem，D. J.，and A. N. Rowan，eds. Washington，D. C.：Humane Society Press，2003.
4. The State of the Animals Ⅲ：2005. Salem，D. J.，and A. N. Rowan，eds. Washington，D. C.：Humane Society Press, 2005.
5. The State of the Animals Ⅳ：2007. Salem，D. J.，and A. N. Rowan，eds. Washington，D. C.：Humane Society Press, 2007.
6. Broom D M. Animal welfare：concepts and measurement. J Anim Sci. 1991, 69 (10)：4167 - 4175.

7. 柴同杰. 动物保护及福利. 北京：中国农业出版社，2008.
8. 陆承平. 动物保护概论. 2 版. 北京：高等教育出版社，2004.
9. 弗兰西恩. 动物权利导论. 张守东，刘耳，译. 北京：中国政法大学出版社，2005.
10. 彼得·辛格. 动物解放. 孟祥森，钱永祥，译，北京：光明日报出版社，1999.
11. 孙江，何力，黄政. 动物保护法概论. 北京：法律出版社，2009.
12. (美国)彼得·辛格. 动物解放：生命伦理学的世界经典素食主义的宣言. 祖述宪，译. 青岛：青岛出版社，2004.
13. 赵兴波. 科学饲养建立人与自然和谐共处新环境：专家倡议成立"动物保护与动物福利学会"，科技日报，2007 年 5 月 10 日.
14. 赵兴波. 人类利益需要提高动物福利. 农民日报，2008 年 4 月 7 日第三版.
15. 赵兴波，刘玉方，郦汉杰. 论高等农业院校《动物保护学》课程的开设. 见：林家栋主编. 教育教学改革实践与探索. 第 3 集. 北京：中国农业大学出版社，2006：14－17.
16. 赵兴波. 论北京市发展社区教育：让高等教育走进社区，首都高等教育研究，2006：48－50.
17. 赵兴波，初蔚琳，韩国才，董冰. "动物保护学"课程的课堂教学探讨. 见：林家栋主编. 教育教学改革实践与探索. 第 5 集. 北京：中国农业大学出版社，2007：75－78.
18. 赵兴波，范启鹏. 动物保护概论课程的实践教学. 见：林家栋主编. 教育教学改革实践与探索. 第 5 集. 北京：中国农业大学出版社，2009：211－214.
19. 白云华，杨国辉，赵兴波. 改善禽舍环境对提高肉鸡生产性能的影响，中国牧业通讯，2008：43－44.
20. 刘宁. 20 世纪动物保护立法趋势及其借鉴. 河北大学学报(哲学社会科学版)，2010，35(2)：70－74.
21. 孙江. 动物保护立法历史溯源——兼谈动物立法与构建和谐社会的理性意义. 新远见，2008，2：116－120.
22. 莽萍. 动物福利法溯源. 河南社会科学，2004，12(6)：25－28，51.
23. 高腾云. 在中国大学开设动物福利课程. 中国家禽，2008，30(8)：10－12.
24. http://www.ifaw.org.
25. http://www.wspa-international.org.
26. http://wcs.org.
27. http://www.wildaid.com.

28. http://www. ivu. org.
29. http://www. bornfree. org. uk.
30. http://aavs. org.
31. http://www. careforthewild. org.
32. http://www. animalsasia. org. hk.
33. http://www. wwfchina. org.

第二章 动物种群资源的保护

学习要点

掌握动物种群资源保护的基本原理与方法;了解农场动物种群资源的现状,掌握其保护的理论;了解实验动物的种群特征和保护方法;了解野生动物与人类的关系,野生动物的分类和保护方法。

第一节 动物种群资源保护的基本原理

一、动物种群资源概况

1. 生物多样性与物种多样性

生物多样性(biological diversity,简称 biodiversity)简单地说,是生命有机体及其借以存在的生态复合体的多样性和变异性,确切地说,生物多样性是所有生物种类、种内遗传变异和它们的生存环境的总称,包括所有不同种类的动物、植物和微生物,以及它们所拥有的基因,它们与生存环境所组成的生态系统。生物多样性包含遗传多样性、物种多样性和生态系统多样性 3 个层次。

遗传多样性是所有遗传信息的总和,蕴藏在动植物和微生物个体的基因里。物种多样性是指生命有机体的复杂多样化,全世界有 500 万～5 000 万个物种,但科学描述的仅有 140 万种。生态系统多样性是指生物圈内栖息地生物群落和生态学过程的多样化以及生态系统内栖息地差异和生态学过程变化的多样性。

物种多样性是生物多样性的简单度量,它只计算给定地区的不同物种数量。物种的丰富程度跟纬度呈明显的反比关系。即使考虑高纬度地区地表面积减少等因素的修正,离赤道越远,物种就越稀少。物种多样性的其他度量包括种群的稀有程度,以及他们具备的进化稀有特征的数量。物种多样性是指动物、植物和微生物种类的丰富性,它们是人类生存和发展的基础。

遗传多样性是物种多样性的基础。物种多样性是生物多样性的中心,是生物多样性最主要的结构和功能单位,是指地球上动物、植物、微生物等生物种类的丰富程度。物种多样性包括两个方面:一方面是指一定区域内物种的丰富程度,可称为区域物种多样性;另一方面是指生态学方面的物种分布的均匀程度,可称为生态多样性或群落多样性。物种多样性是衡量一定地区生物资源丰富程度的一个客观指标,是根据一定空间范围物种的遗传多样性可以表现在多个层次上数量和分布特征来衡量的。一般来说,一个种的种群越大,其遗传多样性就越大。但是,一些种的种群增加可能导致其他一些种的减少,从而导致一定区域内物种多样性减少。

2. 遗传多样性

遗传多样性是生物多样性的重要组成部分。广义地讲,遗传多样性就是生物所携带遗传信息的总和;狭义上讲,则指种内不同群体和个体间的遗传多态性的程度,或称遗传变异。遗传多样性是物种进化的本质,也是人类社会生存和发展的物质基础。遗传变异是生物体内遗传物质发生变化而造成的一种可以遗传给后代的变异,正是这种变异导致生物在不同水平上体现出的遗传多样性,包括群体水平、个体水平组织和细胞水平以及分子水平。

(1)遗传多样性的起源　遗传多样性的根本来源可以归因于这种偶尔发生的错误即遗传物质改变的突变(mutation),遗传重组也是遗传多样性产生的重要原因。突变可以分为两大类,即引起染色体数目和结构的改变(染色体畸变)和引起基因位点内部核苷酸的改变(基因突变),近年来基因组的研究表明,基因组上还存在大量的序列变异。

①染色体畸变。由于染色体是遗传物质的载体,是基因的携带者,所以染色体数目和结构的改变会引起遗传信息的改变。各种生物的染色体数目都是相对恒定的,都含有一套以上的基本的染色体组(genome)。构成染色体组的若干个染色体在形态和功能上各有区别,但又互相协调共同控制生物的生长和发育。然而染色体数目的恒定是相对的,在不同的物种甚至种内都会出现染色体数目的变异。当以染色体组含有的染色体数目为基准,可将染色体数目变异简单地分为下列两类整倍性变异:染色体数目的变化以染色体组为单位而增减,通常将超过两个染色体组的称为多倍体;非整倍性变异是细胞核内染色体数目不是染色体组的完整倍数而是在二倍体染色体数目的基础上增减个别几条染色体,包括单体缺体等不同情况。

染色体结构的改变往往起因于染色体或染色单体的断裂。根据这种断裂的数目和位置,断裂端是否连接以及连接的方式,可有各种染色体结构变异类型。主要有下列 4 种:缺失(deletion),是染色体丢失了片段;重复(duplication),是染色体增加了片段;倒位(inversion),是染色体某一片段作 180°的颠倒;易位(translocation),是非同源染色体间相互交换染色体片段。染色体畸变是遗传变异的重要来源,这已被对大量经典材料的研究所证实。如对果蝇属(*Drosophila*)和芍药属(*Paeonia*)等的研究,许多物种尤其是存在大量杂交多倍化单性生殖和营养繁殖的植物类群,染色体畸变十分常见。

②基因突变。基因突变在生物界很普遍。如大肠杆菌对链霉素的抗性、黑腹果蝇的白眼性状、小鼠的棕色毛皮、玉米的紫色种子、水稻的矮生型、人类的视网膜瘤和血友病,等等。根据突变的分子基础可将基因突变分为下列两种方式:碱基替换(base substitution),即一个碱基对被另一碱基对代替;移码突变(frameshift mutation),一个或几个碱基对的增加或减少。碱基替换包括一种嘌呤为另一种嘌呤或一种嘧啶为另一种嘧啶所替换的转换(transition)和嘌呤为嘧啶或嘧啶为嘌呤所取代的颠换(transversion)。结构基因核苷酸顺序的碱基替换对该基因所编码多肽中氨基酸顺序的影响不同可以是同义的,可以是错义的,也可以是无义的。同义突变改变了密码子中的碱基对但仍编码相同的氨基酸,如三联体 CAU 和 CAC 均编码组氨酸,当 DNA 中一个碱基对替换使 mRNA 密码子由 CAU 变为 CAC 时,多肽链中的氨基酸顺序不会发生变化。错义突变则是发生碱基对替换后使 mRNA 某一密码子改变从而编码出不同的氨基酸,无义突变则是 mRNA 上的密码子突变后成为 3 种无义密码子 UAG、UAA 或 UGA 之一,使肽链的延长停止,从而产生没有活性的多肽片段。

有证据表明由碱基替换引起的自发突变不到 20%,大部分是长度不等的移码突变。当出现移码突变时,由于遗传密码是以 3 个核苷酸为一组连续排列的,故在缺失或插入核苷酸以后的密码都成为错误密码(除非正好插入或缺失 3 个核苷酸对),都将转译为不正常的氨基酸甚至提前终止,所以移码突变常造成蛋白质的氨基酸顺序发生很大变化。虽然在自然界正常的生物条件和环境中,每个基因位点上的自发突变率很低,但由于一个物种拥有许多个体,每一个体又具有许多基因位点,故新的基因突变能在自然界不断地出现。

③重组。重组即通过有性过程将群体中不同个体具有的变异进行重新组合,形成新的变异。在有性生殖的生物中,由不同合子发育成的个体不可能有相同的基因型,其根本原因就在于重组。细胞减数分裂时,非同源染色体的独立分配和自由组合是一种基本的重组过程。例如某群体中的个体分别在不同位点 A 和 B 上各发生一次突变形成了 AaBB 和 AABb 两类个体,如果这两类个体间发生重组,则能形成 9 种基因型 AABB、AABb、AAbb、AaBB、AaBb、Aabb、aaBB、aaBb 和 aabb,且大多数是新组合出来的基因型重组。产生基因型的数目(g)可表示为

$g=[r(r+1)/2]^n$，即重组基因型与组成该基因型独立基因位点的数目(n)和每个位点上等位基因的数目(r)有关，尤其是每个位点等位基因的数目。引起 DNA 分子间重组的机制可分为下列 3 类：一般重组发生在同源 DNA 分子之间，位点专一重组发生在顺序极少同源的 DNA 分子间，异常重组发生在顺序不同源的 DNA 分子间。

(2)检测遗传多样性的主要方法　检测遗传多样性的方法随生物学尤其是遗传学和分子生物学的发展而不断提高和完善，从形态学水平、细胞学染色体水平、生理生化水平逐渐发展到分子水平。

①形态学水平。从形态学或表型性状上来检测遗传变异是最古老，也是最简便易行的方法。由于表型和基因型之间存在着基因表达调控、个体发育等一系列复杂的中间环节，如何根据表型性状上的差异来反映基因型上的差异就成为用形态学方法检测遗传变异的关键。通常所利用的表型性状主要有两类：一类是符合孟德尔遗传规律的单基因性状，如质量形态性状、稀有突变等；另一类是根据多基因决定的数量性状如大多数形态性状、生活史性状。

②染色体水平。染色体是遗传物质的载体，是基因的携带者。与形态学变异不同，染色体变异畸变必然导致遗传变异的发生，是生物遗传变异的重要来源。染色体水平的检测主要是分析测定染色体组数目的变异与结构变异，染色体组型分析是常用的方法。

③等位酶水平。等位酶是由单座位上等位基因编码的同工酶，是借助于特定的遗传分析方法确定的一种特殊的同工酶。由于等位酶谱带同等位基因之间的明确关系使其成为一种十分有效的遗传标记。

表 2-1 是 Ayala 和 Kiger(1984)对一些主要动植物天然居群遗传多样性研究的总结。这些数据都来自等位酶研究的结果，涉及 125 个动物物种和 69 个植物物种，其中多态位点比例(P)和平均期望杂合度(He)均是衡量遗传多样性水平的指标，前者表示多态基因座(有 2 个以上等位基因的基因座)在总基因座中所占的比例，后者表示在满足遗传平衡条件下每个个体带有杂合座位的比例，或者在每个座位上呈杂合状态的个体的比例。由表 2-1 可见，各类生物中的遗传变异水平都能以数值的形式表示出来。这些数据充分说明生物中遗传变异的数量是很高的。

④DNA 水平。DNA 是遗传信息的载体。遗传信息就是 DNA 的碱基排列顺序，因此直接对 DNA 碱基序列的分析和比较是揭示遗传多样性最理想的方法。DNA 分析技术主要是针对部分 DNA 进行的，从原理上可大致分为两类：一类是直接测序，主要是分析一些特定基因或 DNA 片段的核苷酸序列，度量这些片段 DNA 的变异性；另一类是检测基因组的一批识别位点，从而估测基因组的变异性。

随着各类生物全基因组序列的公布，应用全基因组序列研究 DNA 水平的多样性也开始多起来。

表 2-1 一些主要动、植物天然群体种的遗传变异

生物类群		物种数	每个物种平均检测位点	多态位点比例(P)	期望杂合度(He)
无脊椎动物	果蝇	28	24	0.529	0.150
	黄蜂	6	15	0.243	0.062
	其他昆虫	4	18	0.531	0.015 1
	海洋动物	14	23	0.439	0.012 4
	陆地蜗牛	5	18	0.437	0.150
脊椎动物	鱼类	14	21	0.306	0.078
	两栖类	11	22	0.336	0.082
	爬行类	9	21	0.231	0.047
	鸟类	4	19	0.145	0.042
	哺乳类	30	18	0.206	0.051
植物	自交种	33	14	0.179	0.058
	异交种	36	11	0.511	0.185
平均	无脊椎动物	57	22	0.469	0.134
	脊椎动物	68	24	0.247	0.060
	植物	69	13	0.345	0.121

二、动物种群资源保护的理论基础

1. 动物种群的平衡

(1)基因频率与基因型频率　基因频率是指群体中某一基因占其同一位点全部基因的比率。基因频率是群体遗传组成的基本标志，不同群体的同一基因往往频率不同。基因型频率是指在动物种群中，某一基因型个体数占群体总数的比率。假设某种群的某一性状由一对等位基因 A 和 a 控制，它们组成的基因型有 3 种，即 AA、Aa、aa。设 3 种基因型的总数为 N，AA 的数目为 n_1，Aa 的数目为 n_2，aa 的数目为 n_3，则有 $N=n_1+n_2+n_3$。一般地，分别用 D、H、R 表示 3 种基因型频率，即 $D=n_1/N$，$H=n_2/N$，$R=n_3/N$。由此可知，$D+H+R=1$。在上面的例子中,群体中总的等位基因数为 $2N$,A 基因的频率 $p=(2n_1+n_2)/2N$,a 基因的频率 $q=(n_2+2n_3)/2N$,由此可知,$p+q=1$。基因频率与基因型频率间存在如下关系:

$$p=\frac{2n_1+n_2}{2N}=D+\frac{1}{2}H \tag{2-1}$$

$$q=\frac{2n_3+n_2}{2N}=R+\frac{1}{2}H \tag{2-2}$$

(2)动物种群的平衡　动物种群在足够大、没有迁移并且在随机交配的前提条件下,如果突变与选择处于平衡状态,那么动物种群处于平衡。平衡的动物种群遵循如下规律:在随机交配的大的种群中,若没有其他因素的影响,基因频率一代一代下去始终保持不变;任何一个大的种群,无论其基因频率如何,只要经过一代随机交配,一对常染色体基因型频率就达到平衡状态,如果没有其他因素的影响,以后一代一代随机交配下去,这种平衡状态保持不变;在平衡状态下,基因频率与基因型频率的关系是:$D=p^2$,$H=2pq$,$R=q^2$。这一规律称为 Hardy-Weinberg 定律,也叫 Hardy-Weinberg 平衡。

保护动物种群资源,即是保证动物种群处于平衡状态。

2. 影响动物种群平衡的因素

突变、迁移、选择、遗传漂变和交配方式是影响种群平衡的几个主要因素。

(1)突变(mutation)　即基因的点突变及染色体结构与数目的改变,这是一切新遗传变异的来源。毫无疑问,这些变异为进化提供了材料,是进化机制的一部分,可以改变种群的等位基因频率,打破平衡。突变是可逆的,我们把 A 突变为 a 称为正向突变(forward mutation),a 突变为 A 称为回复突变(reverse mutation)。一般情况下正向突变的频率要大于回复突变的频率。设正向突变的频率(A→a)为 u,回复突变(a→A)的频率为 v。群体中 $f(\mathrm{A})=p$,$f(\mathrm{a})=q$,假设群体很大,无自然选择存在,则在每一代中,A 等位基因以 u 频率突变成 a。实际突变数取决于 u 和 A 等位基因的频率 p。即 up 或 $u(1-q)$。例如设一个种群含 100 000 个等位基因,若 $u=10^{-4}$,即每 10 000 个 A 等位基因就有一个突变为 a。当 $p=1.00$ 时,种群中所有等位基因(100 000)全部为 A,则将有 $10^{-4}\times 100\,000=10$ 个 A 突变为 a,但如果 $p=0.10$,则仅有 $10^{-4}\times 10\,000=1$ 个 A 基因突变为 a。A 基因的频率由于正突变而减少,由于回复突变而增加,当正突变和回复突变同时存在时,A 等位基因频率的改变为 $\Delta p=vq-up$。当 q 增加时,回复突变的等位基因增加。最终这个群体达到平衡,也就是 A 和 a 的频率都保持恒定。达到平衡时,

$$\Delta p=vq-up=0,vq=up,vq=u(1-q) \tag{2-3}$$

$$q = u/(v+u), p = 1-q = v/(v+u) \tag{2-4}$$

(2)迁移(migration) 一些个体迁入另一种群可以使迁入种群的基因库导入新的基因,从而改变其等位基因频率。因此迁移具有潜在的打破哈代—温伯格平衡的作用。迁移产生的原因有混群、杂交和引种。

设有 M 和 N 两个种群,分别以 m 和 n 个个体相混杂,M 种群的基因频率为 p_m,N 种群的基因频率为 p_n,混合群体的基因频率为 p_{mn}。

于是,混合群体的基因频率就等于两个种群基因频率以各自种群个数为权的加数平均数。即

$$p_{mn} = \frac{mp_m + np_n}{m+n} \tag{2-5}$$

经一代迁入基因频率的变化率为 $\Delta q = q - q_0 = m(q_m - q_0)$。迁入造成基因频率的改变量($\Delta q$)决定于两个因素,一个是迁移率($m$),一个是迁入者种群与原种群之间基因频率的差异。

(3)选择(selection) 自然选择和人工选择都会引起动物种群基因频率发生方向性变化。这种在人类和自然界的干预下,某一种群的基因在世代传递过程中,某种基因型个体的比例所发生变化的现象称为选择。选择某一基因型个体在下一代平均保留后代数的比率,称为适合度(适应度)。某一基因型个体在下一代淘汰的个体数占总后代数的比率,称为选择系数或淘汰率,用 s 表示。因此,适合度就等于 $1-s$,当淘汰率 $s=0$ 时,即全部留种时,适合度就等于 1。淘汰显性性状个体,能迅速改变基因频率。若外显率为 100%,经过一代淘汰,隐性基因和隐性性状的频率就达到 1。其显性基因和显性性状就完全消除。这种情况经一代淘汰,群体就全部纯化。通过全部淘汰隐性个体来淘汰隐性基因的速度相对较慢。对隐性个体全部淘汰,即 $s=1$,适合度 $1-s=0$。基因型频率变化如表 2-2 所示。

表 2-2 隐性个体全部淘汰后基因型频率变化

基因型	AA	Aa	aa	合计
初始群体基因型频率	p_0^2	$2p_0q_0$	q_0^2	1
适合度	1	1	0	
选择后频率	p_0^2	$2p_0q_0$	0	$p_0^2+2p_0q_0$

淘汰 n 代后,隐性基因的频率:

$$q_n = \frac{q_0}{1-nq_0} \tag{2-6}$$

式中，q_n 为每代全部淘汰隐性纯合体，n 代后隐性基因的频率；n 为淘汰的代数。

利用此公式，知道原始群体的基因频率，就可计算出经每代全部淘汰隐性个体，n 代后的基因频率。

上述公式变型后可以计算使基因频率降到一定程度所需的代数(n)：

$$n=\frac{1}{q_n}-\frac{1}{q_0} \tag{2-7}$$

根据这个公式，只要我们知道 0 世代的基因频率，就能计算出达到某一基因频率所需的代数。

(4)遗传漂变(genetic drift) 在小群体内，由于随机抽样造成的抽样误差所引起的基因频率变化称为基因的遗传漂移或随机漂变(random genetic drift)。

通常随机交配、选种、引种、留种、分群、建系、近交、传染病、死亡等都是引起遗传漂变的因素。在基因频率为 $p=1, q=0$ 或 $p=0, q=1$ 的群体中是不会发生遗传漂变的。遗传漂变的方向是不定的，但趋势是频率高的基因容易向高频率漂变，频率低的基因容易消失，低频率基因向高频率基因漂变概率很小。图 2-1 模拟了种群含量为 100 个个体时基因频率的漂变过程，随着抽样群体的增大，遗传漂变趋于缓和。

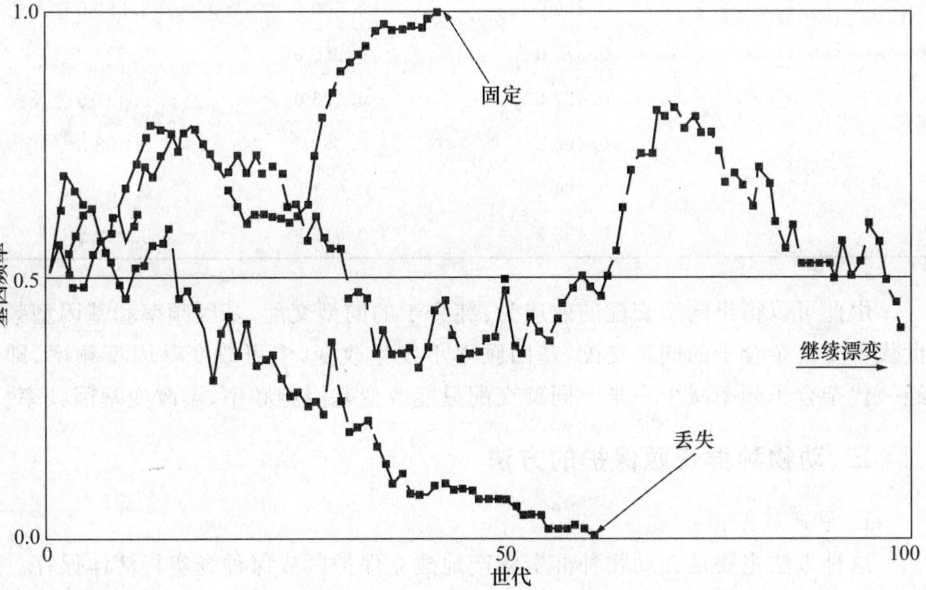

图 2-1 种群含量为 100 个个体时基因漂变的 3 种可能结果

(5)非随机交配　非随机交配的4种类型:①同型交配。指相同基因型个体间的交配,如AA×AA、Aa×Aa或aa×aa的交配;②异型交配。指不同基因型个体间的交配,如AA×aa、AA×Aa或Aa×aa的交配;③同质交配。指表型相同或相似个体间的交配,也就是说在体质、类型、生物学特性、生产性能及产品品质等方面相同或相似的个体间的交配;④异质交配。指不同表型个体间的交配。

同质交配和近交含有部分的同型交配,异质交配含有部分的异型交配,所以可归结为同型交配和异型交配两种情况来讨论。如果有一对等位基因A、a,可组成3种基因型AA、Aa、aa,就是说会有3种同型交配,即AA×AA、Aa×Aa和aa×aa。第一、三种同型交配,子代与亲代基因型相同;第二种同型交配方式即Aa×Aa,后代有3种基因型AA、Aa、aa,他们的比率分别为0.25、0.5和0.25。即每交配一代,杂合子的频率降低一半,两种纯合子的频率增加。如果原始群体的基因型频率为$D=0$、$H=1$、$R=0$,则连续进行同型交配,各代的基因型频率变化如表2-3所示。基因型频率代代变化,但基因频率却始终不变。

表2-3　连续同型交配各代的基因型频率变化情况

世代数 n	AA	Aa	aa
0	0	1.000 0	0
1	0.250 0	0.500 0	0.250 0
2	0.375 0	0.250 0	0.375 0
3	0.437 5	0.125 0	0.437 5
4	0.468 3	0.062 5	0.468 3
5	0.484 4	0.031 2	0.484 4
6	0.492 2	0.015 8	0.492 2

由此可以得出同型交配的效应为:纯合子的同型交配,基因频率和基因型频率世代不变。杂合子的同型交配,基因频率不发生改变,但可改变基因型频率,即每经一代杂合子频率减少一半。同型交配只能改变基因型频率,不改变基因频率。

三、动物种群资源保护的方法

1. 原产地保护

这种方法主要是在动物种群资源产地建立保护区或保种场实行活体保存。这种方法需要在资源原产地制定相关的政策和建立相应的资源保护技术标准,配备一定的技术力量,优点是在原产地种群资源来源丰富,品种的适应性强,并且可以随时观察种群的变化。缺点是占用场地大，所需保护费用高，技术要求也较高。

2. 异地生物技术种群资源保护

(1)冷冻精液技术　20 世纪 50 年代英国的 Smith 和 Polge 研究牛冷冻精液保存方法取得成功，此后，奶牛、猪、马、绵羊、山羊、家禽和野生动物的冷冻精液保存液很快获得成功。超低温冷冻技术对大多数动物的精液进行长期保存已基本可行。

(2)冷冻胚胎技术　哺乳动物的冷冻胚自 20 世纪 70 年代初首获成功以来，已经在 20 多种哺乳动物上获得成功，奶牛、黄牛、山羊、绵羊、兔和小鼠等的冷冻胚胎已得到较广泛的使用。在保护动物遗传资源、挽救濒临灭绝的野生动物方面，冷冻胚胎技术结合胚胎移植技术发挥着越来越重要的作用。

(3)基因保存技术　种群资源就是基因资源。基因就是储存在 DNA 分子上的遗传信息，理论上保住了 DNA 就保住了种群资源。随着分子遗传学技术的发展，对遗传变异的分析已经从表型深入到 DNA 分子水平。DNA 分子水平上可以更全面、准确地分析种群的遗传变异。利用基因克隆技术可以组建动物基因组文库，使一些独特的种群资源得以长期保存。需要指出的是，基因保存技术必须建立在广泛深入的科学研究基础之上。

(4)其他可用于种群资源保护的现代生物技术　主要包括细胞培养技术、基因重组技术、基因转移技术等。

第二节　农场动物种群资源保护

一、农场动物种群资源概况

1. 畜种多样性

在人类已知的 50 000 种禽类和哺乳类物种中，只有大约 40 种已经被驯化。在联合国粮食与农业组织的家养动物多样性信息系统数据库中记录了 18 种哺乳类畜种(水牛、牛、牦牛、山羊、绵羊、猪、驴、马、双峰驼、单峰驼、羊驼、美洲驼(大羊驼)、原驼、骆马(小羊驼)、鹿、兔、豚鼠和犬)、16 种禽类(鸡、家鸭、火鸡、家鹅、番鸭、珍珠鸡、鹧鸪、雉鸡、鹌鹑、孔雀、鸽子、燕子、鹤鸵、鸸鹋、美洲鸵和鸵鸟)和两种能繁殖的跨物种杂交组合(双峰驼×单峰驼，家鸭×番鸭)的品种相关信息。在全球范围内，牛、绵羊、鸡、山羊和猪这 5 个畜种分布广泛，并有特别巨大的数量。前三者在全球分布最为广泛，而后两者则分布不那么均匀(图 2-2)。山羊在美洲、欧洲及高加索地区的数量比在其他区域要少得多；而由于宗教原因，猪在穆斯林国家明显要少。

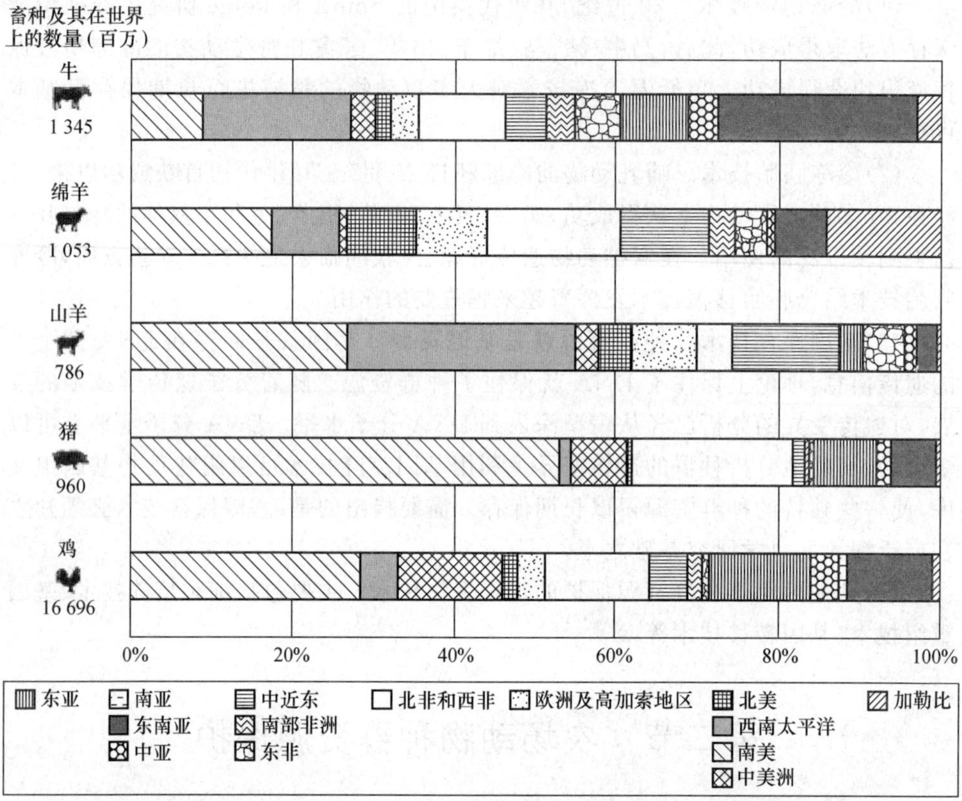

图 2-2　2005 年主要畜禽的区域性分布(联合国粮食与农业组织，2007)

(1)数量最多的 5 种畜禽　世界上牛的总数超过 13 亿头，也就是说这个星球上大约每 5 个人拥有 1 头。在所有 7 个区域里牛都很重要。亚洲(印度和中国尤其明显)拥有的牛的数量占世界的 32%，拉丁美洲占 28%(巴西拥有的牛的数量排世界首位)，这两个地区是这一畜种最主要的分布区域(图 2-2)。在非洲(苏丹和埃塞俄比亚的数目最多)和欧洲及高加索(俄联邦和法国的数目最多)也有很多数量的牛。此外，美国和澳大利亚有大型的国家牧群。牛的品种数占了所报告的全世界哺乳类家畜品种总数的 22%。全世界绵羊的数量有 10 亿多只，大约每 6 个人 1 只。近一半分布在亚洲和中东、近东地区(中国、印度和伊朗数量最多)；非洲、欧洲及高加索、西南太平洋各占大约 15%；拉美及加勒比地区占 8%。与山羊主要分布在发展中地区不同，一些发达国家，尤其是澳大利亚，还有新西兰和英国都拥有很大的绵羊群体。绵羊是记录品种数最多的哺乳类畜种，占全球哺乳类的25%。全世界有大约10亿头猪，每7个人1头。大约2/3的猪分布在亚洲，其中绝大多数是在中国，还有相当数量的猪分布在越南、印度和菲律宾。欧洲及高加索拥有世界上1/5的猪，美洲拥有另外15%。猪的品种数量占所记录世界哺乳类品种数的12%。山羊是这5个主要畜种中数量最少的畜种。全世界大约有8亿只山羊，每8个人1只。全世界大约70%的山羊分布在亚洲和中近东，数量最多的是中国、印度和巴基斯坦。其余的，非洲占了很大部分，而只有约5%的山羊分布在拉美及加勒比、欧洲及高加索。山羊的品种数量占所报告全世界哺乳类品种数的12%。全世界鸡的数量比人类还多1.5倍，共有将近170亿只鸡，其中约一半分布在亚洲，拉美及加勒比占有1/4，欧洲及高加索占全世界的13%，而非洲占7%。鸡的品种数量占了禽类品种总数的绝大部分。

(2)其他广泛分布的畜种　虽然马、驴和鸭在所有区域都有分布，但它们的数量比上面提到的5个主要畜种要少，而且分布不如牛、绵羊和鸡那样均匀。世界上广泛分布着5 400万匹马。数量最多的国家是中国，然后是墨西哥、巴西和美国。其他拥有马的数量超过100万匹的国家还有阿根廷、哥伦比亚、蒙古、俄联邦、埃塞俄比亚和哈萨克斯坦。马的品种数量占哺乳类家畜品种总数的比例(14%)远大于其群体数量占家畜数量的比例。驴是贫困人口和缺少发达运输工具地区的运输动物，因此它们主要分布在世界上的发展中地区。驴的数量最多的是亚洲、非洲和拉美及加勒比，它们也广泛分布于中近东。中国是世界上驴最多的国家，20世纪五六十年代，中国通过推广使用驴来减少农民的劳作。驴的品种多样性程度要小于其他畜种，其品种数量只占记录的哺乳类家畜品种总数的3%，但是驴以及关于它们的研究经常被轻视，所以可能有很多驴品种没有被统计报道。

家鸭的分布格局更不均匀。家鸭的驯化历史很长，它在古埃及、美索不达米亚、中国和罗马帝国都有饲养。但现在家鸭的饲养主要集中在中国，占全世界家鸭总数的70%。其他主要的饲养国家是越南、印度尼西亚、印度、泰国和东南亚的其他国家。在欧洲，法国和乌克兰拥有较大数量的家鸭。鸭子的品种(不包括番鸭)数量占记录的禽类品种总数的11%。

(3)分布较窄的畜种　一些哺乳类家畜，如水牛、牦牛、骆驼科畜种和兔子，还有一些禽类，如家鹅和火鸡等畜种的分布较窄，但其在某一两个区域中或某个特定的农业生态带中具有特殊的重要性。家养水牛原本是亚洲特有动物——全世界1.7亿头水牛中98%都在这个地区，主要是印度、巴基斯坦、中国和东南亚。后来它被引入到南欧和东南欧，以及埃及、巴西、巴布亚新几内亚和澳大利亚。按目前的报道，水牛分布在全世界41个国家。水牛主要有两种类型：河流型(来源于南亚)，一种重要的产奶动物，尤其在南亚；沼泽型(来源于东亚)，在“铁水牛”手扶拖拉机引进以前，它作为役用动物，在东南亚潮湿的稻田耕作中扮演了一个重要角色。水牛品种数量占所记录的世界哺乳类家畜品种总数的3%。牦牛是青藏高原的地区性畜种。在喜马拉雅的一些地方，牦牛与牛的杂交极为重要。牦牛也被引入高加索、北美(3 000头)和欧洲的一些国家。所记录的牦牛品种数量很少，这也反映了牦牛很窄的地理和农业生态分布特性。单峰骆驼，尤其双峰骆驼的地理分布同样很窄，并且局限于较干旱的农业生态带中，因此，它们在品种多样性中的比重相对要小。在中近东、非洲和亚洲，单峰骆驼，或者说是一个峰的骆驼，起着很重要的作用。有两个峰的双峰骆驼分布仅限于亚洲的中部和东部，以蒙古和中国的数量最多。有4个骆驼科的畜种起源于南美洲：家养的美洲驼和羊驼，野生的原驼和骆马。绝大部分美洲驼分布在秘鲁和玻利维亚，小部分分布在动物园和其他国家的一些爱好者手中。原驼和骆马主要用来生产纤维、皮和肉。与其他许多畜种相比，记录的骆驼品种总数同样很少。南美洲的畜种主要局限在一个区域和高海拔地区。世界上大部分家养兔子都分布在亚洲，数量最多的是中国。中亚的一些国家和朝鲜民主主义人民共和国也大量饲养。在欧洲及高加索，意大利的兔子数量最多，兔的品种数占了世界哺乳类家畜品种总数的5%。绝大多数豚鼠仅分布在拉美及加勒比地区，主要是秘鲁和玻利维亚。家鹅和火鸡的分布也相对较窄。其分布特点与传统因素和消费者喜好有关，而与农业生态条件无关。世界上近90%的家鹅分布在中国，其余家鹅有一半分布在埃及、罗马尼亚、波兰和马达加斯加。火鸡起源于中美洲，在殖民者发现火鸡后不久，它们就被引入到了欧洲，而且在欧洲开发出了很多独特的品种。欧洲及高加索是家养火鸡数量最多(43%)的区域，北美则拥有超过1/3的数量。鹅和火鸡的品种数量分别占全球禽类品种总数的9%和5%。

2. 品种多样性

全世界经报道的品种共有7 616个，其中，地方品种6 536个，跨境品种1 080个。跨境品种中，523个是仅在一个区域分布的地区性跨境品种(1 413个国家级条目)，557个是广泛分布的国际性跨境品种(5 379个国家级条目)。一共有690个品种被定为已灭绝品种，其中有9个是跨境品种。下面对品种多样性的分析不包括这些已灭绝品种。

全世界哺乳类和禽类品种中(已灭绝品种除外)，地方品种、地区性跨境品种和国际性跨境品种的各自比例。所记录的品种有超过2/3属于哺乳类。哺乳类中地区性跨境品种和国际性跨境品种的数目差不多，而禽类中国际性跨境品种的数量是地区性跨境品种的2倍。在全世界所有区域中，哺乳类的品种数量都比禽类的多。除了欧洲及高加索地区，在其他所有区域，哺乳类品种的数量都占了所记录品种总数的近 3/4。但在不同区域，3 个品种类别所占的比重还是有很大的区别的。在欧洲及高加索、亚洲和中近东，地方品种占了总品种数的约 3/4。在非洲、拉美及加勒比，地方品种的比例要小，但仍然超过了总品种数的 2/3。相反，在西南太平洋和北美，哺乳类和禽类的国际性跨境品种占了主要地位。在欧洲及高加索、非洲，乃至亚洲，哺乳类畜种的地区性跨境品种相对要多；而只有在欧洲及高加索才有较多的禽类地区性跨境品种。

评估区域内的品种多样性时，没有将国际性跨境品种考虑在内，因为不能把它们分配到任一特定区域。欧洲、高加索和亚洲地区拥有全世界大部分主要畜种的品种数量最多；但骆驼品种数量最多的地区是非洲。除了骆驼（非洲）、火鸡（欧洲及高加索）和马（44%分布在拉美及加勒比），在群体大小方面，大部分畜种的主要分布区域是亚洲。从表 8 中我们可以看到，欧洲及高加索大部分畜种的品种数量在世界上的比例要远高于其群体大小所占比例，但火鸡是一个例外。尽管该区域保有的火鸡品种数量占了全球最大的份额，但其群体大小所占份额与品种相比几乎持平。欧洲及高加索之所以有很大的火鸡品种数量，部分原因是因为实际上遗传相关很接近的许多品种，被划分为了独立的品种个体。这一现象也反映了该区域在对品种的记录以及特火鸡（欧洲及高加索）和马（44%分布在拉美及加勒比），在群体大小方面，大部分畜种的主要分布区域是亚洲。亚洲的很多畜种在全球品种数中所占比重同样很高；而在大多数情况下，该区域占全球群体总数的份额甚至还要高（火鸡、双峰驼和单峰驼除外）。

（1）地方品种　对于大部分家畜来说，欧洲及高加索或者亚洲是该畜种地方品种数最多的区域。单峰驼例外，它的大部分品种都位于非洲和中近东。

（2）区域性跨境品种　对于某些畜种，如绵羊、马、猪以及所有禽类，欧洲及高加索拥有的区域性跨境品种数量都是最多的。非洲占有的这类品种的比例相对较大，其牛、山羊和驴的区域性跨境品种数最多。到目前为止，欧洲及高加索拥有最大数量的禽类区域性跨境品种。该地区存在巨大数量的区域性跨境品种，这就凸显出急需对该区域动物遗传资源的管理和保护，以及在区域或次区域水平进行合作。

（3）国际性跨境品种　牛、绵羊、马和鸡是拥有国际性跨境品种数最多的畜种。

3. 动物遗传资源濒危状况

全世界总计有 1 491 个品种（总数的 20%）被确定为“处于濒危状态”。被确定为濒危的哺乳类畜种的品种比例（16%）总的来说要低于禽类的（30%）。但是从绝对数量上来说，哺乳类畜种濒危的品种数量（881 个品种）多于禽类（610 个）品种。

牛是濒危品种数量最多的哺乳类畜种；而马是濒危品种比例最高的畜种（23%），其次是兔（20%）和猪（18%）。但有大量品种的濒危状况数据未知。这一问题在一些畜种中尤为严重：在兔中占 72%、鹿 66%、驴 59%、骆驼 58%。这些数据的缺失，严重制约了保护优先顺序的确定工作，以及品种保护措施计划的编制。牛是灭绝品种数最多的畜种（209 个），猪、绵羊和马也有大量品种报道为灭绝。但是毫无疑问，会有一些品种在它们被报道之前就已经灭绝，因此不能包括在分析之中。

在禽类中，到目前为止，鸡在全球范围内处于濒危中的品种数最高。这一方面是因为鸡在世界上有很大的品种数量，但另一方面其濒危品种的比例同样很高（33%）。火鸡和鹅的濒危品种数量和比例也相对较高。与哺乳类畜种的情况相似，有大量品种没有可用的种群数据。灭绝品种主要集中于鸡中，鸭、珍珠鸡和火鸡中也有少量品种。

欧洲及高加索哺乳类品种的 28%和禽类品种的 49%处于濒危，北美地区哺乳类品种的 20%和禽类品种的 79%属于濒危品种，这两个地区是濒危品种比例最高的区域。欧洲及高加索和北美的畜牧业高度专业化，在那里，畜产品的生产由少数几个品种所统治。在绝对数量方面，到目前为止，欧洲及高加索的濒危品种数目最多。尽管这两个区域的濒危情况最为突出，但是其他区域也可能存在较大问题，因为还有较大数量的品种濒危状况目前并不清楚。例如在拉美及加勒比，有 68%的哺乳类品种和 81%的禽类品种的濒危状况等级被界定为“不详”；在非洲则有 59%的哺乳类品种和 60%的禽类品种濒危状况不详。

表 2-4 和表 2-5 列出了不同区域内不同哺乳类和禽类畜种的灭绝品种数目。到目前为止，欧洲及高加索灭绝的哺乳类和禽类品种数是最多的，其记录品种总数的 16%都已灭绝。但是灭绝品种在记录品种中比例最高的区域却是北美（25%）。北美、欧洲及高加索的灭绝品种数字较为显著，这与这两个区域曾做过较高水准的品种登记有关。灭绝品种中只有 27%（188 个）记载有所灭绝的年份。1900 年以前有 15 个品种灭绝，1900—1999 年是 111 个，而在其后的 6 年间，又有 62 个品种灭绝。

二、农场动物种群资源保护的理论

目前，世界上畜禽品种资源的保护与利用存在两种倾向。在发达国家里，随着畜牧业生产体系的集约化，大量饲养的只是少数经济价值高的品种和它们的杂交种，品种数目在迅速减少；在一些发展中国家里，虽然有较丰富的品种资源，但由于保种不当和盲目引进外来品种杂交，也造成原有品种质量的退化和数量的减少。

这两种倾向都导致世界性的品种资源危机,也就是畜禽基因库的枯竭。例如猪的品种,在欧洲基本上是大白猪、长白猪;在北美除了这些品种外,较多饲养的是杜洛克、汉普夏。奶牛的情况也相似,目前世界上饲养的大多数是荷斯坦牛,当然也还有些兼用种如西门塔尔牛。在鸡中,蛋用鸡基本上是莱航鸡(白壳蛋鸡)和一些生产褐壳蛋的品种和合成系;肉用鸡则几乎都是白洛克和考尼什等少数品种的杂交鸡。绵羊的品种较多,因为绵羊生产的集约化程度低,以放牧为主,为了适应各种不同的生态条件和毛用、皮用、肉用等不同类型的需要,保留并育成了不少品种。

表 2-4 哺乳类家养动物灭绝品种数

畜种	非洲	亚洲	欧洲及高加索	拉美及加勒比	中近东	北美	西南太平洋	世界
牛	23	18	141	19	1	4	2	209
山羊	0	2	16	0	0	1	0	19
绵羊	5	11	148	0	1	13	2	180
猪	0	13	101	2	0	23	1	140
驴	1	0	4	0	1	0	0	6
马	6	1	71	0	0	8	1	87
兔	0	0	0	0	2	0	0	2
总计	35	45	481	21	5	49	6	643

表 2-5 禽类灭绝的品种数

畜种	非洲	亚洲	欧洲及高加索	北美	世界
鸡	0	5	34	1	40
鸭	0	0	3	0	3
火鸡	0	0	2	0	2
珍珠鸡	2	0	0	0	2
总计	2	5	39	1	47

我国是一个畜禽品种资源十分丰富的国家,如何吸取外国的经验与教训,结合我国的实际情况进行有效的保种工作,无疑对我国农牧业的发展、动物资源的开发利用以及保持良性的生态平衡等都有积极的意义。

任何一个品种,无论是育成品种还是地方品种,都有它的形成、发展、衰落或转化的过程。有的品种消失了,有的品种产生了;有的品种存在的时间很短暂,有的品种却经久不衰。这除了社会经济条件和自然条件以外,保种技术也起了很大的作用。由于保种的对象是群体，而群体又由个体、家系、亚群所组成，因而要做好保种工作，就要对群体的遗传理论有一个基本的了解。

1. 群体的有效大小与近交率

群体的大小和保种过程中可能发生的近交退化有密切的关系。群体越大，退化越慢；群体越小，退化越快。通常对群体大小的表示方法有 3 种：①总个体数。即不分年龄的全部个体总数，例如牛群中犊牛、青年牛、成年牛的总数。②实际繁殖者个数。这在研究群体遗传结构时是重要的，因为不参加实际繁殖的个体与群体的遗传结构无关。③群体中繁殖者的有效数量。这是一个计算得出的数值，它是与一个有 N 个繁殖个体，雌雄各半，随机交配的理想群体相比较得来的一个当量。由于畜禽品种中，雌雄性别不等，因而在计算群体的近交率和近交系数时要用到这个当量。

群体有效大小的定义是"繁殖群体中两个性别的调和平均数的两倍"。调和平均数(H)的计算公式是

$$H = \frac{n}{\sum_{i-1}^{n} \frac{1}{X_i}} \tag{2-8}$$

式中，X_i 为变数；n 为变数的个数。

因而群体有效大小(N_e)为

$$N_e = 2H$$

在一个有两性分化的群体中

$$H = \frac{2}{\frac{1}{N_m} + \frac{1}{N_f}} \tag{2-9}$$

式中，N_m 为繁殖公畜数；N_f 为繁殖母畜数。

[例 1] 计算在保持 100 只母鸡，10 只公鸡群体中的有效大小、近交率和 10 代后的近交系数。

由 $$H = \frac{2}{\frac{1}{10} + \frac{1}{100}} = 18.18$$

得 $$N_e = 2H = 2 \times 18.18 = 36.36(\text{只})$$

根据群体有效大小计算近交率(ΔF)的公式

$$\Delta F=\frac{1}{2N_e} \tag{2-10}$$

所以
$$\Delta F=\frac{1}{2\times 36.36}=0.01375$$

再根据近交率计算近交系数的公式

$$F_t=1-(1-\Delta F)^t \tag{2-11}$$

式中，F_t 为第 t 代的近交系数；ΔF 为近交率；t 为世代数。

所以
$$F_{10}=1-(1-0.01375)^{10}=0.129$$

即该鸡群 10 代后的近交系数为 12.9%。

2. 在不同保种情况下的群体有效大小

(1)留种群体公母数目不等　这是在畜禽繁殖和保种中最常遇到的情况，一般都是公畜少母畜多。计算群体有效大小的公式是

$$\frac{1}{N_e}=\frac{1}{4N_m}+\frac{1}{4N_f} \tag{2-12}$$

公式(2-12)是从公式(2-9)推导出来的，这两个公式是等价的，如例 1 中用公式(2-12)计算更为方便

$$\frac{1}{N_e}=\frac{1}{4\times 10}+\frac{1}{4\times 100}=0.0275$$
$$\therefore N_e=36.36$$

同样，计算近交率还可以直接用公式

$$\Delta F=\frac{1}{8N_m}+\frac{1}{8N_f} \tag{2-13}$$

这样不必先求群体有效大小也能计算近交率，如上例中

$$\Delta F=\frac{1}{8\times 10}+\frac{1}{8\times 100}=0.01375$$

与公式(2-10)的计算结果相同。

(2)在连续世代中，繁殖家畜的数量不等　无论是在自然还是家养群体中，由于各种原因每代参加繁殖的家畜数量并不保持恒定，这时计算群体有效大小是采用“平均有效大小”，公式是

$$\frac{1}{N_e}=\frac{1}{t}\left(\frac{1}{N_1}+\frac{1}{N_2}+\cdots\cdots+\frac{1}{N_i}\right) \tag{2-14}$$

式中，t 为世代数；N_i 为第 i 世代的群体有效大小。

例如在 4 个连续世代中，群体的有效大小分别为 20，100，800 和 5 000，则这个群体的平均有效大小约为 65，即更偏向于个体少的世代。

$$\frac{1}{N_e}=\frac{1}{4}\left(\frac{1}{20}+\frac{1}{100}+\frac{1}{300}+\frac{1}{5\ 000}\right)=0.015\ 36$$

$$N_e=65$$

(3)个体间繁殖能力不等　无论是自然群体还是育种群体，不同父母所留下的后代数众寡不一，这种家系含量的不同也会降低繁殖群体的有效大小。这时计算群体有效大小的公式是

$$N_e=\frac{4N}{2+\sigma_k^2} \tag{2-15}$$

式中，N 为繁殖群体大小，公母各半；σ_k^2 为家系含量方差。

由统计学可知，如某个群体的大小保持不变，即平均每对父母留下两个后代。在随机留种的情况下各个家系留下的后代数目的多少是一个普瓦松分布，家系含量的方差等于平均数，即为 2，这时

$$N_e=\frac{4\times N}{2+2}=N$$

此即当群体中两性数目相等，随机留种的情况下，群体有效大小即为繁殖群体的大小。

如果群体的留种不是随机的，而是每个家系等量留种，这时家系含量的方差 $\sigma_k^2=0$，群体的有效大小

$$N_e=\frac{4\times N}{2+0}=2N$$

也即群体的有效大小为两性数目相等的繁殖群体大小的 2 倍。所以在保种过程中为了使有限的群体保持最大可能的有效大小，对各家系作等量留种(如每个家系留 1♂、1♀或者 1♂、2♀)是一种有效的措施。

(4)家系等量留种，但公母畜比例不等　在保种工作中，虽然能做到各家系等量留种，但要公母各半是比较困难的，因为饲养和母畜数量相等的大量公畜是不经济的。当然公母畜数的差异越大，群体的有效大小就越小，近交率就越大。因而要

有一个恰当的比例,既考虑到经济效益又考虑到群体的有效大小。计算公母数目不等,家系含量方差为零时的群体有效大小的公式是

$$\frac{1}{N_e}=\frac{3}{16N_m}+\frac{1}{16N_f} \quad (2-16)$$

公母畜数目不等的情况下各家系等量留种的原则是"每头公畜都由不同的公畜产生,每头母畜都由不同的母畜产生",否则就会增加群体中的近交率。

(5)由于近交而降低群体的有效大小　如果群体中已有近交系数(F),这时群体的有效大小要小于公母各半的繁殖群体。

$$N_e=\frac{N}{1+F} \quad (2-17)$$

式中,F 为近交系数。

在极端的情况下 $F=1$,这时 $N_e=\frac{N}{2}$,即群体有效大小仅为繁殖群体的一半。

3. 影响保种效果的遗传因素

影响保种效果的主要遗传因素有:

(1)突变　突变能使基因频率发生变化,但通常自然突变率很低,对群体的影响很小。对于不符合保种目标的少量突变个体,可予以淘汰,不影响保种结果。需要说明的是,在遗传资源的开发上,新突变的产生和利用却是一个有效的途径。

(2)选择　选择是使群体基因频率发生变化的重要手段。在保种目标确定以后,对保种群体一般不做严格的选择,这是和育种群体的主要不同点。否则保种群体就会朝着选择的方向发生定向改变,而有些改变并不符合保种要求。例如要提高猪的生长速度,就有可能降低肉的风味和品质;要提高鸡的产蛋数,就有可能丧失蛋重大的特点,如同时提高产蛋数和蛋重,则又会影响蛋壳质量等等。

(3)迁移　从畜牧学的观点看,迁移就是引种和杂交。少量的或是偶然的杂交,由于迁入率低,对保种群体的影响不大,只要在后代中淘汰不符合保种要求的杂种个体即可。大量的或重复的引种和杂交,由于迁入率高,甚至替换了全部公畜,这对原有品种是一个很大的冲击,也是使某些地方品种绝灭的主要原因。因此,在对地方品种作杂交利用时,对有必要保存的品种要留出保种群。

(4)漂变　漂变是群体中基因的随机变化。从理论上讲,长期的随机漂变,结果会使一对等位基因中的一个固定,另一个消失。

当群体足够大时,漂变在几代人的时间里很难觉察出来。据研究,在一个保种群体中,如果群体的有效大小超过 60 时,漂变的影响可不予考虑。

(5)近交　在保种群体中,近交程度随着群体大小和配种制度的不同而异。从近交本身来说,它并不改变群体中的基因频率,但是能使等位基因的纯合性增加,所以当群体中存在隐性有害基因时,近交就会导致衰退,使群体中某些个体的生产力或生活力下降,这一点在小群体中表现得更为明显。因此,在一个保种群体中,应尽量不使近交程度增加太快。

三、农场动物种群资源保护的方法

1. 实施农场动物遗传资源保护需要明确的几个问题

(1)保种目标　为了要保持一个品种的特性、特征,就要有一个预先制定的保种目标。在保种目标中既要有数量上的要求,也要有质量上的标准,所以保种不是说今年养了一群猪,过了5年、10年,这群猪(或后代)还在,就算是保住了,而是要根据保种目标的要求,对群体的每个世代都要做定性和定量的监测。保种目标中应有对数量、性状类型、特征、特性等的要求。数量是保种目标中要解决的重要问题。数量太多了保不起,太少了又怕保不住。地方品种通常有若干种类型,应明确保存哪些类型。如北京油鸡的情况。从外貌看,油鸡的毛色有黄羽、红褐羽;冠型有毛冠、凤头;趾有4趾、5趾;多数鸡的趾部和喙下有毛。从体型上看红褐羽、毛冠的油鸡腿较高,体型较为直立;黄羽、凤头的油鸡胸较宽,体型较为平展。在保种目标中应提出要保持的特征和类型。如近年来由于"三黄"鸡被认为具有较好的肉质,所以销路好,因此油鸡中黄羽、凤头的类型保留得较多,而红褐羽、毛冠的类型则几乎绝迹。

保种的最终目的是为了利用这些遗传资源。所以在保种目标中要明确哪些是应当重点保持的性状。这要通过对性状本身的了解和作一些市场调查。例如北京油鸡的有利特性是肉质鲜美,可发展为优质肉鸡;不利特性是生长速度慢、产蛋少。这就要在保种目标中对肉质评定提出客观(定性和定量的理化特性)和主观(品尝评分)的标准。对于生长和产蛋性能,在不影响肉质的前提下可进行改良,这就要对性状间的相关性做出分析。所以保种也不是绝对的只保不选,而是要慎重考虑,特别是一些与要保存的主要性状有负遗传相关的性状,一般情况下不做严格的选择,以免得不偿失。

(2)保种方式与世代间隔　目前主要可以考虑采用活畜保种和冻胚保种两种方式。至于采用冻精方式,虽然可以少养甚至不养该品种的公畜,但仍需要有一定数量的母畜。冷冻胚胎如能长期保存,从理论上讲可以不再保留某个品种的活畜。因为用其他品种母畜作为受体即可繁殖出原来需要保存的品种。但目前冻胚保种仍处于试验阶段,不敢贸然淘汰某个品种的全部活畜。所以在相当长的时间内,活畜保种仍是主要方式。

在一个活畜保种的群体中，世代间隔的长短以多少为宜呢？

世代间隔是指上下两个世代之间平均的时间间隔，也就是后代出生时双亲的平均年龄。可以通过控制配种年龄（月龄、周龄）或性状度量次数来改变世代间隔的长短。从育种的角度看，缩短世代间隔可以加快每年的遗传进展。但是从保种的角度看，如果不是目前大量投入生产的品种，世代间隔应当长一些为好。这不仅是因为延长世代间隔可以在一定的保种期限内减少保种家畜的数量，而且还可以降低每年饲养更新畜群用的幼畜和后备种畜的费用。

采用冻精保种时，相当于延长了公畜的配种年龄，采用冻胚保种时，则同时延长了双亲的受胎年龄，这两种情况下都可延长世代间隔。因此，在活畜保种时，如能根据不同畜种情况与冻精和冻胚相结合，还可以进一步减少保种群中的家畜数量。

(3)保种群大小和性别比例　上面提到的"群体有效大小"是指在不加选配的条件下，公母畜各半时繁殖家畜的数量。例如 50 头公畜和 50 头母畜的群体有效大小就是 100；100 头公畜和 100 头母畜的群体有效大小就是 200。但 50 头公畜和 100 头母畜的群体有效大小就不是 150。对于公母畜数量不等时的群体有效大小要通过公式计算才能知道。保种群体中，在各家系随机留种的情况下，计算群体有效大小的公式是

$$N_e = \frac{4N_m N_f}{N_m + N_f} \tag{2-18}$$

式中，N_e 为群体的有效大小；N_m 为群体中繁殖公畜头数；N_f 为群体中繁殖母畜头数。

由此公式可以算出保种群体中最少的公畜头数以及达到同样大小的有效群体时公母畜的总数和性别比例。现以牛和猪分别作为大家畜和小家畜的代表，假定要求在 100 年内保种群体不发生明显的近交退化（近交系数不超过 0.1）和不受遗传漂变的影响，则大家畜保种群体的有效大小应有 100 头（设世代间隔为 5 年）；小家畜保种群体的有效大小应有 200 头（设世代间隔为 2.5 年）。现将保种群中公母畜的数量和性别比例的计算结果列于表 2-6 和表 2-7。

从表 2-6 和表 2-7 可以看出，如果要使保种群中饲养的总头数最少，则采用公母各半的性别比例；如果产品有较好的销路，则可以考虑公母畜 1∶5 的比例，如果产品的销路很好，则还可以加大公母畜的性别比例，饲养更多的母畜数。但是在多数情况下，需要保存的品种不会有很好的经济效益，所以一般来说公母性别比例

以 1∶5 为宜，也即在各家系随机留种的情况下，大家畜的保种群体应有 30 头公畜和 150 头母畜；小家畜的保种群体应有 60 头公畜和 300 头母畜。如果采用各家系等量留种，则上述的保种家畜数量还可以减少 1/3。

表 2-6　随机留种时，大家畜保种群体中的公母畜数量及性别比例（$N_e=100$）

公畜数（N_m）	母畜数（N_r）	公母畜总数（N_m+N_f）	公母畜比例（N_m ∶ N_f）
50	50	100	1∶1
40	67	107	1∶1.7
30	150	180	1∶5
28	234	262	1∶8.4
27	338	365	1∶12.5
26	650	676	1∶25
25	∞	—	—

表 2-7　随机留种时，小家畜保种群体中的公母畜数量及性别比例（$N_e=200$）

公畜数（N_m）	母畜数（N_r）	公母畜总数（N_m+N_f）	公母畜比例（N_m ∶ N_f）
100	100	200	1∶1
80	134	214	1∶1.7
70	175	245	1∶2.5
60	300	360	1∶5
55	550	605	1∶10
52	1 300	1 352	1∶25
51	2 550	2 601	1∶50
50	∞	—	—

2. 保种措施

(1)制定保种规划　我国畜禽品种资源丰富。其中绝大多数是地方品种，一部分是育成品种，还有少部分是引进品种。保种并不是说对所有的品种、类群和系都要保存。要保存的只是其中的一部分。这就要在品种资源调查的基础上，通过充分的论证，提出由国家或地方应予以重点保存或急待保存的畜禽品种名单，并根据情况每隔一定时间作适当调整，取消或增列一些品种。

这里要区别“重点保存”的品种与“亟待保存”的品种。重点保存的一般是指有特色的，或是名优品种；亟待保存的一般是指稀少的甚至是濒于灭绝的品种。前者易于和利用相结合，并不需要很多的保种投资；后者由于经济效益低，如不及时采取措施就容易绝种。当然也有些品种既属于重点保存又属于急待保存。总之，在保种规划中应根据需要和国家所能提供的财力、物力，分期分批地进行保种。

(2)建立品种资源场　一般认为，保种应在品种的原产地进行，因为原产地的自然生态和社会经济条件对该品种的形成起了重要的作用，如易地保种，可能会失去某些原有的特性。但是随着商品经济的发展，交通的发达，许多原产地已经不是当时品种形成的自然和社会条件了，所以保种也不一定要在原产地进行。只要符合保种目标的要求，什么地方能更经济和有效地保种，就放在什么地方保。

近年来，从国外引进的种畜越来越多，在价值规律的支配下，要在某一保种区禁止引入外来品种杂交已不可能。所以对一些在规划中确定要保存的品种，可建立必要的品种资源场(或保种场)。对于某些畜种，如家禽，还可以考虑建立规模较大的品种资源库，集中保存一些品种。目前可以先考虑鸡的资源库，因为鸡可以笼养，相对来说占地、耗资较少，易于管理。根据保种群体大小的要求，每个品种(类群、系)保持 60 只公鸡，300 只母鸡即可。建立一个 1 万只鸡的小型鸡场，即可保持 30 个品种(类群、系)。

(3)保种与利用　虽然说保种的目的在于利用，但是这两者之间也存在着相当大的矛盾，因为目前正在利用的品种，一般都数量较大，不急于做专门的保种，而急需保种的品种又往往没有明显的经济效益，养得越多，赔得越多，很难进行扩群利用。所以“在利用中保种”，对一些目前已有经济效益的品种是可行的，但这些品种多数不是重点保护对象。当前急需要保种的主要是一些数量上稀少的、性状上有特色的、当前虽无经济效益但有开发前景的品种，对这些品种就要通过指定的保种场进行保种，或进入资源库保存。对保种群以外的该品种家畜，可以有计划地选育提高或进行杂交改良，使其适应当前的经济需要。当然这有可能使生产性能的方向发生改变，甚至会失去原有的一些特性、特征。也许会有人担心，这样做的结果使一些眼前看来无益但以后有用的基因也被淘汰了。这是完全可能的。但什么是“今后有用”的基因，目前无法确定。好在有按保种要求建立的保种群存在，那里就好像是一个库房，如果今后有什么新的需要的话，可以到基因库中去找。

第三节 实验动物种群资源保护

实验动物是一个特殊动物类群，是多学科研究的成果和科技含量高的生物技术产品；同时实验动物是在特定的环境条件下人工饲养、繁殖的动物，与其他动物存在明显的区别，从而形成实验动物特殊的种群特征。实验动物是用于科学实验的动物，具有特殊的使用价值和应用范围，因此为保证科学实验的有效开展，须对实验动物种群资源进行合理、有效的保护。

一、实验动物的种群特征

实验动物是指经人工培育或人工改造，对其携带的微生物实行控制；遗传背景明确，来源清楚，用于科学研究、教学、生产、检定以及其他科学实验的动物。从实验动物的概念可见实验动物与其他动物，如经济动物、观赏动物和野生动物存在明显的不同。首先，从遗传学角度看，实验动物必须是经人工培育，遗传背景明确或来源清楚，在人工控制的条件下，实验动物经过一定的繁殖方式（近交或非近交）进行繁殖生产，具有稳定一致的遗传组成，这是野生动物中无法达到的。其次，在育种方向，实验动物不同于经济动物那样，偏重于经济价值，也不同于观赏动物注重于观赏价值，而是利用遗传学原理，培育出多种用于各种科学研究的品种、品系动物等。因此，实验动物是多学科研究的成果和科技含量高的生物技术产品，明显不同于其他动物，故其种群也具有特殊的特征。

1. *实验动物种群的概念*

在自然界中，种是客观存在的。一个物种在自然界中能否持续存在的关键在于种群是否能不断地产生新个体以替代那些消失了的个体。种群不仅是物种存在的基本单位，也是生物群落的基本组成单位。在生态学中，种群是指在一定时间内占据一定空间的同种生物的所有个体的总和。在这个定义中要求同种生物个体在一定的空间内即这个空间内的同种生物与外界的个体隔离；此外是一种生物的全部个体，个体之间相互联系。实验动物是一类特殊的动物，在遵从自然分类法则的基础上根据遗传组成的不同，在最基本的分类阶元——种之下再细分为品种、品系，即不同的品种、品系其遗传组成存在明显的不同；同时由于实验动物是人工改造或培育、人工饲养的动物，其生存环境与其他动物存在显著的区别，因此生态学中种群的概念就不适合实验动物种群。那么，如何给实验动物的种群定义呢？目前国内外还无相关资料和文献。结合实验动物的概念、实验动物特殊的饲养和管理、实验动物特殊的应用价值等方面的特征，我们认为实验动物种群应是指在一定空间和时间内具有相同遗传组成的同种生物个体的总和，即在一定空间和时间内同一品种、品系所有个体的总和。

2. 实验动物的种群特征

(1)种群个体具有相同的遗传组成　根据遗传特点的不同，实验动物分为近交系(inbred strain)、封闭群(closed colony)、杂交群(hybrid colony)和突变系(mutant strain)动物。近交系动物是指经至少连续20代的全同胞兄妹交配培育而成，品系内所有个体都可追溯到起源于第20代或以后代数的一对共同祖先的动物群体。封闭群动物是指以非近亲交配方式进行繁殖生产的一个实验动物种群，在不从其外部引入新个体的条件下，至少连续繁殖4代以上的动物群体，封闭群亦称远交群(outbred stock)。杂交群动物是由不同品系之间杂交产生的第一代动物，杂交群动物又称杂交一代动物或 F_1 代。突变系动物是指动物受各种内外因素影响引起染色体畸变或基因突变而育成某些特殊形状表型的品系动物。在这4个类群中，实验动物又可根据群体间基因类型分为相同基因型和不同基因型，相同基因型包括近交系和杂交群；不同基因型包括封闭群和突变系动物。

根据遗传组成的不同，同一近交系、封闭群、杂交系和突变系又可分为不同的品种、品系。品种、品系是实验动物的种下阶元，是客观存在的。各个品种、品系之所以能存在，其条件之一就是独特的遗传特性，且这种独特的遗传特性能稳定地遗传。此外，各个品种、品系内所有个体的遗传组成都相同，均能代表该品系、品种的遗传特性的基因库。因此，实验动物学中的种群可称为在一定空间内同一品种、品系个体的总和。如根据遗传组成的不同，目前世界上的小鼠(*Mus musculus*)已有1 000多个品种、品系，但每个品种、品系均具有自身独特的遗传组成，从而形成了各个品种、品系之间的区别；而在各品种、品系中，各个个体之间的遗传组成相同，即品种、品系中的任何一个个体均能代表该品种、品系的全部遗传组成特征。

但是由于实验动物是人工培育或人工改造的产物，因此不同的气候、地理环境等条件都会影响到同一品种或品系种群间的遗传组成。如由于长期饲养在不同的气候、地理环境等条件下，导致了各地KM小鼠出现较大的遗传差异，形成了各自的KM小鼠种群，致使同为KM小鼠在医学、药学、生物学等科学研究结果的可靠性和重复性不一致，极大地影响了KM小鼠的应用和相关研究成果的社会认可。为实现中国KM小鼠的国际标准化，由科技部立项，国家实验动物种子中心上海分中心和中国药品生物制品鉴定所实验动物中心牵头，联合国内10家规模化生产单位，对KM小鼠进行了遗传学、生物学特性数据测定及标准化种群建立的研究工作，目前已初步建立了各原始种群的生物学特性(包括体生长、繁育性能、体尺指标、生理生化性状等)和遗传学背景(基因生化位点、基因频率、基因多态性等)的数据库,并完成了 KM 小鼠的生物净化(SPF 级),选择了 5 个原始种群进行新种群的培育工作。

图 2-3 为昆明小鼠。

(2)种群数量的不稳定性　实验动物是经人工培育或人工改造,用于科学研究、教学、生产、检定以及其他科学实验的动物。实验动物种群由实验动物自身的繁衍种群和实验用种群组成,因此作为种群最基本的特征——种群数量由实验动物繁殖种群数量和实验用种群数量构成,繁殖种群数量占整个种群数量比例较小,而实验用种群数量所占比例较大。在繁殖种群方面,实验动物种群数量在各代之间基本维持不变;而在实验用种群数量方面则存在很大的不稳定性。因为实验用种群数量和各种科学实验的目的、要求以及数量有关,即科学实验中实验动物需要量大的时候则在繁殖生产过程中实验动物种群数量大。反之,如果实验动物需要量小的时候则繁殖生产过程中实验动物的种群数量小。因此,实验动物种群数量存在很大波动,极不稳定。

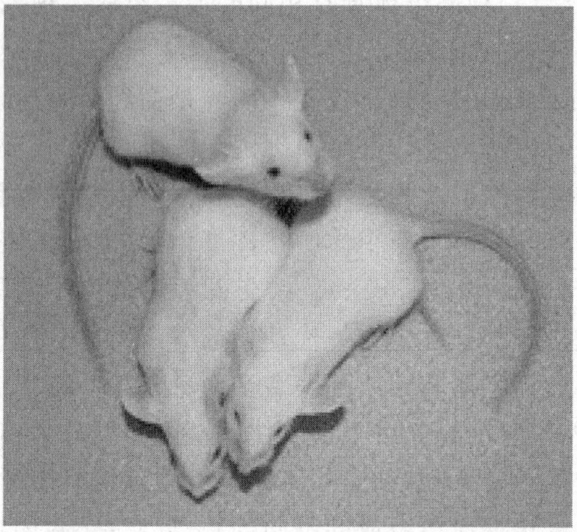

图 2-3　昆明小鼠(图片引自丁香园网)

(3)独特的种群参数　出生率(natality)、死亡率(mortality)、迁入率(immigration)和迁出率(emigration)是衡量种群的 4 个基本参数。实验动物是在人工控制的条件下培育而成,因此其种群的 4 个基本参数主要受人类活动的影响。第一,出生率是泛指任何生物产生新个体的能力。实验动物生活于人工的控制环境条件下,各种环境条件和设施都达到其最适的需求,生殖只受生理因素所限制;同时各种繁殖技术,如超数排卵、人工授精等的应用,使得实验动物的实际出生率(realized natality)几乎等于最大出生率(maximum natality)。第二,由于实验动物处于最适的环境需求、标准化的人工饲养和管理的条件下繁殖、生长;同时所有个体除用于老年病学的研究外几乎都在因老年而死之前供给实验用,因此其死亡率很低。第三,在整个实验动物种群中,除最初作为种源引进的实验动物外,在后期的繁殖生产过程中几乎均不再引种,因此其种群的迁入率几乎为零。最后,生产实验动物的目的是用于各种科学实验，因此其迁出率随各种科学实验用实验动物的数量而变化。

此外，在种群的次级种群特征参数——年龄结构（age distribution）和性别比率（sexual ratio）方面，实验动物种群也具有独特性。

年龄结构是指不同年龄组在种群内所占的比例或配置情况。由于各种实验研究的目的和要求的不同，对实验动物年龄结构要求也不同。如在老年病学研究中则需要老年实验动物；在长期、慢性试验研究中则需要幼年实验动物；但大多数试验都是用成年实验动物居多。因此，在无特殊的目的要求下，实验动物种群中年龄结构以幼、成年实验动物占多数，而老年实验动物较少，或几乎没有。

性别比率是指在种群内雌雄所占的比例。在实验动物种群中，其性别比率受出生时的随机性和根据实验目的和要求两个方面的影响。实验动物出生时的性别比率是无法改变的，具有随机性；但在后期实验动物种群中的性比受实验目的和要求影响，如需进行计划生育方面的研究时则对实验动物的性别具有特殊的要求，从而导致实验动物中性比的变化。

（4）具有空间特性　实验动物种群是一定空间内同一品种或品系个体的总和，因此种群具有空间和时间的特性。所谓空间特性是指种群占据一定的空间。由于实验动物的特殊用途，其种群占据的空间十分有限，仅仅分布在实验动物饲养繁殖、生产和动物试验的有限空间中，即饲养空间中；此外，在地理范围内分布还形成地理分布，即种群具有地域空间特性，如前文所述 KM 小鼠在不同的地理分布中形成不同的种群。

二、实验动物种群资源保护的方法

实验动物是人工培育和人工改造，用于科学实验的动物；而实验动物种群是同一品种、品系个体的总和，不同的品种、品系具有不同科学实验用途。因此，为保证实验动物的广泛应用，必须对实验动物种群资源进行保护，以促进实验动物资源的利用，满足科学实验的需要。保持动物品种、品系的繁殖。

（1）标准化的种质资源保存　种质资源又称遗传资源，是实验动物种群存在的基础。实验动物种群是同一品种、品系个体的总和，而不同品种、品系之间具有不同的遗传组成。因此，为保证种群资源的多样性，在进行实验动物种群资源保护的时候首先要进行种质资源的保存。种质资源的保护方法包括活体保种、精液冷冻技术、胚胎冷冻技术、基因保存技术、体细胞克隆技术和构建细胞库。

（2）标准化的繁殖体系　繁殖是维持品种、品系活体保存最基本的方法。繁殖体系的标准与否不仅关系到品种、品系的种质资源，而且关系到供科学实验用的实验动物种群数量。根据遗传特性的不同，实验动物分类近交系、封闭群、杂交系和突变系。不同的遗传特性的实验动物其繁殖体系不同。

近交系动物的繁殖群分为基础群(foundation stock)、血缘扩大群(pedigree expansion stock)和生产群(production stock)，当近交系动物生产供应数量不是很大时，一般不设血缘扩大群，仅设基础群和生产群。

基础群中严格以全同胞兄妹交配方式进行繁殖，主要是为保持近交系自身的传代繁衍，为扩大繁殖群提供动物种群；其繁殖方法有单线法、平行线法和选优法。单线法是指每代通常选留3～5对种鼠进行兄妹交配，从中选择生产能力最好的一对进行繁殖(即仅有1对向下传递)，再从子代中选留3～5对种鼠进行兄妹交配，然后从中选择一对作为下代生产的双亲，如此一代一代延续下去。该种方法繁殖生产的个体均一性好，缺点是选择范围太小，易发生断代的危险，在实践中一般不予采用。平行线法是指选择3～5对种鼠进行兄妹交配，然后保持每对兄妹对子代都选留下一代种鼠，再延续下去。此种方法的优点是选择范围大，有利于种的维持；缺点是个体不太均一，易发生分化，长期下去可使动物分成不同的亚系。优选法是指每代常有6～8对种鼠，通常选择3对向下传递，系谱呈树枝状，向上追溯4～6代通常能找到1对共同祖先。这种方法保留了单线法和平行线法的优点，克服了两个方法的缺点，是个好的保种方法。

血缘扩大群种用动物来自基础群；采用全同胞兄妹交配方式进行繁殖；其血缘扩大群的繁殖方法基本同基础群。

生产群种来自基础群或血缘扩大群，其目的是生产供应实验用近交系动物，一般采用红绿灯法进行繁殖，但繁殖代数一般不应超过4代。红绿灯法的具体做法是从基础群或血缘扩大群中引进的近交系动物饲养在白标签的笼里繁殖作为第一代，产出的第二代放入绿标签的笼里繁殖，产出的第三代放入黄标签的笼里繁殖，产出的第四代放入红标签笼里饲养，不再继续繁殖，而是全部供给科研实验用，不允许留种。这种方式也称交通信号灯方式(图2-4)。

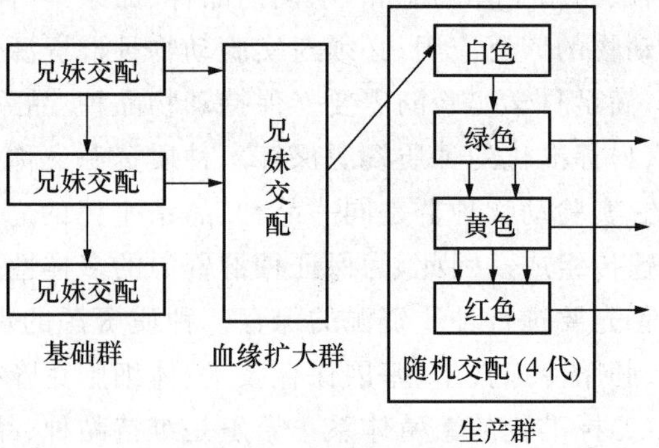

图2-4 红绿灯繁殖法

封闭群动物的繁殖方法包括按随机数表配对法、分组交配法和循环配对法。按随机数表配对法是将断奶后的小鼠编号，按随机数表组成配种对。分组交配法是将被选留的种鼠分组编号后，雌雄分笼饲养。配种时雌雄种鼠应按组别交叉配种，即 1×3、2×4、……$(n-1)\times 1$，$n\times 2$。如当 $n=4$ 时，$(n-1)\times 1$ 即为 3×1，4×2，1×3，2×4，配对后组成 A、B、C、D 4 组。再将 A、B、C、D 4 组生下的小鼠分别按顺序定位 1、2、3、4 重复上面的循环。循环配对法是一个最容易管理的方法。每盒仅仅 1 对种鼠，每代种鼠的对数相同，每盒种鼠在下一世代中仅留 1 对后代。把所有的鼠盒按一个圆圈排列，每个盒子包含 1 对第 n 代的小鼠，下一个循环称为 $n+1$ 代，子代雌雄分别进入它下一代循环对应编号邻近的盒子里，此时，雄鼠按逆时针方向循环，雌鼠按顺时针方向循环（图 2-5）。

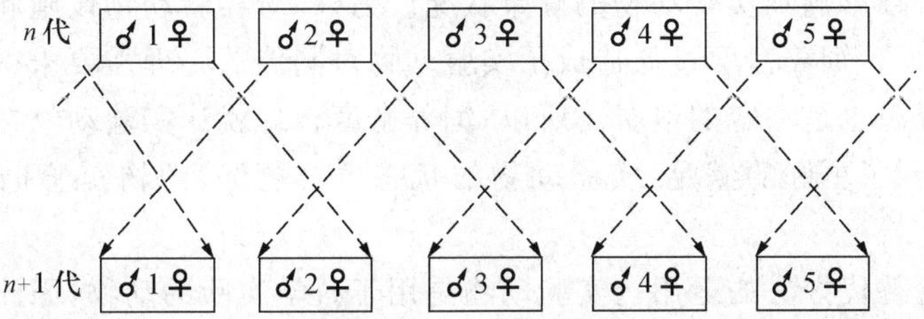

图 2-5　循环交配法

封闭群各繁殖方法的选择需根据种群中雄种动物的数目来决定。当封闭群中每代交配的雄种动物数目为 10～25 只时，一般采用循环交配法；当封闭群中每代交配的雄种动物数目为 26～100 只时，一般采用循环交配法或分组交配法；当封闭群中每代交配的雄种动物数目多于 100 只时，一般采用随机交配法也可采用分组交配法。

杂交群（或称 F_1 代）依靠两个近交系杂交而来，具有遗传均一性，它不能作为繁殖用，必须保持两个亲代品系才能大量繁殖 F_1 代。因此，为了能在一定时间内，提供较大量的杂交群动物，最好采用循环交配或定期交配进行生产。

突变系是指保持有特殊的突变基因的品系动物，也就是受各种内外因素影响引起染色体畸变或基因突变而育成某些特殊性状表型的品系动物。根据动物突变基因的来源和保持方法，将突变系动物分成同源突变近交系、基因导入近交系和分隔近交系。基因导入近交系的繁殖多采用回交体系和杂交-互交体系，回交体系用于显性突变、共显性突变、隐性致死性突变和半显性致死性突变；杂交-互交体系用于隐性有活力的突变。分隔近交系是一个近交系，但在控制的位点上可能有杂合子存在，这个繁殖体系包括有强制性杂合子回交的兄妹近交和有强制性杂合子互交的兄妹近交，两种繁殖体系都可用于共显性有活力、显性有活力、隐性有活力的突变中，只有互交体系可用于隐性致死性突变种。当突变的两性都不能繁殖时可采用卵巢正位移植法以维持其突变基因的特征。

(3)标准化的饲养和管理　标准化的饲养和管理不仅是实验动物保护和福利的研究内容之一，也是影响到实验动物质量的因素之一，还是影响实验动物种群资源的关键因素，而这三方面又是相互联系，相互促进。标准化的饲养和管理能保证实验动物的质量，增加实验动物的繁殖成绩，减少不必要的损伤，从而增加了实验动物种群数量。标准化的饲养和管理就要求对实验动物的饲养密度、饲料和饮水、垫料进行规范和标准化。如饲养密度直接影响到实验动物的舒适度和实验动物健康水平。饲养密度过高会导致拥挤踩踏、抢食抢水、饲养环境空气质量下降、微生物滋生等，直接影响到实验动物的健康状况。另外，对实验动物设施和设备也造成了巨大的耗损。饲养密度过低造成了实验动物对同伴的心理需要未得到较好的满足，对空间资源也是一定的浪费。所以，饲养密度合理就让实验动物在生理和心理需要上都得到了更好的满足，实验动物的状态也会更好，动物实验也能得到顺利进行。

(4)试验替代方法的运用　实验动物是用于科学实验的动物，因此对实验动物种群资源进行保护就需要在进行动物试验时减少实验动物的用量。目前国际上提出了以“3R”为核心的实验动物的替代方法以减少不必要的实验动物浪费和损害，并制定了一系列的实验动物替代方法。如经济合作与发展组织(OECD)联合多个欧盟领先组织和欧洲替代方法验证中心(ECVAM)批准了一系列的 OECD 准则文件和测试指南(TG407、TG429、TG487 等)。这些准则文件和测试指南极大地减少了动物试验过程中实验动物的数量，达到了实验动物种群的保护目的。

第四节　野生动物种群资源保护

动物生存于自然界的各种生态环境之中，它们与人类有着密切的关系，而生存环境的丧失则是造成野生动物濒危和灭绝的主要因素，因此，物种多样性和栖息地研究是野生动物种群资源保护重要的前提和基础。

一、野生动物与人类的关系

野生动物与人类的密切关系可以通过其经济价值、生态价值、社会价值和科学价值等方面体现出来。

1. 经济价值

野生动物的经济价值主要体现在食用、羽用毛皮用、药用、役用 4 方面。

(1)食用 从营养角度来说,多数野生动物都具有食用价值,其肉、蛋、乳均含有丰富的营养。如鹿、狍子、环颈雉、山鹑、野鸭等营养丰富、味道鲜美,为野味食品中的上品,亦是特种经济动物养殖业中的重要种类;榛鸡(俗名飞龙)更是历代皇朝的贡品;传统名贵的烹饪原料燕窝,是金丝燕利用唾液筑的巢。

(2)羽用、毛皮用

①羽用。许多鸟类(特别是雁鸭类)的绒羽质轻而富于弹性,为优良的保温填充材料,可制衣、被褥、枕垫等。部分鸟类的羽毛可用作饰羽,如雕翎、雉鸡翎、大白鹭的蓑羽等。此外,羽毛画还是一项价值较高的工艺美术商品,孔雀、环颈雉、翠鸟等的羽毛都是很好的原材料。

②毛皮用。毛皮是人类认识最早,并且仍在利用的重用的生活和生产物质的原料。我国毛皮动物有 150 多种,其中已被利用的毛皮兽已达 90 多种,如紫貂、水獭、狐、黄鼬都是世界著名的毛皮兽,我国是世界上主要的毛皮生产国。

③药用。动物药是中国医药学的重要组成部分,我国自古就有以动物入药的。早在 3 000 年前,我国就开始了蜜蜂的利用,还用动物肝脏治疗夜盲症,这较西欧使用脏器药物为早。在《神农本草经》中就记载动物药 65 种,明代李时珍的《本草纲目》记载的动物药有 461 种,加上《本草纲目拾遗》中记载的总数达 500 余种。目前我国药用动物已达 800 余种,因其独特药效,所以一直流传至今,例如麝香、鹿茸等都是名贵的中药材和滋补药。

④役用。许多野生动物经过驯化后可为人类役用,这其中主要是鸟类和哺乳类,如鸬鹚(俗称鱼鹰)驯化后可用作捕鱼,鹰驯化后可用作狩猎,大象驯化后可用作集材。

2. 生态价值

(1)保护农林,维护生态平衡 许多野生动物是农林害虫害兽的天敌,在控制害虫害鼠的大发生、维护农林生态系统上起重要作用。

在灭虫方面,鸟类中的灰喜鹊、喜鹊、大山雀、啄木鸟、戴胜、杜鹃等食虫鸟对农林害虫有明显的抑制作用,不仅可直接消灭害虫控制数量,还可充当虫害发生的信使;此外,部分昆虫(如蜻蜓、螳螂、瓢虫等)、爬行动物(如壁虎等)、两栖类(如青蛙等)、哺乳类(如蝙蝠、刺猬等)也都是害虫的天敌。

在灭鼠方面,鸟类中的猛禽(各种鹰类、隼类、鸮类)、兽类中的鼬科(如黄鼬等)、部分犬科动物(如狐等)及蛇类都是鼠类的天敌,它们每年能消灭大量的农林草原害鼠,对保护农林草原、减少疾病、维护生态平衡起着重要作用。

(2)有利于森林的更新、是植物种源的传播者 许多动物如多种蜂、蝶及部分鸟类、哺乳类动物对植物花粉及种子的传播起着重要的作用。

①传布花粉，促进结实。如蜂鸟、啄花鸟、太阳鸟等能传播花粉，促进结实。

②传播种子。一些食谷鸟类以植物种子为食，未消化的种子随粪便排出，在异地适宜条件下萌发，促进了植物种子的传播。

③松鼠等动物具有贮食的习性，而那些贮存在地下的被遗漏的种子，在适宜条件下则会萌发。

④散布菌根。菌根天然更新很缓慢，鼠类则可将菌根从别的地方带来，促进林木的更新。

(3)充当食料　作为生态系统食物链中的一环，充当其他动物种类生存的食料。

3. 社会价值

(1)丰富人们的文化知识，陶冶人类的情操，给人以美的享受　世界上近1 000个动物园饲养着3 000余种动物，我国大陆170多个动物园饲养了600余种动物，此外，各国还出版了许多以野生动物为题材的文学作品和影片，这些动物均可直接或间接地供人们观赏和享受。

(2)灾情的预报员　野生动物利用其感觉器官能感知一些自然界的信号，在自然灾害来临之前有所反应。如：下雨之前，会出现燕子低飞、蚊虫过道的现象，这种现象预示不久大雨即将到来。海上风暴来临前，潜鸟会发出似喇叭的长鸣，渔民可以此判断天气的变化。鼠类、犬、马等哺乳动物能感觉到地层深处地壳变化发出的微波，因此，我国在许多动物园等动物养殖场所建立了动物异常行为观测站，以监测地震等自然灾害的发生。

4. 科学价值

野生动物的科学价值主要表现在仿生学和实验动物上。

(1)实验动物　在医学、航天等许多领域都需要用动物作实验，如每种新药的诞生亦都是先用动物做实验。例如猕猴、猩猩等都是很好的实验动物。

(2)仿生学　人们根据生物的形态、结构、功能以及行为搞了许多发明创造，这就是仿生学。例如，根据人类鸟类定翼滑翔的原理发明了机翼，根据蝙蝠的超声波定位原理发明了雷达，根据啄木鸟头部的解剖结构发明了防震帽等。

二、野生动物的分类与多样性

根据动物体的细胞数量及分化、体型、胚层、体腔、体节、附肢及内部器官的布局和特点等，动物界可分为如下34个门。

(1)原生动物门(Protozoa)　有3万～4.4万种，主要包括鞭毛纲、肉足纲、孢子纲、纤毛纲，代表动物有鞭毛虫、变形虫、疟原虫、草履虫等。

(2)中生动物门(Meszoa) 已知有 50 余种,分为菱形虫纲和直泳虫纲,代表动物有双胚虫、异胚虫等。

(3)多孔动物门(海绵动物门)(Spongia) 约有 1 万种,分为钙质海绵纲、六放海绵纲和寻常海绵纲,代表动物有白枝海绵、偕老同穴、浴海面等。

(4)扁盘动物门(Placozoa) 目前发现只有 1 种,即丝盘虫。

(5)腔肠动物门(Coelenterata) 约有 1 万种,分为水螅纲、钵水母纲和珊瑚纲,代表动物有水螅、海月水母、海葵等。

(6)栉水母动物门(Ctenophora) 约有 100 种,代表动物有带水母等。

(7)扁形动物门(Platyelminthes) 约有 2 万种,分为涡虫纲、吸虫纲和绦虫纲,代表动物有三角涡虫、华枝睾吸虫、猪带绦虫等。

(8)纽形动物门(Hemertinea) 有 500～600 种,代表动物有纽虫等。

(9)颚口动物门(Gnathestomulide) 有 100 种左右。

(10)轮虫动物门(Rotifera) 已发现有 2 000 多种,代表动物有旋轮虫等。

(11)腹毛动物门(Gastrotricha) 已知有 200 多种,代表动物有鼬虫,头趾虫等。

(12)动吻动物门(Kinorhyncha) 有 100 种左右,代表动物有动吻虫等。

(13)线虫动物门(Nematoda) 分为无尾感器纲,尾感器纲,代表动物有蛔虫等。

(14)线形动物门(Nematomorpha) 已知有 100 多种,代表动物有铁线虫等。

(15)鳃曳动物门(Priapulida) 有 18 种。

(16)棘头动物门(Acanthocephala) 有 500 多种,代表动物有棘头虫等。

(17)内肛动物门(Entoprocta) 约有 15 种。

(18)兜甲形动物门(Loricifera)。

(19)环节动物门(Annelida) 约有 1.7 万种,分为多毛纲、寡毛纲和蛭纲,代表动物有环毛蚓、沙蚕、日本医蛭等。

(20)螠虫动物门(Echiurida) 有 200 种,代表动物有单环刺螠等。

(21)星虫动物门(Sipunculida) 有 300 种,代表动物有光裸星虫等。

(22)须腕动物门(Pogonophora) 有 140 多种,代表动物有西伯达虫等。

(23)被腕动物门(Vestimentifera)。

(24)缓步动物门(Tardigrada) 有 400 多种。

(25)有爪动物门(Onychophora) 约有 90 种,代表动物为栉蚕。

(26)节肢动物门(Arthropoda) 动物界最大的门,共有 110 万～120 万种,占动物总种数的 4/5,分为有爪纲、肢口纲、蛛形纲、甲壳纲、多足纲和昆虫纲,代表动物有栉蚕、鲎、蜘蛛、蝎、日本沼虾、蜈蚣、马陆、中华稻蝗等。

(27)软体动物门(Mollusca)　有13万多种,分为单板纲、无板纲、多板纲、腹足纲、掘足纲、瓣鳃纲和头足纲,代表动物有新碟贝、龙女簪、毛肤石鳖、圆田螺、鲍、角贝、无齿蚌、贻贝、乌贼、鹦鹉螺、金乌贼、章鱼等。

(28)腕足动物门(Brachiopoda)　有300多种,分为无铰纲和有铰纲,代表动物有海豆芽、酸酱贝等。

(29)外腔动物门(苔藓动物门)(Bryozoa)　约有4 000种,分为被唇纲和裸唇纲,代表动物有斑条透明苔虫、鸟头草苔虫等。

(30)帚(箒)虫动物门(Phoronida)　有20多种,代表动物有箒虫等。

(31)毛颚动物门(Chaetognatha)　有60多种,代表动物为箭虫。

(32)棘皮动物门(Echinodermeata)　约有6 000种,分为海百合纲、海星纲、海胆纲、蛇尾纲和海参纲,代表动物有海盘车、海羊齿、海胆、蛇尾、海参等。

(33)半索动物门(Hemichordata)　有90多种,分为肠鳃纲和羽鳃纲,代表动物有柱头虫、头盘虫、杆壁虫等。

(34)脊索动物门(Chordate)　有4万多种,分为3个亚门,即尾索动物亚门、头索动物亚门和脊椎动物亚门。其中:

①尾索动物亚门有1 370多种,分为尾海鞘纲、海鞘纲和樽海鞘纲,代表动物有柄海鞘、住囊虫等。

②头索动物亚门约有30种,隶属于头索纲,代表动物有白氏文昌鱼等。

③脊椎动物亚门是动物界最进步、最高等的类群,分为圆口纲、鱼纲、两栖纲、爬行纲、鸟纲和哺乳纲,代表动物有七腮鳗、各种鱼类、蚓螈、蝾螈、蛙、喙头蜥、龟鳖、蜥蜴、蛇目、鳄目、各种鸟类、哺乳类等。

三、野生动物的生境和类型

野生动物必须从栖息环境中获得必要的物质(如水、食物等)和足够的生存空间(如隐蔽地、繁殖场所等)才能得以生存,因此环境是动物生存的首要条件。每一种动物都有它所需要的特定的栖息地,一旦栖息地缩小或丧失,动物的数量也随之减少或灭绝。生境对野生动物具有制约性,但野生动物的活动也会改变生境。

1. 生境的概念

生境是指为野生动物提供生活所需的空间单位。野生动物的生境包含3大要素——食物、隐蔽物和水。

2. 生境的类型

野生动物的生境类型多种多样，根据 IUCN 生境类型划分标准(1998)，分为 8 种类型。

(1)森林 森林由高 5 m 以上具有明显主干的乔木，树冠相互连接，或林冠盖度大于 30%的乔木组成。森林是陆地最常见的野生动物生境类型，森林中栖息着多种野生动物。

(2)灌丛 灌丛主要由丛生木本高位芽植物构成，植物高度一般在 5 m 以下，有时也超过 5 m。其与森林的主要区别在于高度不同且优势种多为丛生灌木。灌丛是野生动物栖息的重要生境，可为野生动物提供食物资源和隐蔽场所。

(3)荒漠、半荒漠 荒漠是一种极度干旱，植被稀疏、盖度小于 30%的生境类型，其植被由一系列特别耐旱的旱生植物组成。荒漠、半荒漠也能为野生动物提供食物、水分和隐蔽所。

(4)草本植被 草本植被是以禾草型的草本植物和其他草本植物占优势的植被类型。可分为草原和草甸 2 种生境类型。

①草原。由具有抗寒、抗旱并能忍受暂时湿润能力的草本植物组成，主要是禾本科植物。我国有典型草原、草甸草原、荒漠草原和高寒草原 4 种类型。

②荒漠。由多年生中生草本植物组成，一般不呈地带性分布。我国有大陆草甸、沼泽草甸、亚高山草甸和高山草甸 4 种类型。

(5)湿地植被 湿地植被是分布在土壤过湿，或有薄层积水并有泥炭积累，或土壤有机质开始碳化生境中的植被类型，它由湿生植物植物组成，以草本植物为主，亦有木本植物，均扎根于淤泥之中。湿地是重要的野生动物栖息生境类型，是水禽和涉禽的最重要生境。

(6)高山植被 高山植被是分布在雪线上下、适应于极端寒冷气候条件下的植被类型，植被低矮，多呈垫状、匍匐状，植物种类组成贫乏。可分为高山冻原和高山垫状植被 2 个植被类型。

(7)水体 水体分为海域和内陆水体 2 部分。海域是面积最大的野生动植物生境，约占地球总面积的 70%，分布在远离海岸、近海岸和河口，其中河口包括河流入海口和沿岸海湾，是河流淡水和海水的交汇处，食物丰富，动物种类较多。内陆水体分为流动水体和静止水体。水体是水鸟(包括海鸟)、水生哺乳动物和鱼类的重要生境。

(8)其他 包括自然生境和人工生境。自然生境包括以上生境类型以外的其他生境类型，如沙漠、戈壁、裸岩、溶洞、高山碎石、冰川、雪被和岛屿等。人工环境包括城市、农庄、农田、人工林、果园、公路两侧地区等。

小　结

野生动物与人类的关系密切，其价值可以通过经济价值、生态价值、社会价值和科学价值等方面体现出来。根据动物体的细胞数量及分化、体型、胚层、体腔、体节、附肢及内部器官的布局和特点等，动物界可分为34个门。野生动物的生存需要有适宜的生境，根据IUCN生境类型划分标准(1998)，生境分为森林、灌丛、荒漠和半荒漠、草本植被、湿地植被、高山植被、水体和其他8种类型。

复习思考题

1. 什么叫做遗传多样性？如何衡量动物种群资源的遗传多样性？
2. 动物种群保护的理论基础是什么？保护动物种群资源有哪些手段和方法？
3. 论述农场动物种群保护的理论与方法。
4. 简述野生动物与人类的关系。
5. 简述野生动物的分类与多样性。
6. 什么是野生动物的生境？有哪些类型？

主要参考文献

1. Colditz I. G. The application of Russell and Burch's Three Rs in commercial livestock experimentation. Animal Welfare, 2006, 15:1-5.
2. Karas A. Z. Barriers to assessment and treatment of pain in laboratory animals. Laboratory Animals, 2006, 35: 38-45.
3. 程树军，焦红. 实验动物替代方法原理与应用. 北京：科学出版社，2010.
4. 广东出入境检验检疫局，广东省实验动物检测所. 中国替代方法研究评价中心. http://211.147.240.56/，2010.12.7.
5. 国家家畜禽遗传资源管理委员会. 全国畜禽遗传资源保护与利用学术研讨会论文集(2005年1月，北京).
6. 贺争鸣，李冠民. 动物实验替代方法概论. 北京：学苑出版社，2003.
7. 胡建华，姚明，崔淑芳. 实验动物学教程. 上海：上海科学技术出版社，2009.
8. 联合国粮食与农业组织. 世界粮食与农业动物遗传资源状况. 北京：中国农业出版社，2007.
9. 孙儒泳. 动物生态学原理. 3版. 北京：北京师范大学出版社，2006.
10. 吴常信. 动物遗传学. 北京：高等教育出版社，2009.
11. 张细权，杨关福，李加琪. 动物遗传标记. 北京：中国农业大学出版社，1997.

第三章　动物行为与动物的保健

学习要点

了解动物行为的分类、特点以及影响动物行为的因素；了解动物在行为上的异常表现，重点掌握在动物保护中对于动物异常行为的矫正与预防；了解动物源性传染病的特点和危害，以及与人类健康的关系，掌握控制传染病的措施；了解导致动物性食品污染的原因、危害和保证食品安全的相应措施；了解我国动物防疫检疫机构设置；了解动物检疫的一般对象、技术、分类及处理；掌握动物疫病的预防和扑灭措施；了解动物健康的监测指标；了解动物保健的一般措施及运输中的动物保健方法。

第一节　动物行为及动物保护

在所有探讨前，我们首先要清楚什么叫做动物的行为。蒋志刚在《动物行为和物种保护》一书中将行为定义为：是动物在一定环境条件下，为了完成摄食排泄、体温调节、生存繁殖及满足个体其他生理需求而以一定的姿态完成的一系列动作。这是狭义上的行为。但行为并不局限于是一种运动形式，广义上讲，动物行为还包括动物个体间的通讯、各种气味的释放、体色的改变以及身体内部的各种生理改变。总之，动物的一切活动和对环境产生的各种反应都可以称之为动物的行为。

掌握动物的行为特点将有助于评估饲养环境、了解动物的需求，找出危害动物福利的因素和动物痛苦的根源，以减轻动物痛苦，保障动物福利，更好地实现动物保护，协调人与自然的关系，并最终为人类的发展做出贡献。

一、行为的分类

1. 繁殖行为和维持行为

哺乳动物的行为按功能可划分为两类，即维持行为及繁殖行为。繁殖行为主要包括雌雄两性动物的识别，占有繁殖空间、求偶、交配、孵卵、育幼等一系列的复杂行为。但对一种动物来说，可能只具有其中的某几个阶段。维持行为则是维持动物日常生存需要的行为的统称。Fraser 将其归纳为 8 种：反应（reactivity）、采食（ingestion）、保养（body care）、运动（motion）、探求（exploration）、领地（territorialism）、休息（rest）和社会协调（association）。8 种行为的特征如下：

（1）反应行为　是动物在日常活动中对外界刺激做出的反应，包括动物的姿势、姿态、反射及呼唤等。反应行为是动物生存和生活的需要，是与环境协调的主要手段。

（2）采食行为　包括采食与饮水、食物的选择、采食形式，以及进食、嚼食、吞咽及食物储存的过程等。

（3）保养行为　保养行为中最典型的是修饰行为，即清洁体表的行为，如整理羽毛、舔舐等。当动物生病时，其首先表现为停止修饰行为，所以动物是否表现修饰行为也反应了动物的健康状况。另外，动物还有追求舒适的各种保养行为，包括在炎热天气寻找阴凉处歇息、自由地调整姿态来缓解身体的疲劳等，都有助于动物更好地适应环境，减少不良环境下的不适感。

（4）运动行为　指不带有目的的随机活动及玩耍，这种活动往往与维持体况或健康有关，如活动骨骼和锻炼肌肉。所以，运动行为有益于成年动物健康及幼小动物的生长发育。

（5）探求行为　是动物对于周围环境的探求、试探和监测，动物通过探求活动来了解环境特征、食物分布、天敌出没地点等。并且，探求行为是幼龄动物后天学习的手段，幼龄动物在不断的尝试中建立起同环境刺激的条件反射，以增强自身的适应能力。

（6）领地行为　领地是动物种群或家庭生存、繁衍后代所必需的空间，对野生动物是极为重要的。虽然家畜的领地行为在驯化过程中已大大退化，但大多数动物还是保有不同程度的领地行为。

（7）休息行为　休息是动物生理上的需要，休息可保持体内能量平衡、促进新陈代谢、促使动物恢复生理上的疲劳，其规律与方式因物种而异。

（8）社会协调　在群居动物，社会协调行为可以帮助它们有效地辨认同种个体、家庭成员、信息传递以及维系社会结构的稳定。动物个体都有主动接触其他个体的动机或欲望，一旦这一动机无法满足，如个体隔离，都会导致社会行为发育的不正常，社会活动则受到抑制。所以，能否给动物提供社会协调的机会，也是反应动物福利状况的一个指标。

2. 先天行为和后天行为

从动物行为产生的主要因素看，可以将动物行为分为先天行为和后天行为。成年动物的行为则是先天行为和后天行为的复合。先天行为包括各种简单反射、复杂反射及行为链，后天行为则包括各种条件反射、在生活中学会的反应及习惯。这些不同的成分就构成了动物变化万千的行为现象。

先天行为又叫"本能"行为，是动物与生俱来的，由身体里遗传物质控制的行为。本能行为不需要后天学习就可表现物种特性，其表现形式固定不变，是进化的结果，是物种对环境中相对不变刺激的一种适应。而本能行为又分简单的本能及复杂的本能行为。在不良条件下，复杂的本能行为可能会表现异常，不仅是形式上的异常，而且也表现为功能上的异常。

动物的后天行为不是生来就有的，而是动物在生活过程中通过学习、积累经验而逐渐形成的，是动物在"尝试与错误"的过程中逐渐建立起来的行为活动。这也是动物主动适应环境的一种方式。动物只有通过学习才能了解环境特征，才能对环境做出正确的反应。环境越复杂，动物的经验就越丰富，可以说后天经验的多少决定着动物适应能力的强弱。试验证明，各种多细胞动物都具有"学习能力"，通过训练可以形成后天行为。许多动物的复杂行为是动物后天学习得到的，也包括一些异常行为在内。一般规律是，动物越高等，后天行为越复杂，在动物全部行为活动中所占的比重也越大。

二、动物行为的特点

动物行为一般具有如下特点：

1. 动物的行为是运动、变化的动态过程，包括动物身体内部的生理活动变化

动物的任何一种行为都是一种运动的过程，而运动都是由一系列不断变化的动作组成的。这种运动不仅是躯干和肢体的动作，也包括体内的各种生理活动，如呼吸运动、心脏收缩、肠胃蠕动、腺体分泌等。

2. 动物行为与其生存环境相适应

动物的行为与生活环境有密切的关系，其行为均是在长期的进化过程中通过自然选择形成的，因此对生存环境具有良好的适应性，对于动物个体的生存和种族的延续具有重要作用。

3. 动物行为的产生有其生理基础

动物的行为是神经系统与内分泌系统协调作用的结果。每种动物行为的产生，都离不开神经系统、感觉器官、运动器官、激素间的相互协调和共同作用。

(1)神经系统与动物的行为　行为是多种动作的组合，而动作则是神经系统对

刺激所产生的反射活动。刺激可来自内部也可来自外部，或来自内外因素的共同作用。

（2）内分泌系统与动物的行为　动物行为的产生与动物内分泌系统的活动有着直接的关系。激素对动物行为的影响最显著的是表现在繁殖行为上。在非繁殖季节对动物施加性激素能诱发繁殖行为；而若动物体内性激素分泌减少，则相应的，繁殖行为表现减弱甚至消失。另外，性激素还可影响动物的其他行为，如攻击行为等。

（3）神经系统、内分泌系统综合作用于行为　神经系统和内分泌系统不是相互独立的，而是相互影响、存在着协同作用，在它们的共同作用下动物才表现出各种各样的行为。但同时，神经和内分泌系统也受环境因素制约，所以，动物的行为与环境有着密切的关系。

三、影响动物行为的因素

行为有 3 个要素：姿势、动作和环境。这里的环境包括空间和时间、动物所处的生物环境（如种群内个体间相互关系、食物与天敌分布）与非生物环境（气候、空间等），故动物行为在很大程度上受到周围环境的制约。恶劣的环境会导致动物食物缺乏及营养不良，使得许多行为如修饰行为消失，甚至会由于机体抵抗力下降而罹患疾病。同时，动物行为也受到动物心理因素的影响。影响动物行为的因素大致可分为以下几种：

（1）天气和气候　光周期与动物行为尤其是繁殖行为关系密切。除此之外，温度、湿度和光照都影响着家养动物和圈养野生动物的活动。

（2）空间因素　在现代生产条件下，动物对空间的最基本要求是一个能满足自身需要的空间，让其可以趴卧、站立、转身、伸展四肢和修饰自己。当所需空间不足、饲养密度过大时，动物会产生应激反应，出现生长速度缓慢、生产质量下降、健康状况不良等现象。而不仅是空间大小，空间质量也将影响动物的行为表现，有时仅改变环境的物理因素即对动物的行为产生影响。

（3）其他物种或个体的存在　当附近有其他物种或个体存在时，动物的行为会发生明显的改变，如表现攻击行为或防御行为等，而玩耍行为及繁殖行为则会被抑制。

（4）人为干扰　当人靠近或进入动物的笼舍时，也会对动物的行为产生不同程度的影响。一般来说，在遭遇人为干扰时，动物会增加母子之间的亲近行为、转移行为、运动活动、争斗行为或直接针对人类的攻击行为。

四、行为的剥夺

动物和人类一样有感知、痛苦、恐惧和情感需求，而行为是动物表达感觉的肢体语言。有了行为的表达，动物们就能在各自的生活环境中寻找食物、隐身避难、追求配偶、躲避天敌等。若行为中的任何一种被剥夺(即无法表现)，动物就无法实现某一功能，无法满足机体的需要，从而导致动物行为异常或生理应激，严重者会导致健康问题甚至危害动物的生命。

1. 行为需要和行为缺失

行为需要是动物为了生存或适应坏境所必须采取的行为方式，例如觅食和玩耍。觅食是一个搜索、捕获、处理食物的动态过程，在自然环境中觅食时，动物必须不断地处理来自周围环境中的种种刺激，并根据这些刺激矫正自己的行为。所以在整个觅食过程中，动物除了获得食物以外，还充分锻炼了其运动器官和感觉器官，并积累了觅食的经验。而玩耍行为是高等动物幼体的重要行为之一，它包括从神经肌肉到心脏血管的锻炼、神经系统发育的感官刺激以及从环境中学习社交、繁殖及母性技术行为等，从而促进认知技巧的发育，促使社会群体的构成。

但是在现代管理中，动物饲养在全封闭的舍饲中，由人工控制温度和湿度，定时为动物提供营养全面的全价配料，利用激素催情、人工授精使动物在相同的时间发情、分娩。这种对动物生活的"规范化管理"使动物丧失了表达那些行为的环境条件，所以动物的一些自然行为相应地减少。行为缺失就是指动物在现代管理条件下被约束而无法表现的那些行为。尽管一些与动物的生存及适应能力关系不大的行为可以不必表现，但是如果缺失某些维持行为，就会影响动物对环境变化的调节与整合，动物也就难以维持体内稳态平衡。

2. 行为剥夺

在长期的进化过程中，由于自然选择的结果，动物的某些行为和功能与生存、繁衍及适应环境的关系十分密切。而当动物不能自由表现某种行为即可视作该行为被剥夺。例如，动物的运动器官中拥有大量的感受器，这些器官在运动中可提供给动物大量的刺激，连续不断地提供这些刺激以保障动物行为的稳定。可在现代养殖中，家畜、家禽生活环境单一，没有足够的空间让它们自由运动，动物的运动行为就被剥夺了。当行为被剥夺或行为表达受到了限制，动物会感觉到痛苦，并表现出行为异常。行为异常可以降低或缓解表达某一行为的欲望，减轻动物的痛苦。例如动物园内的野生动物总是会不停地走来走去，或者反复地重复做出在野生环境下很少出现的、没有任何目的和功能的行为，其作用是通过这种运动来缓解内在欲望。对于生产动物而言，异常行为会严重影响其生产性能，导致能量损失、代谢增加、饲料转换率降低，不仅严重影响其畜禽产品的数量，也会影响其质量，对人类的健康造成威胁。

五、行为异常

正如前面所提到的，动物的行为是维持个体与其内外环境动态平衡的重要手段。当环境发生变化时，动物通过行为的调节可在一定程度上缓解该变化给个体造成的生理或心理上的压力。当这一需要不能被满足时，动物便往往会以一些异常的行为方式加以宣泄。并不是任何偏离正常的行为都是异常行为。异常行为的特点是，无目的性，导致自身或其他个体的损伤并且明显偏离一个物种或品种的行为。

1. 行为规癖

行为规癖是行为异常的一种，是以固定的形式反复出现的、没有明显的生物学功能的一类行为的统称。动物的行为规癖主要出现在单调的环境中，比如单调的集约化生产环境；而当动物的行为表达受到挫折或冲突时也会发生。这是因为，限制环境下缺乏足够的刺激，使动物行为表达受到抑制，产生极大的心理压抑。这会促使动物将行为转移到能使其得到一定表达的另外物体上，从而导致了行为规癖的发生。例如，当缺乏合适的嗅闻、拱或啃咬物体时，固定的猪舍内物体往往成为猪长时间啃咬的对象。另外，动物的某些运动行为规癖则被认为与运动受限有关，可能源自动物试图逃出所处环境而不能成功所带来的心理厌恶。如动物园的动物因为活动空间不够大，其领域行为不能得到满足，从而表现踱步规癖。

近年来许多学者认为，行为规癖的出现说明动物的行为需要没有得到满足，或对生存环境不适应，表明动物正在遭受生理和心理上的痛苦，意味着动物健康和福利条件的恶化。而这些，会直接影响动物的生产性能，导致饲料转化率降低，生长发育缓慢等。因此，保证动物维持行为的正常表达，是实现动物保护和健康养殖的必要条件。

2. 应激行为

应激行为是动物机体受到体内外各种强烈刺激时所表现的一种非特异防御适应性反应。应激可以通过调整神经内分泌来使动物体达到一个新的相对平衡状态，保证发挥机体的正常功能。适度的应激行为有利于动物适应新的环境，如受到寒冷刺激时，身体打颤、竖毛，身体蜷缩，有助于机体增加产热和保暖。但我们也常看到实验用羊因为采血等临床操作引起应激，造成急性心衰和休克。这说明，长时间或过于强烈的应激行为会对机体造成损害，严重者会导致动物死亡。

引发应激行为的因素称为应激原。在动物饲养管理过程中，应激原是多种多样的，环境突变、拥挤、过热、过冷、强光、噪声、运输、驱赶、斗架、隔离、混群、母子分离、抓捕、保定、惊吓、采血、去势、断尾、给药等都会引起动物的应激反应。在应激初期，动物对外界刺激的不适应性反应通常以异常行为的方式表现出来，诸如惊恐、焦躁不安、停止进食和反刍、胡乱冲撞、流涎、啄羽、咬尾巴、咬栅栏、空嚼、过度修饰、异食癖、一成不变的重复运动、自我摧残等。若应激原作用时间长、频率高、强度大或引起剧烈变化时，动物的应激行为会进一步加剧。其结果是使动物的食欲和消化功能下降、免疫力减低，从而导致动物生长速度减慢，饲料利用率下降，生产力和繁殖力降低，产品品质下降或者罹患疾病，严重的则会激发急性应激综合征，出现休克现象甚至发生猝死。因此，设法降低和减少动物应激，不仅是为了实现动物的福利和保护，对实际生产也有十分重要的意义。

3. 异嗜行为

动物的异嗜行为主要表现为动物舔食、啄食除食物以外的物质。哺乳动物多表现为食毛、舔食泥土、粪便、水泥地面和铁栅栏等，禽类多表现为啄羽、啄肛等行为。

异嗜的原因大致可分为3类：行为诉求、营养缺乏、疾病原因。如前文所述，当由于长时间圈养在笼中、活动空间小、环境单调而使动物的行为需求得不到满足时，会导致心理上的压抑，进而表现为异嗜等异常行为。而某些微量元素如锰、铁、钴、铜、锌、硒、碘等的缺乏也会造成动物主动摄取本不属于食物的物质以求补充所需。另外，在极少数病理情况下，动物也会出现异嗜行为，如胃肠道内菌群失调、肾上腺功能亢进、甲状腺功能亢进等。

动物的异嗜行为容易对其自身造成伤害，若食入铁钉、石头等异物，易造成消化道阻塞或穿孔；若食入含有病原微生物的异物，易造成传染病的感染和传播；若食入含有毒性作用的物质，则易造成中毒甚至死亡。

4. 互相摩擦、吮吸及啃咬

这些行为一般多发生于早期断奶的幼龄动物，如仔猪。幼龄动物过早断奶使得其哺乳动机得不到释放，表现不同程度的烦躁，或者咬自己或同类的耳朵、尾巴等，或者将同伴作为哺乳的对象，由前期对腹部的摩擦或吸吮，演变为生长后期对腹侧的啃咬。这种行为会使接受者受害，导致其身体的损伤或病菌感染。

5. 对群体内某一个体的攻击

我们在动物试验中，经常可以看见笼养小白鼠间发生攻击行为，这是由于空间狭窄、群体密度过大而造成的心理压抑的一种宣泄方式。当动物所需空间不能被充分满足或因玩耍而引起群体兴奋性升高，就易发生针对被孤立个体的攻击行为，这是动物在正常的行为需要不能得到满足时的一种替代发泄途径。受攻击个体会因躲避而耗费体力，甚至最后力竭死亡。

六、异常行为的矫正和预防

一般来说，异常行为的矫正不是通过药物所能根除的，而必须找出产生异常行为的原因，再采取有效对策。

首先，对待动物应做到细心关怀。不仅要保证动物享有适当的饮食平衡和清洁饮水，还要随时观察动物的行为状态，尽早发现异常情况并及时处理，保证动物生存舒适。

其次，应为动物创造良好的生活环境。畜舍条件决定着是否能满足动物的行为需要和实现动物福利，而畜舍条件的质量则主要取决于：①采食与饮水空间的大小；②休息空间的质量与大小；③舍内气候的质量与通风；④地面的质量；⑤躲避场所的多少；⑥行走路径的安全性；⑦运动的自由度与限制量；⑧噪声的高低；⑨有无排泄场所；⑩是否有隔离间；⑪是否设有倾斜的运输通道等。在设计畜舍时，应充分考虑到动物的行为需求，并且可通过观察动物在其生活环境内的行为表现来判断环境条件是否舒适，进而判断畜禽舍内的设备设施是否合理。另外，人们应该为所有圈养的未成熟动物提供足够的运动玩耍空间、玩耍物品及同种个体，最好与同年龄个体进行社会性玩耍。因为动物的玩耍经验是保证其不遭受因人工繁育而造成的生理和行为缺失的最佳途径。

再次，要预防和减轻动物的痛苦，尽量消除一些应激原或弱化应激强度。如主动防止可预见疾病的发生，做好营养、驱虫、防疫、助产、育幼等工作；应用广谱、高效、低毒的口服药物或透皮吸收的制剂，以减少注射给药所给动物带来的痛苦；推广应用饮水免疫或吸入免疫，使群体免疫的过程平缓温和，避免强烈应激；在应激过程中，给予良好的环境或周到的护理；对于实验动物应给予更多人道主义关怀；屠宰家畜尽可能快速、无痛苦；不虐待和遗弃伴侣动物等。

野生动物与圈养动物不同，它们未经驯化，与人类共同生活时间不长，人类的行为活动对它们的影响更大。对于一般野生动物而言，应避免过多的人为干扰。但对于需要人类主动保护的濒危动物，由于其大多生活在人工繁育中心，人工育幼则成为了动物表达自然行为的障碍。不可否认，人工育幼可提高野生动物的繁殖率，但同时也完全排除了动物生长的自然环境和社会环境。当这些人工养育的动物回归自然的时候，恶劣的自然环境与人工创造的舒适环境的巨大差异会造成动物的不适应，易导致动物出现异常行为；并且，由于缺乏与同种社会群体的交流，人工育幼动物很可能被群体排斥或成为攻击对象。故人工育幼只能作为母兽弃婴、母兽没有乳水等紧急情形下的急救措施。可能情况下，我们应尽量避免人工育幼。

在不得不对一个幼体进行人工育幼时，应避免形成错误的印痕。因为对于人工育幼的动物而言，如果饲养员与动物之间形成了印痕，这种印痕将终生保持，并对人工育幼动物的生活造成很大问题。

第二节　动物健康与人类健康

自古以来，动物就与人类休戚相关，动物不仅为人类提供必要的食物，也成为了人类的好帮手、好伴侣。但同时，鼠疫、流感、狂犬病等动物源性疫病，也给人类健康和社会发展带来过巨大的灾难。特别是在近代社会，随着人与动物的接触越来越密切，SARS、禽流感、口蹄疫等动物源性疫病正在对人类社会构成严重威胁，一方面影响人类身体健康，造成心理恐慌；另一方面又影响经济发展和社会安定。另外，动物养殖过程中的污染，动物性产品中的毒素残留、药物残留等动物性食品安全问题也日渐突出，人类健康和生命安全正面临威胁。总而言之，人类健康离不开动物健康，只有保证了动物的健康才能最终保障人类健康。

一、动物源性传染病与人类健康

1. 历史上的动物源性传染病

人畜共患传染病是指在脊椎动物和人之间自然传播的疾病与感染。它可由病毒、细菌、衣原体、立克次体、支原体、螺旋体、真菌、原虫和蠕虫等病原体引起。自2001年以来，世界卫生组织(WHO)已确认了1 100多起具有全球影响的传染病事件，其中超过70%是人畜共患传染病。而近30多年来新发现的传染病达40余种，其中大部分为起源于动物的新病原，同时一些古老的或已基本控制的人畜共患传染病又死灰复燃。

(1)狂犬病　本病是由狂犬病毒引起的急性、直接接触性、病毒性传染病，所有温血动物均易感，其中以犬科动物、猫科动物易感性最高，野生的狐、狼、獾、浣熊、臭鼬、蝙蝠等野生动物为其自然宿主和传染来源。人则主要由带毒的犬、猫咬伤所感染，病死率高达100%，居各类传染病之首。

(2)疯牛病　又称“牛海绵状脑病”，是由朊病毒引起的亚急性、渐进性、致死性中枢神经系统变性疾病，以神经元空泡化、脑灰质海绵状病变为特征。其潜伏期长，且机体感染后不发热、不产生炎症、无特异性免疫应答，故早期难以发现。本病首次发现于苏格兰(1985)，之后欧美多个国家均发现疯牛病，并出现人类吃食了病牛肉奶产品后感染人类海绵状脑病的案例。目前疯牛病仍是不治之症，且发病人数还在不断上升,发病率和死亡率分别以每年21%和23%的速度增长。

(3)流感　由流感病毒引起,以发热和伴有急性呼吸道症状为特征,以飞沫为媒介传播,传播迅速,呈流行性或大流行性。流感病毒有许多亚型,人流感主要由H1N1、H2N2、H3N2引起。流感病毒易发生变异、重组,产生新的流感病毒。自1997年香港发生18人感染H5N1禽流感病毒起,相继出现人类感染高致病性禽流感死亡的病例,到2003年底,亚洲10个国家和地区先后暴发禽流感疫情,导致数千万家禽病死或扑杀销毁,造成了巨大的经济损失。

(4)艾滋病　艾滋病可以说是一种典型的由野生动物传染给人类并且已经在人体内发生演化,成为在人间传播和流行的疫病。它可能起源于西非,由猴免疫缺陷病毒SIV重组变异而来。病毒本身并不会引发任何疾病,而是攻击人体免疫系统,人体便会由于抵抗能力过低,从而感染其他的疾病导致各种复合感染而死亡。艾滋病不仅传染性强、潜伏期长,而且致病病毒变化多端、适应能力强,经常变异以躲过宿主免疫系统的识别和攻击。目前艾滋病的病死率几乎高达100%。

2. 动物源性传染病的特点和危害

动物传染病的特点如下:①老病出现新症状,老病原出现新变异,病原因子在环境压力与机体免疫压力下,不断发生变异,出现新的变异株与血清型;②新出现和重新流行的传染病危害性增大;③多病原并发、继发使疾病复杂化;④细菌性疾病危害加剧;⑤疫病发病周期缩短;⑥疾病流行的空间特征变化迅速;⑦动物传染病对人类的威胁越来越大,某些动物病原已经突破种间屏障,直接感染人,给人类造成巨大威胁;⑧多病原混合感染增多,使病情更加复杂化,多病原混合感染或继发感染已成为发病的主要形式;⑨病症非典型化,随性感染增多。

动物源性传染病的危害不仅在于对人体健康和生命财产安全构成影响,另一方面还会造成人们心理恐慌,影响社会经济发展及社会安定,使政府的作用及其在公众中的威信受到影响,国家经济的正常运行与社会的稳定和发展受到巨大的冲击和影响。

3. 疫病流行的原因

(1)生态环境变化　世界人口的急速增长、对自然无节制的开发,造成了生态环境的恶化,许多野生动物的正常生存环境遭到了破坏,被迫离开它们的栖息地,四处逃窜,而野生动物携带的致病微生物也随之四处扩散。人类本没有机会接触到这些病原体,对其没有免疫力,一旦这些动物身上的致病微生物传播到人类之中,往往就会造成疫病的流行。这是动物源性疫病不断发生和传播的根本原因。

(2)生物进化与病原变异　一方面,在漫长的生物进化过程中,人类逐渐远离了野生动物,脱离了原始的自然,构建起了适合自己生存的生态区域。但同时,由于长期缺乏与野生动物的接触，人类在源自野生动物的未知病原体面前表现得格外无力。而野生动物在进化过程中很可能体内已经产生了对该病原体的抵抗力，成为不表现症状的带毒者。当带毒动物与人类接触时，人类便完全暴露于这些病原体的攻击之下。

另一方面，病原微生物也在不断地进化，我们称之为变异。从野生动物传来的病原微生物要存活下来就必须不断产生变异以适应人体这种新的宿主，其结果就是易被人类或环境本身消灭的病原体最终消失了，继续得以存活的是生命力强的新病原体。过去认为缓慢进化是发生新病原体的主要力量，而今却发现病原体可以在短时间内发生大片段基因的获得或缺失的"飞跃"式突变。这意味着病原体可以以更快的速度改变自身以适应环境、逃避人体免疫系统和药物的追杀，也意味着我们将难以在短时间内找到有效的预防、治疗和控制方法。

(3)社会与行为方式的改变　社会与行为方式的变化对疾病的流行有着巨大的影响。社会条件改变包括人口增长与老龄化、移民、战争、饥荒、贫困、饲养宠物等。人口增长和移民造成城市人口密集，住房和交通拥挤，人群生活空间缩小；战争、饥荒、贫困使得成千上万的人流离失所、饥寒交迫，这些都有可能降低人体的免疫抵抗力，增加易感人群，为传染病的流行提供有利的条件。而近年来移民潮的出现，也加剧了传染病的蔓延趋势，为传染病的广泛流行创造了得天独厚的条件。

各种人类行为也正影响着传染病的流行，其一便是食用野生动物。野生动物是自然疫源地中病原体的巨大天然储藏库，许多重大的人类疾病和畜禽疾病都来源于野生动物。为了满足日益扩大的市场需求，大量的野生动物被引入人类社会进行人工饲养繁殖，大大增加了人与野生动物间的接触，为病原微生物从野生动物宿主转移到人类宿主，引起新的疫病流行提供了机会。2002 年暴发的 SARS 便是最好的例证。另外，不少人以饲养宠物为时尚，除常规的犬、猫、鸟、金鱼等，还有不少人以饲养蜥蜴、毒蛇、豚鼠为乐。与宠物的亲密接触不仅有可能使宠物体内原本携带的致病微生物进入人体损害人的健康，还会增加其与人类致病菌发生组合和变异的机会，造成新的疫病流行。动物的大规模饲养也易引起疫病流行，并且患病动物的排泄物等会对周围环境产生严重的生物污染。

(4)交通和贸易的发展　由于各种交通工具的高速发展，人和动物的世界性交流越来越便利而频繁。然而，病原微生物也依附于感染的旅行者、被污染的食品甚至运输的车辆等，搭乘上了便利快捷的交通工具，在全世界范围内广泛传播，许多地方流行性疾病已变成了全球性疾病。在全球化和现代化交通工具面前，阻止疫病远离传播的地理屏障已经彻底消失，对疫病蔓延的控制也愈加困难。

(5)滥用抗生素　自从青霉素问世后，抗生素就成了人类战胜病菌的神奇武器。人们如获至宝，无论何种疾病、无论针对哪种动物或者人类自己，抗生素绝对是治疗必需用药。而为了防治传染病，抗生素更是被当做饲料添加剂在畜禽养殖中广泛使用。但实际上，凡超时、超量、不对症使用或未严格规范使用抗生素，都属于抗生素滥用，这是危害极大的。

首先，滥用抗生素会导致体内正常菌群失调，导致有害菌的大量繁殖，从而形成“二次感染”，降低机体的抵抗力，增加了人和动物感染疫病的机会。其次，抗生素的滥用实际上对病原体来说是一个“自然选择”的过程，它客观上减少了微生物间的竞争，因而促进了耐药性细菌的增长，为疫病的暴发起到了推波助澜的作用。

(6)不科学的饲养方法　我国畜牧业在总体上发展水平较低，饲养者大多科学素养较低，饲养方法不科学；加之饲养分散，其饲养环境、饲养方法千差万别，免疫程序、消毒程序也不合理，给疫病的发生和传播创造了条件。另外，在集约化规模化养殖中，生产者为实现最大利润，往往忽视了动物的福利和保护，无疑是增加了传染病发生和流行的风险。不洁净的饮水和饲养环境可使病原微生物得以侵入动物机体大量繁殖，增加动物发病的可能性。

(7)落后的公共卫生体制　对动物健康的忽视也是造成人畜共患病发生的原因之一。在SARS的全球大流行之前，动物疫病的防治一直被认为仅仅与畜牧业、兽医相关，并没有作为公共卫生的重要组成部分来考虑，没有得到足够的重视。而在SARS、禽流感的接连侵袭下，人们终于认识到一个完善、完备、完美的公共卫生体制对于有效预防与控制疾病流行的必要性。科学的公共卫生措施应包括媒介控制、饮水净化及消毒、免疫接种、健康教育等。良好和完善的公共卫生措施，可以有效预防与控制传染病的流行。

4. 动物源性传染病的防治措施

(1)处理好人与动物的关系，保持生态平衡　我们应注意保护生态环境，尽量减少对原始生态系统的破坏，不作大规模经济开发，保持生态平衡。禁止随意猎捕、食用、出售、收购、运输、进出口野生动物和任意破坏野生动物栖息地，并严格控制人为驯养和繁殖野生动物，使野生动物和人类和谐共处。

(2)宣传防疫知识，养成良好习惯　我们应广泛动员社会力量，加强动物疾病防治工作的宣传、健康教育与咨询服务，普及动物疾病防疫知识，增强国民对各类传染病的防范意识，让全民养成良好的生活习惯，保护自己不受人畜共患病的侵害。为此我们必须做到：①提高养殖者的科学素养，科学处置病畜禽和病死畜禽及其产品，不加工、销售、收购、食用发病和病死的畜禽及其产品，不乱抛弃病死动物，对病死动物尸体进行无害化处理。②摒弃落后的畜禽产品加工方式，提倡规范加工，烹调肉品必须煮熟煮透。③不吃野生动物，善待动物，革除虐待动物、遗弃动物的陋习。④与宠物“亲密有间”，不与宠物过分亲密。

(3)科学饲养管理，提倡健康养殖　应当实施科学饲养管理，保持营养平衡；合理安排饲养密度，保持环境清洁卫生，切断疫病传播途径，减少畜禽发病率；加强免疫预防接种，提高动物免疫抗体水平；提倡健康养殖，慎用抗生素，避免病原微生物产生耐药性，造成新的疫病流行；建立健全饲养、免疫标准，实现标准化生产，采取全面的生物安全措施。

(4)加强疫病监测，建立应急机制　通过建立一套有关动物或野生动物携带致病因子的数据库系统来实现对疫病的监测，科学评估该疫病可能的传播方式和致病力，判断其对人类的危害性并在长期的实践应用中不断完善该系统。另外，为在疫病发生时能快速做出相应对策，应建立一套应急机制，并做好相应的物质和技术准备。

(5)注重免疫预防，控制动物疫病　应注重传染病的免疫预防，定期进行预防接种，定期杀虫、灭鼠，进行粪便无害化处理。对患有烈性传染病的动物，必需坚决扑杀并对死畜和病畜科学处理，否则祸患无穷。

(6)做好动物检疫，维护生物安全　要防止动物疫病，维护生物安全，就必须对饲养中的动物(包括家养宠物)进行定期检疫；应严格检疫运输入关的动物，防止烈性传染病的输入，切断传染病的国际化传播；严格管理患病动物和可疑患病动物，严防人与动物、动物与动物之间相互接触；对无治疗意义的动物应立刻扑杀，防止疫病传播。

(7)完善公共卫生体系，为易感人群和易感动物接种疫苗　在疫病发生时，迅速地对其采取封锁、隔离、检疫、消毒与处理等措施，是控制发生和流行的最有效办法，而这都依赖于一个完善的公共卫生体系。只有完善动物疾病防治工作相关法律法规，建立高效的公共卫生防疫体系，才能防止传染病的大肆流行。另外，及时为易感人群和易感动物接种疫苗，是一种针对传染病的主动防护措施，也是阻止传染病发生的最佳积极手段，可以有效防止人畜共患疾病的感染流行。

二、动物性食品安全

随着人们对动物性食品需求量的增加，动物性食品的卫生安全问题也越来越受到人们的关注。2003 年的毒奶粉、2005 年的红心蛋、2008 年的三聚氰胺……都给了我们惨痛的教训，暴露出了我们在动物性食品卫生安全问题上的疏忽。其不仅可能引发短期的中毒、腹泻等症状，食品中所含毒素在长期积蓄作用下的大暴发更会引起人体多系统、多器官的病变和衰竭，危害到人类的生命。另外，食品安全事件还会给人们造成心理创伤，直接影响到经济发展和社会安全。所以，动物性食品卫生安全问题不容忽视。

1. 动物性食品的污染

(1)有害重金属污染　众所周知,重金属对动物和人类是有毒性的。现今由于工业化程度提高,工业“三废”的污染越来越严重,有害物质易通过食物链进入动物机体,导致动物性产品中重金属含量较高。就单个动物来说,其在体内的含量可能不足以引发明显的症状,但当人类食用了这些重金属指标超标的肉、蛋、奶等后,这些有毒元素就在体内沉积下来,并且不易被排出。当蓄积到某一程度时,便会引起重金属中毒。

(2)化学物质污染　化学物质污染是指在动物性食品加工过程中违规超量添加化学物质,如1998年的假酒事件、2005年的红心蛋事件、2008年的三鹿奶粉事件等,均导致了人类大面积的中毒和死亡。这些人为掺入的化学物质被证明是有害于人体的,但仍有大量不法商贩为一己私利而不顾他人生命健康,这也暴露了我们对于动物性食品的监管不足。

(3)生物污染　许多动物疫病可污染动物源性食品,通过动物源性食品上携带的细菌、病毒或寄生虫来感染人类,在人群中传播并引起人发病甚至死亡,威胁人的生命和健康。例如疯牛病,其对人类的危害不言而喻。

(4)兽药残留　动物在使用药物预防或治疗疾病后,药物的原形或其代谢产物可能蓄积、贮存在动物的细胞、组织、器官或可食性产品(如蛋、奶)中,称为兽药在动物性食品中的残留,简称兽药残留。从20世纪50年代开始使用兽药以来,兽药的使用种类和使用量快速增长,导致动物性食品包括肉制品、奶类、蛋类、水产品中兽药残留的普遍存在。现今兽医残留已成为影响动物性食品安全的主要因素。

2. 兽药残留的影响及危害

人类的食品很大部分来源于动物性食品,而随着动物性食品生产的日益发展,用于治疗和预防各种疾病的兽药被广泛地用作饲料药物添加剂,以促进动物生长和繁殖性能,提高饲料报酬等。但若对畜禽使用过量兽药,且在其未代谢完毕便屠宰上市,残留于畜禽体内的兽药(主要是抗生素、激素、驱虫药等)便会被人类摄入。长期食用这些含兽药的动物性食品,会产生一些不良反应,如磺胺可导致恶心、呕吐,并引起造血系统的损害;而抗寄生虫药会产生头昏、恶心、口干、乏力等症状。长期以来,人们并没有对动物产品中的兽药残留引起足够的关注,直到近年来食品安全事件不断显现,暴露出我们对待食品安全问题的疏忽,兽药残留的影响及危害才逐渐为人们所重视。总的说来,兽药残留对人类的危害主要有以下几个方面。

(1)正常菌群失调　正常人体中含有一些参与机体正常生命活动的有益菌群,它们不仅参与机体的正常代谢,同时也抑制了有害菌的繁殖。有抗生素残留的动物性食品,尽管其中的残留量很低,但若长期食用,也会对人类胃肠道的正常菌群产生不良影响，使一部分敏感菌群处于抑制状态甚至死亡，客观上减少了微生物间的竞争，并使机体肠道内环境的平衡被破坏，机体免疫抵抗力降低，从而可能导致条件致病菌（如大肠杆菌）的大量繁殖或体外病原体的侵入，引起胃肠道感染，损害人类健康。

(2)细菌耐药性增加　人类长期食用残留有抗生素的动物性食品相当于长期低量服用抗生素，无异于给自己体内的病原菌以锻炼，使其耐药性不断加强，很多细菌已从单一耐药发展到多重耐药。在某些情况下动物体内的耐药菌株也可直接通过动物性食品传播给人，这些都给感染性疾病的治疗造成困难。

(3)毒性作用　一般残留在动物性食品中的兽药浓度很低，加上人们的摄入量有限，所以大多数兽药残留并不会产生急性毒性作用。但长期食用有某种兽药残留的动物性食品，其中残留的药物积累到一定程度时，就有可能对人体产生毒性作用。在实际生活中，许多兽药添加剂都具有一定的蓄积毒性，如：磺胺类药物及其代谢中间产物对肾脏有严重损害；链霉素等氨基糖苷类药物对肾脏有较强的毒性，并可导致耳蜗神经和前庭神经的损害引起听力下降、眩晕；氯霉素在体内蓄积会影响造血功能，引起再生障碍性贫血，导致粒细胞缺乏症即白血病；四环素会导致牙齿发育异常等。

除了一般的毒性作用之外，残留兽药还具有特殊毒性作用，也是蓄积毒性的一种。包括致畸作用、致突变作用、致癌作用（简称“三致”作用）以及生殖毒性作用。硝基呋喃类、硝基咪唑类、喹噁啉类药物及雌激素、砷制剂等都已被证明具“三致”作用。

(4)变态反应（过敏反应）　某些常用抗生素如青霉素、庆大霉素、四环素类、磺胺类等均具有抗原性，即使是残留在动物性食品中的少量药物，也有可能诱发某些过敏体质人群的过敏反应。并且这些药物被动物吸收后，可从乳汁排出，敏感的人即使是喝含青霉素的牛奶也会出现过敏反应。过敏的反应症状多种多样，轻者会发生皮疹、瘙痒等症状，稍严重的会引致发热、喉头水肿、关节肿痛等，更严重者可能出现过敏性休克，危及生命。

(5)激素样作用　激素类药物会扰乱人体正常内分泌活动，并具有一定的致癌性，在人类表现为儿童早熟、肥胖儿、儿童异性化倾向、肿瘤等。使用含激素残留的动物性食品无异于直接服用激素类药物，其影响和危害是显而易见的。

(6)环境污染　动物所吸收的兽药及其代谢产物可通过粪尿等排入环境并且仍具有生物活性，有可能杀死土壤和水中的微生物，从而破坏微环境内的生态平衡，故对其周围环境具有潜在的毒性。环境中的残留抗生素一方面可进一步通过食物链进入人体，另一方面可使土壤或水中的微生物发生突变，产生耐药性，一旦人体感染这些耐药菌，抗生素将失去作用。这对人类的健康是个极大的威胁。

3. 导致动物性食品污染的原因

(1)非法添加有害物质　许多黑心商贩为了减低成本追求利益最大化而不择手段，在动物性食品加工过程中大量使用对人体有害的化学物质，不惜用苏丹红来染红咸鸭蛋，往牛奶中加三聚氰胺等，完全不顾他人生命健康，无视职业道德。另外，还有许多养殖户为了增加猪的瘦肉率，使用已被禁止的瘦肉精；有的饲料生产企业则受经济利益驱动，在饲料中添加畜禽违禁药物。

(2)环境污染　随着工业化程度升高，工业"三废"对环境的污染也越来越严重，养殖在工厂周边的畜禽不可避免地要遭受污染的侵蚀，比如某些有毒化学物质或者重金属污染。

(3)滥用兽药和饲料添加剂　兽药使用不规范是导致动物性食品中兽药残留的主要原因。包括非法使用违禁药品如盐酸克伦特罗、己烯雌酚、β-激动剂等，造成药物在肉、蛋、奶等动物性食品中的残留；滥用药物，在用药剂量、用药部位、给药途径和用药动物的种类等方面不符合用药规定，超量使用抗生素和其他食品添加剂，致使药物残留严重超标；用药后不按休药期规定，在药物还未完全代谢时就出售禽、畜、水产品类及乳、蛋品等食品；在动物性食品的加工、运输、保存过程中，为使食品保鲜、抑制微生物的生长和繁殖而使用抗生素，从而造成动物性食品中兽药的残留。

(4)管理部门监管不力　管理力度不够，检测方法欠缺，养殖人员的相关知识不足和法律意识薄弱也是导致兽药残留问题严重的原因。政府对基层畜牧兽医站的建设往往不够重视，人员经费难以保证，基层防疫检疫设备落后，再加上兽医检疫人员本身专业知识不足，无法完成越来越重的防疫检疫任务；而且目前我国的兽药残留的检测技术也还尚不能适应不断更新的兽药的最高残留限量要求。所有这些都导致行政监管上的疏忽，使大量超过兽药残留标准的动物性食品得以流入市场，从而危害到消费者的健康。

4. 保障动物性食品安全的措施

动物源性食品的安全是人类食物安全的基础和保障，只有动物性食品的安全，才有消费者的健康安全。因此，采取有效措施来保障动物性食品安全是十分必要的。

(1)加强宣传教育，提高健康观念　广泛宣传动物产品质量安全标准知识，提高人民对动物性食品安全问题的认知，使全社会自觉参与防范和监督；同时有意识地引导消费者，使民众自觉抵制不健康食品，食用有合格标志的健康食品。对基层兽医人员应进行必要的培训，包括职业道德、业务技术、相关法律法规及有关条例的培训，对畜禽养殖者和兽药饲料生产经营企业应加强法律法规和安全生产知识培训，为动物源性食品安全管理营造良好的社会氛围。宣传科学使用兽药，提倡健康养殖，保证畜禽基本的生存福利，使“动物福利”和“动物保护”观念贯穿在整个养殖过程中，提高动物自身的免疫力和抗病力，从而减少动物发病，减少兽药的使用，确保畜禽产品的药物残留符合规定。

(2)加大执法力度，严格监管　由于动物性食品的污染主要发生在其生产加工环节，保障动物性食品安全，必须从源头抓起。行政管理部门和技术部门要积极配合，加强监管力度，严格执行有关法律法规，从饲料加工、养殖管理、屠宰加工、贮存、运输、销售的各个环节进行监督检查和严格检疫，防止有害的动物性食品流入市场。

(3)提高检测技术，开发新兽药　应加强技术机构建设，加大技术人员引进和培训力度，加快动物性食品安全检验标准的制定，不断提高检测技术，以不断地适应检测要求。通过多种形式，积极开展国际合作与交流，借鉴国外先进经验，使我国目前的监控体系、检测方法与国际接轨，通过进一步推动我国的相关食品安全工作。另外，应积极研发高效、低毒、无残留、无污染的绿色环保新兽药或兽药新制剂以代替传统的兽药，保证动物性食品的安全，从而保证人民的健康。

(4)完善相关法律法规　保障动物性食品安全，依赖于完善的法律法规。我国现阶段所使用的相关法规还有很多有待完善之处，应该尽快修改和完善法律，制定相关的配套法规，将饲养、生产、加工、销售环节全部纳入食品安全管理体系，使监督、处罚有法可依，真正实现“从饲养到餐桌”全程监控。

第三节　动物疾病的防疫与检疫

动物防疫检疫是遵照国家有关法律法规，运用强制性手段和科学技术方法，依法对动物和动物产品实施检疫，是防止人畜共患病流行、控制动物疫病扩散和蔓延、保证畜牧业稳健生产、保障人体健康的国家强制性政府行为。其目的在于防止动物疫病发生和传播、保护畜牧业发展和保障人民身体健康，适用于剔除患病动物或产品，确保动物及动物产品健康安全，促进动物及动物产品流通。在实际生活中，动物的防疫和检疫是控制和消灭某些动物疫病所必须采取的有效手段，在保护人类和动物健康、维护动物及其产品的对外贸易方面有着十分重要的作用。

动物检疫具有强制性，有法定的机构和人员、检疫对象、检疫标准和方法、检疫证明、收费标准，坚持依法实施、尊重事实、尊重科学、促进生产、有利流通、预防为主的原则。其检疫范围包括4大类物品:动物及动物产品;装载容器、包装物及铺垫材料;运输工具;其他检疫物如动物疫苗、血清、诊断液及动物性废弃物等。

一、动物防疫检疫机构及法规

1. 国际动物防疫检疫机构及职能

世界动物卫生组织(OIE):随着各国兽医管理部门了解世界各地动物疫情流行动态的需求越来越高,1924年在巴黎创建了一个国际兽疫流行病机构——国际兽疫局(Office International des Epizooties,OIE),于2003年更名为世界动物卫生组织(World Organization for Animal Health)。OIE的主要目标和职责是:①实现全球动物疫情的透明化;②收集、分析和通报兽医科技信息;③为动物疾病控制提供专业知识和鼓励国际协作;④根据WTO-SPS协议的要求,通过制订动物和动物产品国际卫生标准保障国际贸易的稳定发展;⑤改善各国兽医机构的法律框架和资源;⑥提供动物源性食品更好的安全保障和通过科学的途径促进动物福利。其颁布的《国际动物卫生法典》、《国际水生动物卫生法典》已成为国际通用的法规。

除了OIE,尚有联合国粮农组织(FAO)下属的动物健康局,FAO所属亚洲远东和西太平洋地区动物生产和保健委员会(APHCA)、非洲动物资源局(IBAR)、泛美口蹄疫中心和泛美人畜共患病中心等担任着重要动物疾病的监测任务。这些国际机构都与OIE一样,负责从各成员国收集疫情资料并处理分析,定期出版公报和年报,在发生疫情流行时,向成员国发出警报,并采取各种有效措施,预防和控制动物疫病的流行和蔓延。

2. 我国动物防疫检疫机构及其职能

动物传染病的防疫检疫一般来说可粗略分为对外检疫(出入境检疫)和对内检疫(动物传染病防疫检疫)。对外检疫由国家质量监督检验检疫总局承担,对内检疫则由农业部组织实施。

(1)国家质量监督检验检疫总局动植物检疫监管司　其职能有:研究提出禁止入境动植物名录;组织实施出入境动植物及动植物产品检验检疫和监管;管理出入境转基因生物及其产品的检验检疫工作;收集国外有关动植物疫情信息,按分工组织实施风险分析和紧急预防措施;依法管理进出境动植物检疫注册和审批工作。

(2)农业部　其涉及动物防疫检疫的职能有:起草动植物防疫和检疫的法律法规草案,签署政府间协议、协定,制定有关标准;组织兽医医政、兽药药政药检工作;组织、监督对国内动植物的防疫、检疫工作,发布疫情并组织扑灭。

(3)农业部畜牧兽医局　为农业部直属单位,主管畜牧兽医行政管理工作。涉及动物防疫检疫的职能有:拟定动物防疫检疫管理规章,经发布、批准后组织实施;

负责动物疫病防治、检疫、监督管理工作;制定动物疫病防治规划,组织实施动物防疫和监督工作,发布疫情并组织扑灭;负责种畜禽、兽药、兽用生物制品、饲料和饲料添加剂产品登记及进出口审批;组织拟定兽医的标准和技术规范等。

(4)中国兽医药品监察所 是一个国家级兽药评审检验监督机构。它承担着兽药评审,兽药、兽医器械质量监督、检验和兽药残留监控,菌(毒、虫)种保藏,以及兽药国家标准的制定和修订、标准品和对照品制备标定等工作。

动物疾病的监控,主要是在农业部畜牧兽医局的组织领导下进行的,各省、市均设有政府兽医机构和诊断实验室。动植物检疫机构负责进出口的动物疾病监测,兽药监察机构负责兽药的审批与质量监测。上述政府机构在农业院校与研究部门的配合下,已初步形成动物疾病监测的全国性网络。

3. 我国动物防疫检疫相关法规

(1)《中华人民共和国进出境动植物检疫法》 该法规适用于输入和输出到境内外的动植物、动植物产品和其他检疫物,以及装载它们的容器、包装物和来自境外动植物疫区的运输工具的检疫。

(2)《中华人民共和国进出境动植物检疫法实施条例》 该条例根据《中华人民共和国进出境动植物检疫法》的规定制定,适用于进境、出境、过境的动植物、动植物产品和其他检疫物;装载动植物、动植物产品和其他检疫物的装载容器、包装物、铺垫材料;来自动植物疫区的运输工具;进境拆解的废旧船舶;有关法律、行政法规、国际条约规定或者贸易合同约定应当实施进出境动植物检疫的其他货物、物品。

(3)《中华人民共和国动物防疫法》 此防疫法所针对的动物除家畜家禽外,还包括实验动物、观赏动物、演艺动物、家养野生动物等,并按疾病的重要性,在附件中公布了作为检疫对象的116种动物疫病。该法适用于在中华人民共和国领域内的动物防疫及其监督管理活动,其目的和任务是加强对动物防疫活动的管理,预防、控制和扑灭动物疫病,促进养殖业发展,保护人体健康,维护公共卫生安全。

(4)《动物检疫管理办法》 本办法适用于中华人民共和国领域内的动物检疫活动,其任务是加强动物检疫活动管理,预防、控制和扑灭动物疫病,保障动物及动物产品安全,保护人体健康,维护公共卫生安全。

(5)《进出境重大动物疫情应急处理预案》 适用于进境、出境动物检疫发现的重大疫情。目的在于保证在进出境动物检疫中发现重大动物疫情时,能够及时、有序、高效地进行封锁、控制和扑灭,保护我国畜牧业生产完全和人体健康,促进对外贸易的发展。

(6)《重大动物疫情应急条例》 其中所称重大动物疫情,是指高致病性禽流感等发病率或者死亡率高的动物疫病突然发生，迅速传播，给养殖业生产安全造成严重威胁、危害，以及可能对公众身体健康与生命安全造成危害的情形，包括特别重大动物疫情。该条例规定了遭遇重大动物疫情时的处理办法，旨在迅速控制、扑灭重大动物疫情，保障养殖业生产安全，保护公众身体健康与生命安全，维护正常的社会秩序。

二、动物防疫检疫的对象

动物检疫对象是指动物检疫中需要进行检出的动物疫病，即各种动物传染病和寄生虫病，包括急性、烈性传染病、人畜共患病、危害大且防治有困难或耗费财力大的疫病、国外常发国内未发或国内未消灭的疫病、新发动物疫病。目前我国的动物检疫尚不包括重金属、化学物质污染、兽药残留等项目。

世界动物卫生组织 1992 年公布的重要动物疫病名单分为 A、B 两类，其中 A 类有 15 种，B 类有 81 种。而我国农业部于 1999 年 2 月 12 日颁布的境内动物检疫对象名单，分为 3 类 116 种。其中一类动物疫病 14 种，二类动物疫病 61 种，三类动物疫病 41 种，共计传染病 95 种、寄生虫病 21 种。

1. 一类动物疫病

指对人和动物危害严重，需要采取紧急、严厉的强制预防、控制、扑灭等措施的动物疫病。其病种有：口蹄疫、猪水泡病、猪瘟、高致病性禽流感、鸡新城疫、非洲猪瘟、非洲马瘟、牛瘟、牛传染性胸膜肺炎、牛海绵状脑病、绵羊痒病、蓝舌病、绵羊痘和山羊痘、小反刍兽疫。

发生一类动物疫病时，当地县级以上政府兽医主管部门立即派人到现场，划定疫点、疫区、受威胁区，调查疫源，及时报请本级政府对疫区实行封锁。疫区涉及两个以上行政区域的，由共同的上一级政府对疫区实行封锁，或者由各行政区域的上一级政府共同对疫区实行封锁。必要时，上级政府可以责成下级政府对疫区实行封锁。同时，县级以上政府立即组织有关部门和单位采取封锁、隔离、扑杀、销毁、消毒、无害化处理、紧急免疫接种等强制性措施迅速扑灭疫病。封锁期间禁止染疫、疑似染疫和易感的动物、动物产品流出疫区，禁止非疫区的易感动物进入疫区，并根据扑灭动物疫病的需要对出入疫区的人员、运输工具及有关物品采取消毒和其他限制性措施。

2. 二类动物疫病

指可能造成重大经济损失，需要采取严格控制、扑灭等措施，防止扩散的动物疫病。其病种有：①多种动物共患病（9 种）：狂犬病、伪狂犬病、炭疽、布鲁氏菌病、弓形虫病、棘球蚴病、钩端螺旋体病、魏氏梭菌病、副结核病；②猪病（10 种）：猪乙型脑炎、猪细小病毒病、猪繁殖与呼吸综合征、猪丹毒、猪肺疫、猪链球菌病、猪传染性萎缩性鼻炎、猪支原体肺炎、旋毛虫病、猪囊尾蚴病；③禽病(14 种)：鸡传染性喉气管炎、鸡传染性支气管炎、鸡传染性法氏囊病、鸡马立克氏病、鸡产蛋下降综合征、禽白血病、禽痘、鸭瘟、鸭病毒性肝炎、小鹅瘟、禽霍乱、鸡白痢、鸡败血性支原体感染、鸡球虫病；④牛病(8 种)：牛传染性鼻气管炎、牛恶性卡他热、牛白血病、牛出血性败血病、牛结核病、牛焦虫病、牛锥虫病、日本血吸虫病；⑤羊病(2 种)：山羊关节性脑炎、梅迪-维斯纳；⑥马病(5 种)：马传染性贫血、马流行性淋巴管炎、马鼻疽、巴贝斯焦虫病、伊氏锥虫病；⑦兔病(4 种)：兔病毒性出血病、兔黏液瘤病、野兔热、兔球虫病；⑧水生动物病(3 种)：病毒性出血性败血病、鲤春病毒血症、对虾杆状病毒病；⑨蜜蜂病(6 种)：美洲幼虫腐臭病、欧洲幼虫腐臭病、蜜蜂孢子虫病、蜜蜂螨病、大蜂螨病、白垩病。

发生二类动物疫病时，当地县级以上政府兽医主管部门应划定疫点、疫区、受威胁区。县级以上政府根据需要组织有关部门和单位采取隔离、扑杀、销毁、消毒、无害化处理、紧急免疫接种、限制易感染的动物和动物产品及有关物品出入等控制、扑灭措施。

3. 三类动物疫病

指常见多发、可能造成重大经济损失，需要控制和净化的疫病。其病种有：①多种动物共患病(6 种)：黑腿病、李氏杆菌病、类鼻疽、放线菌病、肝片吸虫病、丝虫病；②猪病(3 种)：猪传染性胃肠炎、猪副伤寒、猪密螺旋体痢疾；③禽病(5 种)：鸡病毒性关节炎、禽传染性脑脊髓炎、传染性鼻炎、禽结核病、禽伤寒；④牛病(5 种)：牛流行热、牛病毒性腹泻/黏膜病、牛生殖器弯曲杆菌病、毛滴虫病、牛皮蝇蛆病；⑤绵羊和山羊病(8 种)：肺腺瘤病、绵羊地方性流产、传染性脓疱皮炎、腐蹄病、传染性眼炎、肠毒血症、干酪性淋巴结炎、绵羊疥癣；⑥马病(5 种)：马流行性感冒、马腺疫、马鼻腔肺炎、溃疡性淋巴结炎、马媾疫；⑦鱼病(2 种)：鱼传染性造血器官坏死、鱼鳃霉病；⑧其他动物病(7 种)：水貂阿留申病、水貂病毒性肠炎、鹿茸真菌病、蚕形多角体病、蚕白僵病、犬瘟热、利什曼病。

发生三类动物疫病时，当地县级、乡级人民政府应当按照国务院兽医主管部门的规定组织防治和净化。

需要注意的是，当二、三类动物疫病呈暴发性流行时，均按照一类动物疫病处理。

三、动物防疫检疫技术

畜禽及其产品检疫的基本技术包括临床检疫技术和实验室检疫技术两大类，

与兽医疾病诊断技术并无本质上的区别，但必须依据法定的检疫程序与建议技术标准来执行。

临床检疫技术指能在现场进行并能得到一般检查结果的方法，包括流行病学调查、临床检查、病理剖检等。流行病学调查主要采用闻讯方式，一般与临床检查配合进行。询问对象主要应是畜主、畜牧场管理人员和饲养人员、兽医防疫人员及当地居民等。询问内容一般包括疫区一般特征（如地理环境、气候条件、畜禽饲养规模等），动物饲养情况（如饲料、饮水情况，动物使役情况等），畜禽舍管理情况（如清洁卫生、通风照明、室温调节等），还有以往的疫病流行情况等。最重要的是要询问清楚本次疫病的发生情况，例如传染源和传播途径是否查清、曾采取过哪些防疫措施、实际效果如何、近况如何等。临床检查即是要仔细查看疫区内患病动物群体和个体的情况，判断动物的营养、精神、运动状况，检查动物的可视黏膜、体温、呼吸、体表淋巴结等有无异常及该病的预后、蔓延情况。临床检查要与询问调查相结合，针对不同种类的疫病进行不同重点的调查。

实验室检验室根据临床检疫所提示的疫病范围及确定的检验项目，对采集或送检的病料或检样等所进行的检验，检疫技术包括理化检验、病理组织学检查、病原学检查、免疫学检查与分子生物学检查等。其中病原学技术包括病料的采集与送检；病料涂片检查；细菌、病毒、寄生虫的分离培养与鉴定；动物接种试验等。免疫学技术主要为血清学诊断方法，常用的方法有直接凝集反应、间接凝集反应、沉淀反应（Ascoli、免疫扩散、免疫电泳）、补体结合反应、ELISA、免疫组化技术、免疫荧光技术、放射免疫技术、胶体金层析技术等。而分子生物学技术则涉及核酸杂交技术、核酸扩增技术、基因芯片技术及 DNA 测序技术。

四、动物检疫的分类

1. 按检疫场所不同

(1)现场检验　检疫人员对输入和输出的应检物进行现场检查和抽样，并初步确认是否符合相关检疫要求的法定程序。其方法有肉眼检查；检疫犬检查；X 光机检查；过筛检查。

(2)室内检疫　借助实验室仪器设备对应检物进行检查、鉴定的法定程序。检测方法有病理学检验、病原形态学检验、血清学检验、分子生物学检验。

(3)隔离检疫　是将进出境或国内调运的有关动植物在检疫机关指定的场所内，于隔离条件下进行饲养或种植，并在其生长期间进行检验、检测和处理的一项措施。一般大中动物隔离期为 45 d，小动物隔离期为 30 d，需延期隔离检疫的必须由国家检验检疫机关批准。

2. 国内检疫

(1)产地检疫 畜禽及其产品在离开饲养地或生产地之前所实施的检疫。实施产地检疫可以及时发现病源并采取措施消灭传染源,防止病原扩散,把疫情控制在最小范围内,同时防止病畜禽及其产品进入流通领域,危害人类和其他动物的健康。其检疫内容有疫情调查、检验免疫证明、临床健康检查及实验室检查。

(2)运输检疫 指畜禽及其产品在运出县境过程中所进行的检疫,包括铁路检疫、公路检疫、水运检疫、空运检疫。它通过对运输的畜禽及其产品验证、查物,对动载工具的消毒情况进行检查,并按规定实施抽检、补检、重检,以防止因运输造成动物疫病的远距离传播。运输途中要注意细心管理、按时饮喂,随时观察动物的健康状况,如发现病、死或可疑的感染动物时应立即隔离救治并消毒;同时在指定地点卸下已感染或已死亡的动物、污物和腐败变质的动物产品,并在动物防疫监督机构的监督下进行无害化处理。

(3)屠宰检疫 肉用商品畜禽在屠宰加工过程中,在屠宰场所对拟屠宰的畜禽等动物进行的检疫过程,可防止畜禽疫病通过屠宰加工的诸多环节而扩散传播,并防止因肉品污染而损害消费者健康。包括宰前检疫与宰后检疫。

(4)宰前检疫 可及早检出宰后检验难以检出而宰前不难作出诊断的疾病,如狂犬病、破伤风、口蹄疫、猪传染性萎缩性鼻炎等,弥补宰后检疫的不足;可及时发现病畜禽,实行病健隔离、病健分宰,防止疫情扩散,减轻对加工环境和产品的污染;及时发现疫情,并根据畜禽来源查找疫源地,报告当地动物防疫监督机构,尽快控制和扑灭疫情;防止宰杀国家禁止屠宰的动物。

(5)宰后检疫 指检疫人员应用动物病理学知识和实验室诊断技术,依照规定的检疫项目、标准和方法,对解体后的动物体和器官进行检验和综合性卫生评价。宰后检疫是控制病肉进入流通环节的最后一道关卡,是宰前检验的继续和补充。它能直观、快捷、准确地发现动物体和内脏的病例变化,检出症状不明显的、特别是初期或潜伏期的病畜,避免交叉污染,对于保证肉品卫生质量、保障食用者安全、防止动物疫病传播具有关键性意义。

(6)市场检疫 是对在市场上进行交易的动物及动物产品直接进行的检疫,通过对交易的动物及其产品进行抽检、补检、补防疫注射、重检等,进行市场监督检查,以防止畜禽疫病随市场扩散。包括农贸集市市场检疫、交易市场检疫、市场采购检疫。

(7)净化检疫 指在国内当某地发生规定的检疫对象(动物疫病)流行时进行的检疫。主要工作包括及时确诊、报告疫情、追查疫源并采取控制措施等,是控制与扑灭疫病的重要手段之一。通过净化检疫可以了解发病动物种类和数量、疫情的发生地点和波及范围、疫情发生的时间和流行强度，为扑灭疫情提供可靠依据。

3. 出入境动物检疫

出入境检疫的目的在于防止动物疫病和其他有害生物传入或传出国境，保护养殖业的生产和人民身体健康，促进外贸发展。

(1)进境动物检疫　是在动物、动物产品对外贸易中，为防止国外动物疫病传入，由口岸检验检疫机关进行的检疫。其中患有一类疫病的，全群动物或动物遗传物质禁止入境，退回或销毁。患有二类疫病的，阳性动物禁止入境，退回或销毁，同群其他动物放行并进行隔离观察；阳性动物遗传物质禁止入境，退回或销毁。患有检疫名录以外疫病但农业行政主管部门另有规定的疫病的，退回或销毁动物。

(2)出境动物检疫　动物、动物产品对外贸易中，为保证出口动物、动物产品符合进口国质量要求，由口岸检验检疫机关进行的检疫。

(3)过境动物检疫　是指输出国的动物、动物产品途经我国境内运输到输入国时，由口岸检验检疫机关实施的检疫。

(4)携带检疫　指对出入国境的人员携带或托运的动物、动物产品和其他检疫物在开放的港口、机场、车站、通道关卡实施的检疫。

(5)邮寄检疫　指对国际邮递渠道进出境动物、动物产品和其他检疫物实施的检疫。

(6)运输工具检疫　依照我国《进出境动植物检疫法》规定，来自疫区的船舶、飞机、火车必须实施检疫，发现有我国检疫规定的病虫害的，作不准带离运输工具、除害、封存或者销毁处理；进境的车辆，由口岸动植物检疫机关作防疫消毒处理；进出境运输工具上的泔水、动植物性废弃物不得擅自抛弃。

五、检疫处理

检疫处理是指检疫机关根据检验、检测结果及相关规定，采用一定的方式对检疫物实施处理的法定程序。

若动物及动物产品经检验符合卫生要求，未发现规定的检疫对象，应判为检验合格，并根据其流通情况，出具相应的检疫证明。动物及其产品生产、加工、运输、销售等各个流通环节中，在下一环节开始检疫前，必须检验上一环节的检疫证明，然后再进行畜禽及其产品的抽检、补检或重检。

检疫中如发现受检动物患有规定的检疫传染病或其产品不符合卫生要求，则应判为检疫不合格。根据检出的检疫对象的种类不同，其处理方法也不同。对于检疫不合格的动物及动物产品，首先应予截留，禁止其进行流通交易，然后可采取补免、隔离、治疗、封锁、扑杀、无害化处理、销毁、消毒等措施。当发现动物携带有规定的传染病或疑似传染病时，应及时向上级防检机构报告疫情，采取控制与扑灭传染病的相关措施。

销毁可采取焚烧或掩埋的手段。其中掩埋需要特别注意，其不能用于患有炭疽等芽孢杆菌类疫病，以及牛海绵状脑病、痒病的染疫动物及产品、组织的处理。掩埋的要求是：掩埋地应远离学校、公共场所、居民住宅区，村庄、动物饲养和屠宰场所、饮用水源地、河流等地区；掩埋前应对需掩埋的病害动物尸体和病害动物产品实施焚烧处理；掩埋坑底铺 2 cm 厚生石灰；掩埋后需将掩埋土夯实，病害动物尸体和病害动物产品上层应距地表 1.5 m 以上；焚烧后的病害动物尸体和病害动物产品表面，以及掩埋后的地表环境应使用有效消毒药喷洒消毒。

六、动物疫病的预防和扑灭

1. 平时的预防措施

传染病的发生须具备 3 个基本条件：传染源、传播途径与易感动物(宿主)。传染源是指能使病原体生长、繁殖并持续排出体外的动物机体，包括患病动物与隐性感染的带菌(毒)动物。动物尸体、动物的粪尿及其他分泌物(如唾液、眼泪等)中都含有大量病原体。传播途径指病原体经一定方式侵入其他易感动物的方式。易感动物指对病原体感受性较大的动物，主要由动物的遗传特征与特异免疫状态等因素决定。平时的预防措施主要目的在于消除传染病传播的基本条件。主要包括：

①宣传动物疫病防疫知识，组织进行动物疫病防治技术培训和咨询。

②加强动物饲养管理，保证日粮的营养均衡，减少导致应激的因素，增加动物的非特异性免疫力。

③保持畜舍和环境的卫生，做好消毒工作；定期灭鼠灭蝇杀虫；动物粪便无害化处理；动物及动物产品的包装、运输工具等均需消毒以防止病原传播。

④制定动物防疫制度，做好动物的免疫接种、定期驱虫，提高动物机体特异性免疫力。

⑤对引入的动物、胚胎、种蛋、精液等实施检疫，严格把关，杜绝疫病的传入和传播。

⑥开展主要疫病的定期监测工作，并根据监测结果采取相应的防疫措施。

⑦采取严格隔离淘汰措施。

2. 免疫接种

免疫接种是给动物人工接种疫苗及免疫血清等生物制品，激发动物机体的特异性抵抗力，使其对某种疾病由易感变成不易感，从而保护个体乃至群体的健康的措施。它是预防与控制疫病最经济、方便、有效的手段，对动物及人类的健康起着重要作用。免疫接种可分为预防接种和紧急接种。

(1)预防接种　在经常发生某些传染病或存在潜在疫病病原体或受到临近地区某些传染病威胁的地区,为防患于未然,应有计划、有针对性地给健康动物群进行免疫接种。一般体质健壮、健康无病、饲养管理条件较好的动物,接种后都会产生较强的免疫力;反之,体质虚弱、患有疾病、饲养条件较差的动物反而可能会因为出现免疫应激而使身体状况恶化。怀孕母畜,特别是临产前的母畜,接种时产生的应激可能会引发流产或早产。因此,对这些动物在预防接种的同时,还必须加强饲养管理,改善动物体质。

(2)紧急接种　紧急接种是传染病发生时为迅速控制和中止疫病的流行,使疫区和受威胁区尚未发病的动物尽快建立起特异性保护所进行的应急性免疫接种。紧急接种必须与疫区的封锁、隔离、治疗、消毒等综合措施相配合,才能取得较好效果。但需注意,因对于处于潜伏期的带菌(毒)动物,接种会使它们体内的病原数量更多以致更快发病,所以紧急接种时必须对受传染威胁的动物进行仔细观察和检查,排除病畜(禽)及可疑感染动物,将之隔离,仅对正常动物进行紧急接种。

3. 疫苗种类

在免疫接种前首先必须确定所使用的疫苗种类。疫苗种类很多,大致可分为常规疫苗、基因工程疫苗、核算疫苗3类。常规疫苗按性质可分为弱毒苗(活苗)与灭活苗(死苗);按疫苗中所含免疫原成分分为单价苗、多价苗和联苗。

弱毒活疫苗(live attenuated vaccine)是通过常规培养使病原体毒力逐渐减弱或丧失,但保持良好的免疫原性所制成的疫苗。弱毒苗用量小,产生免疫快,效果好,免疫期长;不需要佐剂,不会影响动物产品品质。目前在我国动物疫病防控中弱毒苗使用较多。但其缺点是运输和保存要求较高,并对动物体有一定的免疫抑制作用,且病毒毒力可能返强,造成新的感染。

灭活疫苗(inactivated vaccine)是将免疫原性强的细菌、病毒等用物理或化学方法灭活,破坏传染性因子而保留免疫原性所制成的疫苗。灭活疫苗较为安全,不存在毒力返强,并且不受母源抗体干扰;但其产生免疫力较缓慢,效果不如弱毒苗好,而且需要免疫佐剂来增强免疫效应,有可能影响到动物产品的品质。

联苗(combined vaccines)是由不同种微生物或其代谢产物制成。多价苗(polyvalent vaccines)是由同种微生物不同型或株所制成。这两种疫苗均可简化免疫接种程序,减少人力、物力消耗,减少动物的应激反应次数。

基因工程亚单位疫苗(genetic engineering subunit vaccine)是利用基因工程技术,仅提取微生物保护性抗原肽段基因的表达产物,加入免疫佐剂后制成。因其不含致病因子核酸成分,从而避免了由完整病原体中多种抗原免疫引起的副作用。

基因工程活载体疫苗(genetic engineering live vector vaccine)是将外源目的基因用重组 DNA 技术克隆到活的非致病性病毒或细菌载体中制成。它可刺激动物产生体液免疫和细胞免疫,不存在毒力返强。基因缺失疫苗(gene-deleted vaccine)是通过基因工程手段造成毒力有关基因缺失,使病原体毒力减弱而不丧失免疫原性。而合成肽疫苗(synthetic peptide-based vaccine)是利用重组 DNA 技术根据病毒基因人工合成多肽制备而成。核酸疫苗(nucleic vaccine)则是将含有编码某种抗原蛋白基因序列的质粒作为疫苗直接导入宿主体内,通过宿主细胞转录系统合成抗原蛋白,诱导宿主产生免疫应答,达到免疫目的。

不同疫苗必须取不同的免疫途径。口服、饮水、气雾等免疫途径在如今的规模化集约化养殖中较为常用。而灭活苗、类毒素和亚单位苗等均需非经口途径,如皮下注射、肌肉注射接种;弱毒苗则不受此限制,其接种方法多,使用方便,可用于紧急预防。

此外,常用于动物疫病预防的还有高免血清与高免卵黄抗体。高免血清是选择适当动物,经多次注射免疫使其产生大量特异性抗体后,采取免疫动物的血清,经过处理制成。高免卵黄抗体则是对种禽多次免疫后,将其所产蛋的卵黄提取出来,适当稀释制成。高免血清与高免卵黄抗体均可用于紧急接种和免疫治疗,以在短时间内控制病情或阻止即将发生的疾病蔓延。但该法获得的免疫力维持时间较短,故在日常免疫预防中较少用到。

4. 消毒

消毒(disinfection)指用化学药物或其他方法杀灭由传染源散播在外界环境中、动物体表面及用具上的病原微生物,以达到控制和消灭疫病的目的。消毒、杀虫与灭鼠旨在消灭病原因子与传播媒介,故对可能被患病动物及其分泌物、排泄物污染的一切场所、用具、物品均要进行消毒,具体包括可能被污染的圈舍、场地、粪便、土壤、水、饲养用具、运输工具、病畜产品、仓库以及人体防护装备等。

消毒一般可以分为预防性消毒、临时性消毒、终末消毒 3 类。预防性消毒(preventive disinfection)是为了提前预防传染病的发生,结合平时的饲养管理,对畜舍、场地、用具和饮水等进行的消毒。临时性消毒(current disinfection)是在发生传染病时,为了及时消灭从发病动物体内排出的病原体而采取的消毒措施。对可能被患病动物污染的一切场所、用具等均应进行定期多次消毒,患病动物畜舍应每天随时消毒。终末消毒(terminal disinfection)是在患病动物解除隔离、痊愈或死亡后,疫区解除封锁前,为了消灭疫区内可能残留的病原体所进行的全面彻底的消毒。

消毒方法多种多样,大体可分为物理法和化学法。物理消毒法(physical disinfection)包括机械清除、紫外线消毒、焚烧消毒、干热消毒、煮沸消毒、蒸汽消毒等。化学消毒法(chemical disinfection)是最为常用也最有效的消毒法,但其消毒效果与药液的浓度、数量、作用时间、消毒环境中有机物的存在与否及病原微生物对药物的敏感性等有关。用作化学消毒药的药品需对病原微生物杀灭作用强,不损害消毒物品,对人、畜、动物产品无毒、无残留、无异味,易溶于水,在消毒环境中稳定并且价格低廉,使用方便。常用的化学消毒药有:酒精(乙醇)、碘酊、来苏儿(煤酚皂溶液)、新洁尔灭、福尔马林、氢氧化钠、碳酸钠、漂白粉、石灰、草木灰、过氧乙酸、环氧乙烷等。

5. 动物疫病的扑灭

动物疫病的扑灭是指将传染病控制在有限范围内加以消灭,防止传染病扩散,保护健康动物。动物疫病的扑灭包括疫情报告与诊断、隔离和封锁、消毒、紧急接种等步骤。

(1)疫情的报告和诊断　任何单位或个人发现或怀疑某种疫病发生时,都必须立即报告当地兽医防疫检疫机构。当地畜牧兽医行政管理部门接到报告后,应尽快派专业技术人员到现场协助诊断和紧急处理,划定疫点、疫区及受威胁区,确定是否封锁疫区,并通知临近单位和地区做好预防工作,同时按规定以最快方式逐级上报。在尚未作出诊断之前,不得擅自宰杀、剖检患病动物,患病动物的所有器官、组织未经兽医人员检验,不得食用。

(2)发生疫病后的控制和扑灭　发生疫情后,应迅速将患病动物、可疑动物与假定健康动物区分开并分别饲养。必须对患病动物与可疑动物留过的环境进行消毒,同时做好疫区内的杀虫灭鼠工作,使疫情限制在最小范围内。封锁疫区的出入口必须有消毒设施,一般情况下严禁人及饲养动物及其产品出入,可能污染的物品严禁运出。停止疫区内的集市贸易和畜禽及其产品交易。对病、死畜禽及其同群畜禽,应采取扑杀、销毁或无害化处理等措施;对疫区内的易感动物,必须进行检疫或预防注射,并在指定地点放养;对疫区周围区域的动物要实行紧急疫苗接种。发生人畜共患病时,兽医行政管理部门应当向卫生部门通报疫情,并共同采取措施控制和扑灭。

当疫区内发病率开始降低,疫病蔓延减缓时,可认为疫病已被控制;当疫区内最后一头病畜扑杀或痊愈后,经过一段时间监测未再出现病畜时,可认为疫病已被扑灭。扑灭疫病后,经彻底清扫消毒及主管部门检查合格,即可解除疫区封锁。

第四节 动物保健的措施

动物保健也就是保护动物的健康，指人类为确保动物健康所从事的一切活动，包括机构设施、法律法规、行政管理、科学研究及与动物保健有关的日常事务，它是动物保护的一项重要内容。

一般意义上的健康是指身体健康，没有疾病。只有处于健康状态的动物才能正常地发挥各种生理功能，正常的生存与繁衍，才能感受愉快与安逸。因此，动物保健首要的任务便是动物疾病的防治。如今，旧病原的不断变异，新病原的不断出现，工业化、城市化带来的污染，都给动物疾病防治带来了困难和阻碍，也威胁到了人类自身的健康及利益。随着防疫检疫措施及法律的不断完善，传染性、暴发性疾病逐渐减少，相反的慢性、隐性及消耗性疾病不断增加，并涉及动物生长发育繁殖的各个方面。动物疾病的防治应重在防而不在治。

但此外，动物健康也应包括心理健康，因为实际上动物也有与人类相似的心理健康问题。目前我们还没有有效的办法确认动物心理是否健康，只能采取行为学观察的方式，通过动物的行为表现有无异常、能否正常的嬉戏玩耍等来判断其是否精神愉快。

关于动物的异常行为、动物疫病及其防治已在前 3 节有所叙述，本节内容将重点介绍动物日常保健的相关知识。

一、动物的健康与亚健康

1. 动物健康的监测指标

虽然一些一般症状如精神异常、食欲改变等，可提示动物已经或即将发病；我们也有诸如血清学技术可以检测动物血清中微生物的抗原或抗体，分子生物学技术检测动物体内或排泄物中存在的微生物核酸，但在动物出现明显的疾病症状前，判定其健康状况还是比较困难的。特定疾病尤其是传染病的诊断相对容易，而慢性、隐性及消耗性疾病则较难在早期被发觉。

目前研究发现 3 种指标与动物的不安或痛苦有关，即体内各种激素水平、血液常规监测指标与临床免疫学指标。如当动物遭遇缺氧、创伤、饥饿、疼痛、寒冷、精神紧张以及惊恐不安时所产生的应激反应，会使其体内甲状腺素和去甲状腺素水平升高；而当动物内存在感染或炎症时，白细胞的数量则会明显增多。在动物的日常保健中，应注意这些指标的监测，以尽早发现动物可能存在的疾病与痛苦，进而采取相应的措施。

2. 导致动物亚健康的原因

亚健康是指动物虽无明确的疾病，但却表现出疲劳增加，活力、反应能力降低，适应能力减退等，是介于健康与疾病之间的一种健康低质量状态。亚健康没有明显的临床症状和确凿的临床检查证据，但已具有潜在发病倾向。其一般表现在4个方面：一是畜群处于疲劳和虚弱状态（排除疾病原因）；二是介于健康与疾病之间的中间状态或疾病前状态；三是生理和心理适应能力欠佳；四是出现与年龄不相称的组织结构和生理功能衰退状态。

造成动物亚健康的原因包括内在因素（动物体本身的体质）和外在因素（各种外界诱因）。目前人工饲养的畜禽大多都是经过经年累月的选择性育种，遗传背景较为单一，再加上长期的人工饲养，导致他们体质普遍比较敏感，对疫病的抵抗力下降，对环境的耐受力降低。动物园中饲养的野生动物亦是如此。这是造成动物出现亚健康状态的一个关键因素。

而外界的各种诱因则是造成动物亚健康的主要原因。饲养密度过大、活动空间狭小、通风不良都易造成动物缺氧、压抑、神经紧张，对不良环境的适应性降低；饲料营养不均衡、添加人工激素甚至有毒有害物质等会直接损害动物健康，导致饲料转化率低，营养不良，甚至抵抗力低下等亚健康状态；免疫程序不当、兽药滥用和使用不规范会使动物机体本身的抵抗力下降，容易发生各种非典型性传染性疾病或混合感染，导致确诊困难；生活环境的不清洁容易导致各种病原和蚊虫滋生，从而加大了病原的传播和入侵的机会；而驱赶、长途运输等所引起的应激反应，会造成动物的免疫抑制，对疾病的易感性升高。

3. 动物长期处于亚健康的危害

长期处于亚健康，无论是对动物本身还是对其生产性能都构成了一定的危害，主要表现如下。

（1）影响动物的生长速度　亚健康状态下，动物食欲减退，饲料利用率下降，更有可能发生疾病。在这样的状况下，其生长速度必然减慢甚至还会出现生长停滞。

（2）给疾病的防治带来困难　原本天气突变等异常因素就容易引起动物应激、发生疾病或死亡，而亚健康会使疾病状况更加恶化，还有可能继发其他疾病，给疾病的确诊和治疗带来一定的困难。另外，亚健康动物可能经常出现胃、肠炎等胃肠道功能紊乱的表现，导致养殖人员习以为常而疏忽了疾病的早期症状，或怀疑治疗药物使用不合理，往往错过了早期治疗的最佳时机。

（3）动物产品质量下降　长期处于亚健康状态的畜禽，其产品质量相比其他动物较低。比如肉制品脂肪含量高、口感变差，会严重影响产品的质量，进而影响消费者的积极性，对养殖业的健康持续发展产生不良影响。

二、动物保健的一般措施

影响动物健康的因素很多，主要有损伤性、感染性、代谢性与中毒性等几个方面。因此，动物保健一般措施包括避免伤害，减少应激，预防病原微生物与寄生虫感染，防止营养不良与中毒。必须根据动物群体的特点，制定周密的动物保健计划，采用合理的饲养管理制度和有效的防病治病措施，保证动物在饲养、运输、繁殖、生长发育等各个环节中的康乐。

1. 严格饲养管理

(1)制订执行动物保健计划　制定与执行综合性动物保健计划是动物保健的第一步。制订计划时，首先要根据所饲养动物的数量、密度、管理水平、健康状况与生产水平，确定技术指标。其次应按技术和经济指标，确定各种疾病的重要性次序，规定合适的疾病预防与控制方法。最后，应对生产过程实行全面监控，将保健计划落实到动物养殖的每个环节中。

(2)创造良好的生存条件　不良的环境条件将导致动物处于亚健康状态，引起动物的应激反应、机体伤害与疾病。这里所说的环境条件是指畜舍的温度、通风、光照、垫料及动物的饲料饮水、群体密度、清洁卫生、安全措施等。

动物养殖场应建在地势高、环境好的地区，尽量远离人群聚居地，以减少人类活动对动物生活的打扰，避免动物应激。不要位于工业污染区或蚊虫聚集区，远离屠宰场及居民点污水排放口。厂内各区应遵循建立最佳生产联系和卫生防疫条件的原则合理安排。养殖场应配备有相应的排污处理系统，以保持环境的干燥和清洁。

动物所居住的房舍除了能挡风遮雨、隔热保温之外，还应当具备温度调节功能，例如北方的动物房舍要御寒防冻，南方的则要防暑降温。在饲养时应注意保持较为舒适的温度，以免动物产生应激。此外，动物的房舍还应安装适当的通风系统，以维持适当的环境湿度与温度，从外界换进新鲜清洁的空气，去除房舍内的有害气体及灰尘。光照可以通过动物的神经内分泌系统而影响动物正常的繁殖行为、生产力与生产模式。因此，应给予动物充足的自然光照或是适宜的人工光照。封闭房舍内的人工灯光必须能见度高、均匀、柔和，尽量接近自然光，而开放房舍应向阳避风，便于保温采光。

动物的饲养密度一般用每头(只)动物占用的面积来表示，它直接影响着畜舍的卫生状况。并且饲养密度过大，动物活动空间的过分限制，都会导致动物产生应激反应，引起绝食、争斗、不孕等。再有饲养密度越大，发生传染病的风险就相应增大，控制传染病蔓延的难度也增大。在养殖过程中，应建立一个数量适中的动物群体，以保证动物有足够的活动空间。

(3)保证饲料质量和营养　饲料方面，首先其质量要严格把关，严禁饲喂腐败霉变饲料，防止食物中毒。其次饲料的加工、贮存要符合程序与标准，防止饲料被微生物及农药、鼠药等化学物质污染。再次所选用的饲料必须营养全面，防止营养不良等代谢性疾病的发生。最重要的一点，是要根据动物的维持需要与生产需要，合理调整搭配日粮及确定日粮给喂量，以免出现营养不足或营养过剩的情况。

2. 合理使用保健添加剂

为促进动物生长，维持健康，常在饲料中添加保健性、非营养性添加剂，作为日粮的补充。动物保健添加剂具有改善日粮质量、促进动物生长繁殖、防止疾病、保障动物健康与生产性能等功能。一般保健添加剂可分为营养添加剂、药物添加剂与微生物添加剂等多种类型。

营养添加剂主要包括氨基酸、维生素、矿物元素等，用于平衡日粮的营养成分，保持日粮的全价性。例如在某些缺乏碘元素和硒元素的地区，动物饲料中必须添加这些元素以保证动物的正常生长繁殖。但需要注意的是，饲料中的添加量不可过多，过量添加会引发其毒性作用，导致动物中毒。

药物添加剂包括有抗菌药、抗虫药、抗应激药、防霉与抗氧化添加剂。常用于动物的有土霉素、杆菌肽、泰乐菌素、莫能菌素、氯苯胍、磺胺类药物等。通常是为了提前预防某些传染病而添加进饲料中。使用药物添加剂，要注意用药剂量与用药间隔。因为这类添加剂长期或大量使用将对畜禽产生消极影响，不仅会损害动物机体内的有益细菌，造成肠道菌群紊乱，还会诱导微生物产生抗药性，出现耐药菌株。另外，药物添加剂对组织细胞还有不同程度的毒性作用，并且其残留问题也危害到人类健康。

微生物添加剂又被称为益生菌或益生素，是一种高浓度活菌制剂。益生素中所含微生物可抵抗动物自身免疫系统和外来抗生素的作用，在动物胃肠道内生存，利用胃肠道内的物质生长繁殖。这种制剂可弥补动物消化道内有益菌群的缺乏，竞争性排斥病原微生物；改变消化道内代谢产物，产生酶类等促生长物质，提高生长速度、改善饲料利用率；刺激动物的免疫系统，提高抵抗力，达到防治疾病的效果。由于益生素对人、畜及其他动物无致病作用和潜在危害，安全有效，且不残留，可避免药物残留和污染环境，现在已越来越受到养殖者的青睐。国内、外目前使用的菌株主要有：蜡样芽孢杆菌、枯草芽孢杆菌、乳酸杆菌与乳酸链球菌、双歧杆菌等。而近年来研制的某些寡糖化合物，作为饲料添加剂可促进益生菌的生长，称为益生元。

三、运输中的动物保健

由于对动物及动物产品需求量的日益增多，动物的运输日益频繁。运输过程中的饥渴、闷热、寒冷、拥挤、操作不当等都会造成动物的应激。因此，做好动物运输保健是十分必要的。

1. 运输中的应激

运输过程中可能引起动物应激的因素有许多，例如启运前的捕捉、驱赶；长时间运输造成的断食、断水；运输笼的拥挤、脏乱等。轻度应激反应时，动物可能表现不安、狂躁、敏感性增高或畏缩、颤抖、出汗或大声叫唤、咬围栏等行为，容易使自身受到伤害；再进一步的应激刺激可能导致体温升高、脱水及对疾病的抵抗力降低，处于传染病潜伏期或隐形感染的动物可能会暴发传染病，不仅影响动物产品的质量，甚至会导致动物在运输途中衰竭死亡。

2. 运输中的保健措施

(1)运输工具及路线的选择　运输动物的车辆应当与所运动物个体大小相适应，保证动物有适当的活动空间，以可以自由转身为宜。运输笼应保持通风良好，不应有突起，以免动物刮伤。最好在车厢中铺上锯末、植物秸秆或沙土等具有缓冲作用并能抗击震动的垫料，防止动物在运输中颠簸碰撞受伤。运输应选择路况较好且运输时间较短的线路，尽量匀速行驶，减少震动和急刹车，避免阳光长时间直射。应尽量避免经过动物养殖场、交易市场，减少动物感染传染病的机会。

(2)动物的装卸　运输前要保证动物的正常饮食和休息，可适量喂些镇静剂类药物；启运前几天，应在饲料或饮水中添加少量抗生素，防止运输中因抵抗力下降而暴发疾病。装车时，应尽可能地将动物按同批、同圈及个体大小相当进行分装，防止不同圈、群的动物相互撕咬。装卸动物时要尽量降低动物的损伤，不可暴力驱赶。

(3)运输途中的保健　动物的运输最好在温度适宜时进行。夏季运输要尽量避开炎热的白天，车厢要有遮阳措施，保证通风良好，以防动物中暑；冬季运输要做到保暖防寒，防止寒风侵袭，避免动物冻伤、冻死。长途公路运输，需准备充足的饲料和饮水，行驶一段时间后，要停车让动物休息和饮食，避免因长途运输造成动物体质下降，引发疾病。运输途中应随时对所运载的动物进行检查，防止动物相互挤压或挣脱笼舍、围栏逃逸。若动物在运输中出现肢蹄或其他部位的外伤，要及时进行治疗。一旦发现出现传染病或疑似传染病，要向就近的动物卫生监督检疫机构报告。采取紧急处置措施。防止病原扩散。

(4)运输工具的消毒及处理　动物运输前后，应对车辆、笼舍等运输工具进行彻底的清洗和消毒，并对残留在运输工具上的粪便、尿液、垫料及其他污染物进行无害化处理，阻止可能的病原污染运输工具。

小　　结

动物福利和保护的目的是尽量避免和减轻动物的痛苦，保证动物在生理上、心理上的健康和舒适。然而随着动物生产集约化规模的日益扩大，动物生存条件越来越恶劣。流行病的暴发、环境疾病的加重、过度拥挤、限位饲养、不合理的运输等，都威胁着动物的身心健康，从而威胁到人类健康。所以我们必须提倡动物保护，关注饲养及运输过程中动物身体及行为上的异常，为动物提供舒适的生活条件。同时也要积极做好各项防疫检疫工作，预防动物传染病的暴发，为动物也为我们人类自己的生存创造一个美好安全的环境。

复习思考题

1. 哪些因素可以影响动物的行为？
2. 动物的异常行为包括哪些？如何矫正和预防？
3. 如何预防动物源性传染病？
4. 造成动物性食品污染的原因是什么？
5. 我国一类动物疫病有哪些？暴发时应采取哪些措施？
6. 我国动物检疫分为哪几种？
7. 动物疫病的预防措施和扑灭措施都有哪些？
8. 动物保健的一般措施是什么？运输中如何保证动物健康？

主要参考文献

1. 包军.应用动物行为学与动物福利.家畜生态，1997，18(2)：38－44.
2. 蔡宝祥.家畜传染病学.4版.北京：中国农业出版社，2001.
3. 陈坤.公共卫生安全.杭州：浙江大学出版社，2007.
4. 崔卫国，包军.动物的行为规癖与动物福利.中国畜牧兽医，2004，31(6)：3－5.
5. 胡立杰，姜波.可用于动物保健的饲料添加剂.养殖技术顾问，2009，11：134.
6. 蒋志刚.动物行为原理与物种保护方法.北京：科学出版社，2004.
7. 李德璞.动物运输保健八要.畜牧与饲料科学，2009，30(3)：98.
8. 李国清.兽医寄生虫学.北京：中国农业大学出版社，2006.
9. 陆承平.动物保护概论.2版.北京：高等教育出版社，2003.
10. 农业部全国畜牧兽医总站.GB 16548—2006.病害动物和病害动物产品生物安

全处理规程. 北京:中国标准出版社,2006.
11. 齐琳,包军,李剑虹. 动物行为学研究在动物福利养殖中的应用. 中国动物检疫,2009,26(9):68-69.
12. 汪开英,张火发,陆建定. 根据动物行为学理论合理设计畜禽舍. 家畜生态,2003,24(3):52-54.
13. 文心田. 动物防疫检疫手册. 成都:四川科学技术出版社,2004.
14. 吴德峰. 动物性食品药物残留负面效应与监测措施. 福建畜牧兽医,2004(26):40-43.
15. 谢俊仁. 关注动物亚健康. 中国动物保健,2009,8:25-27.
16. 杨明. 动物检疫学. 北京:农业出版社,1994.
17. 钟伯梅. 从应激行为初探动物福利. 中国动物检疫,2005,22(2):11-19.
18. Dawkins M S. Behavioural Deprivation: A Central Problem in Animal Welfare. Applied Animal Behavioural Science,1988,20:209-225.
19. Hurtt M E, Cappon G D, Browing A, etc. Proposal for a tiered approach to developmental toxicity testing for veterinary pharmacentical products for food-producing animal. Food and Chemial Toxicology,2003, 41:611-619.
20. Wiepkema P R. Proceedings of a Workshop Held in Rostin. CEC Scotland, 1984:62-79.
21. Wiepkema P R. An Integrated Approach, Martinus Nijhoff. Dordrecht. Netherland,1987:113-134.

第四章　动物保护立法

学习要点

通过本章学习，要求了解动物保护立法简史，理解动物保护立法的必要性，了解动物保护的国际法、国家法及其特点，了解制定《捕鲸公约》、《南极公约》、《拉姆萨尔公约》、《CITES 公约》、《波恩公约》、《生物多样性公约》以及《中华人民共和国野生动物保护法》的宗旨和任务，了解中国现有的动物保护法规以及国内外动物保护组织在推动动物保护方面所起的作用。

第一节　动物保护立法简史

现在学界普遍认为，有关动物保护立法的最早记载是在古代希腊。从动物福利和动物利益出发的动物保护法律的制定，源于 19 世纪的英国。

国际上，有关保护动物的立法实践也有近 200 年的历史。1822 年，爱尔兰政治家马丁说服英国议院通过了禁止残酷对待家畜的《马丁法案》，这是世界上第一部反对人类虐待动物的法令，也是动物保护运动史上的一座里程碑。由于《马丁法案》仅适用于大型家畜，为弥补"法令"存在的不足，1835 年、1849 年和 1854 年英国又相继出台三项增补法案，将《马丁法案》保护动物的范围延伸至"所有人类饲养的哺乳动物和部分受囚禁的野生动物"。也由此带动了动物立法实践迅速扩展至欧美其他国家。如 1850 年，法国通过了反对虐待动物的《格拉蒙法案》；1866 年，美国通过了《禁止残酷对待动物法案》；1876 年，英国通过了《禁止残酷对待动物法》；1873 年，美国第一个反动物虐待的联邦法律《二十八小时法》出台，要求公司在通过铁路或水路运输牲畜时要给牲畜提供食物和水，并让它们获得适当的休息。1900 年，又通过了禁止在各州之间贩运被非法猎杀的野生鸟类的《勒西法案》。总体来说，欧美大部分国家在 19 世纪就基本完成了防止虐待动物的立法。

进入 20 世纪，特别是在第二次世界大战后的西方国家，又陆续制定了动物保护法和相应的管理条例和法规，从而把动物保护上升到一个新的高度——“动物福利”开始走上国际法制的舞台。1958 年，美国通过了《联邦人道屠宰法案》；1966 年又通过了《实验室动物福利法》，该法先后于 1970 年、1976 年、1985 年和 1990 年进行了大规模的修订，并于 1999 年修改为《动物和动物产品法》；虽然这部法律的初衷是规范对实验动物的照顾和使用，然而，最终它还是成为了规范在研究、展览、运输、销售中如何对待动物的唯一一部联邦法律。瑞士于 1978 年颁布了《瑞士联邦动物福利法》，于 1997 年又在原有动物保护法律的基础上制定了强制执行的《牲畜权利法》。德国于 1974 年公布了首部《动物福利法》，之后经过数次修正，于 1998 年 6 月 1 日推出了新版本的《动物福利法》。现行的是 2001 年 4 月 11 日对新版本修正后的《动物福利法》。更值得注意的是，2002 年 6 月，德国国会甚至通过了要用宪法来保障动物作为生命存在的权利的决议。英国从 1911 年制定的《动物保护法》到 1995 年颁布的《动物福利法》，已经形成了一套完整的动物保护及福利的立法体系，如《宠物法案》、《动物麻醉保护法案》、《斗鸡法案》、《动物遗弃法案》、《兽医法案》、《动物寄宿法案》、《野生动物保护法》等，立法不仅全面，而且明确细致，可操作性强。时至今日，英国动物福利法对农场动物、实验动物、娱乐动物、伴侣动物和野生动物的基本福利已分门别类地进行了规定。英国不仅是动物福利立法最早的国家，而且是动物福利标准最高的国家。

随后，动物保护立法扩展至全世界，亚洲、非洲、拉丁美洲的一些国家和地区也通过了本国本地区的动物保护法案，其中大多亚洲国家的动物保护立法是模仿和移植了西方法律，如新加坡 1965 年制定的《畜鸟法》、日本 1973 年颁布的《动物保护管理相关法》、我国香港 1990 年制定的《防止残酷对待动物条例》及《防止残酷对待动物规例》、韩国 1991 年制定的《动物保护法》、菲律宾 1998 年制定的《动物保护法》和我国台湾地区 1999 年制定的《动物保护法》等都是这样。

我国 1988 年正式颁布的《野生动物保护法》是我国颁布的第一部国家动物保护法。2006 年 7 月 1 日正式施行的《畜牧法》是我国第一部规范畜牧业的法律，也是我国畜牧业发展史上的重要里程碑。

除国家立法以外，还出现了一系列国际性动物保护条约和公约。如 1948 年生效的《国际捕鲸规则公约》、1971 年的《国际重要湿地特别是水禽栖息地公约》、1973 年的《濒危野生动植物种国际贸易公约》、1979 年的《保护野生动物迁徙物种公约》、1980 年的《南极海洋生物资源保护公约》、1990 年的《生物多样性公约》以及 1976 年通过的《保护农畜欧洲公约》、1979 年的《保护屠宰用动物欧洲公约》等。迄今为止，国际上已产生了近百个与动物保护有关的国际条约和公约，全球已有

100 多个国家出台了有关保护动物的法案。

动物是一种珍贵的自然资源，是人类的共同财富，也是生物链的重要一环，它的保护和持续利用关系到全人类的切身利益。然而，随着工业化进程的加快，人类对自然资源无节制的攫取与不合理的利用，已导致许多动物物种的灭绝，而物种一旦消失，就会造成难以弥补的损失；另外，在开发与利用动物的过程中，动物不尽如人意的生存状况，也迫切希望通过立法强调各种动物从生到死应拥有的最基本的权利。因此，动物保护立法不仅可以有效地制约对动物资源的过度开发和利用，有助于动物的生存，维护生态平衡，而且可以保护动物免遭人类的伤害，维护社会公众的人道情感，弘扬民族“怜悯生命”的传统美德，促进国家精神文明建设，推进社会和谐发展。

第二节　动物保护的国际法

动物保护的法律体系主要有国际法和国家法两种制定和认可的方式。国际法是由参加国保证实施的，对各参加国具有约束力，适用于多个签约国家或组织。国家法是由本国政府制定并强制实施的，对制定国国内的人民有普遍的约束力，仅对一国有效。

动物保护的国际法通常以条约或公约的形式出现。动物保护的国际条约是各个国家或组织之间的书面协议，这样的协议包括条约、公约、盟约、协议书、声明和宣言等，主体可以是国家，也可以是国际组织。制定条约的目的是在相关的动物保护问题上确立一定的国际权利和义务，明确各缔约方应采取的行动，缔约国家和组织要受到条约的约束，如果不履行他所签署的条约就是违法行为，要受到国际的谴责、制裁，承担国际责任。其中，公约往往是对某个重大的国际问题的规定，很多公约还设有专门的常设机构和专业委员会来协调和指导各方行动。下面着重介绍一些比较重要的国际条约和公约。

一、《国际捕鲸规则公约》

《国际捕鲸规则公约》(International Convention for the Regulation of Whaling，简称《捕鲸公约》)是国际上比较重要的动物保护公约之一。该公约 1946 年 12 月 2 日订于华盛顿，1948 年 11 月 10 日开始生效，1949 年成立了国际捕鲸委员会(简称 IWC)，委员会由各成员国派出的一名代表组成并享有投票权，同时接受专家和顾问的指导，定期召开年会。

《捕鲸公约》签约国由最初的 15 个发展到 2004 年的 54 个，现有 71 个成员国。我国于 1980 年 9 月 24 日成为本公约的当事国。制定《捕鲸公约》的目的旨在保护地球的鲸鱼，防止人类的过度捕鲸，同时合理利用现有的鲸鱼资源。

世界上共有 80 多种鲸类动物，最小的 1 m 左右，最大的 30 m 左右，分布在地球所有海洋和五大河流里。由于人类的活动，世界范围内鲸鱼种群数量下降，许多鲸类动物如蓝鲸等正面临着灭绝的厄运，而鲸鱼的流动性很强，是全世界共有的财富和资源，再加上捕鲸的过程非常残忍，即便使用最现代化的技术，杀死一条鲸鱼也要半个多小时，而且现在也找不到更加人道的扑杀手段。为此，国际法给予了它们很特殊的地位，国际捕鲸委员会分别于 1979 年和 1994 年建立了印度洋鲸类保护区和南大洋鲸类保护区，1983 年规定全面禁止商业捕鲸行为，1986 年开始禁止对所有的鲸鱼进行捕杀，直到 IWC 作出新的决定。

自颁布商业捕鲸禁令以来，中国与美、英、法、德、澳等大多数国家始终反对捕鲸。但由于《捕鲸公约》的第 8 条规定，任何国家可以根据科学目的击杀或者捕捞鲸，并应充分利用鲸的身体各部分，这给日本等国借用“科学研究”的名义提供了捕鲸的合法理由。尽管 IWC 一再强烈建议终止这类“科研用途”的捕鲸，但收效甚微。2006 年 6 月在加勒比海岛国圣基茨和尼维斯召开的 IWC 第 58 届全体大会上，捕鲸推动国与反对捕鲸的国家又进行了激烈交锋，但最终还是通过了一份支持商业捕鲸的《圣基茨和尼维斯宣言》。因此，鲸类资源的保护依然任重而道远。

我国自 1980 年 9 月 24 日加入《捕鲸公约》后即停止了捕鲸活动。从资源的分布情况看，我国的渤海、黄海、东海、南海以及长江分布的鲸豚类共有 36 种，其中蓝鲸、长须鲸、座头鲸等均为外洋性种类；灰鲸、中华白海豚为沿岸型物种；仅有江豚为既能生活在海洋、河口，又能深入江河、湖泊的物种；只有白鳍豚为仅生活在江河湖泊的淡水豚。因此，为了更好地对中国沿海的鲸豚类进行保护，1989 年我国政府颁布了《中华人民共和国水生野生动物保护实施条例》和《国家重点保护野生动物名录》，规定国务院渔业行政主管部门主管全国水生野生动物保护管理工作，并将所有的鲸豚类列为国家重点保护的水生野生动物，严格禁止捕杀和任何形式的经营利用，建立了由国家实行专门保护的管理制度。在厦门市附近海域建立了中华白海豚国家级自然保护区，在广东省建立了珠江口中华白海豚国家级自然保护区，在长江干流湖北省新螺江段及长江故道天鹅洲建立了两个白鳍豚、江豚国家级自然保护区，组织有关的科研单位开展了鲸豚类生态学、生物学等方面的研究，为拯救和保护鲸豚类动物做了大量工作并取得了很大成果。

二、《南极海洋生物资源保护公约》

《南极海洋生物资源保护公约》(The Convention on the Conservation of Antarctic Marine Living Resource,简称《南极公约》)于 1980 年在澳大利亚的堪培拉产生,1982 年 4 月 7 日开始生效,总部设在澳大利亚的霍巴特市(Hobart),成立了公约委员会、科学委员会和秘书处,每年召开一次会议。公约委员会管理所管辖区内海洋生物资源,属决策机构;科学委员会作为委员会的协商机构,负责收集信息并向委员会提出建议。

《南极公约》最初签署时只有 15 个国家,1984 年底增加到 18 个,目前有 33 个。我国于 2006 年加入。

《南极公约》主要是针对南大洋磷虾捕捞量增加,可能对磷虾及其他海洋生物资源产生严重影响的关注而设立的。目的是保护和合理利用南极海洋生物资源,防止过度捕捞造成生态系统损害,以保护南极辐合带以南的鱼类、软体动物、甲壳类动物和包括鸟类在内的所有其他生物种类。但不包括鲸和海豹,因它们已属《国际捕鲸规则公约》和《南极海豹保护公约》的保护对象。公约要求,南极地区开发的数量不应低于接近能保证年最大净增量的水平,要尽量维持南极海洋生物资源中被捕捞的、从属种群和相关种群之间的生态关系,防止海洋生态系统中发生不可逆转的变化或将此变化的危险性降至最低。这一要求为南极海洋生物资源的保护确立了一项生态系统标准。

《南极公约》适用于南纬 60°以南区域以及该纬度与构成部分南极海洋生态系统的南极辐合带之间区域的南极海洋生物资源。在南极海洋生物资源中,已知鱼类 200 余种,头足类 20 种和鳞虾类 8 种,其中最具开发潜力的是南极磷虾。据粮农组织专家估计,南极磷虾的储量 6 亿~10 亿 t,最适产量每年约为 1.5 亿 t,是全球单一物种蕴藏量最大的生物资源。南极海洋生物资源开发始于 20 世纪 60 年代,捕捞对象为南极犬牙鱼、冰鱼和南极鳞虾。20 世纪 70 年代后,南极鳞虾成为各主要渔业国关注重点。如果每年捕捞量不超过 5 000 万 t,对南极海域的生态平衡不会造成影响,而捕捞量每年都在增加。虽然现在尚未达到最适产量,但作为南极动物食物链的主干,鳞虾的过度捕捞,直接威胁到南极其他动物尤其是鲸类的生存。因此,鳞虾是公约中强调的主要物种。

除了蕴藏量丰富的鳞虾以外,目前市场价值较高、对经济增长具有重要性的南极犬牙鱼、南极冰鱼等渔业资源也状况堪忧。仅 2004—2005 年,南极犬牙鱼捕捞量就超过了 2.5 万 t,这一捕捞量可能会对犬牙南极鱼的可持续产生影响。因为南极的鱼类生长很慢,个头小,产量低,极易因过度捕捞而遭受破坏,甚至使某些海域资源枯竭。

三、《国际重要湿地特别是水禽栖息地公约》

《国际重要湿地特别是水禽栖息地公约》(The Convention on Wetlands of International Importance Especially as Waterfowl Habitat)，简称《湿地公约》)，又称《拉姆萨尔公约》(Ramsar Convention on Wetlands)，于1971年2月2日在伊朗的拉姆萨尔诞生，1975年12月21日开始生效，1982年12月3日修订。该公约的秘书处设在国际自然与自然资源保护联盟(IUCN)，在世界各大洲设有分支机构，很多国家还成立了相应的专门常设机构来履行公约，并定期举行成员国国际会议。1984年，公约成员国已达36个，分布在欧洲、美洲、非洲和亚洲各地。公约"名录"列出的湿地数量为294处。目前有158个缔约方，我国1992年2月20日递交加入书，同年7月31日生效，并有6个湿地保护区列入国际重要湿地名录(图4-1)。

图4-1　《湿地公约》标志

《湿地公约》由序言和13个条款组成，是第一个以生境为保护对象的条约。其宗旨是承认人类与环境的相互依存关系，通过协调一致的国际行动，确保作为众多水禽繁衍栖息地的湿地得到良好保护。由于湿地占全球自然资源总值45%，在涵养水源、净化水质、调蓄洪水、控制土壤侵蚀、美化环境、调节气候等方面具有极为重要的生态功能，同时还是许多珍稀野生动植物尤其是水禽赖以生存的基础。因此，《湿地公约》已成为国际重要的自然保护公约之一。

公约中的湿地是指"天然或人工、长久或暂时的沼泽地、泥炭地或水域地带，带有静止或流动的淡水、半咸水或咸水水体，包括低潮时水深不超过6 m的水域"。而水禽系指"从生态学角度看以湿地为生存条件的鸟类"。由于水禽在季节性迁徙时可能会超越国界，所以应视为一种国际资源。公约确信，地球湿地及生物资源的保护，需要世界各国的共同行动才能够得到保证。因此，要求各成员国都要制定和实施本国的具体计划，除了要保护湿地外，还要合理地利用湿地，建立保护区和湿地保护基金，培训能胜任湿地的研究、管理和监察人员，促进湿地和水禽的保护，通过管理增加物种特别是水禽的数量。

目前，全世界共有 1 832 块在生态学、植物学、动物学、湖沼学或水文学方面具有独特意义的湿地被列入国际重要湿地名录，总面积约 1.70 亿 hm^2。中国几乎拥有《湿地公约》中划分的除苔原湿地外的所有湿地类型，并拥有独特的青藏高寒湿地。据全国湿地资源调查统计，到 2008 年底，我国共有 100 hm^2 以上的各类湿地 3 848 万 hm^2，占世界湿地面积的 10%以上，到 2009 年共有 37 块湿地被列入《国际重要湿地名录》，总面积超过 380 万 hm^2。

四、《濒危野生动植物种国际贸易公约》

《濒危野生动植物种国际贸易公约》(The Convention on International Trade in Endangered Species of Wild Fauna and Flora)，简称《CITES 公约》，1973 年 3 月 3 日在美国首都华盛顿制定并签署，因此又常被简单地称呼为《华盛顿公约》。该公约于 1975 年 7 月 1 日正式生效。当时，《公约》的缔约方只有 21 个，2010 年已拥有 176 个缔约国。秘书处设在瑞士，每两年定期召开一次成员国大会。中国于 1981 年 1 月 8 日向该公约的保存国瑞士政府交存加入书，同年 4 月 8 日开始生效(图 4 - 2)。

图 4 - 2 《濒危野生动植物种国际贸易公约》标志

《CITES 公约》由序言、25 条正文和 3 个附录组成，直接涉及野生动植物的保护。其宗旨是通过各缔约国政府间采取有效措施，加强贸易控制来切实保护濒危野生动植物种，确保野生动植物种的持续利用不会因国际贸易而受到影响。

《CITES 公约》现行附录物种总数达到了约 3.4 万种，其中动物约 5 000 种，植物约 2.8 万种。中国约有 2 000 个物种被列入附录。《公约》依据物种保护程度的需要，将其列入到 3 个附录中。其中，附录Ⅰ列入了所有受到和可能受到贸易的影响而有灭绝危险的物种，因而严格禁止国际贸易；附录Ⅱ列入了所有那些目前虽未濒临灭绝，但如对其贸易不严加管理，就可能变成有灭绝危险的物种，对此类物种允许贸易，但应严加限制，将其出口限制在对其生存没有危害的水平；附录Ⅲ列入的是成员国本国立法控制但不在“附录Ⅰ、Ⅱ”中的但需要其他成员国合作控制贸易的物种。因此，《CITES 公约》的制定不是为了禁止野生动植物及其产品的贸易，而是为了通过控制和管理使这种贸易不至于导致野生动植物的可能灭绝和濒危。在采取贸易措施以防止越来越多的以科学研究为名义的野生动植物贸易方面，《CITES 公约》是个先行者。

在公约的履行方式上，通过许可证制度控制这些物种及其产品的国际贸易，使其成为打击非法贸易、限制过度利用的有效手段。

此外，该公约机构还与相关国际组织合作，充分发挥海关和国际刑警组织在野生动植物进出口管理环节上的监管和打击走私犯罪的作用，运用经济手段促进《CITES 公约》的执行。对不遵守《CITES 公约》条款或大会决议的国家，采取限定、暂停或号召其他国家终止与其贸易，或由缔约国大会、常委会强制执行的措施。

由于公约制定的基本原则为绝大多数国家所接受，再加上其有效的履约机制——通过制定监管物种的附录、实行进出口许可证管理制度、促进国家履约立法和执法、对违约方实施制裁等措施来规范国际野生动植物贸易活动，使《CITES 公约》在保护野生动植物资源方面得到举世公认，现已成为当今世界上最具影响力、最有成效的环境保护公约之一。

五、《保护野生动物迁徙物种公约》

《保护野生动物迁徙物种公约》(The Convention on the Conservation of Migratory Species of Wild Animals)，简称《波恩公约》，于 1979 年 6 月 23 日在联邦德国波恩签署，1983 年 11 月 1 日开始生效。该公约设有专门的秘书处并定期召开成员国大会，最初签署的有 28 个国家，到 2006 年 12 月 1 日，已有 100 个成员。但中国、美国、加拿大、俄罗斯、日本等国至今尚未加入(图 4-3)。

图 4-3 《保护野生动物迁徙物种公约》标志

《波恩公约》由序言、20 条正文和两个附件组成，其宗旨是采取国际合作保护陆地、海洋和空中的迁徙物种。因此，该公约是一项为保护通过国家管辖边界以外野生动物中的迁徙物种而订立的国际公约。公约规定：应订立具体的国际协定，以处理有关迁徙物种养护和管理问题；设立科学理事会就科学事项提供咨询意见，并在两个附录中分别列出了濒危的迁徙物种和须经协议的迁徙物种。

《波恩公约》保护的迁徙物种是指周期性或可能会穿越一国或几国的野生动物。其特色主要体现在 2 个附录上。在"附录Ⅰ"中列入了全部或部分分布范围内有灭绝危险的濒危迁徙种 40 多种，包括 15 种兽类、20 种鸟类、4 种爬行类和 1 种淡水鱼类，但列入的种类不是一成不变的。受危的原因除了生境丧失外，还包括妨碍物种迁徙的各种人类活动和障碍物，也包括外来物种等潜在危险。因此，公约规定，成员国不得捕捉"附录Ⅰ"的迁徙物种，包括狩猎、捕捞、捕获、干扰、蓄意杀害或类似的活动，除非是为了科学研究或繁殖和恢复其种群，而且分布迁徙区域的国家有义务对其严格加强保护。“附录Ⅱ”中列入了需要国际间开展合作进行保护和管理的迁徙物种，这些物种不一定是受危种，也不要求成员国承担保护义务，但要求分布国应全力达成保护这些物种的协议，并规定缔约国可制定更严格的国内措施来保护附件所列迁徙物种，或制定保护未列入附件的迁徙物种的国内措施。

我国虽未加入该公约，但1999年签订了关于白鹤保护的谅解备忘录。旨在保护从西伯利亚地区南下印度、中国越冬的白鹤种群。

六、《生物多样性公约》

《生物多样性公约》(Convention on Biological Diversity)是一项保护地球生物资源的国际性公约，于1992年6月1日由联合国环境规划署发起的政府间谈判委员会第七次会议在内罗毕通过。1992年6月5日，由签约国在巴西里约热内卢举行的联合国环境与发展大会上签署。公约于1993年12月29日正式生效。秘书处设在加拿大的蒙特利尔。联合国《生物多样性公约》缔约国大会是全球履行该公约的最高决策机构，一切有关履行《生物多样性公约》的重大决定都要经过缔约国大会通过。截止到2004年2月，该公约的签字国有188个。中国于1992年6月11日签署并于11月7日批准(图4-4)。

《生物多样性公约》由序言、41项条款以及两个附件组成，是一项具有法律约束力的公约，旨在保护濒临灭绝的植物和动物，最大限度地保护地球上的多种多样的生物资源，以造福于当代和子孙后代。

该公约重申了各国对自己国土内的生物多样性具有主权权利，并且有责任保护好自己的生物多样性，提出了保持生物多样性、持续利用其组成部分以及公平合理地分享遗传资源所产生的利益要求。要求缔约国视其特殊情况和能力为保护和持续利用生物多样性制订国家战略计划或方案，查明和监测生物多样性各组成部分的情况。一国在拟议可能对生物多样性产生不利影响的项目时，应进行环境影响评估，以尽量避免或减轻这种影响，而当其不利影响或损害可能超出该国管辖范围时，则需对其活动进行通报、交流和磋商，以便采取预防或应急措施，尽量降低影响和减少损失。对遗传资源的取得则规定了由主权政府决定并依照该国法律进行，但应创造条件以利于其他缔约国取得用于无害环境目的，并有权参与与利用该资源有关的研究和开发，分享获得的

CBD

图4-4 《生物多样性公约》标志

利益。各缔约国应承诺向其他缔约国转让或便利其获得有关生物多样性保护和持续利用的技术。对于专利和知识产权范围内的技术的转让或取得应受到有效保护,必要时由公约中规定的资金条款来保障这种转让或取得的实施,同时各缔约国应力所能及地为实现本公约目标而为其有关国家计划、优先项目和方案提供资金和鼓励。发达缔约国应提供新的额外的资金,使发展中国家能支付因履行公约义务担负议定的全部新增加的费用。发展中缔约国履行公约义务的程度取决于发达缔约国据此提供的资金和技术转让的承诺。

这一公约把地球生物的保护问题推向了世界,也使世界各国就地球生物的保护达成了共识。与这一公约相呼应,世界各国都已经采取了行动。

我国是最早加入该公约的国家之一。1992 年,中国科学院成立了生物多样性委员会。中国政府先后颁布了《中国生物多样性国情研究报告》和《中国 21 世纪议程》,制定了《中国生物多样性保护行动计划》、《中国自然保护区发展规划纲要》等,建立了生物多样性数据库,同时重视宣传教育,提高公众对生物多样性的重要性以及生物多样性所面临的根本威胁包括气候变化的认识,以推动中国的生物多样性保护工作。

七、关于动物福利的公约

截至目前,对于其他动物(经济动物、宠物、实验动物等)的保护,国际上还没有一个普遍性国际公约或协定。欧洲理事会(Council of Europe)作为一个区域性国家联合体,先后制定了一系列关于动物福利保护的公约和协议,这些公约对各缔约国也有相当大的约束作用。

比如,1978 年制定的《欧洲农场动物保护公约》,主要针对的是集约化经营农场动物的福利,要求必须给予动物以适合其心理和行为需求的居住场所、食物、水和关照:如给动物提供的食物和液体不得含有任何可能给动物造成不必要痛苦或伤害的物质;为避免动物遭受不必要痛苦,应彻底查看动物健康状况,检查间隔时间应适当,对于现代密集型养殖的动物,必须每天至少查看一次等。

1979 年制定的《欧洲屠宰动物保护公约》,目的就是通过采取正确的屠宰方法来保护将要被屠宰的动物,以尽可能减轻不必要的刺激和痛苦,减少屠宰过程中动物的恐惧、磨难对肉的质量造成影响,其适用于家养单蹄动物、反刍动物、猪、兔和家禽的运送、入栏、击昏和屠宰过程。

1987 年《保护宠物动物的欧洲公约》把宠物动物福利保护的原则归纳为两个,一是任何人不得引起宠物动物不必要的疼痛、痛苦或者忧伤;一是任何人不得抛弃一只宠物动物。

1991年制定的《欧洲实验及其他科学用途的脊椎动物保护公约》，反映了欧洲理事会与其他国家在用于实验或者其他科学目的的活生动物的保护方面进行的合作，并承认人类有尊敬所有动物及把动物的感受痛苦能力与记忆能力纳入人类考虑范围的道德义务；同时决心寻找替代方法，鼓励采用替代的措施来限制用于实验或者其他科学价值理念的动物的使用；渴望通过一般的规定，以保护那些在实验中遭受疼痛、痛苦、忧伤或者持续伤害的动物，并且在疼痛、痛苦、忧伤或者持续伤害不可避免时，使之最小化。比如，在附件A中规定了任何应用于或者企图应用于实验的动物，应该得到适合于动物健康和福利的容身场所、环境条件以及活动自由、食物、水和照顾；实验动物的福利和健康状态应该得到经常和充分仔细的观察，以免其遭受疼痛或者可避免的痛苦、忧伤、持续伤害；如果动物在痛苦或者疼痛中度过余生，兽医应当决定对其采取人道的宰杀措施，兽医不在的情况下，如果动物被严重伤害，应当立即被人道处死。

欧洲议会2003年初还通过了一项法令，要求在2009年之后，欧盟各国的化妆品公司不得在动物身上进行化妆品的毒性或过敏性试验，欧盟也将禁止进口在动物身上进行过试验的化妆品。欧洲制宪委员会也正在研究在未来“欧洲宪法”中写入“动物福利”的条款，规定到2013年欧盟各成员国要采用放养式养猪，停止圈养。2004年英国根据欧盟这项指导条例制定的《农畜动物福利规定》已正式付诸实施。

另外，联合国粮农组织对家畜的运输、屠宰过程也做出了一些推荐性措施，旨在通过尽量低的生产成本来实现运输及屠宰加工过程中的动物福利，保证肉品卫生质量，实现最大的经济利益。联合国的动物保护组织提出了家畜装卸、运输及屠宰过程中动物福利的一般原则，并从动物的应激和痛苦对肉品和副产品质量的影响、商业体系和损失、动物的行为规则、畜禽的装卸、畜禽的运输、畜禽的屠宰、良好动物福利标准的维持等8个方面进行了论述。推荐了在运输、屠宰过程中比较适合于发展中国家的动物福利措施，提倡对易造成动物应激的击晕、放血等关键点加以重点控制，并对这些关键点的控制情况给出了评分标准。

第三节　动物保护的国家法

动物保护的国家法是指由各国政府制定的、旨在保护和合理利用本国动物，具有法律强制力的规则和制度。国家法是由本国政府制定并强制实施的，对制定国国内的人民有普遍的约束力，仅对一国有效。国家法的立法是由该国的立法机构制定、颁布。主体是该国家本身及其国内的自然人和法人。国家在制定国家法时，应考虑有关国际法的原则和内容，而在参与制定国际法时，也可引入有关的国家法内容。

目前，世界很多国家都颁布了自己的动物保护法，比较有名的如日本的《关于鸟兽保护和狩猎法规》、英国的《鸟类保护法案》、泰国的《野生动物保存保护法》、中国的《野生动物保护法》、《中华人民共和国畜牧法》，美国的《鸟类迁徙保护法》、澳大利亚的《国家公园和野生动物法》等。同时，世界上许多国家如欧盟及美国、加拿大、澳大利亚、新加坡、马来西亚、泰国、日本等国和我国香港、台湾地区都进行了动物福利的立法，并在畜禽饲养、运输和屠宰过程中实施。主要有瑞典 1988 年颁布的《动物福利法》、丹麦 1991 年颁布的《动物福利法》、葡萄牙 1995 年颁布的《保护动物法》以及德国的《动物福利法》和美国的《动物福利法案》等。

第四节　中国的动物保护法制体系

为了加强对动物的管理，保护和合理利用动物，我国政府相继颁布了一系列动物保护的法律法规。这些法律法规主要分为 3 种形式：一是国家法律，由全国人大和人大常委会制定颁布、并由国家主席签署公布。二是行政法规，由国家最高行政机关国务院制定和发布，包括各种决议、决定、条例、章程、暂行规定和暂行办法等多种形式。三是地方性法规，由地方各级人大和人大常委会或各级地方政府，根据地方具体情况与实际需要，依照国家法律法规制定和颁布的规范性文件、决议或命令，一般具有较强的针对性和适用性，并只在本辖区内生效。

我国野生动物保护的立法工作开始较早，早在 1950 年，就通过行政手段发布了有关动物保护的行政法规。比较重要的如《关于稀有动物保护办法》(1950)、《关于积极保护和合理利用野生动物资源的指示》(1962，国务院)、《野生动物资源保护条例(草案)》(1973，农林部)、《水产资源繁殖保护条例》(1979，国务院)、《关于严格保护珍贵稀有野生动物的通令》(1983，国务院)、《森林和野生动物类型自然保护区管理办法》(1985，林业部)、《关于坚决制止乱捕滥猎和倒卖、走私珍稀野生动物的紧急通知》(1987，国务院)等。1989 年正式颁布了《野生动物保护法》，这是我国动物依法保护逐渐完善和成熟的一个重要标志。

《野生动物保护法》(Protection Law of Wildlife)的全称是《中华人民共和国野生动物保护法》，于 1988 年 11 月 8 日第七届全国人民代表大会常务委员会第四次会议通过，在 2004 年 8 月 28 日由中华人民共和国第十届全国人民代表大会常务委员会第十一次会议通过《关于修〈中华人民共和国野生动物保护法〉的决定》。其立法的目的是为保护、拯救珍贵、濒危野生动物，保护、发展和合理利用野生动物资源，维护生态平衡。本法规定，野生动物资源属于国家所有，国务院林业、渔业行政主管部门分别主管全国陆生、水生野生动物管理工作。对野生动物实行“加强资源保护、积极驯养繁殖、合理开发利用”的方针，保护野生动物及其生存环境，对珍贵、濒危的野生动物实行重点保护，并在主要生息繁衍的地区和水域，划定自然保护区，同时依法保护开发利用野生动物资源的单位和个人的合法权益。禁止任何单位和个人非法猎捕或者破坏。在自然保护区、禁猎区和禁猎期内，禁止猎捕和其他妨碍野生动物生息繁衍的活动。非法捕杀国家重点保护野生动物或在禁猎区、禁猎期或者使用禁用的工具、方法猎捕野生动物的，依照关于惩治捕杀国家重点保护的珍贵、濒危野生动物犯罪的补充规定，由野生动物行政主管部门没收猎获物和违法所得，处以罚款；情节严重、构成犯罪的，将根据《中华人民共和国刑法》追究刑事责任。

在《野生动物保护法》中，国家将重点保护的野生动物分为一级保护野生动物和二级保护野生动物，并公布了《重点保护动物名录》计 257 种，其中一级保护动物 97 种，二级保护动物 238 种。

围绕国家保护法，从中央到地方，相继又制定了 30 余个配套的行政法规和规章，比较重要的如《国家重点保护野生动物驯养繁殖许可证管理办法》(1991)，《陆生野生动物保护实施条例》(1992)，《水生野生动物保护实施条例》(1993)，《关于禁止犀牛角和虎骨贸易的通知》(1993)以及《濒危野生动植物进出口管理条例》(2006)等。各省、自治区、直辖市也陆续制定了地方《野生动物保护法实施办法》及地方《保护野生动物名录》。

动物福利在我国起步较晚，但有的已经涉及动物福利方面的内容。比如从 2003 年起实施的《北京市公园条例》规定，凡在公园中惊吓、殴打、伤害动物的，要处以 50 元以上 100 元以下罚款，构成犯罪的要依法追究刑事责任。2006 年实施的《畜牧法》中就有不允许使用未经高温处理的餐馆、食堂的泔水喂养家畜等条款。2007 年颁布的《生猪屠宰管理条例》，要求动物的运输、装卸、停留、待宰以及宰杀过程，都应采取合乎动物行为的方式，以尽量减少动物的紧张和恐惧。但是，中国目前还没有从动物福利角度出发的专门立法，而这方面的权利保护是动物保护立法体系中的重要分支。2009 年，我国第一部涵盖动物福利的《中华人民共和国动物保护法》(建议稿)或“反虐待动物法”已经出炉，说明国家开始重视动物福利的问题，愿意并尝试与国际接轨。相信不久的将来，一部既能改善动物福利，又不背离现实的文化传统与生活传统的更契合“中国”实际、更能启发公众认同的“动物福利保护”的法律将被人们所接受。

第五节　国内外动物保护组织

随着动物保护事业的发展，一些动物保护的组织也应运而生。这些动物保护组织在动物保护方面发挥了积极作用。现介绍几个具有一定影响的国内外动物保护组织。

一、国际自然和自然资源保护联盟

国际自然和自然资源保护联盟(International Union for Conservation of Nature and Nature Resources，IUCN)于1948年由联合国教科文组织在法国巴黎建立，是由各国政府、非官方机构、科学工作者及其他自然资源保护专家组成的国际组织，也是世界上涉及自然和自然资源保护问题的主要国际研究协调组织。现有国家、政府机构以及非政府组织会员915个，遍及133个国家。

IUCN下设有物种保护、国家公园和保护区、生态学、环境规划、环境教育及环境政策法律和管理6个委员会。1990年正式更名为世界自然保护联盟(The World Conservation Union)，但仍沿用IUCN的简称(图4-5)。

该组织的主要任务是影响、鼓励和帮助国际社会保护自然的完整性和多样性，确保自然资源的合理使用，确保其具有生态可持续性。

IUCN自成立以来，主持过很多地区的自然保护项目计划，促进了多项国际条约的签署，主办过多次国际会议，出版了兽类、鸟类、两栖爬行类和植物等的《红皮书》分册，明确了自然保护区的分类和基本概念，提出了建立自然保护区的原则、标准和世界保护区网的规划，推进了自然保护学科的建立和发展，扩大了自然保护的宣传和教育面。1979年，我国以国务院环保办公室的名义加入了IUCN，1995年经国务院批准正式成为国家会员。

图4-5　"国际自然和自然资源保护联盟"标志

二、世界自然基金会

世界自然基金会(World Wide Fund for Nature)是世界上最大的从事自然和野生动物保护的国际组织。其前身世界野生生物基金会(World Wildlife Fund，WWF)成立于1961年，总部设在瑞士，成员国和成员组织遍布五大洲。目前世界自然基金会通过一个由27个国家级会员、21个项目办公室及5个附属会员组织组成的全球性的网络，并在北美洲、欧洲、亚太地区及非洲开展工作。

WWF的基本目标是保护地球的生物资源，遏止地球自然环境的恶化，创造人类与自然和谐相处的美好未来。其宗旨在于促使人们认识破坏自然生态系统在气候变化、水土流失以及导致干旱和洪水泛滥等方面可能造成的严重后果；同时呼吁人们注意世界上有1 000种动物、25 000种植物濒临灭绝，如不及时加以保护，其损失将不可弥补。“地球一小时”的发起者就是该组织。

图4-6 “世界自然基金会”标志

WWF把自然资源开发及人口对自然的压力视为影响人类利益的最迫切问题，并寻求世界范围的资金筹集，用来资助各种保护项目。从1961年成立以来，WWF已向153个国家发起或完成了约12 000个环保项目，其工作得到了世界各国的赞誉。

世界自然基金会在中国的工作始于1980年的大熊猫及其栖息地的保护，是第一个受中国政府邀请来华开展保护工作的国际非政府组织。如今项目领域也由大熊猫保护扩大到物种保护、淡水和海洋生态系统保护与可持续利用、森林保护与可持续经营、可持续发展教育、气候变化与能源、野生物贸易、科学发展与国际政策等领域。

三、国际爱护动物基金会

国际爱护动物基金会(International Fund for Animal Welfare，IFAW)创立于1969年，总部设在美国的马萨诸塞州。最初是为了制止加拿大东海岸对琴海豹的大规模残酷的商业性猎杀行为，由布赖恩·戴维斯(Brian Davies)创立，现已成为全球最大的动物福利组织之一。该组织目前拥有200多位经验丰富的活动家、法律及政治专家、世界著名的科学家，在全世界13个国家设立了办公室。中国的办事处设在北京。

IFAW是以“促进公平仁慈地对待一切动物”为宗旨，以改善动物的生存环境，保护动物免遭灭绝，防止和杜绝对动物的残暴虐待，倡导尊重和爱护动物为使命，积极推行人与动物和谐共处的动物福利和保护政策。

目前，IFAW在全球的各个项目以及捐助活动主要集中于减少商业利用和野生动物交易、救助陷于危机和苦难中的动物以及保护动物栖息地3个领域。主要开展了拯救琴海豹、藏羚羊、鲸、大猩猩及其他濒危物种活动，制止并坚决反对国际象牙贸易，反对将野生动物作为伴侣动物的贸易，并在各国和地区努力推广国际爱护动物行动周等工作。

IFAW

图 4-7　“国际爱护动物基金会”标志

IFAW 自 1993 年在中国开始开展项目以来，从关注伴侣动物的福利、救助猛禽，到保护野生大象、藏羚羊，逐渐扩大了在中国的影响，并与各级政府部门、科研院所和民间机构一道，共同救助与保护野生动物及伴侣动物，宣传善待动物的理念，以提高公众意识、增进人与动物之间关系的了解。为了救助猛禽，IFAW 在 2001 年与北京师范大学合作建立了“IFAW 北京猛禽救助中心”，作为北京市林业局指定的“专项猛禽救助中心”，“北京猛禽救助中心”，中心以国际先进的动物福利理念为指导，采用科学专业的救助方法，为受伤、生病、迷途的猛禽提供治疗、护理和康复训练，并在适宜的野外栖息地及时放归已康复的猛禽。IFAW 还与国内许多动物救助组织和兽医协会开展合作并提供资助，用于为动物提供住所、食物、疫苗和基础兽医治疗，开展绝育和领养项目，积极寻求各种动物救助和安置的模式，并希望能够尽快出台一部防止虐待动物的法规。

四、世界动物保护协会

世界动物保护会(World Society for the Protection of Animals，WSPA)是由成立于 1953 年的动物保护联盟(WFPA)与成立于 1959 年的动物保护国际联合会在 1981 年合并而成，是一个具有联合国咨询组织地位的动物保护组织，也是国际自愿性组织委员会(International Council of Voluntary Organization，ICVA)成员中唯一一个关于动物福利的组织。总部设于伦敦，在加拿大、美国、德国、丹麦、哥伦比亚、哥斯达黎加、肯尼亚设有地区办事处，在联合国和欧洲议会驻有代表。作为国际上具有领导地位的动物福利组织联邦，WSPA 与遍布世界 150 多个国家和 1 000 多个动物保护组织合作开展各类动物保护项目和活动。

WSPA 的主要任务是在全球提高动物的福利标准，通过开展包括教育、培训和救援在内的各种活动，努力确保动物福利的原则在全世界范围内被理解和尊重，并且得到有效的法律保障，目标是实现一个人人重视动物福利、终止虐待动物的世界。

WSPA 的许多项目专注于全球各地的伴侣动物、野生动物、农场动物以及灾难救助计划。比如，保护熊摆脱残酷圈养，防止数以百万计的流浪动物面临不人道死亡，以及集约化养殖、长途运输、不人道屠宰对动物的伤害等。近年来，世界动物保护协会和英国防止虐待动物协会一起合作起草了动物福利宣言，希望被联合国所采纳。

为配合中国政府改善农场动物福利，建立动物福利及人道屠宰规范，提高人道屠宰技术，WSPA和北京朝阳安华动物产品安全研究所(APSRI)在北京共同签署了《中国人道屠宰计划谅解备忘录》，同时推行了针对中国大型屠宰厂的管理人员和工作人员的培训计划，以提高相关人员的技术水平，从而改善农场动物福利，提高肉品品质。

五、世界农场动物福利协会

世界农场动物福利协会(Compassion in World Farming，CIWF)始建于1967年，总部设在英国，在法国、荷兰、爱尔兰、南非、澳大利亚等国设有办事处。由于在提高农场动物从饲养、运输到屠宰等各个生命阶段的待遇方面取得的成就，很快在欧洲和国际组织中确立了其重要地位。目前，CIWF与27个欧盟国家的34个组织合作，旨在阻止虐待动物行为，提倡对动物福利、人和环境都有益的养殖方法，以实现全球农业对于人类、农场动物以及环境的可持续发展。

CIWF开发了一套名为"良好农业实践"的综合指导手册，其中包括如何提高所有主要农场动物物种的福利养殖系统和方法。一些集约化动物养殖系统将被欧盟禁止使用，如在妊娠栏内养殖怀孕的母猪、不用层架式鸡笼等。作为一个独立的慈善机构，世界农场动物福利协会在谋求农场动物福利、健康的法律保护方面扮演着重要的角色。

六、国际野生生物保护学会

国际野生生物保护学会(The Wildlife Conservation Society，WCS)成立于1895年，前身是纽约动物学会(The New York Zoological Society)，总部设在美国纽约，是一个致力于保护野生生物及其栖息地的非盈利性国际组织。由于WCS的知名度和所受到的尊重，它在全球范围同许多政府机构和当地自然保护组织建立了富有成效的关系。目前，在亚洲、非洲、拉丁美洲及北美洲的70个国家开展有500多项野外项目，涉及从蝴蝶到老虎等各种野生物种。

WCS在中国的工作始于20世纪80年代。到目前为止，与中国政府、学术机构等合作，开展了西部藏羚羊、马可波罗羊等濒危有蹄类动物的保护项目、跨国界的东北虎保护项目、两栖爬行动物项目、野生动物贸易项目以及教育项目，范围涵盖了从关键物种和生物多样性的保护、公众意识和环境教育，到野生动物贸易调查以及景观水平的规划等。

七、世界动物卫生组织

世界动物卫生组织(Office International Des Epizooties,OIE)又称国际兽疫局(International Office of Epizooties,IOE),创建于1924年,是一个政府间的国际组织,总部设在法国巴黎。OIE是在各成员国政府委派的常驻代表组成的国际委员会的授权和管理下开展工作并每年召开一次大会。国际委员会的职能由中央局具体实施,中央局总干事由国际委员会任命。国际委员会下设专家委员会、地区委员会和行政委员会,中央局负责落实各委员会草拟的决议。截至2010年2月,已有175个成员。

OIE的工作范围涉及兽医管理体制、动物疫病防控、兽医公共卫生、动物产品安全和动物福利等多个领域,其主要职能是:负责通报和管理全球动物疫情和人畜共患病疫情,促进各国疫情透明化,推动兽医科技进步和信息交流,协调各国动物疫病防控活动并提供技术支持,制定国际动物及动物产品贸易卫生标准和规则,提高各国兽医立法和兽医体系服务水平,促进动物产品安全和动物福利水平。

随着经济全球化进程加快,OIE在全球动物卫生和动物产品安全领域的地位和作用越来越重要。联合国粮农组织(FAO)、世界卫生组织(WHO)、世界贸易组织(WTO)等40多个国际组织、区域组织先后通过签署合作协议等形式与OIE建立了紧密的合作关系。各国政府高度重视加强与OIE的技术交流与合作,在国内兽医立法和管理中积极应用OIE有关规则和标准,全面参与OIE各项活动,提高了本国兽医工作能力和动物卫生水平。

八、英国防止虐待动物协会

英国防止虐待动物协会(The Royal Society for the Prevention of Cruelty to Animals,RSPCA)于1824年在伦敦成立,是全球历史最悠久、最大的动物福利组织,世界动物保护协会和欧洲动物福利协会的主要成员,也是英国政府在进行新的动物福利立法过程中的主要顾问。现已同欧洲和亚洲约30个国家与地区的有关主管与非政府机构、大学等从事合作性项目。

该协会的宗旨是:防止虐待动物,倡导慈善之心,减少动物的痛苦。主要任务是:进行反对虐待动物和促进善待动物的宣传教育;由动物保护检查员执行动物保护法律;作为英国政府和议会有关动物福利问题和制定有关法律的顾问机构;收容和救助被遗弃的和伤病的动物,为他们重新安排养主以及向社会大众进行动物养主责任和动物福利问题的教育。同时还开展了宠物动物的饲养、照顾、医疗和绝育,经济动物的饲养、运输和屠宰的环境条件,制止捕猎海豹和鲸,制止使用毛皮动物产品,实验动物福利,救助野生动物,保护与恢复野生动物的生境以及评价与改善娱乐动物的狩猎、动物园和马戏团的环境条件等工作。该协会的“自由食品”(Freedom Food)认证制度是世界上第一个也是最大的福利保证计划。此计划从1994年开始实施,通过一套监督和稽查系统,使各种肉品、蛋品与乳酪制品的生产过程符合标准,以此向消费者保证,这些动物产品的饲养、运输与屠宰的各个阶段都符合动物福利的要求。

九、美国善待动物协会

美国善待动物协会(The Humane Society of the United States, HSUS)创立于1954年,是美国最大的动物保护组织,拥有1 000多万会员。该协会为保护动物尤其是在伴侣动物、野生动物的生存环境、实验室动物和农场动物方面做了大量工作,并通过立法、诉讼、研究、培训、宣传和调查等方式对所有的动物提供了保护,通过其国际分支机构(HSI)在全球范围内拓展工作。

近年来,HSUS致力于人道屠宰和农场动物处理的培训,已同联合国粮食和农业组织以及印度尼西亚、马来西亚政府协作,引进人道屠宰方式;与拉丁美洲的专家、企业、政府官员和生产商一起合作,提高畜牧业实践;并在中国联合主办了两次兽医培训会。

十、中国野生动物保护协会

中国野生动物保护协会(China Wildlife Conservation Association ,CWCA)成立于1983年12月23日,是中国科协所属的全国性社会团体,设有科技、宣传和基金管理委员会,以加强和协调野生动物宣传、科技工作和资金的使用管理,常设办事机构为秘书处,挂靠在国家林业局。截至2008年,该协会在全国省、地、县各级协会已达746个,团体会员3 688个,个人会员发展到30余万人。

CWCA是一个由野生动物保护管理、科研教育、驯养繁殖、自然保护区工作者和广大野生动物爱好者自愿组成的专业性、非营利、具有独立法人资格的群众团体。其宗旨是遵守国家宪法、法律、法规和政策,坚持科学发展观,组织动员社会力量,广泛开展科普宣传教育,提高全民族的生态保护意识;加强国内、外的科技交流与合作,促进野生动物保护科学技术的发展,拯救珍稀濒危物种,保护生物多样性,全面发挥其生态效益、社会效益和经济效益,推动我国野生动物保护事业与社会经济的协调发展,促进人与自然的和谐。1984年,该协会被世界自然保护联盟(IUCN)接纳为会员。

协会自成立以来，通过“爱鸟周”、“野生动物宣传月”，“繁荣生态文化，推进生态文明”等多种形式的宣传教育、科技交流活动，在普遍提高全民自然保护意识，普及科学知识，增强法制观念及促进科技、文化交流等方面发挥了重要作用；通过开展栖息地保护、资源调查等保护野生动物的科学研究、学术交流，鼓励野生动物保护专家、学者开展重大课题，以保护濒危、珍稀野生动物；通过组织珍稀动物展览、组织中国的珍稀动物大熊猫、金丝猴等到美国、加拿大、西班牙、爱尔兰、比利时、新加坡、日本等国展出，为国家保护大熊猫工程，拯救朱鹮、东北虎等濒危珍稀野生动物，支援自然保护区建设等广泛地筹募了资金；同时与各国自然保护组织和机构建立联系，并参与有关国际合作与交流。目前，中国野生动物保护协会已发展成为国内最具影响力的自然生态保护组织。

小　　结

动物是一种非常重要的自然资源，也是生态环境的重要组成部分。保护动物不仅需要加强宣传，使之成为人们的自觉行动，而且也不能忽视立法。动物保护立法就是要有效地制约对动物资源的过度开发和利用，保护动物免遭人类的伤害，实现资源的永续利用和生态平衡。动物保护法分为国际法和国家法。国际法通常以条约或公约的形式出现，是各个国家或组织之间的书面协议，主体可以是国家，也可以是国际组织。有关动物保护的国际法有《捕鲸公约》、《南极公约》、《拉姆萨尔公约》、《CITES 公约》、《波恩公约》及《生物多样性公约》等。国家法是由各国最高立法机关制定，主体是该国家本身及其国内的自然人和法人。中国的动物保护法律体系分为国家法律、行政法规和地方性法规 3 种形式，其中有《野生动物保护法》等。随着动物保护组织的应运而生，动物保护组织如 IUCN、WWF、IFAW、WSPA、CIWF、WCS 及 CWCA 在推动动物保护方面发挥了积极作用。

复习思考题

1. 谈谈动物保护立法的必要性。

2. 什么是动物保护的国际法和国家法？动物保护的国际条约有什么特点？

3. 重要的动物保护国际法有哪些？其主要宗旨是什么？

4. 我国动物保护的法制体系分哪几种形式？《中华人民共和国野生动物保护法》立法的目的是什么？

5. 国内外主要动物保护组织的宗旨和任务是什么？

主要参考文献

1. 孙江.动物保护立法历史溯源——兼谈动物立法与构建和谐社会的理性意义，今日世界，2008(3)：116－120.

2. 刘文君.世界各国的动物福利立法.中国动物保健，2006(2)：7－8.

3. 陆承平.动物保护概论.北京：高等教育出版社，2004.

4. 李媛媛.试论动物福利法法律关系.西北政法大学动物保护法律网，2008.

5. 王聃.动物保护立法绕不过的"中国困境".中国商报，2010 年 2 月 2 日.第 010 版.

6. 杜悦英.学者、NGO 吁请动物保护立法.中国经济时报，2009 年 9 月 10 日.第 009 版.

7. 常纪文.从欧盟立法看动物福利法的独立性.环球法律评论，2006(3)：343－351.

8. 王军，李冰.从动物保护立法改变提法看我国动物保护进程.中国工作犬业，2010(4)：46－47.

第五章 农场动物的保护

学习要点

了解现代肉鸡生产中存在的福利问题及改善肉鸡福利的措施；了解蛋鸡笼养的各种福利问题和传统蛋鸡笼养的替代方法；了解猪生产中的保护与福利问题；了解肉牛的饲养和福利措施；了解犊牛饲养的保护与福利；了解动物保护与福利在奶牛业中的应用。

按照动物的生活方式以及与人类关系的不同，可将它们分为6类：农场动物、实验动物、伴侣动物、工作动物、娱乐动物和野生动物。其中，农场动物可以为人类提供肉、蛋、奶及其他生活用品，因此与人类日常生活的关系最密切。然而，现代畜牧业的集约化生产往往忽视了动物的福利状况，带来一系列福利问题，如畜舍饲养密度过高、饲养条件无法满足畜禽行为的需要等。农场动物的动物福利与健康状况的好坏是关系到生产者生产的产品能否被消费者接受的大问题。因此，有必要采取有效的措施对农场动物在饲养、管理、运输及屠宰等过程的福利加以保障。本章简要介绍几种主要农场动物的保护与福利问题。

第一节 肉鸡生产中的动物保护

一、肉鸡的福利问题

现代肉鸡一般指7～8周龄，体重达1.8～2 kg出场屠宰的仔鸡，料重比为2∶1左右，又称为肉用仔鸡。生产中最常用的肉鸡生产方案是采用“全进全出”制，即同一栋鸡舍饲养同批、同日龄的雏鸡，同一天开食饲养，同一天出栏销售。

1. 饲养方式对肉鸡福利的影响

(1)笼养　自20世纪中叶，随着生产效率的提高和饲养成本的降低，家禽生产的饲养规模和饲养密度越来越大，出现了家禽笼养的高度集约化饲养方式。与其他饲养方式相比，笼养方式极大地提高了家禽的生产效率，减少了争食现象，同时鸡体与粪便不接触，有效地减少了鸡只感染白痢、球虫病以及大肠杆菌、沙门氏菌等的几率。同时，笼养不需垫料，可减少垫料开支，减少舍内粉尘。此外，转群和出栏时，抓鸡方便，鸡舍也易于清扫。

但笼养的鸡群饲养密度大，活动空间受到限制，造成心理的紧张和焦躁不安，从而引起一系列福利问题。由于缺乏活动，笼养鸡的骨骼更容易受到伤害，出现腿及脚趾的变形、龙骨弯曲、骨质脆弱等。同时，笼养还可以引起胸部水疱、溃疡、毛囊肿大、感染等情况。

(2)散养(平养) 散养即让鸡群在自然环境中活动、觅食，辅以人工饲喂，夜间再让鸡群回鸡舍栖息的饲养方式。散养更加符合肉鸡的自然和生理需要，鸡只可以根据自身的生理需要与习性全天候自由饮食与活动，不受人为的约束。同时散养相应扩充了肉鸡的活动空间和场所，运动量和光照时间也明显增加。但是自由散养的鸡只群体太大，容易接触各种环境刺激物并受恶劣气候的影响。同时老龄鸡骨折发生频率也会增加。

散养分地面散养和网上散养两种方式。其中，地面散养包括室内地面散养和室外地面散养。室内地面散养就是把鸡养在室内地面上。室内地面可以是水泥地面，也可以是砖石地面或泥土地面等。垫料可就地取材，如清洁干燥无霉变的稻草、麦秸、稻壳、刨花、锯末等。由于垫料与粪便混合在一起发酵，容易产生热量，可增加室温，因而对肉鸡抵抗寒冷有益。垫料中微生物的活动可产生维生素 B_{12}，肉鸡活动时扒翻垫料，可从垫料中摄取维生素 B_{12}。室内地面散养对鸡舍建筑设备的要求不高，可以节约投资，降低成本，适合专业户采用。此外，鸡群在松软的垫料上活动，腿部疾病和胸部囊肿发生率低，肉鸡上市合格率高。但是室内地面散养也需要大量垫料和更多的占地面积。鸡舍易潮湿，如果垫料处理不及时，氨气浓度会超标，这将影响肉鸡的生长发育，并易暴发疾病，甚至造成肉鸡大批死亡。此外，使用过的垫料难于处理，且常常成为传染源，易发生鸡白痢及球虫病等。

室外地面散养是白天把鸡放养到室外，晚上回到鸡舍休息的一种饲养方式。农村零星散养、近年来发展的果园鸡、林间鸡、生态鸡都属于室外地面散养的范畴。室外地面散养的特点是鸡可以在很大范围内无拘无束地活动，可以吃到新鲜牧草或捕食青蛙、蚯蚓和虫子等小动物。可以从野外觅食中获取蛋白质、维生素和矿物质等营养物质。室外有大量的沙泥可供沙浴或泥浴，可以尽情享受阳光和新鲜空气，有足够的空间逃避同伴的攻击。从接近自然和鸡活动自由的角度看，室外散养的好处是其他饲养方式所不能比拟的。人们普遍认为，室外散养鸡肉的味道比室内饲养的鸡肉鲜美，蛋黄颜色较深。

网上散养是一种利用金属网或塑料网或竹木栅条板代替地面的饲养方式，它集合了部分笼养的优点。网上饲养的鸡群与地面垫料、粪便等污物隔离，粪便能及时清理，大大改善了舍内卫生状况，利于改善鸡舍环境，增强鸡只健康；有利于避免和预防球虫病、呼吸道疾病等的发生；提高肉鸡成活率，减少药物残留。孙楼(2005)的报道指出，与地面平养相比，网上平养可显著改善 AA 肉鸡 3～5 周龄的体增重，全期料肉比降低 3.57%，死亡率显著降低。孔祥武(1996)在不同季节用 AA 肉仔鸡进行地面平养与板条网养，结果发现地面平养与板条网养在 1 周龄对肉鸡生长没有影响，但 3 周龄以后，板条网养生长速度快于地面平养，料肉比也降低了 0.1，饲养效益高于地面平养。但网上散养的投资比地面散养大，由于不能接触泥土、垫料或粪便，鸡不能自主地获得维生素、微量元素等营养物质的补充，所以对饲养管理的要求比较高，需要密切注意营养缺乏症的发生。此外，网上散养的肉鸡胸囊肿、腿病发生率显著高于地面散养。

2. 饲养环境对肉鸡福利的影响

(1)饲养密度　高密度饲养是肉鸡生产的一个突出特点。它不仅会增加疾病的传播，还会加剧舍内空气质量的恶化，如氨气浓度增高、湿度过高和灰尘过大等，从而引起呼吸道疾病。2002 年《动物福利》中的一项研究报告指出，当鸡群的饲养密度最高时，在肉鸡生长期的最后 2 周有可能发生深度哮喘，而在最低饲养密度时则很少发生哮喘。饲养密度为 28 kg/m^2 时，在 6 周内发生深度哮喘的时间显著低于饲养密度为 34 kg/m^2 和 40 kg/m^2 时。因此，饲养密度低于 34 kg/m^2 时可以改善该日龄内肉鸡的热舒适，从而改善其福利状况。

Weeks 等(2000)的研究认为，高密度饲养使肉鸡变得不爱动，仅在 5～7 周龄时，没有腿病的鸡躺着度过的时间占 76%，而有腿病的占 86%。其正常采食模式被打乱，很少采食，采食后却又维持较长时间。此外，饲养密度过高还会使垫料潮湿，引起胸部水疱、跗关节“氨烧伤”和足底皮炎。2000 年 5—10 月，对法国 15 个饲养场的 50 个肉鸡群进行的研究发现，10%肉鸡群中近 20%的肉鸡有足底病变。对丹麦 28 个肉鸡群进行的研究发现，有 42%的肉鸡有足底皮炎。

(2)水供给　水质量和供水方式直接影响着动物的福利。采用乳头式饮水器时，如果设计或管理不当，也会对肉鸡福利产生不利影响。比如小鸡可能因为不会操作而饮不到水。限饲的鸡只可能会饮水过多，因此通常也应对供水量加以合理限制。

适宜的环境温度下，禽类饮水量和自由采食量呈正相关关系，因此饮水量或者供水点不足而造成的供水不足会降低鸡只采食量和生长速度。为克服饮水卫生质量变差、蒸发(提高相对湿度)和溢出(淋湿地面垫料),乳头饮水器下面常常配置一些水杯或小碟来接水滴。与钟式饮水器相比,采用乳头饮水器供水时,肉鸡需要花费两倍长的时间来饮水。

(3)温度　温度对鸡的生产性能影响最大。鸡只所需的适宜温度随鸡龄不同而有所变化,一般育雏第1日龄舍温要求稍高,在33～35℃,以后每周下降2～3℃,直至18～25℃。而在育成期,适宜的温度是鸡只发挥正常生产性能的保证。若舍内温度较高,则鸡的采食量下降,饲料转化率下降,肉鸡增重减慢,死淘率上升。当鸡只受到热应激时可通过食欲平衡中枢(包括下丘脑腹内侧核的饱食中枢和腹外侧核的饥饿中枢或摄食中枢)改变摄食行为,从而降低采食量、日增重和饲料利用率,更严重者导致热衰竭,在短时间内大批死亡。

此外,低温也会对肉鸡的福利指标产生重要影响。低温会增加鸡的维持需要,使其生长缓慢,料肉比增加,对疾病的抵抗力下降。冬季鸡舍温度过低时,为了保持舍内温度而减少通风,会造成氨气等有害气体浓度增加,空气环境恶化。此外,在外界温度骤变的情况下,若供暖或通风没有很好地调整,则易出现鸡舍内温度波动过大造成冷应激,在生产性能下降的同时还会引发鸡群呼吸道等疾病的发生。

(4)湿度　湿度在家禽生产中经常被忽视,鸡群的最适湿度为65%～70%。育雏初期为了促进卵黄的吸收,防止雏鸡脱水,湿度要高一些,一般为65%～70%,2周龄后随雏鸡排泄增多,相对湿度应控制在50%～60%,育成鸡舍相对湿度应保持在65%～70%。低湿的环境易使禽体内水分大量散失,饮水量增加,采食量减少,抵抗力下降,易诱发鸡的球虫病。夏季水帘蒸发降温的鸡舍,高湿会降低水帘蒸发降温的效果。高温高湿的环境中,由于高湿抑制蒸发散热,鸡只散热困难,可引起体温上升,往往易造成热应激或中暑,甚至死亡。而在冬季低温高湿的环境中,非蒸发性散热显著增加,鸡只会感到寒冷,抵抗力下降。

(5)光照　光照对鸡的健康影响很小,更多的是影响鸡只的生产性能。光照一方面使鸡方便采食,另一方面能促进鸡只的性成熟和产蛋。育雏初期雏鸡的视力较弱且不熟悉鸡舍内的环境,必须给予充足的光照强度和光照时间,以使雏鸡尽快熟悉环境,找到饲料和饮水。

(6)舍内有害物质　鸡舍空气中的有害物质主要包括氨气、带有恶臭气味的硫化氢及空气中的粉尘。另外鸡舍加温装置泄漏的一氧化碳也会对鸡产生毒害作用,特别是当其浓度超过0.04%～0.05%时,鸡会出现一氧化碳中毒症状。有害气体中对鸡群危害最大的为氨气,氨气浓度在冬季鸡舍中较难控制,如果浓度过大且长时间得不到解决,则对鸡只的影响较大。如果能较好地控制鸡舍内氨气的浓度,硫化氢和粉尘等问题也将迎刃而解。

氨气的溶解度极高，故常被吸附在鸡的皮肤和眼结膜上，从而产生刺激和炎症。鸡对氨很敏感，即使很低浓度（5 mg/cm^3）也会引起鸡的结膜炎和上呼吸道黏膜充血、水肿及分泌物增多。氨气可麻痹呼吸道纤毛和损害黏膜上皮组织，使病原微生物易于侵入，减弱鸡对疾病的抵抗力。氨被吸入肺后容易通过肺泡进入血液，与血红蛋白结合，破坏运氧功能。当鸡舍中氨气达到 20 mg/cm^3，持续 6 周以上时，就会引起鸡肺部充血、水肿，鸡群食欲下降，生产力降低，易感染新城疫等疾病。如浓度达 50 mg/cm^3，数日后鸡就发生喉头水肿、坏死性支气管炎、肺出血，呼吸频率降低，并出现死亡。美国佐治亚大学的一项研究表明，25 mg/cm^3 以下的氨气水平对肉鸡 7 周龄体重没有多大影响，然而 50 mg/cm^3 的氨气水平则会使 7 周龄体重降低 10%，氨气水平高达 200 mg/cm^3 则会使体重降低 25%。综上所述，鸡舍内氨气的允许浓度应小于 20 mg/cm^3。

3. 运输对肉鸡福利的影响

长途运输常常给家禽造成痛苦、损伤或疾病。与运输有关的福利问题主要是拥挤、热和运输车辆颠簸等引起的应激。在英国，到达屠宰场时死亡的肉鸡中，大约 40%可能死于热应激和窒息，这往往是由于运输时拥挤导致的。肉鸡拥挤，体温升高，肉鸡通过水分蒸发降温而导致水分丧失，发生气喘。若不给予饮水，鸡只可能发生脱水。运到屠宰场的肉鸡有时需要拖延很长时间才能进行卸载和屠宰，这加剧了转运过程中的应激，导致许多家禽掉膘甚至死亡。肉鸡运输管理的研究表明，在运输 4 h 后肉鸡的死亡率就会增加，运输和卸车的时间应在 2 h 内。且运输时的密度要尽可能降低。

4. 屠宰对肉鸡福利的影响

屠宰开始前，肉鸡在屠宰场依然要面临福利问题，进行卸载的肉鸡，腿部被钩子钩住，倒挂在生产线上。在悬挂过程中，经常出现粗暴操作，使悬挂在吊环上的鸡只激烈挣扎。挣扎可使肉鸡发生擦伤，导致胴体因不适于食用而废弃或降低等级。许多肉鸡可能已经有疼痛性腿疾病，被倒挂在吊环后，疼痛加剧。欧盟的法律规定，在击晕前肉鸡可以在吊环上悬挂 3 min。

此后，随着流水线运行，肉鸡的头、颈和上胸部通过带电的水浴，将肉鸡用电击晕。电击晕可以使肉鸡迅速丧失记忆并对痛苦失去知觉。然后肉鸡通过自动颈部切割器切开颈部的血管，肉鸡因失血而死亡。死亡的肉鸡被送入浸烫池。要减少肉鸡屠宰时的痛苦有两点至关重要：一个是必须有充足适当的电流，能够将绝大多数的肉鸡击晕；另一个是在切开颈动脉时要准确以保证肉鸡迅速失血死亡。可见，在屠宰时如果操作不正确，就会降低家禽的福利。

二、改善肉鸡福利的要求

1. 户外自由散养

进行户外自由散养，鸡只将不再受鸡舍肮脏的垫料和舍内氨气浓度过高的影响。户外散养还可使肉鸡充分表达其天性和自然行为。

2. 降低肉鸡的饲养密度

饲养密度是降低肉鸡经济效益的一个重要指标，肉鸡的适宜饲养密度在不同国家有所不同。因此，建议在最好的小气候控制条件下，鸡舍密度应小于30 kg/m^2。而在通风和管理较差的鸡舍内，应以低密度饲养。研究指出，密度小于25 kg/m^2 时，肉鸡的大部分福利问题都可以避免；密度超过30 kg/m^2 时，福利问题的发生频率呈直线上升。

3. 改善环境

除自由放养的饲养方式外，肉鸡的饲养环境非常贫瘠和简单，通常都是大栏饲养，地面铺统一的垫料。此外，还包括白墙(划其他单一色)、料槽、饮水器和发热器，如此简单的目的在于尽量减少对动物的刺激。改善环境的目的有两个，第一个目的在于为动物提供必需的环境配套设施以满足其特定行为模式的表达(如设置栖木、垫料和鸡窝等)。对于肉鸡，目前仅开展了栖木方面的研究。第二个目的在于为动物提供一些与之某些行为表达无关但明显增强动物应答反应的物体，如声音或气味。

(1)栖木　适宜的(达到17只/m^2)密度下，提供栖木对鸡只生产性能几乎没有影响或影响很小，多数情况下肉鸡很少用栖木休息。但是，在高密度饲养条件下，一些鸡只经常利用栖木，而其他一些根本不用栖木。对爱栖息的鸡只进行观察发现，栖息活动一般开始于6周龄以后。该试验是在肉鸡生长速度远远低于现阶段的生长水平(56日龄体重1 861 g)的时候做的，栖木离地高度为30 cm。Martrenchar等(1999)将栖木离地高度设置为20 cm和33 cm，并且为每只鸡提供的栖木为5 cm，结果发现，低密度(11只/m^2)饲养鸡只情况下，几乎没有鸡只栖息(<1%的鸡只)，高密度(22只/m^2)情况下，仅仅有10%鸡只栖息。Berk(1997)也观察到仅仅一小部分肉鸡(6.7%)具有栖息行为，个体与个体之间具有很大的变异，这种变异与鸡只腿的健康状况紧密相关。Davies和Weeks(1995)在研究中根据鸡只体型大小，将栖木高度从2.5 cm调整到26 cm，发现相当一部分鸡只具有栖息行为(整个研究中，鸡只栖息的平均水平为22%)。但在0 cm、10 cm和20 cm高度栖木的比较试验中发现，肉鸡首选高度为0的栖木(Reilly等，1992)。

(2)其他物体　目前主要利用3类物体来丰富和改善动物的生活环境。

第一类物体旨在改变鸡只的活动。比如可以供鸡只啄刨，减少啄羽行为或者刺激鸡只啄食草料。然而，有时候所起的效果不稳定。

第二类物体即所谓的富集物。所谓环境富集，是指在单调的环境中，提供必要的环境刺激，促使畜禽表达其种属内的典型行为和心理活动，从而使该畜禽的心理和生理都达到健康状态。个别饲养的鸡只，如果给它们提供富集物体(如镜子)等，经过较短的恐惧反应之后，鸡只很快就不再害怕了。比如小群鸡只可以通过提供播放音乐静态富集物体加以强化，使鸡只对新奇对象的恐惧感降低，紧张性静止行为缩短，同时也可以提高生长速度。相同程序也可以应用于大群鸡只。研究表明，这种方式有助于帮助小鸡从熟悉的环境运动到不熟悉的环境，使之活动范围加大。

最后一类物体就是玩具。对于肉鸡，提供玩具主要的结果表现在减少恐惧感方面，而过分的恐惧反应直接危害了动物的福利。例如，可以在动物群体环境中设置一些视频图像，即使这些图像(如屏幕保护程序)内容对鸡只没有任何意义，但是鸡只可以被其吸引，而且图像越新奇，对鸡只吸引力越大。尽管在试验条件下已经充分证实，改善环境对肉鸡福利可产生有利影响，但至今尚无来自生产条件下的类似结果报道。

(3)音乐　不管真实与否，饲养人员经常报道，给鸡只播放音乐可以有效减少其恐惧反应，直到目前还没有较大规模的试验报道来验证音乐对肉鸡生产的影响，实验室条件下的相关报道也非常少。已证实，音乐，而不是人类说话声，可以极显著改善脑神经递质的水平。

(4)气味　自然或人工释放的一些气味较为鸡只喜欢。该结果在实际生产条件下还未通过验证。现有的结果表明，采用鸡只熟悉的气味可以减少鸡只对转移到的新环境产生的恐惧反应。

4. 缩短运输和屠宰时间

肉鸡在运输过程中应保证适宜的鸡群密度，且到达屠宰场后应立即屠宰。

第二节　蛋鸡生产中的福利问题

世界上有 50 多亿只蛋鸡，它们大多养殖在多层铁丝笼中，大多数的母鸡仅有不到 A4 纸(210 mm×297 mm)大小的生活空间。这种环境能够生产廉价鸡蛋，但是这种饲养方式严重违背了母鸡的生理需要，也对母鸡的健康和福利造成严重影响。

一、蛋鸡生产过程中存在的福利问题

1. 饲养方式对蛋鸡福利的影响

蛋鸡的饲养方式有两种:笼养和散养。由于散养需要较多的精力,所以现在畜牧生产中多采用笼养。自20世纪50年代以来,笼养的饲养方式被广泛推广。直到现在,笼养一直是蛋鸡生产中的主要饲养模式。笼养具有提高效率,节约饲养成本的优点,在收蛋、粪便处理、维持适当的环境温度、减少饲料浪费和检查每只鸡的状况等方面都有无可比拟的优势。笼养可以简化饲养管理操作,摆脱平养的大量垫草开支,而且便于控制防疫。虽然蛋鸡笼养的集约化程度很高,但这种方式却会对蛋鸡的福利产生不利影响,因而成为公众关注的首要问题。

蛋鸡笼养引起的福利问题,主要表现在:

(1)蛋鸡活动受到限制,缺乏自由。骨质疏松症、脂肪肝、出血综合征发生较多,死淘率升高。

(2)伸展肢体、拍打翅膀、梳理羽毛等行为受到限制。

(3)生活空间过于狭小,发生争斗时,无法躲避。

(4)无法进行沙浴,体外寄生虫病时有发生。

(5)无法表现刮拭行为,脚趾生长过长,争斗时损伤较大,易断,易损伤出血。

(6)离开地面,夏季高温、高湿,无法通过贴地散热,热衰竭死亡增加。

(7)笼具规格、制作、材料不当,鸡只吊死、挂死、夹死时有发生;笼具底板间隙大、坡度大、站立不适,脚趾间常发生出血、炎症、损伤,啄趾、肢体病发生较多。

(8)啄癖、嗜血症的发生较多,死亡率高。

(9)断喙、断趾造成的疼痛及操作不当,影响生长、生产,并造成损伤等。

鉴于以上原因,人们对蛋鸡的福利问题十分关注。在欧洲,关于层架式鸡笼中母鸡的福利问题研究开始于1965年。1966年,欧盟兽医科学委员会的报告指出,无任何附加设备的单调型层架式鸡笼不利于蛋鸡的许多活动,因而显然需要更好的蛋鸡饲养系统。关于产蛋母鸡的欧盟理事会指令(1999)规定,从2012年开始禁用传统型的层架式鸡笼,而只允许采用装配型层架式鸡笼或非笼养型鸡蛋生产系统。在这种系统中配置了巢窝、泥土浴以及供鸡抓趴的垫子和高处栖息的设施。母鸡也将获得更多的生活空间。但早期的研究表明,母鸡在这种新的笼子中会经常呆在窝中,它们仍需进一步适应这些新的设施。新的高处栖息设施是铁栏地面更舒适的替代品,但是并没有高得足以给母鸡以安全感。泥土浴在某些样板笼中并没有起到作用。

2. 饲养密度对蛋鸡福利的影响

高密度饲养是家禽集约化养殖的产物，也是影响散养和笼养蛋鸡福利的关键因素。高密度的饲养环境，导致蛋鸡的采食、沙浴及拍打翅膀的行为和活动受到限制。虽然站立的时间增加了，但休息时间并未增加。生理指标的测定结果表明，高密度饲养使鸡血液中的皮质类固醇、胆固醇和葡萄糖的浓度增加。饲养密度过大，致使鸡只之间相互干扰增加，鸡只感到不适。主要表现在：①采食、饮水空间不足，鸡只等待采食，经常性口渴；②为采食、饮水争斗增加，损伤、死亡时有发生；③活动受到限制、站立时间增加、休息时间不足等，造成同一笼中个体差异大，影响其健康生长、生产；④发生啄癖；⑤相互接触增多，疫病、交叉感染易发生。

3. 断喙对蛋鸡福利的影响

啄斗是鸡的一种生物学特性，如啄去身上的脏物，从尾脂腺啄取油脂涂在羽毛上，为争夺地盘和采食空间或争夺配偶也要进行激烈的争斗。自然状态下很少有鸡被捉死。但对于困在笼中的蛋鸡来说，其许多行为都不能进行，一旦发现异物就会引起好奇心而去啄它。而红色和血腥会进一步激发鸡的啄欲，形成啄癖，导致鸡群伤亡率上升。断喙是一种预防啄癖经济而有效的方法。现代蛋鸡生产中为了防止鸡只发生啄癖，经常在雏鸡 9～10 日龄时对鸡只进行断喙，剪去上喙的 1/3～1/2，下喙的 1/3。研究指出，早期断喙可以减轻断喙时和以后一个阶段的痛苦。但也有文献报道，30～40 日龄进行断喙，可减少鸡对断喙的应激反应。断喙后，应增加饲料的厚度，便于鸡的采食。

4. 断趾对蛋鸡福利的影响

断趾也是家禽生产中常用的一种方法，在生产中去除母鸡的中趾用以降低蛋壳的破损率。对种鸡进行断趾是为了防止种鸡对其他鸡的伤害。如果方法和操作得当，对种鸡去一个爪不会引起种鸡的慢性疼痛。但若断趾过程中严重破坏了神经，则易发展成为神经瘤，而引起急性或慢性疼痛。

5. 强制换羽对蛋鸡福利的影响

在家禽性成熟前会出现羽毛自然更替现象，这个过程称为换羽。也可能发生于性成熟后，这意味着产蛋期的暂时终止。自然条件下，这个过程可能很长，引导母鸡快速换羽也就延长了母鸡的产蛋期。在换羽期内，鸡因体脂大量减少，体重大大减轻，采食量明显减少，使产蛋量也大大下降。随后，鸡长出新的羽毛，体重也会增加，产蛋又会恢复。这时，为了缩短换羽时间，延长蛋鸡的生产利用年限，生产中一般会对蛋鸡实行人工强制换羽，就是在第一产蛋期快要结束时，人为地采取一定的措施而使鸡停止产蛋。

人工换羽的方法包括限饲,光照周期的变化,日粮成分如钙、碘、硫、锌的控制,以及影响神经内分泌的药品的使用,有时也采用缩短光照周期的方法。这些方法都可以导致产蛋期的突然停止,并伴有体重的下降和羽毛的脱落。目前,我国最常用的强制换羽方法是饥饿法,一是因为这种方法非常有效,二是可以降低饲养成本。但这种饲养方式严重损害了动物免受饥饿的福利。通过禁食进行强制换羽后,可引起钙的完全缺乏,此过程鸡还在生产,但骨骼强度急速下降。强制换羽采用何种方法取决于鸡群的健康状态、产蛋情况、经济利益以及鸡场内可用的设备等。对商品蛋鸡群实行绝食是主要的方法。

二、蛋鸡传统笼养的替代方法

1. 舍外自由散养

鸡舍应建在地势较高、背风向阳、土地较平坦的山中,林下种植紫花苜蓿和黑麦草等青绿饲料,供蛋鸡啄食。在广大区域的周围用高 2 m 的铁丝网围住,以防犬和狐等肉食动物的侵袭,铁丝网还需深入地面至少 20 cm,以防食肉兽挖洞钻入鸡场。此外,要严格做好防疫,应该远离居民点、公用道路和有关企业。

这种方式的优点是蛋鸡福利水平大大提高,蛋鸡的活动空间加大,能自由表现其基本行为;采食范围广,营养全面,生产速度快,产蛋率高,具有良好生态效益和经济效益。同时,散养的方式可以增强鸡的抗病能力,在林地、果园养鸡远离村庄,可减少对居住环境的污染,避免和减少鸡病的相互传播,提高鸡的成活率。放牧养鸡可使鸡自由地表达习性,有效防止啄羽、啄肛等啄癖的发生,改善家禽福利状况,是适合中国国情的解决家禽福利问题的生产方式。同时,放牧饲养的鸡其产品风味独特,品质优异,是真正的绿色食品,深受消费者欢迎。但养殖成本却大大增加,如土地基本建设和设备投资费用等明显增加。因此,所生产的鸡蛋比普通笼养鸡蛋的价格高 20%~30%。但由于这种方式生产的蛋风味好,品质优,是真正的绿色食品,因此仍有许多消费者愿意接受。如荷兰每年生产的非笼养鸡蛋,从 1985 年的 2 亿个增加到 1998 年的 17 亿个和 1999 年的 19 亿个,说明非笼养鸡蛋市场在逐渐扩大。

2. 舍内垫料平养

将鸡饲养在铺有垫料的地面上,垫料可用锯末、稻草、麦秸、干树叶等。要求垫料清洁、松软、吸湿性强、不发霉。要勤换垫料,保持垫料干燥、平整。房舍内均设置产蛋箱或部分高床地面(用作栖架)。该方法的优点是:投资少,简单易行,管理方便,而且基本能满足鸡的福利要求。缺点是:需大量垫料,常因垫料质量差、更换不及时,鸡与粪便接触易患病;劳动强度大;舍内空间利用率低,饲养密度小;蛋易被污染，破损率高；鸡舍内尘埃量几乎是笼养蛋鸡舍的 5 倍，这些因素不利于蛋鸡和饲养人员的健康。

3. 改良型笼养

是指被丰富改良的鸡笼，包括蛋巢、栖木、干草、沙浴池以及帮助母鸡磨短脚爪的磨棒等。这些装置可丰富蛋鸡的生活环境，满足其各种基本行为，如栖息、就巢和沙浴等。这些改良型的新式鸡笼经过商业化生产后即被称为富集型鸡笼或装配性鸡笼。这些装配型鸡笼有不同的形式，从只安装栖木的层架式鸡笼到配备产蛋箱、栖架和沙浴池的大型鸡笼。一只笼内饲养量一般为 5～10 只，每只鸡所占的面积为 600～750 cm^2。荷兰的研究认为，产蛋箱至少需要 100～135 cm^2 才能取得满意的效果。栖架必须注意其材质和结构，以取得较好的卫生状况，垫料用木屑较为合适。

富集型鸡笼给予产蛋鸡以更多的使用空间，并增加了鸡笼高度，这样降低了蛋鸡的饲养密度，改善蛋鸡的生产性能，但会增加生产成本。且改良型鸡笼的空间和设施也非常有限，使得母鸡仍然无法进行它们的自然行为或得到任何有意义的锻炼，并可导致挫败感、非正常行为及肢体退化。

4. 大笼饲养管理

大群笼养（多级系统）包括底层的产蛋区域和不同水平的多层结构。这种多级系统包括有网孔的底层和栖架，鸡在此采食和饮水。粪便可通过有网孔的区域达到机械清粪系统，以便按时清理。该饲养方式还包括产蛋箱或大群产蛋箱。产蛋箱可从多级系统中分离出来，也可以与其整合在一起。该系统可以较高的密度进行蛋鸡大群饲养。丹麦于 1989 年建成了一种底网饲养系统，其特点是用倾斜的金属丝和栖架作成底网，底网距地面 5 cm，用铡碎的稻草围成鸡窝，且底网表面积的 20％用沙子覆盖。Wegner(1989)的研究发现，与厚垫料饲养和笼养相比，这种饲养方式的生产性能与笼养方式相当，但鸡行为上有较大的自由。

5. 其他方式

包括厚褥草和半厚褥草养鸡，舍内均放有产蛋箱或具有部分高床地面。这种方式的明显缺点是啄羽和同类自残的恶癖发生率明显增加，地面产蛋导致蛋和蛋鸡本身被粪便沾污。此外，劳动力投入增加，其尘埃量是笼养蛋鸡舍的 5 倍，不利于蛋鸡和饲养工作人员的健康。与传统笼养的方式相比，生产成本大大增加，包括土地、基本建设、饲料、垫料、光照、通风和劳动力等。

第三节 猪生产中的保护与福利

猪是受集约化生产体系影响最大的动物。近年来，随着科学技术的不断进步，我国的养猪业有了持续、快速的发展，养猪生产已经由原来的每户1～2头式千家万户散养逐渐向集约化、规模化专业养猪方向推进。但是，随着集约化、规模化养猪生产的发展，由养猪业所引起的环境污染问题和动物福利问题日趋突显，已经引起社会的广泛关注。猪的福利化饲养包括为猪只提供良好的环境，加强管理，避免因单调的环境造成伤害行为、生理学问题和免疫抑制而影响猪的福利。

一、我国养猪业中存在的福利问题

1. 饲养方式不符合动物福利要求

(1)单体限位栏　在工厂化养猪生产中，妊娠、哺乳母猪在妊娠期和哺乳期均采用单体限位栏饲养。在限位栏中妊娠、产仔和哺乳，虽然便于对新生仔猪进行护理和保温，可减少母猪踩压仔猪的危险，防止仔猪饥饿、扎堆和疾病等。但是，这种饲养方式使母猪始终朝着一个方向，无法自由活动，运动量减少，处于枯燥乏味的环境中，从而导致母猪体质下降，分娩时间延长、难产，消化不良；断奶后母猪发情效果差，肌肉萎缩，骨质疏松，肢蹄病严重，造成种母猪使用年限缩短，以致有的猪场种母猪在生产3～4胎后就因站不起来、配不上种、难产、死胎增多而提前淘汰。此外，有些产床易损伤母猪的乳头，严重影响猪只的生产性能。单体限位栏忽视了猪的福利，母猪没有机会显示挖掘、探寻和做窝等正常行为，使母猪的福利水平低下，表现为挖掘地面，咬嚼栏杆以及皮质激素水平升高等应激现象，生产水平下降。

(2)保育栏　保育猪栏舍较侧重于保温和卫生防疫，而忽视仔猪爱嬉闹，喜用吻突摆弄物体和挖掘地面的行为习性，虽然有的养猪场在栏里放一些橡皮球、砖块、铁链等物以满足保育猪的生理需求，但效果并不理想。有些保育猪舍易损伤仔猪的蹄部，影响正常生产。

2. 猪舍的环境不符合动物福利的要求

猪舍的环境条件应满足猪只对温度、湿度、光照和通风换气等要求。但很多猪场舍内小气候环境稳定性差，夏季高温高湿，蚊虫多，臭气大，空气质量差。冬季低温高湿，饲养密度高，通风不良，空气污浊。这会严重影响猪的生产力和抗病力，降低饲料利用率，导致各种疾病特别是呼吸系统疾病的发生。

(1)空气质量差　猪场大多以自然通风为主，猪舍之间间距小，达不到通风换气的目的。在冬季为了保温多将门窗紧闭，窗户用塑料布严密封闭，通风不良，舍内粪尿的臭气、氨气、二氧化碳和粉尘等超标，造成猪舍环境恶化。

(2)饲养密度过大　有的猪场在二三百亩土地上建了年产猪4万～5万头的商品猪场，猪舍间隔不足10 m，一间不足20 m^2 的猪栏内养20多头育肥猪。这种高度密集饲养会导致猪无法按自然天性进行生活和生产，使猪的定点排粪行为发生紊乱，圈舍内卫生条件变差，增加猪与粪尿接触的机会，从而影响猪的生产性能和健康状况。高密度饲养还会使有些猪吃不到料，饮不上水，处在饥渴状态。也会使猪只产生争斗、咬尾和咬耳等行为怪癖，导致身体受伤，尿中肾上腺皮质激素含量增加，生长速度缓慢，体重降低，肉质下降，最终导致猪群免疫功能下降而诱发各种传染病、群发病。

(3)地板设计不合理　现在多数规模化猪场都采用全部或局部漏缝地板，可避免猪体与粪便的接触，提高猪只的健康水平，减轻工人劳动强度。但水泥漏缝地板表面凉滑，常导致猪只摔倒。有的猪场利用建筑工地的旧料竹胶板等做仔猪和保育猪的地板，表面非常光滑，当猪受到惊吓或奔跑时常会滑倒、摔伤。金属漏缝地板会导致母猪乳头受损，蹄及肘部损伤。睡在混凝土或缝漏地板上的猪会在臀部和肩部产生压痛感，使母猪哺乳时频繁地改变体位，增加了压死仔猪的机会。

3. 过早断奶

母猪哺育仔猪，仔猪在母猪身边自由自在地生活，这是动物的天性。传统养猪业一般仔猪在7～8周龄时断奶，而且母猪等到合适的时机才重新配种。在宽松型产房或室外饲养时，断奶时母猪可以延长哺乳间隔时间，减少日哺乳次数，所以断奶是逐渐的过程，断奶的应激较小。仔猪早期断奶是为了缩短母猪的泌乳期，增加母猪的产仔次数，提高母猪的利用率。目前，在规模化猪场，仔猪一般在3～4周龄时断奶，而且多采用一次性断奶，突然中断了母乳供给，断奶应激大。尤其是在3周龄前进行断奶，免疫系统发育不完善，仔猪抗病力差，还不适应吃固态的饲料，应激更为严重。早期断奶易导致仔猪的行为异常，如咬蹄子、耳朵和尾巴，或用嘴拱拭腹部。从动物福利角度考虑，一些学者认为早期断奶及高床保育对仔猪不利，并建议改进生产系统，并强调应增加圈栏的环境刺激，以满足仔猪正常行为的发育。

4. 饲料中添加有害物质

有的企业为了眼前的经济利益，在饲料中添加有害物质，如砷制剂、盐酸克伦特罗等，使生猪处在非正常饲养状态，甚至处在中毒状态。砷是众所周知的有毒物，但由于可使猪的皮肤变红而被大量加入到饲料中。盐酸克伦特罗俗称瘦肉精，可以提高瘦肉率、降低脂肪沉积作用。但该药化学性质稳定，极易在猪肉中残留，人食用这种含有盐酸克伦特罗残留的猪肉后会出现中毒症状，我国已于

1999年明文禁止使用，但近年抽查结果表明，仍有部分企业违法使用。这些有害物质的添加，不仅违背动物福利，而且危害人体健康，造成环境污染。

5. 管理

目前，国内广泛采用的圈栏饲养模式，圈栏内除必要的饲养设施外，没有让猪表现其天性行为的设施设备，造成猪的生活环境十分单调，使猪的吮吸、咀嚼、啃咬、拱土等行为受到抑制，表现咬尾、咬耳和拱腹等异常行为。在平养圈舍里，当饲养员清扫猪栏时，栏内的猪就会咬扫把或饲养员的裤腿作为玩耍，这是猪的本能和习性。此时，如果饲养员停下来大声斥骂，甚至踢打猪，会影响猪采食和休息，使猪处于恐惧、应激状态，不利于动物福利。

6. 长途运输及粗暴屠宰

装载是运输中应激反应最大的阶段，有的猪场在装载和转群时粗暴操作，会进一步加剧猪应激反应。混合运输的猪只会增加活动和争斗，血浆中皮质醇水平升高。我国主产区的生猪往往要经几十小时的车载运输才能到达目的地，特别是某些转运站在收到经长途运输的活猪后，立即给活猪灌服20～30 L凉水，这不仅是对猪的摧残，也造成猪肉品质严重下降。至于屠宰方式，较粗野，大多数达不到国际法规要求。

二、猪各生长阶段的福利要求

1. 猪的基本福利要求

不采食变质饲料；保证干净充足饮水；不被雨淋；不被曝晒；有病应医，不被活埋；不被任何方式殴打；尽可能免受蚊、蝇、鼠干扰；尽可能避免阴冷潮湿、闷热与不透气环境；保持生活场地卫生、干燥、适温。

2. 公猪的一般福利要求

公猪饲料的营养应均衡，可补充适量的青饲料。种公猪应该饲养在阳光充足、通风良好的圈舍里，室温15～25℃，相对湿度50%～70%。同时，猪舍的大小也有一定的要求。欧盟第91/630号条令规定，每头猪的最小空间需要是6 m^2，这在许多欧盟国家非常普遍，特别对用于人工采集精液的公猪更是如此。公猪通常单圈饲养，有充足的垫草和严格控制的温度，过高的温度将导致公猪不育或影响其配种的欲望和能力。公猪圈的墙要足够高，以防止猪跳墙，但要能看见其他的猪。种公猪不能和母猪长期隔离(不超过1个月)。

除注意保持圈舍内的清洁干燥、冬暖夏凉外，还要搞好种公猪的运动、刷拭、定期驱虫、检查精液品质等管理工作。加强种公猪的运动，可以促进食欲，增强体质，避免虚胖，提高性欲和精子活力。为了达到该目标，给种公猪配备一定的运动场所是非常必要的。

3. 种猪配种(采精)的一般福利要求

安静、忌噪声与人为干扰;合适的交配空间(10 m^2 以上);防滑地坪;可享受轻音乐;注意配种(采精)后的鼓励(鸡蛋、宠物饼干等)与休息。每周配种或采精不超过 5 次。

4. 妊娠母猪的一般福利要求

(1)饲养模式与条件　孕前期(2 个月),依性格、大小、强弱偶数分类饲养,每圈不超过 4 头,占地＞3 m^2/头;孕中期(60～90 d),每圈不超过 2 头,占地＞4 m^2/头;孕后期(90～110 d),每圈 1 头,占地＞6 m^2 头;不实行限位或半限位饲养,有外运动场。

(2)饲料营养　营养均衡,消化能＞12 560.4 J/kg、粗蛋白＞14.5%、可消化赖氨酸＞0.5%、钙＞0.85%、有效磷＞0.35%、粗纤维 6%～8%,含有适量的有机硒、铬、铁。视膘情实行个性化饲养,补饲部分青饲料,让其无饥饿感。

(3)环境福利　室温在 12～22℃,相对湿度 60%～70%;舍内地坪以软沙土地坪为好,若为水泥地坪,应垫以锯木屑,厚度不少于 10 cm。

(4)保健福利　产前 3 周驱体内外寄生虫;饲料中常规添加霉菌毒素吸附剂、丝兰属提取物以及免疫增强剂等。人猪亲和,每 3 d 给予 5～15 min 抚摸与挠摩。

(5)行为福利　提供深层红土,满足其拱土习惯。

5. 哺乳母猪的一般福利要求

(1)饲养模式与条件　单栏水泥地坪饲养,不少于 8 m^2,有干净垫草;高床饲养的,其限位栏应加宽至 65 cm,以便起卧,最好木制床面,若为水泥或铁制床面应平整、无尖锐突起。

(2)饲料营养　尽可能稀料饲喂,少喂多餐,产前产后当天给予温红糖水。消化能≥14 235.12 J/kg、可消化赖氨酸＞0.8%、可消化缬氨酸＞0.75%、色氨酸＞0.13%、粗纤维 5%～6%。常规添加高亚油酸脂肪粉、大豆磷脂等,以保证充足的净能摄入。分娩前 4 d 采用自由采食的饲喂制度可避免母猪体况过度下降。

(3)环境福利　产仔母猪的圈内温度应为 18～23℃,太高的温度会降低它的采食量和泌乳能力。相对湿度 60%～70%;通风良好。

(4)保健福利　不给予苦味的药物;减少泌乳期失重,控制在 7.5 kg 以内。21～25 d 断奶;产程尽可能控制在 150 min 内;诱导 70%母猪在白天分娩,关照会更周详;产后常规应用抗感染措施,常规注射 20 IU 催产素促使恶露早排出;产前对产床/产栏进行彻底消毒;每 2 d 给予 5～15 min 抚摸与抓挠。

(5)行为福利　断奶时母猪先离开,减少直观分离痛苦。非限位栏饲养的母猪临产前提供干净稻草/干草已满足其衔草做窝护仔的习性。

6. 乳猪、仔猪的一般福利要求

(1)营养福利　保证在出生后不迟于 1.5 h 吃上初乳，并保证在出生后 24 h 内吃足初乳。独立饮水装置，可通过饮水添加水溶性电解质多维等；第 7 日龄诱食，诱食料上喷洒仿母奶制剂；断奶后 3～5 d 采取稀料过渡为宜。

(2)环境福利　乳猪腹感温度为第一福利要求：出生 1～3 d，为 33～34℃，吃乳处为 31～32℃；出生 4～7 d，为 31～32℃，吃乳处为 29～30℃；出生 8～21 d，为 28～30℃；出生 22～28 d，为 24～26℃，断奶后第一周比断奶前温度高 2℃。

推荐价廉、能耗低的水暖地坪式保温专利技术，也可采用电热板、热风炉、红外灯供热。保温箱内每头乳猪占地≥0.1 m^2。断奶后移至温暖、干燥、卫生的高床保育。

(3)保健福利　为了减少初生应激，保证吃好初乳，剪焦牙应在第 2 日龄进行；不实施断尾和剪耳号；7 日龄阉割(可减少痛苦和感染机会)。第 2 或 3 日龄应常规补铁与硒。

(4)行为福利　寄养时，应在晚间进行，减少分离痛苦。同时，可以放置小滚球、悬挂铁链、铁球和蛇皮袋等以供玩耍。

7. 生长肥育猪的一般福利要求

要注意营养的全面，可全程使用液态饲料。舍内温度 15～25℃，相对湿度 60%～70%，通风良好。有可供玩耍的铁制、石制物品；供深层红土，满足拱土习惯。猪舍应便于分区(采食区、休息区和排粪区)来满足猪群同时侧躺所需要的空间，地面材料和结构应确保猪蹄的健康，当出现有明显不良行为的猪只应转离原群等。

三、影响猪福利的其他因素

1. 环境的福利要求

猪舍所有建筑材料必须有利于清洗、消毒，不能对猪有害；所有地板必须平整、不滑，地板结构与猪的日龄和体重相称。如果使用漏缝地板，应该让猪蹄在板条上有稳定的着力点，并且减小对猪蹄的磨损。板条边缘必须圆滑，不能有尖锐的突起物和缺口。对分娩母猪和仔猪来说，板条和缝隙的恰当宽度为 18～25 mm 和 8～11 mm。对妊娠母猪和公猪来说，板条和缝隙的恰当宽度为 80～100 mm 和 10～25 mm。光照保证每天连续 8 h，不低于 40 lx。保证适当的空气交换，使温度、湿度、灰尘、有害气体浓度不对猪造成伤害。舍饲条件下，当饲料中蛋白质含量较高时，猪舍里的氨气浓度会对猪的健康造成影响。在妊娠猪舍，饲料中有

20%～25%的氮转化为氨气。那些带有储尿池的圈舍氨气的浓度会更高。Jones等(1996)认为猪舍中氨气浓度的上限为 20～25 mg/kg,但是对生长猪的推荐值为10 mg/kg。

2. 饲料和水

饲料必须与猪的日龄、体重、生理阶段相适应,除非自由采食,所有猪必须能同时获得饲料,以避免争夺。必须能随时获得干净的饮用水。在降雨量小的地区偶尔会出现水质下降的问题。劣质水会导致猪腹泻和生产性能下降,这一点在仔猪身上表现得更加明显。硫酸根离子对猪的影响比氯化物大。这些物质可以导致猪发生渗透性腹泻或更直接的轻泻作用。

在气候温和的情况下,妊娠母猪每天水的需要量为 5～10 L,哺乳母猪每天水的需要量为 15～30 L。如果有条件,母猪倾向于将干料与水混合后采食。否则,它们会间歇性地停止采食去饮水。通过设置饮水器和料槽的位置可以调控母猪的行为。饮水器如果距离料槽或母猪经常活动的地方很近,会吸引母猪争夺饮水器而引发争斗行为。增加饮水器的数量或者将饮水器移到较远的地方可以解决这个问题。排粪区是安装饮水器的理想地点,不仅减少因争夺饮水器而引发的争斗行为,还便于对饮水时溅撒出的水进行管理。

生长猪对水的需要量是采食量的 3 倍。但是如果采食量严重不足,以上的比例关系就会被打破,还会引发由饥饿导致的烦渴。

3. 运输处理

猪在运输前通常会禁食一段时间,这样可以减少运输中的死亡率,防止猪在运输途中发生呕吐,有利于提高猪的福利水平。同时便于胃内排空,减少胃肠内容物中的细菌对内脏造成污染和传播,最终有利于食品安全。但长时间的禁食会侵害猪的福利,还会造成猪体内糖原的过度消耗,会增加 DFD 肉的发生率。

因此,要加强运输过程中的管理:①保证车辆设计的合理,要求运输车清洁,车辆内壁应当没有锋利、突出的物体,地面应该是防滑的。②保证适当的运输密度,因为过高的运输密度会造成动物拥挤而导致皮肤擦伤的比率上升。但运输密度过低更易引起打斗现象,并且在车辆加速、急刹车或拐弯时容易使其失去平衡。欧盟要求猪的运输空间是 0.425 m^2/100 kg。③保证充足的通风,高温高湿的环境会增加猪的应激,增加运输死亡率和 PSE 肉的发生。Warriss(1985)建议运输过程中的车内温度不要超过 30℃,并且应当避免在一天最热的时间段内运输。④运输时应选择较好的路面,降低运输车震动频率和运输速度。⑤尽量减小混群程度,在混群不可避免的情况下,应在农场装车时进行。⑥运输时间要适当,在长途运输中,运输时间超过 8 h 要休息 24 h。⑦要适时提供饮食和饮水,以维持好的福利状态，减少死亡率，降低体重减轻的幅度。这些措施总的目标是给猪提供舒适、安全的生活环境，保证其生产潜力的发挥，保障猪的生产安全。

4. 屠宰

要人道屠宰。在宰前让猪只充分地休息和饮水，宰时要用高压电击快速使猪失去知觉，减少宰前应激与恐惧。要隔离宰杀，避免其他活猪看到而产生恐惧感。

第四节　肉牛生产中的保护与福利

随着集约化生产的不断发展，肉牛生产中也普遍存在着一些福利问题，它们不仅阻碍肉牛生产潜力的发挥，而且也不利于牛群的健康。因此，关心肉牛福利、福利化养肉牛已成为近些年世界肉牛养殖者关注的问题，已有近百个国家和地区建立了完善的动物福利法规，肉牛的饲养已被纳入了更高层次的法制轨道。中国是肉牛生产大国，但福利养肉牛起步较晚。

一、肉牛的饲养与福利

1. 对饲料的要求

牛采食时具有选择性，它们喜欢吃青绿饲草和块根饲料。它们一般不会采食被排泄物污染的、绒毛多的或外表粗糙的牧草。所有的牛都需要提供全面均衡的营养来维持健康、满足生产需要。因此，饲料要新鲜、无杂质，粉碎细度要合适。并随时检查所剩的草料量，如果不够维持牛的需要，可用其他适宜的饲料补给。应该经常检查补给料的重量、类型，以保证营养平衡。有计划地逐步进行饲料更换。日粮中应保证有充足的粗饲料，以降低诱发臌胀病和蹄叶炎的危险。在集约化的大麦-肉牛生产体系中，较长的粗饲料如稻草、麦秸，应满足自由采食。

饲料通常以全混合日粮（TMR）的形式分发给牛。为了确保能为动物提供足量适口性好的饲粮，同时尽可能降低饲料的浪费以及剩料量，需要有经验的饲喂者来饲喂。此外，可以在饲料中添加些无公害预混料和功能性添加剂来发挥生长肥育肉牛的生长潜能和提供安全牛肉。

在一些矿物质缺乏或不平衡地区，可能会发生维生素或矿物质缺乏症。因此，必须在饲粮中添加或补充一定量的维生素和矿物元素。镁应该在可能缺乏时添加，如早春季节、犊牛断奶后。同样，某种特定的维生素或矿物质过量也会产生问题。例如，过高的铜可能导致中毒。因此，在口服或注射铜制剂之前，必须仔细检查饲粮中铜的含量。

2. 对饮水的要求

应保证干净、充足的饮水。隔离治疗的牛要有充足的饮水。除非兽医特别要求，要喂给正常饲料。在宽松牛舍或方形小室内的水槽设计、放置地点要恰当，保证不受污染；要有足够的空间，避免拥挤。应保持水槽清洁，每天至少检查一次，确保没有阻塞或损坏，使水能自由流动。且水温要适中，既保证在寒冷季节不会结冰，又不能过高。有些肉牛场夏天的饮水温度到达45℃之上，肉牛基本没有喝或者饮水少。对于乳头饮水器，检查是否阻塞尤为重要。放牧牛需要适量的水槽（大小适宜）或其他水源，使牛在放牧时容易找到。牧地要平坦，不要有积水。

二、育肥场的环境管理与福利

1. 牛舍位置的选择

育肥场最好建造在降雨量低的地方。否则高密度牛群遭受淋雨之后，地面（粪便垫草）就会变成泥潭。即便在低降雨量地区建设的牛场，在高降雨季节也会出现泥泞状况。育肥场内除了饲槽和水槽是混凝土外，育肥场地通常是土质地面。在雨季，混凝土地面排水更快，能够降低育肥场内污臭问题的发生。在欧洲的寒冷地区，小型户外围栏育肥由于成本低廉正越来越盛行，是圈舍育肥方式的良好替代。这一方式通过使用大量垫草并控制合理的饲养密度来调节地面状况。

2. 舍外庇护场所

当牛不在舍内时，应受到必要的保护，以免受到不良天气条件（如极端温度、暴风雪等）及其他危害健康的因素影响。

在夏季，树荫或遮阳棚是很重要的，因为热应激会带导致牛产生一些严重的问题，如呼吸异常、食欲减退和体重下降等。冬季舍外放牧的牛应有干燥的躺卧区。

水槽和料槽旁的地面一定要干燥，不能损伤牛蹄。否则应经常移动槽的位置，以免牛经常站在泥泞的地方。经常检查栅栏、修剪树篱，去除树枝或突出物，以免损坏耳标。

3. 牛舍的温湿度

热应激是育肥场的一种常见危害。遮阳、洒水、喷雾和淋浴都能用来使牛保持凉爽，选择采用哪一种方法部分取决于是否容易获得水。为动物提供遮阳处或洒水装置比喷雾装置更有效，可能是由于喷雾装置中的水喷到动物皮毛上对促进蒸发冷却不够有效。在德克萨斯州的育肥场中采用遮阳方法不仅能提高动物的生产性能，而且能降低屠宰过程中暗色肉的发生率。遮阳有助于减少动物明显的热应激和亢奋表现。因而，建议在炎热气候期间进行限饲或限定它们在一天中比较凉爽的时间采食。这种方法可以将动物的体温维持在正常水平，但是不可避免会导致总饲料采食量下降。

4. 通风

空气的流通量、尘埃水平、温度、相对湿度和有害气体浓度都应控制在限制水平之下，才不会对动物造成伤害。

所有新建建筑都要以动物舒适为宗旨，以预防呼吸性疾病为目的。建筑内，每个季节都要依动物类型、体型、数量来进行通风。如果有条件的话，要在房顶进行隔热处理。如果建筑物通风不良，应通过改造结构来改善通风，或者使用机械设备(如风扇)。

当从漏缝地板下面清理泥浆时，要避免产生的有害气体污染空气，以免对人和动物造成伤害。如果必须清理时，要将动物迁出户外，并且在建筑内持续通风方能进行。

控制氨气排放在养牛生产环境管理中越来越显得重要。Jeppsson(1999)的研究指出，与短稻草、煤渣加短稻草的混合垫料(60∶40)或是没有垫料的混凝土地面相比，长稻草垫料的圈舍可能释放更多的氨气。但由于煤渣的吸水性，使用煤渣加短稻草混合垫料的圈舍牛比较干净。

5. 光照

牛舍内要有充足的光照，以便能在任何时候对牛进行检查。牛不能长期生活在黑暗的环境中，如果自然光照不能满足牛的生理需要，则必须采用人工光照设施。但也要保证有适宜的休息时间，免受人工光照影响。无论是自然光还是人工光照，白天舍内的光线都要有足够的强度，以保证其正常的采食等活动，并方便对牛进行检查。

6. 设备

所有的自动化或机械化设备至少每天检查一次，看是否有故障。如果发现设备故障，应立即进行调整。若维修调整不起作用时，要采取合适的方法保障动物健康福利，直到问题解决。

有的畜舍环境必须采用人工通风设备。当通风设备不能正常工作时，需采用备用设备满足通风需求。备用设备和报警系统每周至少检查一次，发现故障，立即维修。

7. 福利饲养举措的完善

在群养母肉牛中给予厚稻草，保持腹部干净，减少异常行为。

在商品肉牛栏中放入适量深层红土，以满足其拱土天性；放置铁链、石球等供肉牛只玩耍，以防止互损行为，如拱腹吸乳头、吸脐眼、咬尾、咬耳等。

将妊娠母肉牛从定位栏中解放出来，给予其自由活动空间，更利于肢蹄健康，延长母肉牛利用年限。

三、肉用犊牛的保护与福利

在美国，育肥场的肉牛通常是来自 5～8 月龄的断奶犊牛或是体重为 230～360 kg 的周岁架子牛。育肥牛的平均日增重一般为 1.4 kg，育肥结束的体重范围为 455～570 kg。青年犊牛对育肥场条件的适应较困难。它们对疾病缺乏免疫力，尤其是与应激引发的免疫抑制相关的呼吸道疾病。与周岁架子牛相比，它们建立对呼吸道疾病的免疫保护的机会较小，并且更易受突然换料的影响。这些青年犊牛在刚进入育肥场时受到累积的应激更为严重。它们所受的应激不仅在于断奶的同时即离开原来农场，而且它们还要经历从育种场被运送到谷物种植地区的育肥场的长途运输。此外，它们在到达育肥场后的很短时间内还要进入绑定间以接受免疫接种、驱虫处理、去角、阉割、打烙印和打耳号标记。总之，这一系列的处理给青年犊牛造成了很大的应激，青年犊牛在从绑定间出来后瘫倒也是很平常的事。一些育肥场会在绑定间的出口处安装由车轮胎制造的橡胶垫子，以减少牛倒下时产生的损伤。在接下来的一周内，引进的犊牛还不得不去适应育肥场的饲料定量配给制度。在犊牛进入育肥场的前 15 d，它们对这些综合应激产生的反应最大，这段时间也是犊牛发病率最高的时期。如果犊牛在进入育肥场的同时进行断奶，犊牛的食欲和生长将受到 3～14 d 的抑制。

1. 犊牛传统养殖方式的福利问题

(1)隔栏狭窄　生活在狭窄隔栏中的犊牛，其行动受到极大的限制，通常是站立，难以四肢伸展地躺卧。在休息时，犊牛四肢伸展的时间仅占 2%。在隔离栏中生活 10 d 以上的犊牛便不能自然地躺卧。而且，被饲养在狭窄隔栏中的犊牛不能与其他犊牛接触，更易患病。

(2)隔栏中不提供垫草　给犊牛提供清洁、干燥的环境，不仅有利于防病，还能帮助犊牛保持体温。而在生产小白肉牛的隔栏中却不提供垫草，原因是饲养者认为犊牛会因为采食垫草而导致肉色改变。

(3)不补饲粗饲料难易正常反刍　小白肉牛的生产者在生产过程中为了保持牛肉的风味，而不添加任何粗饲料，仅以乳为基础的饲料来饲喂犊牛，从而导致犊牛的消化系统不能正常发育，不能正常反刍。

2. 犊牛的管理与福利保护

(1)去势　对 2 月龄以上的犊牛，在不使用麻醉剂的情况下进行去势是不允许的。对 1 周龄内的犊牛进行去势时，如果没有麻醉剂，最好使用其他方法，如橡胶环之类的器具阻止血液流向阴囊。另外,2 周龄以上的犊牛应由兽医进行去势。

(2)去角　去角通常是在局部麻醉的情况下将角和其他敏感组织切除。对于将来作为育肥的犊牛和群饲的牛,去角更有利于管理。

行为和生理的反应表明,犊牛的去角伴随有很大的疼痛和压力,但这些可以在去角过程中及 2 h 后通过局部麻醉而减轻。除使用化学烙术外,其他各种不使用麻醉剂去角的方法都是违法的。而且化学烙术只适用于出生 1 周后的犊牛,最好是由兽医进行操作。去角应在春秋两季进行,避免苍蝇或冻伤。另外,须确保伤口不受草籽、干草或青贮的污染。

去角之前要留有足够的时间保证麻醉剂已作用到目的区域,可以通过刺角周围或基部皮肤观察动物是否有感觉来检查。动物保护法案强调,任何人对 20 月龄以上的动物进行去角都是违法行为,除非在整个手术过程中,有强力的麻醉剂作用于局部或全身使其感觉不到疼痛。

(3)断奶　一般不应对犊牛进行早期断奶,因为这样会增加断奶后生长停滞,从而降低对疾病的抵抗力。英格兰放牧家畜福利条例规定,对 2 周龄以上的犊牛每天至少提供 100 g 纤维性饲料,20 周龄时增加到至少 250 g。该条例还指出,犊牛需饮到充足的清洁水。在断奶前,犊牛应能随意采食到清洁、色泽正常、适口性好的秸秆、稻草或优质的干草。断奶犊牛必须能采食到新鲜的饲草和断奶犊牛的专用配合饲料。每天要更换剩料,保证饲料新鲜能增进食欲。一般推荐在 6～9 月龄之间断奶。

与 7 月龄断奶相比,提早断奶(例如 4 月龄)的犊牛会出现更多的哀叫和踱步。尽管早期断奶犊牛在断奶后就开始发出哀叫,但如果它们能经常见到母牛,通常在断奶 3 d 后它们就能趋于安静,然而当犊牛完全和母牛分离并断奶时,在断奶分离 6 d 后犊牛仍然有悲伤的迹象。如果断奶过早会阻碍犊牛随后的生长,导致它们在 7 月龄时卖入育肥场时的体型偏小。另外,牛在转入育肥场时断奶比转入育肥场之前断奶更容易抑制牛的总体生长。

(4)标识　有些国家的法律规定,所有的牛每年必须通过政府统一的耳标识别。耳标的安装需由经过培训且能胜任的饲养者进行操作,使动物免受不必要的疼痛。安装耳标时要按照制造商提供的方法,并使用合适的涂药器。经常保持耳标的清洁卫生。

打耳标时,必须正确保定动物。选择合适的位置,然后正确地将耳标打入。要避开主要的血管和软骨,而且要使穿孔最小。另外,要使耳标与耳朵边缘及表面有适当的间隙,满足其生长。

如果使用颈链或颈圈、尾带、腿带给牛标号,应固定结实,并保证不会对牛造成任何不必要的伤害和痛苦。如果使用油漆或涂料进行临时标记,要确保使用材料安全无毒。

3. 犊牛福利养殖的措施

(1)实行群养　从1998年起,犊牛的群养已被立法并在欧洲强制执行。规定指出:犊牛单栏饲养只允许到8周,超过这个时间必须转为群养。单栏之间的护栏必须使犊牛能够彼此看见。实行群养后,犊牛有了足够的自由活动空间,可以与同伴在一起,这样就有效地减少了应激,增强了免疫力,基本福利明显改善。

(2)牛舍地面的要求　犊牛必须饲养在铺有垫草、木板条或橡胶垫的地面上。现在大部分牛场主要采用在水泥地面上铺橡胶垫的方法。可以减少犊牛异常的站立姿势,同时滑倒和关节的损伤都明显降低。

(3)营养的改善　必须给犊牛饲喂适宜可发酵的饲料,以保持其肠道微生物区系的平衡。饲料中应适量补充富含纤维的粗饲料,这样可以促进瘤胃的发育,并降低异食癖。自由采食干草与代乳料相结合的饲养方式,可确保瘤胃发育,避免消化不良和肠道疾病,反刍率提高200%以上。且可使犊牛获得正常生长发育所必需的铁。

(4)其他　在犊牛的福利保护方面,欧盟先后出台了包括预防疾病、运输和屠宰等在内的一系列详细法案。如加大对群养犊牛传染性疾病的预防和治疗;犊牛从育肥场到达屠宰场的时间不得超过2 h;屠宰时要正确进行电击晕和放血等。

第五节　动物保护与福利在奶牛业中的应用

在集约化畜牧生产中,生产者往往只关心奶牛的产奶量和奶质,而很少注意到奶牛的健康和福利,把奶牛长期饲养在有损健康生长、紧张乏味和不安全的生存环境之中,从而对奶牛的福利产生不良的影响。主要表现为异常行为增多、身体损伤和疾病的增多等。奶牛的福利是衡量奶牛生存环境和生活质量好坏的标准,也是人类社会文明的体现。因此,应从奶牛的生产实际出发,大力强调"关怀式"饲养管理,强调奶牛的福利,执行"精神安抚和物质福利"的原则,给予奶牛密切的关怀,达到奶牛与人的自然亲和关系。

一、目前我国奶牛养殖业中存在的问题

(1)养殖户整体饲养管理水平不高　为节约饲养成本,一味用低价料来饲喂奶牛,致使精料补充料营养水平偏低。

(2)“牧草不够，稻草来凑” 大部分奶农分散养殖，资金不足，无力增加投入，优质牧草较少，多数用稻草喂牛。

(3)奶牛的饲养管理方式仍然较为粗放 基本上采用拴系式饲养，一牛一床，采用颈枷拴住乳牛，饲喂，挤乳，限制了奶牛活动，不能保持乳牛本身的清洁行为，也不能通过舐舔、抖动、搔抓来清理背毛和皮肤，保持体表清洁卫生。一些乳牛必需的生理行为被剥夺，久而久之乳牛的健康和福利受到了影响。不喂全价日粮，喂料、饮水设施等不齐全。新生犊牛得不到足够的初乳而表现出免疫力下降，加之牛舍潮湿阴冷，拥挤，通风不良，极易造成犊牛大肠杆菌病的发生。

(4)奶牛场内卫生较差，牛体较脏 夏季蚊蝇较多，影响奶牛生产与休息。

(5)奶农超量挤奶 或干乳期过快减料。

二、奶牛的福利养殖

1. 满足奶牛的采食习性

对于大多数实行散栏自由采食全混合(TMR)日粮的奶牛饲养管理系统来说，每天要保证 20 h 以上有饲料供应。奶牛任何时候想吃，都有新鲜的饲料。通过对高产牛群的研究证明，奶牛在挤奶以后的采食欲达到高峰。另外，奶牛每天65%～70%的干物质采食量是在白天采食的，因此挤奶后一定要让奶牛吃到充足新鲜的饲料，并且满足白天大量采食的习性。

2. 科学配制日粮

(1)满足奶牛的生理特点和营养需要 营养是决定奶牛生产性能、健康和福利的一个关键因素。奶牛具有采食量大、代谢旺盛、产奶量高的特点，故所需的营养水平较高。除青粗料为基础日粮外，还必须按比例提供精料补充料，一般占日粮的40%～50%，才能满足奶牛产奶产仔的营养需要。如果日粮营养价值很低，牛将采食大量无营养价值的饲料来填充瘤胃，直到感觉饱了，这样会造成代谢饥饿与消化过快、负担过重之间的矛盾。

泌乳初期(从奶牛产犊开始到 70 d)，奶牛产奶量逐步上升，40～70 d 泌乳量达到高峰。此阶段精粗料干物质之比分别为 55%：45%(产后 0～30 d 的泌乳牛)和 60%：40%(产后 31～70 d 的泌乳牛)。泌乳中期(71～140 d)奶牛泌乳处于稳定期，进食量增加，体重开始恢复，精粗料干物质之比为 50%：50%。泌乳后期(141～305 d)奶牛产奶量开始下降，每月下降幅度为 5%～7%，日粮营养可适当降低，精粗料干物质之比 45%：55%。奶牛产犊前 45～60 d 进入干乳期，停止挤奶，以便让奶牛有充分的时间弥补体内的营养消耗，为下胎高产奶量奠定基础。在奶牛进入干乳期后，应饲喂具有开胃作用的粗饲料来维持体况。干乳期粗饲料一般以禾本科干草为主，辅喂青贮料，精料喂量应根据粗饲料的质量控制在 2.5～3.5 kg，以防奶牛过肥。产犊前 2～3 周逐渐引入生产性日粮（高产、产犊日粮）以避免突然更换饲料，逐步增加精料，每天增加 0.5 kg 左右，达到 7 kg 后维持到产犊。

在喂奶牛精料时，一般将每次的饲喂量控制在 4 kg 以下，这样能有效减少瘤胃酸中毒和其他代谢紊乱病的发生。满足牛对粗饲料的需要，每天的饲喂量要超过其需要量（采食量）。然后将每天剩余的、不新鲜的饲料移走，防止污染新鲜饲料，降低动物食欲。给高产奶牛饲喂贮存的粗饲料（如青贮、干草）时，要预先分析其营养价值。奶牛的饮食中应保证维生素与碳水化合物的平衡。不平衡的饮食会导致轻度的酸中毒。磨碎的、湿的谷物比干的、圆的谷物更易消化。

（2）提供优质的牧草　奶牛是草食家畜，必须有足够的优质青绿多汁饲料及糟渣类饲料。要合理安排好一年四季青饲料供应，种植一些营养价值高、产量高的牧草，如墨西哥玉米、皇竹草、黑麦草等，且有 2～3 种粗饲料相互搭配，全面供给，做到青中有干、干中有青、青干结合。凡具有农田的奶牛场（户）种植优质牧草不仅可减少奶牛对粮食的消耗，而且可让奶牛尽情地享受反刍的营养和乐趣，以满足奶牛采食习性和消化生理特点的需要。美国规定生态奶牛自产饲用牧草不得少于全部饲草的 3/4，我国有些牛场规定每头奶牛占有草地 1～2 亩。

可晒制干草或青贮，也可对稻草进行氨化，提高饲养效果。还要为奶牛提供一定数量的块根和糟渣类饲料。这样既可提高日粮的适口性，又能满足奶牛的营养需要。晾晒干净的牧草要合理存放在存草间里，让奶牛在食用青草和成品牧草的同时，也能吃到 TMR 全混合日粮。

（3）TMR 日粮　TMR 全混合日粮，是根据奶牛在不同生长发育和泌乳阶段的营养需要，按营养专家设计的日粮配方，将粗饲料、精料以及矿物质、维生素等各种添加营养通过搅拌、切割、混合而成的一种营养平衡的日粮。它不仅改善了饲料的适口性，而且由于混合均匀，还保证了奶牛所吃的每一口饲料都具有均衡的营养。

采用 TMR 技术既可减少瘤胃内 pH 值急剧上升，又有益于维持瘤胃内环境，减少瘤胃机能障碍，以达到提高饲料消化率的目的。试验证明，TMR 日粮可提高奶牛生产水平的 10%～15%。目前国内已有公司引进了 TMR 搅拌机，把精料、干草、青贮料及青草按奶牛营养需要混合。也可用手工拌料，即按照产奶量等情况确定精饲料和粗饲料的饲喂量，用手工将精、青、粗饲料混匀后一次性饲喂，最后饮水。

TMR 饲料应搅拌均匀，每天至少饲喂两次。饲养员应及时地将饲料推到奶牛面前，要求饲料没有霉变、温度适宜、适口性好。精确监测日粮的含水量，并据此对日粮结构进行调整(至少每周一次)。TMR日粮水分在45%～50%之间,每头泌乳牛每天饲喂60～120 g的矿物补充料(舔砖为宜),精补料的粒度不能过细,每产2.5～3.5 kg奶饲喂1 kg精补料,一般每天9.2～12.8 kg精补料,奶牛每天采食粗饲料相当于其体重的1.8%～2.5%,定期检测粗饲料成分,每年至少对日粮进行4次调整。

(4)组合优质粗饲料　中国农科院农业气象研究所研究表明,以秸秆为基本饲料喂奶牛,在消化过程中约有20%的可消化能转变成甲烷和热量浪费掉。另据报道,以秸秆为基本饲料饲喂奶牛,平均每升牛奶会伴随产生甲烷242 g。但据印度试验表明,日粮中加入适量的蛋白质饲料,则每升牛奶的甲烷产生量将大为降低(约产生40 g),已接近英国奶牛的甲烷产生量36 g的水平。为了减少甲烷的排放,印度使用MUB的复合舔砖(主要原料是糖蜜尿素、棉籽粉、食盐和矿物质等),可使每单位饲料甲烷排放量减少一半;有效地提高了生产速度和产奶量。

(5)使用环保型的饲料及添加剂　在制定奶牛日粮时,应尽量多投喂一些活性酵母饲料、益生菌和青贮饲料等微生态饲料。在青贮料制作过程中,添加一些糖蜜、麸皮和乳酸菌等,以期改善青贮料的微生态环境,促进乳酸菌尽快生长繁殖,抑制霉菌和其他杂菌的生长。在奶牛日粮中,酌情添加一些酒糟、啤酒渣、发酵苹果渣等微生态型的工业副产品。在饲料使用上,除了供给奶牛足够的能量、蛋白质、水分、粗纤维、钙和磷等外,还应添补适量对上皮组织完整性有直接作用的维生素及微量元素硒、铬等,以确保奶牛内环境的平衡与健康。

(6)补喂矿物质饲料　矿物元素缺乏会使瘤胃微生物生长效率降低,严重缺乏时饲料消化率降低。已知硫(S)、磷(P)和镁(Mg)对促进瘤胃微生物生长有很大影响。一般来说,硫的来源较广。磷在饼(粕)及谷物中含量较高,因而一般不缺乏,但仅喂大量玉米青贮,缺磷现象则较为多见。秸秆中常易缺镁,缺镁时,秸秆采食量和消化率均降低。镁对所有瘤胃微生物都是必需的,对纤维分解菌尤其必要,所以供给足量的镁是低质粗饲料达到最佳利用效果的先决条件。

此外,添加沸石除可吸附胃肠道中有害气体外,还可提高瘤胃微生物对粗纤维的利用。其喂量一般为精料量的5%～8%。

(7)注意饲料的生物安全　杜绝使用发霉变质和腐败有毒的饲料。饲养过程中严禁使用生长激素、抗生素、激素、动物性饲料(如骨粉、肉骨粉、血粉等),以及其他违禁药物添加剂,以确保奶牛产品安全。

食槽每天应保持清洁,清除变质的饲料。剩余饲料不能堆积在饲槽中,每天要及时清理和检查剩料的组成,看奶牛是否挑食。

3. 饮水

水分是高产奶牛最基础的营养物质。一头奶牛日产 30 kg 奶，则饮水量至少 90 kg，奶水比为 3∶1。应给奶牛提供充足新鲜的饮用水。并应经常对水进行监测，硬度过大的饮水可采取饮凉开水的办法降低硬度。饮水器具要每天按时刷洗，每周定期消毒。运动场上的水槽更要注意清洗和消毒，随时更换新水，保持清洁卫生。夏季天气炎热，要给奶牛饮凉水，或在饮水中添加某些抗热应激的药物，如小苏打、维生素 C 等。冬季要保证让奶牛喝上温水，水温一般不低于 10～12℃。严禁给奶牛喝冷水、雪水。特别要注意在奶牛产后及时供给温热的麸皮粥、红糖水，给奶牛足够的爱心。

每头奶牛要有平均 15 cm 的饮水位，并且位置摆放要合理，如安置在挤奶厅入口处、开放式牛栏旁或运动场，以便于牛群中所有的奶牛饮水。水源离采食区的距离不应超过 15 m。奶牛如果少饮正常需要量 40% 的水，会减少 20% 的干物质采食量。高峰期奶牛少吃 0.45～0.9 kg 的干物质，产奶量下降 0.9～1.5 kg。奶牛产奶高峰期时每增加 1 kg 的奶产量，整个产奶期将增加 200 kg 的牛奶。

根据目前奶牛喂料、饮水设施的类型，一般应先喂料，后饮水。尽量做到奶牛每日吃采食和饮水 7～8 h，反刍 7～8 h，休息 7～8 h。

4. 为奶牛创造舒适的生存环境

(1)活动场所　牛需要花大量的时间躺着、站着和运动。好的福利应给予牛充足的休息、反刍、锻炼时间。长时间站立可使脚部聚集血液，减少了营养物质与氧气的交换，容易损伤其脚部健康。当牛运动时，可通过循环泵、新鲜的血液将氧气和营养物质带到脚部，消除有害的组织成分。牛每天在牛栏上呆 9～14 h，以提供充足的反刍时间保证大量唾液的产生。血液流经乳房为产奶提供营养物质。并且，与站立时相比，当牛躺着时大量富余的血液都将流经乳房。

从奶牛的体型和体重来看，柔软的地面可以保证其少受伤且有充足的休息。牛应躺在柔软、干燥并有适宜垫草的地面上。若牛躺在坚硬的地面上(如过道或粪道)，则会导致乳房损伤，受损的伤口或乳头容易聚集细菌，加大发生传染病的可能性。另外，还要有充足的干草保持畜床干燥，但不应过多而使过道狭窄、潮湿。水槽应远离躺卧区。

(2)牛舍的设计　牛舍的设计和管理程序对牛的福利也有很大的影响。饲养在散放牛舍中的牛，如果让它在坚硬躺卧区牛栏和柔软躺卧区牛栏之间选择，牛会选择后者。在开放式牛舍中，特别是当开放部分很小或别的方面设计不合理时，常会发生跛腐和其他病症。

为了使牛能顺利、轻松地采食饮水、散步，最好建成短形的牛舍围栏，这种设计可避免不必要的行走及对躺卧区奶牛的干扰，而给其最长的躺卧时间。为了防止过分拥挤，还应给其充足、舒适的空间。

舍饲奶牛的牛舍建筑，必须符合奶牛的生理特点和生长特点。奶牛舍址应选择地质结构好、地势高燥、通风、采光良好、冬暖夏凉、交通方便、水源条件好、周围无工业“三废”和环境无污染的地方。设计合理的牛舍能给奶牛一个舒适的环境。牛床宽度一般为 120～140 cm，牛床长度为：大牛床 195～225 cm，中牛床 195～210 cm，小牛床 160～170 cm。清粪通道宽度 1.6～2.0 m，粪沟宽度 30 cm、深 15 cm。饲料通道长度视机械化程度而异，一般为 90～150 cm。牛床及清粪通道坡度 1%～1.5%。牛床垫要软。牛床水泥地面又冷又硬，冬季需要垫上厚木屑或切碎的稻草。在夏季有条件的地方可把牛粪烘干或晒干，用来垫牛床；也可用橡皮(气)垫来铺牛床。

在奶牛经常活动的区域(如采食区、通道、饮水点周围、挤奶厅和待挤区等)，对地面进行硬化处理可以长期有效地抵抗牛群践踏。防止地面泥泞，也便于排水和粪尿清理。在奶牛运动和休息区应尽可能做成软质地面(如土运动场、自由卧床等)；但一定要注意，硬化地面必须进行防滑处理，防止奶牛滑倒造成损伤。所有地面都应有一定坡度，这符合奶牛卧倒时的趋坡特性。无遮雨棚的土质运动场坡度应更大些，以保证不积水，土质运动场需要定期维护。

此外，养殖小区应给奶牛提供一个相对安静的环境。嘈杂的周围环境会严重干扰奶牛的休息和睡眠。突然的噪声还会使奶牛受惊，引起不必要的损伤。长期处于严重噪音环境的奶牛会表现出惊恐、焦躁不安等情绪。

(3)牛舍的环境管理

①牛舍内要经常清扫，保证舍内地面清洁干燥，使奶牛不被污水和粪便污染。经常更换垫料，以提高奶牛的舒适度。冬、春季节每周都要对牛舍的周围环境进行消毒，夏、秋季节每周至少要消毒 2 次。

②牛舍通风换气良好(但要防止贼风)，以利排出潮湿和恶臭，北方冬季要防止寒风侵袭，南方牛舍两边可不建筑墙。

③保证牛舍光照充足，宽敞明亮，但要防止阳光直射牛床。

④牛舍应具备良好的清粪排尿系统，舍外设粪尿池，有条件的牛场可利用粪尿池制作沼气。

⑤牛舍外向阳面设运动场，每头牛用面积不少于 20 m^2，经常保持干燥卫生，以利于奶牛静卧与休息(躺卧处应提供天然垫草)。据观测，静卧时流经乳房的血液流量增加，产奶量恰好与血液流量相关。所以，延长静卧时间，对生产极为有利。

⑥牛场内脏、净道要分开。

⑦牛舍、运动场道两旁应植树绿化，改善小气候。

(4)牛舍的温、湿度　奶牛采食和产奶的最适温度是18～20℃。奶牛的散热机能不够发达，其耐热力低于耐寒力。因此，夏季舍温控制应在28℃以下，相对湿度应在90%以内。随着温度的升高，奶牛的产奶量及采食量都会不同程度地降低。温度高于30℃时，奶牛采食量和产奶量都会明显下降；温度高于35℃时，奶牛产奶量会急剧下降；达40℃时，奶牛采食量不会超过18～20℃时的60%。在热应激情况下，促肾上腺皮质素大量分泌，从而干扰垂体前叶其他激素的分泌，导致生长乳牛性腺发育不全，成年母牛卵子生成和发育受阻，使受精率下降。热应激还可影响胚胎着床，引起胚胎吸收、流产等现象。另外，热应激可显著降低奶牛血清中γ-球蛋白含量，导致机体免疫力减弱。因此，在实际生产中，管理者应采取适当的措施，减少奶牛发生热应激的可能性。夏季可在牛舍内安装电扇或在舍顶安装喷淋降温系统。而在冬季则要注意奶牛的御寒保暖。例如，在奶牛的水槽中配备加热器，保证奶牛可以喝到舒适的温水。

5. 奶牛的日常管理

(1)牛体的刷洗　生产中要注意经常刷拭牛体。牛体刷洗包括一天一次牛毛梳理、牛体刷擦和去污保洁。因为当奶牛被毛、粪便、灰尘等黏附时，易招蚊虫叮咬。奶牛常表现不安，以舌舔、蹭墙、甩尾、蹄踢等方式解痒，造成食欲降低、产奶量下降。生产中每天可用刷子或梳子刷拭牛体，以保持皮肤清洁卫生，增加皮肤的血液循环，充分发挥奶牛的生产性能。此外，每次挤奶前对乳房进行严格的清洗消毒。对环境、场地、用具进行经常性的、程序化的消毒。应隔绝牛与外界人员、用具的接触。做好防病治病工作。

(2)挤奶　挤奶是奶牛场最重要的工作。挤奶管理的目标应是减少微生物、化学和物理污染，确保不损害奶牛或将污染物引进牛奶中；确保挤奶是在卫生条件下进行的；确保牛奶在挤出后得到及时的冷藏。

挤奶要根据奶牛与排乳的生理特点，严格按照操作规程进行操作，对奶牛实行科学挤奶，从而最大限度地减少原料奶的污染。挤奶人员需经培训合格后方可上岗操作。挤奶前，工作人员应按照规范，首先清洗奶牛乳房，并用消毒剂给乳头消毒，挤完奶后，要用消毒剂再次给奶牛的乳房消毒。在用挤奶器挤奶之前，工作人员应用手挤掉头三把奶，以去除藏在乳头里的细菌，保证牛奶的卫生质量。在挤奶的整个过程中，所有工作人员禁止接触原料奶。挤奶环境应保持安静，对奶牛态度要和蔼，严禁粗暴或打骂，以免破坏奶牛正常泌乳机能。当使用新的牛舍、围栏或加入小母牛时，应容许有额外的时间防止牛群变得过度兴奋。

此外，在采用机械化挤奶方式的奶牛场，挤奶机一定要保证奶牛的舒适、最佳的挤奶性能和乳房的健康。要把奶牛等待挤奶的时间降至最低。挤奶时,应采用仿生原理的挤奶器模仿小牛吸奶的频率,并适当播放音乐,让奶牛在轻松快乐的氛围中顺畅产奶。挤奶设备、管道和贮奶罐在每次使用前、后都要进行严格的清洗消毒,并按操作规程的要求放置。有乳房炎的病牛不得上机挤奶,应转入病牛群手工挤净后治疗。

小 结

动物福利问题的出现,是社会进步的表现,体现了人与动物协调发展的趋势。动物福利在西方国家已经有较长的发展历史,而对于中国来说则是一个新概念,我国在"动物福利"方面相对于欧美发达国家还存在许多缺点和不足。为加快与国际的接轨,促进动物产品贸易发展,我国必须在动物福利尤其是农场动物福利方面采取一系列措施,从根本上建立我国畜禽健康养殖生产体系,为畜禽提供符合正常生理需求的养殖环境和营养条件,统筹人与自然的和谐共处、协调发展,达到人类和饲养动物的长期共存。

复习思考题

1. 一家肉鸡公司的加工厂邀请你设计一个动物福利的审查体系。列举你的审查应包含的内容。

2. 试论现代蛋鸡生产过程中存在的福利问题。

3. 请列举仔猪饲养的福利措施。

4. 试述应如何建立肉牛的"关怀式"饲养管理模式。

5. 一个屠宰场报道,他们加工的一些淘汰奶牛的身份标签戴在乳房后部而不是戴在耳朵上。标签穿过乳房皮肤就像穿过耳朵一样。请你评价这种操作的改变是否会导致一些福利问题。你将如何来评价这件事?

主要参考文献

1. Berk, J. Influence of light intensity on light choice of broilers. 5th European Symposium on Poultry Welfare, Wageningen, 1997, 7 - 10/6/97: 46 - 48.
2. Blokhuis, H. J. Recent developments in European and international welfare regulations. World's Poultry Science Journal, 2004, 60: 469 - 477.
3. Davies, H. C., C. A. Weeks. Effect of age and leg weakness on perching behaviour of broilers. British of Poultry Science, 1995, 36: 838.
4. Dechow, C. D., G. W. Rogers, J. S. Clay. Heritabilities and correlations among

body condition scores, production traits, and reproductive performance. Journal of Dairy Science, 2001,84:266 - 275.

5. Fraser, A. F., D. M. Broom. Farm Animal Behaviour and Welfare. UK: CABI Publishing,2005.
6. Jeppsson, K. H. Volatilization of ammonia in deep-litter systems with different bedding materials for young cattle. Journal of Agricultural Engineering Research, 1999,73:49 - 57.
7. Jones, J. B., L. R. Burgess, A. J. F. Webster. Behavioural responses of pigs to atmospheric ammonia in a chronic choice test. Animal Science,1996, 63:437 - 445.
8. Mader, T. L., S. M. Holt, G. L. Hahn, *et al*. Feeding strategies for managing heat load in feedlot cattle. Journal of Animal Science,2002,80:2373 - 2382.
9. Martrenchar, A. ,D. Huonnic, J. P. Cotte, *et al*. Densité d' élevage, régime lumineux et utilization de perchoirs chez le poulet de chair. 3ème Journées de la Recherche Avicole, St Malo, 1999,23 - 25/3/99:37 - 40.
10. Reilly, W. M., P. C. Harrisson, H. W. Gonyou, *et al*. Thermoregulatory perching behavior in commercial broilers of different ages. Journal of Animal Science,1992,70:171.
11. Stafford, K. J. D. J. Mellor. Dehorning and disbudding distress and its alleviation in calves. Veterinary Journal,2005,169:337 - 349.
12. Udesen, K., B. R. Mikkelsen. Deep litter in boar pens. Report no 161. Landsudvalget for Svin, Danske Slagterier,1989.
13. Warriss, P. D. Marketing losses caused by fasting and transport during the preslaughter handing of pigs. Pig News and Information,1985,6:155 - 157.
14. Webster, A. B. Welfare implications of avian osteoporosis. Poultry Science, 2004,83:184 - 192.
15. Weeks, C. A., T. D. Danbury, H. C. Davies, et al. The behaviour of broiler chickens and its modification by lameness. Applied Animal Behaviour Science,2000,67:111 - 125.
16. Wegner, R. M. Alternative systems in West-Germany. EUR Report,1989, 11 711: 29 - 40.
17. Yuan, Y., J. Jansen, B. Charles. The influence of weaning age on post-mixing agonistic interactions in growing pigs. Applied Animal Behaviour Science,

2004,88:39 - 41.
18. 安代志,张召辉,颜培实. 高产奶牛福利. 家畜生态,2004(1):234 - 239.
19. 安凤英. 动物福利与猪的福利化饲养. 山西农业大学学报,2007,27(6):117 - 119.
20. 白飞译. 对家禽生产中环境问题的认识和策略. 世界家禽年刊,2000,56(11):379 - 388.
21. 柴同杰. 动物保护及福利. 北京:中国农业出版社,2008.
22. 蔡元丽,郭盈盈,宋志刚,等. 蛋鸡笼养的福利问题. 中国家禽,2008,30(8):17 - 20.
23. 常明雪. 气湿对家禽的影响及生产上的利用与控制. 中国家禽,2003,25(17):12 - 13.
24. 道格拉斯·格里夫. 饲养管理和生物安全措施在禽病防治中的作用. 当代畜禽养殖业,2002,8:12 - 13.
25. 董修建. 当前我国福利养猪中存在的问题. 北方牧业,2010(5).
26. 冯琰. 肉鸡营养代谢性疾病及应对措施. 兽医临床,2009,2:89.
27. 顾宪红,时建忠,主译. 动物福利与肉类生产. 北京:中国农业出版社,2008.
28. 顾宪红. 畜禽福利与畜产品品质安全. 北京:中国农业科学技术出版社,2005.
29. 郭爱伟,熊春梅,周杰珑,等. 集约化畜牧生产对动物福利的影响. 安徽农业科学,2008,36(15):6350 - 6351,6414.
30. 姜旭明. 不同福利条件对肉鸡生产性能和肉质性状的影响:[硕士学位论文]. 武汉:华中农业大学,2008.
31. 孔祥武. 肉鸡地面平养与板条网养效果的对比试验. 山东畜牧兽医,1996(2):26 - 29.
32. 李凯年. 笼养产蛋母鸡饲养的动物福利问题. 畜牧兽医科技信息,2005,9:8 - 12.
33. 刘超,陈同学,李永志. 提高奶牛福利科学防控乳房炎. 中国畜禽种业,2009(1):24 - 25.
34. 刘记强,康相涛. 改善蛋鸡福利的措施. 中国家禽,2008,30(24):61 - 62.
35. 刘思盈译. 观察垫料了解饮水量. 国外畜牧学——猪与禽,2002,4:27.
36. 陆承平. 动物保护概论. 北京:高等教育出版社,2001.
37. 马美蓉,楼月琴. 奶牛“关怀式”饲养管理模式的探讨. 饲料研究,2004(6):39 - 41.
38. 牛自兵. 关注猪的动物福利. 饲料工业,2005,26(9):56 - 59.
39. 苏华维,李胜利,金鑫,等. 奶牛福利与奶牛业健康发展. 中国乳业,2009(5):

52 - 56.
40. 孙楼.不同饲养方式对肉鸡生产效果的研究:[硕士学位论文].北京:中国农业大学,2005.
41. 吴莉芸译.鸡舍内的环境监测.家禽营养,2000,4/5:14 - 18.
42. 徐大节.鸡常见营养代谢病的探讨.现代畜牧兽医,2007,10:40 - 42.
43. 杨敦启,李胜利,曹志军,等.奶牛福利让奶牛业增产增收.中国奶牛,2009(2):2 - 5.
44. 杨润生,译.加强鸡舍环境管理减少呼吸道疾病 .国外畜牧学——猪与禽,1999,5:55 - 56.
45. 尤玉双.鸡舍环境控制对生产性能影响的研究:[硕士学位论文].北京:中国农业大学,2004.
46. 周艳萍,王洪伟.浅析蛋鸡的福利与生产.家禽科学,2008,10:15 - 16.

第六章　实验动物的保护

学习要点

了解实验动物的概念、内涵以及在生命科学中的地位和作用，重点掌握实验动物的内涵；了解转基因动物和克隆动物的概念以及如何对待转基因和克隆动物；了解实验动物环境、设施、饲养和管理标准化的要求，重点掌握实验动物饲养和管理标准化的要求；了解动物试验的地位和作用、动物试验的设计程序、动物试验中如何根据试验目的进行实验动物的选择，以及在动物试验中实验动物的保护方法，重点掌握动物试验的设计程序及动物试验中实验动物的选择和保护。

第一节　实验动物

实验动物(laboratory animals)是医学、生命科学研究的基础和重要支撑条件，其种类繁多，作为人的替代品广泛用于医学、药学、产品质量检验、环保、国防等许多领域的科学研究和生产应用，被视为“活的科学仪器”。但凡是仪器，均有标准的型号、精度和使用方法，只有这样具有标准的型号、精度和使用方法的仪器才能使相同的实验在不同的实验室得到相同的试验结果。实验动物是活的生命体，受多种因素的影响，因此作为“活的科学仪器”，它比其他机械和电子仪器更复杂；此外，在动物试验中实验动物操作方法也较其他机械和电子仪器的操作方法复杂。因此，了解实验动物及其相关知识，是开展以动物试验为手段的科学研究、实验动物保护与福利的前提和基础。

一、实验动物的概念和内涵

实验动物是一类特殊的动物，是动物试验的基础，与其他动物存在本质的区别，在生物医学等领域的研究中具有特殊而重要的地位和作用。其概念随着实验动物学和其他相关学科的发展以及人类对实验动物认识的提高和深入而逐步完善、规范和严谨。

1. 实验动物的定义

实验动物最初被认为是泛指用于科学实验的各种动物，即现在所说的实验用动物(animals for research 或 experimental animals，又称广义实验动物)。这个最初的定义包括现在所说的实验动物(laboratory animals，又称狭义实验动物)、野生动物(wildlife)、经济动物(economical animals，或称畜禽 domestic animals and domestic fowl)和观赏动物(exhibiting animals)。其后实验动物又被定义为凡是为满足科学实验的需要而专门饲养、繁殖的动物。1988 年国家科委颁布的第一部由国家立法管理实验动物的法规——《实验动物管理条例》(国家科委第 2 号令)中对实验动物的定义做出了明确的规定，指出实验动物是指经人工培育或人工改造，对其携带的微生物实行控制；遗传背景明确，来源清楚，用于科学研究、教学、生产、检定以及其他科学实验的动物。

2. 实验动物的内涵

从《实验动物管理条例》规定的实验动物的定义来看，实验动物是一个特定的概念，仅仅是实验用动物中的一个特殊的群体，包括以下 4 个内涵。

(1)遗传背景明确　不同遗传背景的实验动物对同一实验处理的反应性是不一样的，这会直接影响实验结果的准确性和可靠性。因此，从这一点上讲，实验动物必须是经过人工培育，遗传背景明确的动物。根据遗传特点的不同，实验动物分为近交系(inbred strain)、封闭群(closed colony)、杂交群(hybrid colony)和突变系(mutant strain)动物。

近交系动物：是指经至少连续 20 代的全同胞兄妹交配培育而成，品系内所有个体都可追溯到起源于第 20 代或以后代数的一对共同祖先的动物群体。

封闭群动物：以非近亲交配方式进行繁殖生产的一个实验动物种群，在不从其外部引入新个体的条件下，至少连续繁殖 4 代以上的动物群体，封闭群亦称远交群(outbred stock)。

杂交群动物：由不同品系之间杂交产生的第一代动物，杂交群动物又称杂交一代动物或 F_1 代。

突变系动物：动物受各种内外因素影响引起染色体畸变或基因突变而育成某些特殊性状表型的品系动物。

(2)对携带微生物和寄生虫实施控制　实验动物生产的正常进行和动物实验结果的可靠性与实验动物健康状态有着直接关系。因此，在实验动物生产和使用过程中，必须对其携带的微生物和寄生虫实施监控。根据对微生物和寄生虫的控制程度，我国将实验动物划分为 4 个等级，即普通动物（conventional animal，CV）、清洁动物（clean animal，CL）、无特定病原体动物（specific pathogen free animal，SPF）和无菌动物（germ free animal，GF）。

普通动物：无人畜共患病病原体和体外寄生虫的动物。

清洁动物：机体内外不携带人畜共患和主要传染性疾病的病原体和体外寄生虫的动物。

无特定病原体动物：机体内无特定的微生物和寄生虫存在的动物，或在清洁动物的基础上，不带对实验有干扰的微生物存在的动物。

无菌动物：机体内、外不带有任何现有方法可检测出微生物和寄生虫的动物。

(3)在特定的环境条件下，人工培育而成　实验动物是在达到一定要求的环境中，利用遗传调控原理，控制实验动物的遗传特性，不断开发和改良，经过科学培育和繁殖的动物，是多学科研究的成果和科技含量高的生物技术产品。如利用转基因技术使特定基因在实验动物中得以表达而产生的转基因动物，为医学、遗传学、发育生物学及畜牧兽医学等众多学科提供了丰富的动物模型资源。

(4)应用范围明确　实验动物是用于科学研究、教学、生产、检定以及其他科学实验的动物。其应用领域包括医学、药学、产品质量检验、环保、国防乃至实验动物科学本身等。特别是在人类生命现象的研究方面，实验动物扮演着人类替身的角色，是“活的科学仪器”，最终为科学发展、人类生存和健康服务。

由此可见，现代意义上的实验动物是指在特定环境条件下，经过长期驯化培育、具有明确的生物学特性和清楚的遗传背景，并严格控制其携带的微生物的动物；其与经济动物、野生动物和观赏动物有明显的区别。

二、实验动物在生物医学等各领域中的应用

实验动物是生命科学研究的基础和条件，也是生命科学研究的对象和内容，受到世界各国的普遍重视。人类已经进入以生命科学为标志的 21 世纪，实验动物(animal)、设备(equipment)、信息(information)和试剂(reagent)是生命科学研究必须具备的 4 个基本要素（通常称之为 AEIR 要素），实验动物位居首位。自 1901 年诺贝尔生物医学奖设立以来的 100 多年来，共有 70 余项奖涉及实验动物。因此可以毫不夸张地说，近代生命科学的每一项重大发现都离不开实验动物，每一项重大成果都是以应用实验动物为前提的，没有实验动物，生命科学则无法进展。

1. 生命科学方面

生命科学研究中，人类的健康和福利研究离不开实验动物的应用。在对人的各种生理现象和病理机制及疾病的防治研究中，实验动物是人的替代者。如癌症

是威胁人类健康的重大疾病，由于在肿瘤的移植、免疫、治疗等研究中使用了裸鼠和无菌动物，使得人类对各种恶性肿瘤的致癌原因，尤其是化学致癌物质、病毒致癌、肿瘤的病毒、免疫、治疗等方面的研究取得了极大的进展；计划生育研究有相当大的工作是在动物身上试验的。据统计，生物医学的科研课题有60%以上需要用实验动物作为材料，有许多课题的研究离开了实验动物就寸步难行。因此实验动物被认为是生命科学发展的基础和条件。

2. 制药工业和化学工业方面

药物和化工产品的副作用，对生命的影响程度包括致癌、致畸、致毒、致残、致命，都是从实验动物的试验中获得结果。制药和化学工业产品如果不用实验动物进行安全试验，包括三致（致癌、致畸、致突变）试验，将会给人类的应用造成十分严重的恶果。制药、化工等工业的劳动卫生措施，特别是各种职业性中毒（如铅、苯、汞等）的防治方法，都必须选用实验动物进行各种动物试验后才能确定。此外，实验动物也是医药工业生产疫苗、诊断用血清、某些诊断用抗原、免疫血清等的重要材料，这些都是将菌毒接种于动物体内而制成。

3. 畜牧科学方面

疫苗的制备和鉴定、生理试验、胚胎学研究、营养饮料的分析、保持健康群体以及淘汰污染动物等工作，都要使用实验动物。特别是在畜禽传染病的研究工作中，常亟须合格的实验动物进行试验。目前在兽医科学研究上，由于所用实验动物或鸡卵不符合标准，质量差，严重影响科研效果，甚至在某些疫病的研究工作中，因无SPF动物或SPF卵，导致试验无法进行，所制备的疫苗效果难以保证，导致大量畜禽病死，在经济上带来重大损失。

4. 农业科学方面

新的优良品种的确立除要做物理的、化学的分析以外，利用实验动物进行生物学的鉴定是十分重要和有意义的。化学肥料、农药的残毒检测，粮食、经济作物品质的优劣等，最后也要通过利用实验动物的试验来确定。化肥和农药是提高农业生产的重要材料，由于未经严格的动物试验而发生的问题很多。在合成的多种新农药化合物中，真正能通过动物试验对人体和动物没有危害的只占1/30 000，其余都因发现对人的健康有危害而被禁用。

5. 轻工业科学方面

人们的吃、穿、用，包括食品、食品添加剂、皮毛及化学纤维、生活日常用品，特别是化学制品中有害成分的影响，都要用实验动物去试验。食品、食品添加剂、皮毛制品、化妆品等上市销售，都要求必须先经国家指定的机构采用实验动物进行安全性试验，以证明其对人体无急、慢性毒性，且无致癌、致畸、致突变作用，才能上市销售。

6. 重工业和环境保护方面

在重工业上，对有害物的鉴定和防治；国土的整个环境保护，包括废物的、气体的、光辐射的、声干扰的等各方面的研究工作中，实验动物都是检测的前哨和研究防治措施的标样。

7. 国防和军事科学方面

各种武器杀伤效果，化学、辐射、细菌、激光武器的效果和防护，以及在宇宙、航天科学试验中，实验动物都作为人类的替身而取得有价值的科学数据。如宇宙飞船首次遨游太空时，代替人类受试做生理试验的是实验动物。通过动物试验，研究人体在太空条件下，失重、辐射和太空环境因素对机体生理状态的影响（图 6-1）。

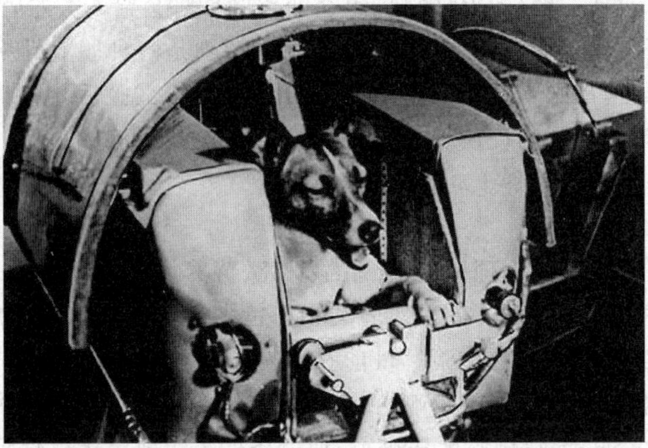

图 6-1　1957 年作为第一名"宇航员"进入太空的实验狗"莱卡"（图片来自中国网）

8. 商品鉴定和国际贸易方面

现在已把实验动物的实验鉴定列为法规，它直接影响着对外贸易的数量、质量和信誉。

9. 行为科学的研究方面

实验动物在行为科学的研究中也占有重要地位。例如汽车设计的撞击、土建设计中震动的允许程度、灾难性事故的处理等，国外也已经采用实验动物模拟人类。

10. 实验动物学本身研究方面

实验动物学是一门综合性很强的学科，涉及生物学、动物学、胚胎学、营养学、微生物学、遗传学、解剖组织学、寄生虫学、传染病学、免疫学等多个学科，虽然它的直接研究目的是取得适用于各种特性需要的实验动物，但它对生物科学的微观领域，都进行了更为深入的探索。如在遗传学、生殖生理学等科学以及实用技术方面，都不断取得突破。

三、转基因与克隆动物

转基因动物和克隆动物是20世纪新兴的转基因和克隆技术的产物。转基因技术和克隆技术的发展为人类有目的地改造和创造动物品种，建立各种动物疾病模型、器官移植、拯救濒危动物等提供了可能。由于转基因动物和克隆动物在基础生物学研究、医学及农业应用研究上具有独特作用，目前已被广泛应用于生物制药、再生医学等诸多研究领域，并取得了许多有价值的研究成果。

1. 转基因动物

转基因动物(transgenic animals)是分子生物学与胚胎工程紧密结合而产生的基因工程动物。利用这一技术，人们可以在动物基因组的特定位点引入目的基因，建立特定的人类遗传性疾病转基因动物模型；也可通过导入具有重要药用价值蛋白的编码基因，使动物成为该药物蛋白的“生产工厂”。转基因技术不仅打破了物种之间的生殖隔离，实现了人类改造哺乳类动物的遗传性状的意愿，而且能在活体中接近真实地再现某一特定基因的表达及其所引发的后果，将复杂的生物学问题分解为多个因素分别进行研究，把复杂系统简化，从而构造了目前最先进的实验体系。因此，转基因动物的产生为复杂生命现象的研究开辟了新的思路，具有极其重要的生物学意义。

(1)概念　转基因动物是指将外源重组基因转染并整合到动物受体细胞基因组中，从而形成载体表达外源基因的动物。整合到动物染色体基因组的外源基因被称为转基因。转基因技术则是指制备转基因动物所需的一套技术，它涉及外源基因的获得、修饰，载体的制备、基因导入技术，供转基因胚胎发育的体外培养系统和宿主动物等。当制备转基因动物时，外源基因可能只整合到动物的部分组织细胞的基因组中，也可能整合进动物所有组织细胞的基因组中。如果只有部分组织细胞的基因组中整合有外源基因的动物，称为嵌合体动物(chimeric animal)，这类动物只有当外源基因整合入的“部分组织细胞”恰为生殖细胞时，才能将其携带的外源基因遗传给子代，否则外源基因将不能传给子代。

(2)动物转基因技术在生物医学研究中的应用　动物转基因技术已成为一项重要的基因工程技术，为众多生物医学领域的实验研究所用，并获得了许多有价值的研究成果。目前，转基因动物研究已渗透到了医学、遗传学、发育生物学及畜牧学等学科的广泛领域，建立了大量的转基因动物模型，为研究癌基因作用、癌细胞发生发展及抑制机理、发育中的基因的表达调控等提供了许多宝贵的资料。同时,为建立人类遗传病、病毒诱导性疾病等动物模型提供了新的更有效的途径。

图 6-2 为第一例转基因小鼠。

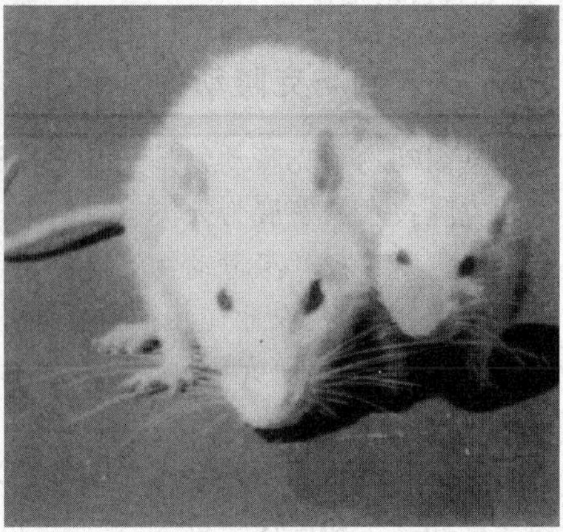

图 6-2 第一例转基因小鼠——超级小鼠
(图片引自亿库网)

(3)转基因动物的保护 保护转基因动物的基本目标同保护其他实验动物的目标并没有差异,都是减少和避免动物不必要的疼痛、伤害和恐惧。转基因动物是一类用人工的方法改变了基因的动物,它们是否比未改变基因的动物承受更多的伤害,需要关注。

首先,这些动物在出生前就由于基因导入手术而受到严重的伤害,尤其是基因组发生了变化,使它们不可能像其他动物一样有正常的受胎率,或者在子宫内得到正常的发育。所以就转基因动物保护而言,在进行动物转基因时必须有充足的理由,说明试验的意义和必要性,并且提供完整可靠的实施方案。

其次,基因转入后或基因被改变后在动物体内将产生难以预测的后果,所以在转基因动物出生后必须进行严格检查,确定是否得到预定的结果或产生哪些预料外的后果。前者是测定某些预定的指标;后者是检查各种临床症状,发现有无异常表现。至今为止,试验成功与否的指标比较容易确定,但在动物转基因后是否带来副作用或有无伤害却仍未有客观的指标和测定方法,也无法确定造成的副作用或伤害是由于基因变化的直接还是间接作用的结果。

再次,在决定转基因动物是否需要繁殖时,必须考虑该动物是杂合子还是纯合子。因为杂合子动物通过与正常动物交配,其后代可能失去或不表达改变了的基因。

从本质上讲,许多科学研究中使用转基因动物比使用常规动物更有价值,可减少实验动物的使用,缩短实验周期,促进医学、药学、兽医学的发展及人类社会进步。但是,在使用转基因动物的时候必须谨慎,给予转基因动物更多的关注,这样更有利于动物保护。

2. 克隆动物

动物克隆技术是 20 世纪生命科学的重大突破,经历了漫长的发展过程。在 1938 年 Spemann 提出核移植假想后近 50 年时间内,动物克隆技术仅在一些低等的水生动物中获得有限的成功。1986—1996 年的 10 年间,由于方法学上的进步,胚胎克隆技术被建立起来。在此期间，人们对于核移植过程中细胞核和卵母细胞质的细胞生物学特点有了新的认识，并设计了多种方法使两者之间的细胞周期相匹配。在20世纪末，动物克隆技术有了飞跃性的发展。1997年Wilnut利用绵羊的乳腺细胞作为供核细胞进行核移植试验，获得世界上首例体细胞克隆绵羊Dolly，开创了哺乳动物体细胞克隆的新纪元；而最近科学家利用克隆了Dolly之后冷藏保存的组织样本又培育出4只克隆羊(图6-3)。因此，体细胞克隆技术的建立是20世纪最重大的科学发明之一，其科学意义是划时代的。

图6-3　新培育出的4只多莉(图片引自中华网)

(1)概念　广义地说克隆(clone)是指一个遗传单位或一个生命单位通过无性繁殖方式，产生生物学上完全相同的遗传单位或生命单位，即无性繁殖。因此，动物克隆(animal cloning)是指不经过有性生殖过程，而是通过核移植生产遗传结构相同的动物个体的技术，由这种技术获得的新个体称为克隆动物。动物克隆技术通常将发育早期的动物胚胎细胞或成年动物的体细胞，通过显微注射技术移植到去掉细胞核的卵母细胞中，使之不经过精子穿透等有性过程即被激活、分裂并发育成正常胚胎，再把这种胚胎移植到生殖周期相近的母体之中，发育成正常的动物个体。这种经核移植产生的动物，具有与细胞核供体完全相同的遗传结构。

(2)克隆动物的研究意义和价值　克隆技术的科学意义和潜在经济效益十分巨大。它能克服动物种间杂交障碍，保存和发展具有优良性状的动物品种；在优秀种公、母畜的纯种快速繁育扩群方面具有重大开发价值，使异种动物借腹妊娠、产仔；加快珍稀动物繁殖，挽救濒危珍稀野生动物，维持生态平衡；人类细胞系的克隆,可产生单克隆抗体,用来诊断和研究疾病,建立重要疾病的基因模型,解决人类移植器官供求矛盾;生产一些用途广泛且昂贵的药物,如α-1抗胰蛋白酶、血清白蛋白、抗凝血酶等;此外,它为了解细胞发育的潜能性、细胞核和细胞质之间的相互关系、胚胎发生死亡的机制及其调控研究提供了新视角,对揭示生命科学重大基础理论问题具有重要的科学意义,对动物发育过程中基因表达的调控及发育生物学、遗传学等相关学科的发展产生深远的影响。近年来,动物克隆技术的进展日新月异,使动物克隆的成功率大大提高,为进一步促进克隆的实用化跨出了可喜的一步。

(3)动物克隆的伦理　虽然大多数科学家认为动物克隆是一个重大突破,通过动物克隆看到了很多有益的可能性,但是很多人对动物克隆持反对意见,特别是在克隆人的实例中认为这是违背自然和道德的行为。事实而言,大多数的一般市民都不了解在克隆过程中所涉及的具体细节,因此对整个事情产生了很多误解。

人们通常将克隆技术分为治疗性克隆与生殖性克隆。治疗性克隆是为了从克隆出的胚胎里获取干细胞,使之定向分化为某类细胞、组织、器官,用于治疗人类疾病,而不将胚胎植入人或动物的子宫内,并最后销毁这个胚胎。生殖性克隆是为了复制出一个与已经生活在地球上的人遗传特性相同的人,实际是一种人工诱导的无性生殖,即人们常说的“克隆人”。克隆的伦理判断与克隆的目的紧密相关。治疗性克隆不同于生殖性克隆,它以治疗为目的,有利于人类的健康和长寿,有利于人类社会的可持续发展,既符合生命伦理,具有积极的生命伦理价值,又不违反国际惯例。就目前而言,鉴于治疗性克隆在避免免疫排斥中的潜在效用,鉴于它会促进对细胞重编程序和增值的了解,世界各国都在鼓励对治疗性克隆的研究和利用,但是在利用治疗性克隆的时候,要进行一些原则性的思考。当我们将器官用于造福人类的时候,是为了满足需要,而不是为了创造需要,因此要本着不伤害、尊重、公正等原则用于实践。而生殖性克隆,就当前而言,是被严格禁止的,反映最多的是道德伦理制约。

鉴于动物克隆技术有着广泛的应用前景,因此,美、英、德、法、日等国在禁止进行人克隆研究的同时,都明确表示将继续支持或不反对进行动物克隆实验。我国政府从克隆人是对人权和人尊严的挑战、克隆人违反生物进化的自然发展规律、克隆人将扰乱社会家庭的正常伦理定位和克隆人的安全性在伦理上难以确认等伦理的4个方面考虑反对以克隆人为目的的任何实验和举动,但支持动物克隆技术在畜牧业和生物制药业上的研究开发。

第二节　实验动物的标准化

实验动物为当代基础医学、生物科学中不可缺少的材料，对于生命科学研究意义重大。因此，为了保证生命科学研究中动物试验结果的科学、可靠，在进行动物试验时需要标准化的实验动物。而标准化的实验动物与实验动物的环境、设施、饲养和管理的标准化与否存在密切关系。标准化的实验动物环境、设施、饲养和管理不仅能提供标准化的实验动物，而且能为实验动物提供正常生长和繁殖所需舒适、健康、安宁的各种生存条件，这也是实验动物保护的内容之一。目前，实验动物标准化已被国际公认，只有在使用标准化实验动物的前提下得出的科研结果才具有安全性、准确性、可重复性和可比性，才能得到国际认可。

一、实验动物环境的标准化

实验动物环境是指将动物饲养在人为控制的有限空间，并按照人们的意志进行生长、繁殖、试验的一个人工的特定场所。环境因素对实验动物机体具有"有利"和"有害"两方面的作用。一方面环境因素是实验动物生存的必要条件，动物通过新陈代谢同周围环境不断地进行物质和能量交换，同时动物经常接受外界环境刺激产生免疫反应增强体质，促进生长；另一方面环境因素也存在对动物机体有害的各种因素，动物处于有害因素作用下，虽然有一定适应环境变化的能力或产生免疫反应来消除或减轻这些有害因素的作用，但是有害因素作用超过一定水平，就会对动物机体产生直接或间接危害，动物各种功能就会失调，引起各种疾病甚至死亡。因此，标准化的实验动物饲养环境不仅能满足动物的生长发育、繁殖等的需要，从而提供标准化的实验动物，而且能为实验动物提供舒适的环境条件，减少环境因素对实验动物的不利作用，从而达到实验动物的保护目的。

1. 实验动物环境因素的分类

影响实验动物的环境因素很多，从广义上讲可分为气候因素（湿度、温度、气流、风速等）、物理、化学因素（氧、二氧化碳、粉尘、嗅味、噪声与振动、照明、有害物质等）、居住因素（房屋、饲养笼具、垫料、饮水器、给料器等）、营养因素（饲料、饮水）、生物因素（社会地位、咬斗、饲养密度等同种生物因素和微生物、人、其他动物等异种生物因素）。

2. 实验动物的环境要求

环境对动物的影响并非受上述诸因素中各个单一因素的作用，而是受到多种因素的复合作用，称为环境的复合态(environmental complex)。如温度与湿度和风等因素均影响到生物体体温调节；动物室的臭味与温度、湿度、换气次数、饲养密度等相关。因此，考虑实验动物环境时，应按环境的复合态考虑各种实验动物甚至不同品系之间动物对最适环境的要求。

(1)温度　温度对实验动物的生长发育、繁殖、泌乳、机体抵抗力、新陈代谢和实验反应等诸多方面有着直接的影响。动物体在一定温度范围内具有自行调节使之适应环境温度的能力。但当温度变化过大或过急，动物不能适应，就会对动物产生不利影响，从而影响动物实验结果。因此，为了保证实验动物的质量，确保实验条件的相对稳定，以提高实验的重复性和可靠性，实验动物的生活环境应控制在一定的范围之内。实验动物饲育环境温度的基准，目前在国际上并不完全一致，但一般都在 19～29℃。

(2)湿度　湿度分为相对湿度和绝对湿度，相对湿度是衡量空气潮湿程度对人和生产、实验是否合适的一个指标，因此通常所说的湿度是指相对湿度。湿度的大小对动物的散热率具有显著影响。当环境温度与动物体温接近时，动物就只能通过蒸发作用来散发体热；而当环境湿度达到饱和状态时，动物体的蒸发受到抑制，容易引起代谢紊乱，从而造成动物机体抵抗力下降，发病率增加。此外，湿度还影响动物的心跳次数、摄食量、活动量以及行为等方面。因此，世界各国对实验动物环境相对湿度规定的标准值一般为 40%～70%，以 50%±5%为实验动物的最佳相对湿度。

(3)噪声　一般认为凡是使人感到讨厌的、烦躁的、不需要的声音都称为噪声。噪声是动物舍中日常活动及机械运动中发生的环境可变因素之一，是一项十分重要的环境卫生指标。噪声不仅对人产生危害，而且对实验动物生长、繁育、健康和动物实验也会产生多方面的影响，如噪声能使实验动物发生应激反应、引起实验动物生殖生理的变化、造成听源性痉挛等影响。因此，噪声对动物的影响不容忽视。噪声来源十分复杂，并且也不可能完全消除，只能通过规划措施和技术装备改善条件，减少不必要的噪声。目前噪声标准没有统一，大部分国家规定不能超过 50～60 dB，我国规定不能超过 60 dB。

(4)光照　光照对实验动物的生理功能有着重要的调节作用。因此，光照对实验动物的影响主要表现在生殖生理和行为活动。此外，还要考虑动物生长、活动所需的光照强度和光周期。由于不合理的持续照明或黑暗对不同的实验动物具有不同程度的有害作用。在现代化的实验动物设施中，一般均采用人工照明。长期积累的经验表明，人工照明并不亚于天然日光，对动物没有不良后果，而且人工光照更有利于控制其生活节律，多采取明暗各 12 h，昼夜交替；有些动物采用 14 h 明，

10 h暗。但是由于人工照明一般都是点状光源，在布局上应注意其光源分布均匀。饲养室内光线要能保证动物健康生长繁殖，工作人员操作方便。日本标准规定在室中央距地面 40～85 cm 处为 115～300 lx。

(5)气流　动物饲养环境气流速度的选择，取决于其单位体重与体表面积的比率。与人体相比，大多数实验动物的比率值较大，气温和气流对其体表温度变化的影响也较大。对人的居住环境降温、供暖的气流幅度一般为 10～25 cm/s，降温气流取其下限，供暖气流取其上限。在动物饲养环境内，由于笼格、笼架、设备等的布局差别，气流的分布很难保证均匀和恒定，相应地会影响动物房内湿度和温度的分布。实验动物单位体重与体表面积的比值较大，气流速度过小，空气流通不良，室内充满臭气，散热困难，容易造成动物发生疾病，甚至死亡；气流速度过大，动物体表散热量增加，同时危及健康。病原微生物随空气流动，动物设施内各区域的静压状况决定了空气流动方向。在双走廊无特定病原体(SPF)设施中为防止外界空气对设施内空气的污染，室内必须处于正压；而在污染或放射性试验的动物房，为了防止微生物和放射性物质扩散，室内必须处于负压。国际上一般规定设施内的压力梯度为 20～50 Pa。此外，饲养室送风口和排风口气流较大，因此在布置动物笼架、笼具时应尽量避开风口。

(6)换气次数　动物室通风换气的目的在于供给动物新鲜空气，除去室内恶臭物质，排除室内动物、人员、机械、照明等产生的余热，稀释粉尘和空中浮游微生物，使空气污染减少到最低程度。一般动物室的换气以换气次数为标准，即每室的空气 1 h需换几次，一般规定均为 12～15 次/h。管理上换气次数并非设计在某一固定值上，而应在测定温湿度的基础上加以调节，使冷暖气开放时温、湿度变动范围尽量缩小。我国对实验动物环境换气次数的规定见表 6-1。

表 6-1　实验动物环境的换气次数指标　次/h

<table>
<tr><th rowspan="3">设施类别</th><th colspan="7">动物种类</th></tr>
<tr><th colspan="3">小鼠、大鼠、豚鼠、地鼠</th><th colspan="3">犬、猴、猫、兔、小型猪</th><th>鸡</th></tr>
<tr><th>普通环境</th><th>屏障环境</th><th>隔离环境</th><th>普通环境</th><th>屏障环境</th><th>隔离环境</th><th>屏障环境</th></tr>
<tr><td>繁育、生产设施</td><td rowspan="2">8～10</td><td rowspan="2">10～20</td><td rowspan="2">20～50</td><td rowspan="2">8～10</td><td rowspan="2">10～20</td><td rowspan="2">20～50</td><td>10～20</td></tr>
<tr><td>动物实验设施</td><td>20～50</td></tr>
</table>

(7)氨气　动物代谢的粪、尿以及分泌物，还有饲料的残留和垫料的腐化产生的污染物种类很多，有氨气、甲基硫醇、硫化氢、硫化甲基、三甲胺和硫化二甲基等，

这些气体都具有强烈的臭味。其中氨是这些污染物中浓度最高的一种，各种动物饲养室均可测出，所以人们提到的实验室臭气主要是指氨，而氨浓度则作为监测饲养室污染状况的主要指标。氨作为一种刺激性气体，可引起呼吸器官黏膜异常，发生流泪、咳嗽、黏膜发炎、肺水肿和肺炎。长期处于高浓度氨的环境中，实验动物上呼吸道黏膜可出现慢性炎症，从而使这些动物失去作为实验动物的应用价值。氨浓度的高低决定于动物的密度、换气次数、设施结构和管理水平。我国规定实验动物环境繁育、生产设施和动物实验设施的氨浓度指标为≤14 mg/m^3。

(8)空气洁净度　动物饲养室空气中颗粒物的来源主要有两个途径，其一为室外空气未经过滤处理直接带入，其二为动物体表被毛、皮屑、饲料和垫料等材料的碎屑往往可以被气流携带或动物活动扬起而在空气中悬浮，而形成颗粒物污染。

颗粒物对实验动物和人员的健康有直接影响。颗粒物落在动物与人员身上，可与皮脂腺的分泌物及细毛、皮屑、微生物等混合在一起粘在皮肤上，使动物和人员的皮肤散热功能下降，影响体热调节。颗粒物中 5 μm 以下的灰尘，经呼吸道吸入后可到达细支气管与肺泡引起呼吸道疾病。近 20 年来从接触实验动物的人员收集到的流行病学资料证实，人们因接触实验动物而发生的变态反应已成为很突出的问题。这是由于小鼠、大鼠、豚鼠、犬等动物的毛、皮屑、血清、尿液等对某些敏感的人具有抗原性，通过呼吸道、皮肤、眼、鼻黏膜或消化道引起人的严重变态反应，出现不适感，甚至发生过敏性鼻炎、支气管哮喘等应引起足够的重视。颗粒物除本身对动物产生不良影响外，还可成为微生物的载体，把各种微生物粒子包括饲料、垫料中带入的粉螨、各种细菌及其芽孢和病毒带入饲养室。因此，饲养清洁级以上实验动物的设施，进入饲养环境的空气必须经过有效的过滤，去除颗粒物，使空气达到一定的洁净度。一般要求饲养无特定病原体动物级的饲养环境空气洁净度要达到 10 000 等。

二、实验动物设施的标准化

实验动物设施是影响实验动物标准化和动物试验结果科学、准确的重要因素之一。标准化的实验动物设施不仅可生产标准化的实验动物，保证动物试验结果的科学、准确和可靠，而且可为实验动物提供一个舒适、健康和安宁的生存空间。反之则产生相反的结果。因此，实验动物设施的标准化对实验动物和动物试验均具有重要意义。

1. 实验动物设施概念

实验动物设施(laboratory animal facility)是指以研究、实验、教学、生物制品和药品生产等为目的，进行实验动物饲育、试验的建筑物、设备以及运营管理在内的总和。实验动物设施为实验动物提供最适宜的环境，从而保证了动物的质量和实验的成功。

2. 实验动物设施的分类

实验动物设施可从不同角度进行分类。

(1)按设施功能分类

实验动物生产设施(production animal facility)：主要用于各种实验动物品种(品系)的保种、育种、育成、繁殖、生产和供应。

动物试验设施(animal experimental facility)：主要从事以实验动物为原材料，进行药品、生物制品检定和一般对人和外界动物无明显危害的动物试验的设施。

特殊动物实施(special animal experimental facility)：从事感染、放射物和有害化学物质等有特殊环境生物安全要求的动物试验设施。

(2)按微生物控制程度分类

开放系统(open system)：实验动物的生存环境直接与大气相通。设施不是密闭的，设施内外气体交流有多条空气通道，设施内无空气净化装置。开放环境是饲养普通动物的设施。系统内不采用对人、物、动物、气流单向流动的控制措施。

屏障系统(barrier system)：动物生活在气密性很好的设施环境内，设施内外空气交流只能通过特定的通道进入和排出，用来饲养 SPF 动物。一切进入屏障的人、动物、饲料、水、空气、铺垫物、各种用品均需经过严格的微生物控制。空气、人、物品、动物的走向，采用单向流通路线。屏障内人和动物尽量减少直接接触。工作人员要走专门通道，工作时应戴消毒手套，穿着灭菌工作服等防护用品。

隔离系统(isolator system)：隔离系统是以隔离器(isolator)为主体及其附属装置组成的饲养系统，用来饲养无菌动物和已知菌动物。送入隔离器的空气需经超高效过滤；一切物品的移入均需通过灭菌渡舱，并且事先包装消毒。工作人员通过隔离器上组装的无菌手套进行操作，不直接接触动物。

(3)按设施的平面布局分类

无走廊式(no corridors)：此类设施一般面积较小，能最大限度利用空间，主要用于饲养品种单一或以实验为主的设施。由于人流和物流交叉，进出路线交叉，而且污染物品容易影响洁净物品的清洁度，一般饲养普通级动物。

单走廊式(single corridors)：为了有效地利用洁净区内的面积和节约能源，一般的研究机构在进行中、短期动物实验时采用此种模式。大多是利用原有的建筑进行改造而成的实验动物设施。相对于双走廊其优点是占用空间小、设施利用率较高、维护费用低。缺点为清洁笼具和污染材料之间常常存在污染的危险，走廊相对拥挤。

双走廊式(double corridors)：是常用的一种实验动物屏障设施类型。可以有效分割为清洁区和污染区。作为屏障设施使用，比较容易控制微生物污染。缺点是有效利用面积减少。

三走廊式(three corridors)：三走廊式压力梯度从中间的洁净走廊、前室、动物饲养室、污染走廊逐渐降低，是目前常用的动物试验设施。

3．实验动物设施的组成及配套设备

实验动物设施一般由饲育室、动物实验室、检疫室、消毒和灭菌室、废弃污物处理室等5大部分组成，其他为辅助设施。

饲育室：动物生活的区域，包括育种群、扩大群、生产群、待发室和实验饲育室等。饲育室面积大小决定于饲养目的、收容动物品种、数量和管理能力，除大规模生产群可用大开间高密度饲养外，多用小开间，一般3 m×6 m为标准间。室内要配置合适的笼具、笼架及其他饲育器具，并有足够的作业面积。

动物实验室：进行动物试验的场所，包括诊断室、外科手术室、X射线室和解剖室等构成。在此区内可进行外科手术、试验处理、解剖、疾病诊治、生理生化检查、微生物检查和饲料营养分析等工作。应按不同目的配置各种实验室及其相关设备。

检疫室：接收引进动物做验收、检疫、隔离观察的区域。应和其他区域保持一定距离。带有可单向进入动物饲育室的通道；人员、用具要单独配置；设备基本和动物饲育室相同。

消毒和灭菌室：饲养器具及消耗品清洗和消毒灭菌的区域。设有自动洗笼器、流动水槽、消毒槽、高压灭菌器、干燥架、超声波清洗机和洗衣机等。必须分为清洁区和污物区。室内应有冷热水，甚至蒸汽供应。地面设排水设备，房间有除湿设备，并有一定的作业空间。

废弃污物处理室：是实验动物设施中不可缺少的组成部分，在废弃物处理室中设有对黏有污物的垫料、固液体污物、动物尸体、某些有害排出气进行处理的专门装置。如固液分离机、生物净化系统和焚烧装置，防止污物臭气逆向扩散的下水特殊地漏等。

机械区：包括锅炉、制冷机、风机、空调机的机械室、水处理室、变电室和自家发电室。机械区应有双回路电源，主线路停电后，副线路能马上启动；要防止噪声及振动；配备报警装置，建立故障的监控系统。机械区设备的管理、检查和维修应不影响动物的饲养环境。

物料接收和贮藏区：由接收和贮藏饲料、垫料、饲育器具和各种消耗品的仓库组成。短期、小量、已灭菌物品的存放处应位于饲养区内；长期未灭菌物品的贮放区应和动物饲养区相隔一定距离。这类房屋应有防火、防鼠、防虫、防潮和防污染的设备，室温要求较低。

管理区：由管理办公室、生产技术室、会议室、中心控制室和休息室等组成。中心控制室是对屏障设施进行自动化控制和监视设施运转的管理中心，其闭路电视监视系统和计算机控制体系是现代化屏障动物房的标志。管理区内要有和设施内进行通讯的电话或广播设备。

走廊：设施内走廊尽可能划分清洁和污物两种功能走廊，走廊内常设有防火和事故应急的装置和动物饲育室的监控装置，如灭火器、冲洗装置、应急灯、灯光照明控制器、温度、湿度显示仪表等。

4. 实验动物设施的建设

(1)选址　新建的实验动物设施在选址时应按国家标准(GB 50073—2001)洁净厂房的设计规划要求，考虑外部周围因素进行选址。在国家标准《实验动物环境及设施》(GB 14925—2001)中对实验动物设施选址进行了规范要求，具体包括：实验动物繁育、生产及实验场所应避开自然疫源地；选在环境空气质量及自然环境条件较好区域；远离铁路、码头、飞机场、交通要道，以及散发大量粉尘和有害气体的工厂、贮仓、堆场等严重空气污染、振动或噪声干扰的区域；若不能，上述区域则应布置在当地夏季最小频率风向的下风侧；实验动物繁育、生产、实验设施应与生活区保持大于 50 m 的距离；此外还应考虑水电供应和交通方面的因素。

(2)区域布局　总的布局原则是有利于防止疾病的传播和避免动物相互干扰、相互感染；方便工作人员操作；人员、动物、物品、空气按单向路线移动。

前区的设置：包括办公室、值班室、休息室、配电室、监控室、饲料室、维修室、库房、垫料室、卫生间、一般走廊等。

饲育区的设置：饲养区是实验动物所有设施中的中心部分，其他设施都是围绕饲养区工作实施而设置，具体分为繁育、生产区和动物试验区。繁育、生产区是动物保种、育种和生产的场所，包括育种室、待发室、隔离检疫室、缓冲间、扩大群饲育室、生产群饲育室、清洁物品贮藏室、清洁走廊、污物走廊、缓冲间等；动物实验区是用于动物试验和观察的场所，包括动物实验观察室、缓冲间、内准备室、手术室、实验饲育室、清洁物品贮藏室、清洁走廊、实验室、污染走廊、动物运动场等。

辅助区的设置：包括洗刷消毒室、淋浴室、动物洗浴室、解剖室、动物废弃物处理室等。

(3)饲养室内设施建设

地面：地面要用光滑防水、耐水、耐磨、耐腐蚀性材料制成。一般常用环氧树脂、硬面混凝土、水磨石、硬橡胶等做保护性涂层。地面接墙处做 10～15 cm 踢脚，拐角处做 3～5 cm 圆弧面。如设排水装置，排水管口径要足够大，一般直径为 15 cm 左右。排水口带回水弯，加盖，防止气流逆反。大、小鼠等动物房一般不设排水装置，用湿式真空吸尘器打扫。兔、狗、猴、猪等房舍要做成有一定倾斜度的防水地面，倾斜度应不小于 0.64 cm/m。地面可用色彩划分功能区和做出路线标记，通常地面色彩深于墙面。

墙壁：墙面内壁粉刷用难以开裂、耐水、耐腐蚀、耐磨、耐冲击材料制成，多数加涂料。墙面无断裂，光滑平整，各接角处结合严密，最好做成圆弧形。各种管道最好不暴露出来，管道通过部分用填料密封。

天花板：应由耐水、耐腐蚀的材料制成。室顶平整光滑。通常紫将外线消毒灯、照明灯、超高效空气过滤器及进风口安于天花板上，灯具及进气口周围必须密封，进气口可以自由拆卸清洗、消毒，要加防水层防止漏水。

门：除负压室之外原则上应向内开，即向压力大的方向开启。门宽和所需设备及饲育用具的大小相称。门要求气密性好，室内装锁，能自行关闭。把手、门锁不外露。门上设有观察孔。最好用耐水、耐药性的金属密封门。一般设置进、出两个门。

窗：一般动物室除需要自然采光与通风的场所外，不宜设置外窗。设有外窗的动物室，如猴类动物房，应在墙上加设栏栅和铁丝网以防止动物逃跑。寒冷地区窗上有防结霜措施。屏障系统多不设外窗或尽可能少设外窗；开放系统可安能开启的窗户，方便通风。

走廊：走廊应考虑到必要设备的运输，一般宽度不应小于 1.5 m，地面与墙壁的接合处应为弧形，以便于清洁。为防止墙体损坏，最好加护栏或缓冲装置。各种水、点、管、线应尽量安排在走廊或走廊上部夹层中，并且不暴露在明处。开放系统可以只设一条走廊；屏障设施通常要设清洁与亚清洁两条走廊。

5. 实验动物设施的维护

实验动物设施长期处于连续不断的运转中，并始终处于动态的变化之中。各项环境因素指标靠有关设备的正常运转来维持，通过对环境指标的常规监测，可随时掌握机器设备的运行状况，并确定是否需要维修。

(1)空气过滤系统的维护　空气过滤系统在工作时不断地有粉尘被阻拦在滤材上，逐渐形成堵塞，导致进气量下降、换气次数减少，从而引起氨浓度上升、梯度压差改变等。因此，过滤材料应及时更换。初效过滤材料一般 2 周到 3 个月更换 1 次，更换频率取决于单位面积滤材的进气强度以及外环境空气中的粉尘含量等因素。初效过滤材料换下后经水洗、干燥可重复。中效过滤材料使用 3 个月到 1 年半更换 1 次。影响其更换周期的因素与初效过滤材料相仿。换下的中效过滤材料经洗涤、干燥后也可重复使用。高效过滤器装在送风系统末端。洁净室中，高效过滤器通常 1～2 年更换 1 次。因为更换高效过滤器对环境因素有很大影响，因而不宜过频更换。延长更换高效过滤器周期最有效的措施是加大其面积，以及提高初效、中效和高效过滤材料的质量。

(2)空调系统维护　空调系统的正常运行是温度、湿度两个重要指标得到有效控制的保证。因此，必须充分重视实验动物设施中空调系统的维护。通常每年在机器较空闲的时候，应进行1次检修。

(3)灭菌系统维护　压力蒸汽灭菌器是实验动物设施中最重要的物料灭菌器械，1次灭菌失败即可导致微生物污染，而产生严重后果。因此，应随时注意其灭菌效果，最好每次灭菌都加指示剂。

除了上述3个重要系统要经常维护外，尚有许多其他维护工作要进行。如传递渡槽中消毒液的检查和更换等。任何一个环节的故障都可能导致设施环境质量下降，从而造成实验动物不合格，引起巨大损失。

三、实验动物饲养和管理的标准化

实验动物饲养和管理的基本原则是满足动物的需要，提供一个健康、舒适的条件。饲养和管理的标准化是近年来动物试验领域的重要议题，关系到动物实验的科学性和可重复性，也关系到实施动物保护的措施保证。实验动物饲养和管理的标准化不仅可以为动物试验提供标准化的实验动物，而且也从动物福利方面对实验动物进行了相应的保护。

实验动物的饲养管理与实验动物的种类、性别、年龄、生理状态、饲养目的等有关。因此，在进行实验动物饲养管理的时候要根据实验动物的种类、性别、年龄、生理状态、饲养目的要求，以及饲喂过程中的经验，结合饲养试验的结果进行合理、科学的管理。严格的饲养管理是获得高质量实验动物，取得准确、可靠实验结果的保证，也是满足动物福利的要求。

(1)动物场的饲料管理　动物场的饲料管理要抓好采购与保管两个环节。

在采购的时候首先根据不同实验动物种类、性别、年龄和生理阶段对营养标准的需要来选择饲料。其次要考虑饲料的质量，向专业化生产实验动物饲料的工厂购买饲料；无特殊需要，采购的实验动物饲料除必需的维生素、微量元素、氨基酸添加剂外，不含任何饲料添加剂和抗生素；注意饲料的生产日期、制造商的饲料保管措施与流程，定期要求制造商提供主要营养成分的分析报告；运输过程中要密封，防止饲料变质和氧化；采购单位要相对固定，因突然改变饲料的种类会给动物造成消化和代谢上的不适。

在动物场饲料的保管时要清点登记，保证先购先喂，不过期；防止污染，存放区清洁干净，野鼠和昆虫不应出现在该区；防潮防热防霉，存放区应使用隔板、架子或台车，保证饲料架离地面，并安装空调设备；过期饲料在饲喂之前应再次化验，确定实际含量；需要灭菌的饲料，应先计算营养的损失并补充后再灭菌，记录灭菌时间和日期，并在保质期内喂完。

(2)饮水管理

饮水量：实验动物的饮水量受生理阶段、饲料性质、环境温度等的影响。如哺乳和幼年动物饮水多；食用高蛋白饲料则饮水多；环境温度高则饮水多。

饮水设备：饮水的方式决定饮水设备，因此应根据不同实验动物的饮水方式选择饮水设备；在选择饮水设备时应选择无毒无味，流水畅通，不漏，便于吸取，不污染，好清洗，耐高温、腐蚀的饮水设备。

饮水卫生：不同级别的实验动物，饮水的卫生标准不一样。如普通动物需饮用城市居民用水；清洁级以上动物需饮用高温高压灭菌或酸化水；此外，还要定期清洗给水设备。

(3)垫料管理　实验动物的垫料是一种可能影响动物健康和动物试验结果的可控制的环境因素。因此在选择垫料的时候要选容易获得、价格便宜、容易贮存、无污染、无害、干燥舒适、动物不食、容易清理和处理的垫料。在使用垫料的时候要先除尘灭菌。对于污秽的垫料要及时更换，一般每周更换 2 次，怀孕后期少换，以减少对怀孕动物的影响；更换的垫料应及时焚烧处理。

(4)卫生管理　动物房及动物场的卫生情况均会对实验动物产生影响。因此，不仅要保持动物房的卫生，还要注意动物场的清洁卫生。在动物场的卫生方面应保持动物场整洁，防止病疫的发生，制定严格的清洁卫生制度，专人负责，定期检查；在动物房卫生方面应让小型动物笼架与墙壁保持一定距离，避免打扫卫生的死角，地面消毒；中、大型动物每天冲洗、消除粪尿、勤换垫料；笼具清洗后不留清洁剂和消毒剂的痕迹，笼盒尽量每周换 1 次；给料给水等设备用前消毒，定期更换清洗，防飞鸟入侵饲槽；工作人员应根据动物级别按规定洗手、洗澡等消毒。

(5)环境保护与废弃物管理

臭气：包括动物粪尿排泄物或排泄物经细菌分解所产生的臭气，以及动物体臭等，但以氨气为主。因此在动物房内除安装除臭设备外，还应增加清洗排泄物的次数，保持室内空气干燥。

噪声：噪声来源于一些设备和动物，为防止噪声的干扰应将人员休息区与动物房舍分开；设备和动物房舍分开；不同动物分开饲养；此外还应使用隔音建材，以降低噪声的影响。

污水：动物生活污水，含动物排泄物的粪尿，符合排放标准可直接排放；但对于清洁消毒污水，应先处理后排放。

废弃物:包括垫料、动物排泄物、动物尸体、纸张及其他物品。首先,废弃物的量涉及废弃物处理费用的高低,减少废弃物的量是解决废弃物污染问题的最佳途径,可依据最大动物饲养空间估算废弃垫料的生产量,以安排贮存空间、运送工具和人力。其次,废弃物清理、搬运、收集、储存及处理应建立一套工作规范,一切操作按有关法令规定执行。

微生物病原:接种人类病原微生物的动物试验,以及使实验动物感染致病或实验结果产生严重干扰的微生物实验,如猴的结核杆菌和B病毒等具有风险性的动物试验,其动物饲养房舍都应是负压、封闭式的,以防止污染物质直接散播到外界。这些被隔离的动物房舍所排放的空气必须经过高效能空气过滤装置过滤后方可排放。

(6)紧急事件管理　紧急事件包括意外事件(如化学品漏出、停电、漏电、断水、煤气泄漏等)、天然灾害事件(如水灾、火灾、台风或地震等)和人为灾害事件(如偷窃等)。动物设施生产管理人员不论何时、何地,不论在饲养室、实验室还是洗涤室内,如遇紧急事件,可以处理的应立即当场处理;无法处理的,应立刻与主管、主要研究人员联络,并迅速向有关单位请求求援。

(7)记录管理　记录管理是指在饲育管理过程中与实验动物繁殖生产、供应使用有关的数据资料及各种情况文字的反映。认真记录实验动物饲养管理过程中的各种情况及有关数据是进行科学管理不可缺少的环节。记录的内容包括实验动物的品种、品系、引种情况、繁殖情况、生长发育情况、供应使用情况、卫生防疫情况、异常情况、生产报表、环境控制以及质量监测等方面,常采用各类卡片、报表等如实记载。记录管理有利于总结经验、保持品系特性、有利于提高科学饲养管理水平、有利于开展学术交流和科研合作。

(8)生产计划和生产指数　实验动物是一种特殊的商品,生产不足会影响科研使用,生产过剩会造成大的浪费,既不能存放仓库,又难以向市场推销。因此,实验动物生产供应与使用的合理衔接是实验动物生产管理的重要环节。

①生产计划。

制定原则:根据不同种类、品种、品系分别制定生产计划;根据教学、科研、销售计划制定生产计划;要保证种群的正常淘汰、更新和后备;要留有余地。

计划的内容:包括供应计划(统计各个品种品系、级别实验动物的逐月供应数)、配种计划(根据供应数制定各个品种、品系的配种时间和数量)和计划的落实(所制定的生产计划一定要及时落实到相应的责任人,并使之付诸实施)。

②生产指数。生产指数能从不同的角度反应一个单位的实验动物饲养管理水平的高低以及实验动物群体的生产水平。包括:受胎率、群体产仔能力、成活率、死

亡率、使用率、日饲料消耗和每只动物的饲养成本。

定期综合分析记录资料及生产指数，可为实验动物饲养管理者及动物实验者提供较为详尽可靠的基础资料及背景资料，从而有利于试验结果的分析与讨论。

第三节　动物试验中实验动物的保护

动物试验和动物保护从来就不是绝对对立的两个问题。动物试验是开展生物医学等领域教学和研究必不可少的基本手段。动物试验不仅可以揭示生命现象的本质，也可以提高人类的健康水平，还可以满足人类对动物性产品日益增加的需求。离开了动物试验，就没有生物医学等领域的进步和发展。因此，从推动科学技术进步和社会经济发展的角度出发，提倡人道地对待实验动物，而不是一味地禁止动物试验。应在满足科学研究需要和实验目的的要求的前提下，充分考虑动物福利，对实验动物进行保护。

一、动物试验的地位和作用

动物试验是指选择恰当的标准动物，进行各种科学实验和观察，以探索未知结果和得到预期目的的过程。动物试验是人类进行科学研究必不可少的方法和手段。探讨各种疾病的发生、发展、治疗与治愈等方面的机制，无一不是通过动物试验阐明或证实的。医药工业上，生产疫苗、诊断用血清、某些诊断用抗原、免疫血清等的重要材料，都是将菌毒种等接种于动物体内制成的，如在与“SARS”等传染病的斗争中，控制疾病的疫苗研究离不开动物试验。发达国家每年都投入大量资金，以促进实验动物学的发展。如美国生命科学课题投资的40%涉及实验动物，60%的生物学课题需要进行动物试验。据统计，我国60%以上的生物医学科研课题需要实验动物。据统计，20世纪大约70%的诺贝尔生理医学奖涉及实验动物。由此可见，动物试验对生命科学的发展有重要的推动作用。

当前，随着实验技术的进步，人们虽然已经可以通过体外方法揭示某些生命现象，但是体外试验的结果必须用动物活体试验验证。尽管人类已经开始利用基因库进行基因组学和蛋白组学的研究，但这些工作仍然依赖于从动物试验中获得的知识和技术。如果没有从动物试验获得和积累的技术和经验，这些研究几乎是不可能进行的。此外，对于经历了几百万年、甚至更长岁月进化过程的人类和其他动物的生命而言，现代科学所能揭示的，仅仅是一个开头，许许多多未知数仍然摆在面前，等待解答。在今后揭示生命现象本质的漫长征途上，动物试验就像大海中的航船，将载着我们向最终目的地驶进。在进化树上与人类有着密切关系的高等动物，在本质上与人类生命并无区别。人类正是首先从动物试验和动物模式开始，逐步了解和认识自身的。21世纪是生命科学的世纪，生命科学愈发展，动物试验的作用将愈显重要，所不同的是，动物试验的方法和手段将更合理、更科学，并本着理性和人道的态度对待动物试验。

二、动物试验设计

进行动物实验之前，必须对动物实验研究中涉及的各项基本问题进行合理安排，即进行动物试验设计。试验设计是否周密、合理将直接影响实验研究结果的可靠性。无论是有现行操作规范或标准可参照所进行的动物试验，还是无现行的规范或标准可参照的动物试验，都要求研究者实验前认真查阅相关资料。特别是对于后一类动物试验还应查阅最新的国际、国内文献，确定选题，根据自身情况做好试验设计，制定切实可行的实验方案。一个设计优良的实验方案的意义在于以较为经济的人力、物力和时间，使诸多实验因素包括在尽可能少的试验中，最大限度地获得丰富而翔实的资料；以科学、规范的数据收集和处理方法，精确地控制和估计误差的大小，得出准确而可靠的实验结果，从而才可得出科学的结论。

1. 动物试验设计的概念

动物试验设计(experimental animal design)是运用实验动物学、数理统计学理论和方法来进行实验设计，确保动物实验内容安排合理，对实验结果进行高效率的统计分析，以使用最少的实验动物得出相对最优的结果和可靠的结论。

2. 动物试验设计的一般原则

(1)对照原则　对照是动物试验设计的首要原则，有比较才能有鉴别，对照是比较的基础。要求在实验中设立可与试验组比较，用以消除各种无关因素的对照组。试验组与对照组具有同等意义，设置对照组是为了消除或减少非实验因素的干扰所造成误差的有效措施。没有对照组的实验结果往往是难以使人信服的。对照设立有两种方式，即自身对照和组间对照。自身对照是在同一个体上观察实验处理前后某种指标的变化，可减少个体差异对实验处理反应的影响。组间对照是将若干动物以随机抽样的方法，将其分为若干平行组，随机挑选一组作试验，另一组作为对照组进行试验。组间对照适用于需要多次进行实验观察的试验，有利于随时观察实验条件的变化，判断试验反应强弱及显著性等。试验组与对照组例数相等时，统计效率最高。

(2)一致性原则　一致性原则是指实验组和对照组除了处理因素不同外，非处理因素基本保持均衡一致。动物试验时应选择合理的设计方案，以保证各干扰因素基本一致。实验过程中保证实验组和对照组之间除被研究的实验处理因素有所不同外，实验对象、实验条件、实验环境、实验时间、药品、操作人员等力求保持一致。如动物的年龄、性别、体重、窝别、品系、种属等组间应一致；在实验条件方面，喂养、处理步骤使用仪器等组间应一致；在操作或观察者方面，如果要求两个人操作或由两个人观察结果，不能仅由一人操作或观察试验组，另一人操作或观察对照组，而应每人操作或观察实验组和对照组的各一半；在时间方面，要保证组间一致。

(3)随机化原则　在实验研究中，不仅要求有对照，还要求各组间除了处理因素外，其他可能产生混杂效应的非处理因素，在各组中(对照组和实验组)尽可能保持一致，保持各组的均衡性。贯彻随机原则是提高组间的均衡性的一个重要手段，也是资料统计分析时进行统计推断的前提。随机化抽样的目的就是要使总体中每个研究对象都有同等机会被抽取分配到试验组或对照组。在动物试验研究时，一般采用完全随机分配或分层随机分配。小动物实验大多数先配对或配伍组，然后“对”内或“伍”内进行随机分配，但大动物多半先分层，然后在层内随机分配。随机化抽样的基本方法有随机数学表、计算器随机数学法和抽签法等。

(4)重复性原则　重复性原则是指同一处理要设置多个样本例数。重复的作用是估计试验误差，降低试验误差，增强代表性，提高精确度。重复的目的就是要保证实验结果能在同一个体或不同个体中稳定地再现。样本数过少，实验处理效应将不能充分显示；样本数过多，又会增加工作量，也不符合减少实验动物用量的原则。一般小动物(小鼠、大鼠、鱼)每组 10～30 例；中等大小动物(豚鼠、兔)每组 8～20 例；大动物(犬、猫、猪和羊)每组 6～20 例。

(5)3R 原则　3R 原则即减少(reduction)、代替(replacement)和优化(refinement)。3R 原则是目前国际上要求科学家从事有关脊椎动物试验时必须考虑的原则，是动物试验替代方法的核心和主要研究内容。

(6)客观性原则　在进行动物实验设计中，选择观察指标时，不用或少用带主观成分的指标，结果判断客观，不能以主观意愿对结果或数据做随意改动或取舍。目前国内外部分学者为了个人利益等对实验结果进行了随意改动，甚至捏造，严重违背了科学研究要求的客观性原则。

三、动物试验设计程序

动物试验设计是否周密合理直接影响动物试验研究的结果是否准确、可靠。没有动物试验设计经验的科研工作者试验前应把实验目的和计划交给统计学家或具有统计经验的同事，请求他们的帮助。

(1)良好的假设　动物试验研究的目的就是要验证假说是否正确。假说是实验研究设计的前提，若没有假说，实验和观察就失去了目标。它关系到实验研究的目的性、计划性和预见性。同时对假说加以验证的过程中也应适时对假说加以抛弃，重新建立新的假说，再加以验证，使正确的假说上升为结论、理论和学说。

(2)试验对象和独立的重复　试验对象就是随机处理中能被复制的单位，常常试验对象就是一个动物个体。如果试验设计比较不同饲料营养水平，试验对象就是试验笼中整体动物。如果一个动物经过不同处理，然后分别取出淋巴细胞，在不同细胞培养板观察淋巴细胞的发育，试验的对象就是单个的细胞培养板。原则上不同试验对象需要不同的处理。

(3)控制变量　控制变量可以通过选择使用遗传均一性的实验动物，同时保证动物没有亚临床和临床的疾病。良好饲养环境的动物比饲养环境差的动物均一性更容易实现。试验设计中尽可能考虑动物体重和年龄的均一性。所有动物处理都要达到均一性，如果测定误差在所难免，必须使用多个测定指标。

(4)选择处理　保证试验组合理的处理，通常试验中设置一组或多组未处理、假处理或使用安慰剂处理作为对照组。如果试验需要重复多次，由于许多无法控制的因素，如季节、采食量变化、微生物群体变化和个人测定方法不同，无法保证同一组比较对象都一致，因此每次试验中必须设置对照组来估测时间的变化对实验结果的影响。

(5)选择设计　随机试验设计适用大多数的动物试验，它包括一定数量的处理组，不受每组不同数量处理的影响，设计简便，结果容易分析。但如果实验材料不同，或材料具有本身自然特点，实验设计的结果也受到影响。此时，需采用随机板块设计或利用多因子设计来增加试验设计的精确性。随机板块设计适用于环境因子难以控制、试验材料非常不均一或试验对象本身具有自然的特殊结构。例如试验对象是检验一块皮肤粒对兔背部皮肤炎症的反应，试验中涉及多只兔子，因此兔子代表了试验对象块。但出现两个无法控制的变量，应当使用拉丁平方涉及，例如天—天变量、分钟—分钟变量。

(6)样本数量　试验中要求足够样本数量来获得较好的组间标准误差估计，但是较多的样本意味着浪费资源和动物。如果处理组较多，每个处理组中动物数量可以减少，研究工作者尽量克服每组使用 6 只实验动物的习惯。

(7)统计分析　试验开始前研究工作者必须清醒意识到如何进行数据分析。如果没有统计分析意识，整个试验可能意味不正确，或实验结果无法分析。

(8)预备试验　也称预实验、初试试验，是在动物试验前对正式试验进行初步试验。一项大的试验计划中遭遇几个技术问题，预示着浪费实验动物和科学资源。因此，如果一项实验研究者涉及技术困难或逻辑推理困难，预备试验可以检验试验设计的可行性,可以为正式试验提供更多的设计信息和使用动物数量。目的在于检查各项准备工作是否完善,实施方法和步骤是否可行,测试指标是否稳定可靠。初步了解实验结果与预期结果的差距,从而为正式实验提供补充、修正的意见和经验,这是动物试验必不可少的重要环节。预备实验可用少量的动物进行,实验方法和观测指标应和正式实验一样。但预备实验的结果不能归入正式实验的最终结果中一同分析。

(9)标准化操作程序　一旦试验计划确定,必须与相关参与试验的人员讨论和准备试验程序,特别需要向动物饲养室工作者介绍研究目的和操作方法。工作日记必须记录任何意外的试验现象。动物损失和损失的原因必须记录在案。最后分析试验数据,数据终点必须认真罗列出来,以鉴别结果是否可靠。

(10)结果分析　统计分析的目的就是分析不同处理所观察的结果。结果不同不是来源于偶然性,而是由于通过估计差异的可信区间值获得的重要结论。

(11)报告撰写　动物试验报告是描述动物试验过程,记录动物试验结果的材料,是表达研究成果的一种形式。实验结果具备真实性、可重复性和可操作性。一般包括实验目的、实验材料和方法、统计学方法、实验结果和实验结论。如果研究中采用非常规方法,必须列出相应的参考文献。文章的图表和图片必须清楚表达实验结果。

四、动物试验中实验动物的选择

科学实验结果的可靠程度,在一定程度上取决于实验动物的选择。如果选择不当,便会造成人力、物力、财力的浪费,更重要的是浪费时间,甚至可能因此而失去某些重大发现。如果选择得当,可节约人力、动物和时间,以最小的代价,最大限度地获得可靠的实验结果。但实验动物种类繁多,不同种类的实验动物具有不同的生物学特性。因此,如何依据不同的实验目的来正确选择实验动物是做好一项研究工作的第一步。

在动物试验中,实验动物的选择原则主要包括以下 8 项原则。

1. 选用与研究对象结构机能、代谢和疾病性质相似的动物即相似性原则

使用实验动物的最终目的是为了间接地研究人类疾病,寻找预防及治疗人类疾病的方法。因此,在选择动物时,首先要考虑动物的种系发展过程,即物种的进化地位。在可能的条件下,应尽量选择结构、功能、代谢方面与人类相近的动物进行动物试验。

人是最高等的动物。因此,一般来说动物所处的进化阶段愈高,其功能、结构、反应也愈接近人类,这是动物试验中,实验动物选择的整体相似性。如猩猩、猕猴、

狒狒等非人灵长类动物是最类似于人类的，它们是胚胎学、病理学、解剖学、生理学、免疫学、牙科学和放射医学等试验研究的理想动物。我国南方和印度生产的猕猴有很多特性与人相似，可用于细菌、病毒和寄生虫病的研究。但是，灵长类动物其数量少，多数为珍稀物种，且价格昂贵，不易获得，所以一般动物试验均不使用。

然而，并非只有非人灵长类动物与人具有相似性，许多哺乳类实验动物在某些功能、代谢、结构及疾病特点方面也与人类近似，这就是动物试验中，实验动物选择的局部相似性原则。即根据不同种属实验动物的生物学特性，针对不同的实验目的选择实验动物，虽然这些实验动物可能从整体上与人类并不十分相似，但某些方面与人类非常近似。如鸡、鸽的脂质代谢与人类相似，故可用其研究人类的高脂血症。

图 6-4 为人类的进化过程。

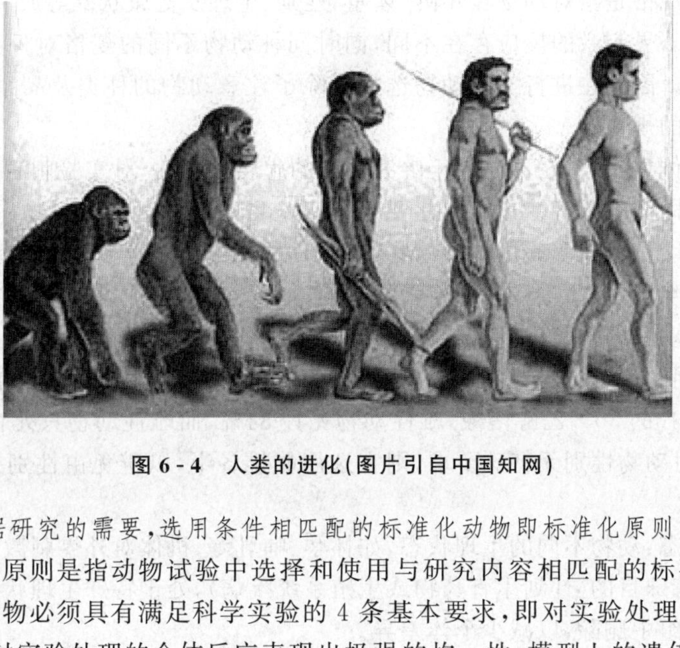

图 6-4　人类的进化(图片引自中国知网)

2. 根据研究的需要，选用条件相匹配的标准化动物即标准化原则

标准化原则是指动物试验中选择和使用与研究内容相匹配的标准化实验动物。实验动物必须具有满足科学实验的 4 条基本要求，即对实验处理表现出极高的敏感性；对实验处理的个体反应表现出极强的均一性；模型上的遗传稳定性；动物来源易得性。现代生命科学研究要求动物实验结果精确可靠、重复性好并具有可比性，即不同的人在不同的时间、不同的空间，做相同的动物实验能得到完全一样的实验结果，这就要求在进行实验动物选择时选用标准化的实验动物。

要根据试验目的不同，选择不同等级微生物学控制的实验动物。无菌动物，可以排除普通动物带有各种微生物和寄生虫对实验结果的干扰，使实验结果正确可靠，常用于微生物学和免疫学方面的研究。悉生动物则是所带微生物完全明确，选用此种动物正确性也很高，常用于研究微生物和宿主动物之间的关系，抗体制备研究等。无特定病原体动物适用于所有科研实验、生物制品生产与鉴定。涉及国际交流的重大课题，最好使用 SPF 级动物。清洁动物是目前国内科研工作主要要求的标准实验动物，也适用于大多数科研实验。

选择何种遗传群动物，应该根据不同的课题内容而定。近交系动物由于遗传纯合度，个体差异小，特征稳定，对实验反应一致性好，实验结果精确可靠。不同的品系具有各自的独特特性，可以适合不同研究课题的需要。另外，许多突变品系动物具有与人类相似的疾病或缺陷，如裸鼠、疯癫大鼠等具有实验模型性状显著且稳定的特征，是研究人类相关疾病的重要实验模型。

3. 选用与实验要求一致的动物规格即规格化原则

动物的规格是指对动物在年龄、体重、性别、生理及健康状况等质和量的规定。不同动物对外界刺激的反应存在不同，同时同种动物不同的规格对外界刺激的反应存在差异。因此在进行实验动物选择时除了注意动物的种类及品系外，要充分考虑到动物的规格。

年龄和体重：动物在不同的年龄有不同的生物学特性，对实验刺激的反应也随着年龄的不同而有明显变化。因此要根据实验目的选择适龄的动物，一般选择成年动物；慢性、长期性实验用幼龄动物，老年动物用于老年学研究。实验动物一般按体重估计年龄，但体重受多种因素的影响（如营养、温度、饲养密度等），故准确的年龄需核对动物的繁殖记录资料。

性别：同种动物不同性别对外界刺激的反应不一致。如给大鼠皮下注射 0.1～0.2 mL 的 30%乙醇溶液，雄性动物死亡 84%，而雌性动物只死亡 30%。因此，若实验对动物性别无特殊要求，则宜选用雌雄各半，以避免由性别差异造成的差异。

生理状态：动物不同的生理状态，如怀孕、哺乳等，机体对外界刺激的反应有所改变，如无特殊目的（计划生育药物或生殖系统疾病），处于特殊生理状态的动物一般应从实验组中删除，以减少个体差异。

健康状况：动物的健康状况对实验结果正确性与否有直接的影响。健康的动物为体型丰满、发育正常、被毛浓密有光泽且紧贴身体、眼睛明亮活泼、行动迅速、反应灵敏、食欲良好。对外界各种刺激的耐受性比有病的动物要大，故在动物试验中患病动物应剔除。对于慢性实验用的动物，尤其是大动物，除了上述一般观察外，应对每只动物做全身仔细的健康检查。一般在实验前，选好的动物需要有 7～10 天的预检，并使动物适应新的饲养环境。

4. 选择对实验敏感的品种品系动物即敏感性原则

不同品种、品系的实验动物对同一刺激表现出的反应有所不同，故应选择对实验刺激最敏感的动物作为实验对象。如C57BL小鼠在肾上腺皮质激素的敏感性方面比BALB/c和DBA小鼠强10倍，故在选择肾上腺皮质激素研究时选C57BL而不选BALB/c和DBA小鼠。

5. 选用容易获得、价格便宜和饲养经济的动物即经济性原则

经济原则是指在不影响实验质量的前提下，尽量选用容易获得、价格便宜和饲养经济的动物。实际工作中，选择实验动物还必须考虑课题经费有限性这一因素。在不影响整个实验质量的前提下，尽量做到方法简便和降低成本。这就涉及选用易于获得、最经济和最易饲养管理的实验动物。如灵长类动物和小鼠相比，灵长类动物价格昂贵，不易获得且饲养条件严格，而小鼠则获取方便、相对经济和容易饲养。

6. 根据实验目的，结合解剖生理特点选择动物即特殊性原则，也叫差异性原则

虽然各种实验动物彼此之间有一定程度的相似性，但它们毕竟在解剖和生理上存在差异，各有特点，这就要求研究人员根据实验目的、结合解剖生理特点来选择动物。如家兔颈部的交感神经、迷走神经和主动脉减压神经是分别存在，独立行走；而猪、牛、马、蛙等动物的减压神经并不单独行走，而是行走于迷走、交感干或迷走神经中。因此，要观察减压神经对心脏等器官的支配作用，实验动物则选用家兔。

7. 选择结构、功能较简单的实验动物即易化性原则

在动物实验过程中，进化程度高、结构功能复杂的实验动物，有时会给实验条件控制和实验结果分析带来难以预料的困难，所以在确保研究目标的前提下，可选择结构、功能较简单的实验动物。如利用果蝇寿命短、染色体数目少等特点，成功地进行遗传学研究等。

8. 3R原则

在西方国家，动物是人类的朋友，用动物做实验常受到各种指责和非议。我国已加入了WTO，要顺应世界潮流，开拓国际市场，我国的实验动物工作者和各级领导必须认真研究、高度重视西方国家的动物保护组织和动物保护运动及相应的保护法律法规。当前在西方国家受动物保护运动的影响，在实验动物行业内，兴起了“3R”为核心的实验动物保护运动，即动物实验的减少、替代和优化，这也是实验动物替代方法的核心和主要研究内容。

五、动物试验中实验动物的保护方法

实验动物是具有生命的活体，因此在进行动物试验时，需从人道主义原则、道

德伦理、道德规范方面出发考虑动物保护，尽可能减少动物使用量、探索能够达到相同目的或获得相同结果的动物试验替代方法，采用一切可行的技术和手段，使动物免受实验所造成的痛苦、不安和疼痛或改善生活环境，从而提高动物生存质量的优化方法，这是动物实验替代方法的核心和主要研究内容。

1. 3R 理论的概念和形成

3R 是动物试验替代方法的核心和主要研究内容，首次由英国动物学家 Russell 于 1957 年在《强化人道试验》(The Increase of Humanity in Experimentation)一文中提出。1959 年 Russell 和微生物学家 Burch 在其著作《人道主义实验技术原理》(The Principles of Humane Experimental Technique)一书中第一次系统地提出了 3R 理论。1985 年，有关 3R 的内容写入了国际医学科学组织理事会(The Council for International Organizations of Medical Science, CIOMS)的医学研究指南文件。40 多年来，特别是近 20 年来随着生物技术的飞速发展，人们对 3R 的理解不断加深，对 3R 与生命科学发展的关系以及 3R 研究成果在科学研究等诸多领域的巨大推动作用有了更深刻的体会和了解。目前 3R 已在世界范围内得到广大科技人员的认同，并在实际研究工作中得到了广泛的应用。

(1)减少 减少动物使用量的伦理和经济目标是在保证科学研究的可靠性和可行性的前提下，使遭受疼痛和不安的动物数目减至最少，避免动物、药品和实验用品等资源的无谓浪费。减少动物使用量的方法可大致分为 5 类。

①充分利用已有的数据。在许多情况下是否要进行某一项动物试验取决于以往的动物试验结果能否满足需要，重复性研究有无任何科学价值。因此，充分利用可靠的科学文献资源将会减少无谓的动物使用量。

②动物的重复使用。不同的科研试验目的，按照不同的研究目的，尽可能地合用动物，可以减少科研活动中的动物使用数量。

③实验数据的共享。实验室数据的共享可减少不必要的动物试验，从而减少动物的使用量，如欧洲 REACH 法规检疫加强化学物质分类评估的全球协作，实现毒理学数据的全球共享，减少不必要的重复。

④使用高等级、高质量的实验动物。即所谓的“以质量代替数量”。事实证明，用遗传背景均一、微生物质量级别高的动物做实验，所用动物数量可以减少。但决不允许用数量代替质量，用大量劣质动物所获得的结果既不能达到科学上的可靠性，也不准确。

⑤合理设计实验方案和科学分析结果。科学合理的实验设计以及科学的结果统计分析，可以有效地控制实验中的生物学变异，减少实验动物的使用量，获得相同的研究结果。反之，将会导致不必要的实验动物消耗和浪费。

(2)优化　优化包括实验方案设计的科学化、动物试验条件的规范化和实验操作的人道化。

①实验方案设计的科学化。实验动物的选择(种类、品系、年龄别等生物学特性)应符合实验的要求,选择非侵入性的实验方法(如示踪、遥感和成像技术)可减少对动物机体的侵袭,提高实验质量。

②动物实验条件的规范化。实验条件是影响动物试验及其结果的重要因素,实验条件的波动和实验操作的随意性通常使受试动物很难维持其正常的血压、心率、激素水平、免疫耐受力、消化、食欲和行为表现,动物饲养和操作过程中的许多改变可引起动物精神状态或机体健康受到损害,导致动物神经内分泌、免疫和行为生理学方面的异常,用这类动物做实验可能得不到可靠的结论。因此,符合有关法规和标准的实验动物设施既能满足动物福利的基本要求,也是动物实验科学性的需要。同时,一些新的设备和技术的应用可改善实验动物条件,如采用光纤、激光、影像等电子设备,通过遥感采集数据,可大大减少对动物的干扰和活动的限制,减少应激和不必要的痛苦。

③实验操作的人道化。使用减轻动物痛苦和不适的技术,试验过程中合理、及时地使用麻醉剂、镇痛剂或镇静剂,可减轻动物在实验过程中遭受的不安、不适和疼痛。应注意选择合适的麻醉剂、麻醉剂量和麻醉方式,否则既达不到减轻动物痛苦的目的,重则还会造成动物死亡,也直接影响到实验的成败和结果。

(3)替代　实验动物替代选择的方法主要有以下几个方面。

①体外培养物代替实验动物。体外培养的生物系统,包括细胞和组织培养物、短期维持的组织切片、细胞悬液等,常用于单克隆抗体生产、病毒疫苗制备、毒理学试验等。特别是各种类型的人类细胞的广泛应用,不仅是动物试验的良好替代选择,而且极大地缓解了物种外推的困难。

②低等动物代替高等动物。脊椎动物早期发育胚胎和只具有限知觉的“较低等”生物的应用。如果蝇应用于遗传学研究及致畸、致突变和生殖毒性研究,已成为法定检验方法的 AMES 试验就是利用鼠伤寒沙门菌测定化合物的致突变性。

③人群研究资料。包括采用自愿者、患者以及流行病学的调查等。

④数学和计算机模型的应用。如定量结构—活性关系模型、计算机图像应用、生物医学过程模拟等。

⑤物理和化学技术的应用。如使用物理和机械学系统模拟心肺复活过程;免疫化学中用结合力较高的抗体来搜寻抗原,鉴定毒素的存在,以代替大量小鼠的接种;采用化学分析法检测海洋生物毒素代替传统小鼠生物试验等。

2. 动物实验替代方法的意义

(1)动物实验替代方法是对动物试验的完善　3R 研究和动物实验两者密切相关,相互依存,互为发展的推动力。3R 研究的目的不是否定和取消现有的动物试验,而是动物试验的一种补充和完善。通过 3R 的研究,提高动物试验的规范化程度,从而保证动物试验结果的可靠性。在动物试验仍是科学研究不可或缺的手段的今天,动物实验替代方法为动物实验作用的发挥提供了新思路和新方法,活体组织和其他代替方法已经成为生命科学、药理学和毒理学研究普遍采用的方法。

(2)动物实验替代方法是实验动物保护与福利的核心内容　实验动物福利的提出引发了对动物试验的思索,进而推动了动物实验替代方法的探索。生命科学的发展离不开动物试验这一研究手段,而动物实验替代方法强调的是爱护和科学应用实验动物,在尽可能的条件下最大限度地避免因科学研究给动物造成的痛苦和伤害,是缓和动物保护与动物试验之间矛盾的一种需要。开展 3R 研究,是从推动科学进步和发展的层面上实施实验动物福利的具体表现。在人类对实验动物的利用和实验动物福利这一相互对立、相互联系的两个方面,3R 是一个有机的结合点和平衡点。

(3)动物实验替代方法对保障经济发展具有积极作用　目前,实验动物福利已不仅仅是一个观念问题,世界贸易组织的规则中有明确的动物福利条款,欧盟及美国、加拿大和澳大利亚等国也都有动物福利方面的法律。动物实验替代方法作为实验动物福利的核心内容,在国际贸易中以技术壁垒的形式直接影响着经济发展。如欧盟禁止用动物进行化妆品毒性和过敏实验,也不允许成员国从外国进口和销售违反上述禁令的化妆品。

总之,开展 3R 研究,无论对于动物试验的开展,还是从保护动物的角度出发,都是科学技术进步和时代发展的需要。

小　结

实验动物是一类特殊的动物,与其他动物存在本质的区别。由于实验动物的独特价值,导致其广泛应用于生物医学等学科领域,为其他学科的发展做出了巨大的贡献。实验动物是动物试验的基础,动物试验是生物医学等学科研究的手段。动物试验结果的科学、准确需要标准化的实验动物;而标准化的实验动物设施、实验动物饲养和管理是提供标准化实验动物的前提。在进行动物试验时,如何根据不同的实验目的选择不同的实验动物是保证动物试验成功的基本条件。实验动物是具有生命的有机体,在实验动物生产过程中应给实验动物提供标准化的实验动物设施和标准化的饲养和管理,从而从动物福利方面对实验动物进行保护;同时在进行动物试验时应从人道主义原则、伦理、道德规范等方面运用3R原则对实验动物进行保护，尽量减少实验动物的使用数量，减轻实验动物的痛苦和不安。

复习思考题

1. 简述实验动物的定义和内涵。
2. 简述实验动物在生物医学等领域的应用。
3. 以小鼠为例，简述实验动物的饲养要求。
4. 简述动物场记录管理的主要内容与生产计划。
5. 如何依据不同的实验目的正确地选择实验动物？
6. 如何对动物试验中的实验动物进行保护？

主要参考文献

1. 李厚达. 实验动物学. 2版. 北京：中国农业出版社，2007.
2. 胡建华，姚明，崔淑芳. 实验动物学教程. 上海：上海科学技术出版社，2009.
3. 陈立初. 实验动物学. 长沙. 湖南科学技术出版社，2006.
4. 程树军，焦红. 实验动物替代方法原理与应用. 北京：科学出版社，2010.
5. 贺争鸣，李冠民. 动物实验替代方法概论. 北京：学苑出版社，2003.
6. 罗满林，顾为望. 实验动物学. 北京：中国农业出版社，2002.
7. Buchanan-Smith H. M., Rennie A. E., Vitale A., *et al*. Harmonising the definition of refinement. Animal Welfare, 2005, 14:379 - 384.
8. De Boo M. J., Rennie A. E., Buchanan-Smith H. M., *et al*. The interplay between replacement, reduction and refinement: considerations where the Three Rs interact. Animal Welfare, 2005, 14:327 - 332.
9. Colditz I. G. The application of Russell and Burchs's Three Rs in commercial livestock experimentation. Animal Welfare, 2006, 15:1 - 5.
10. Rusche B. The 3R and animal welfare-cenflict or the way forward? ALTEX, 2003(Suppl1):63 - 76.
11. Russell W. M. S. The Three Rs: past, present and future. Animal Welfare, 2005, 14: 279 - 286(8).
12. Vorstenbosch J. M. G.. The ethics of the Three Rs principle: a reconsideration. Animal Welfare, 2005, 14: 339 - 345(7).
13. Karas A. Z. Barriers to assessment and treatment of pain in laboratory animals. Laboratory Animals, 2006, 35: 38 - 45.

第七章 野生动物的保护

学习要点

了解野生动物的受危与绝灭状况，掌握受危动物的确认与物种濒危等级的划分，重点掌握野生动物受危的原因；掌握野生动物保护的基本理论；重点掌握野生动物的就地保护和迁地保护；了解野外救助、放生和放归。

第一节 野生动物的受危与绝灭

野生动物的生存需要有适宜的生境。随着地质时期的变迁，地球环境的变化，以及人类活动和野生动物自身生物学特性等因素的影响，野生动物在进化的同时，亦出现种群数量减少、濒危，甚至绝灭的状况。

一、野生动物的受危与绝灭状况

据估计，世界物种受危与灭绝的问题越来越严重（表 7-1）。IUCN 最近的统计表明，5%～20%的脊椎动物面临绝灭的威胁，而且越是研究较多的类群，受威胁的比例越大。

表 7-1 1 600 年以来的动物灭绝记录

（仿 Primack，1996）

分类阶元	灭绝记录[a]				大约的物种数	灭绝所占比例/%
	大陆[b]	岛屿[b]	海洋	总计		
哺乳类	30	51	4	85	4 000	2.1
鸟类	21	92	0	113	9 000	1.3
爬行类	1	20	0	21	6 300	0.3

续表 7－1

分类阶元	灭绝记录[a]				大约的物种数	灭绝所占比例/%
	大陆[b]	岛屿[b]	海洋	总计		
两栖类[c]	2	0	0	2	4 200	0.05
鱼类[d]	22	1	0	23	19 100	0.1
无脊椎动物[d]	49	48	1	98	1 000 000	0.01

注：[a] 大量物种甚至没有被科学家记录，就可能已经灭绝了；[b] 大陆指那些面积达到 1×10^6 km^2 或更大的陆地（等于或大于格陵兰）；小于该面积的陆地被认为是岛屿；[c] 两栖类的种群数量在最近的 20 年中已经有令人震惊的减少；一些科学家相信许多两栖类物种正处于灭绝的边缘；[d] 此数字仅仅代表了北美和夏威夷。

在我国，有动物种类总数 15%～20%的物种受到威胁（中国生物多样性国情报告，1998），高于世界 10%～15%的水平。近百年来，我国有 10 余种动物绝迹，20 余种珍稀物种濒临灭绝的危险。中国的野生脊椎动物无论是分布区域，还是种类数量，都在急剧减少。

二、受危动物的确认与物种濒危等级的划分

濒危动物是指所有由于物种自身的原因或受到人类活动或自然灾害的影响，而有灭绝危险的野生动物物种。从广义上讲，濒危动物泛指珍贵、濒危或稀有的野生动物；从野生动物管理学角度讲，濒危动物是指被国际自然及自然资源保护联盟（IUCN）濒危物种红皮书或濒危野生动植物种国际贸易公约（CITES）附录收录的动物，以及国家和地方重点保护的野生动物。

物种濒危等级的确定包括定性指标和定量指标 2 个方面。

（1）定性指标　主要包括种群数（现状：多或少；变化趋势：增加或减少）、种群大小（现状：大或小；变化趋势：上升或下降）、种群特性（是否均为小种群）、分布范围（宽或窄）、分布格局（有无破碎化或岛屿现象和趋势）、栖息地类型（单一、少数或多样）、栖息地质量（现状：好或坏；变化趋势：改善或退化）、栖息地面积（现状：大或小；变化趋势：增大或减小）、致危因素（存在与否）、灭绝危险（有或无）。

（2）定量指标　主要包括种群个体总数（特别是成熟个体数）、亚种群数、亚种群个体数（特别是构成小种群的阈值）、分布面积、分布地点数、栖息地面积以及在一段时间（年或代）内以上各指标的上升或下降的比率和物种或种群的灭绝几率。

对动物进行濒危等级划分，不仅能够对物种的濒危现状和生存前景给予一个客观的评价，还能够简单明了地显示物种的濒危状态，为开展物种保护及制定保护优先方案提供依据。目前，物种濒危等级的划分有多种标准。

1. 国际条约标准

(1)IUCN 物种濒危等级　国际自然及自然资源保护联盟(IUCN)建立于1948年10月,是目前世界上最大的自然保护团体,已有120多个国家和550多个非政府团体在IUCN宪章上签字。IUCN自20世纪60年代开始发布濒危物种红皮书(red data book),根据物种受威胁程度和估计灭绝风险将物种列为不同的濒危等级;自1986年起,每2年对动物红色名录(red list)修订一次。IUCN濒危物种等级系统包括8个等级。

①灭绝。如果1个生物分类单元的最后一个个体已经死亡,列为灭绝。

②野生灭绝。如果1个生物分类单元的个体仅生活在人工栽培和人工圈养状态下,列为野生灭绝。

③极危。野外状态下1个生物分类单元灭绝概率很高时,列为极危。

④濒危。1个生物分类单元,虽未达到极危,但在可预见的不久的将来,其野生状态下灭绝的概率高,列为濒危。

⑤易危。1个生物分类单元虽未达到极危或濒危的标准,但在未来一段时间中其在野生状态下灭绝的概率较高,列为易危。

⑥低危。一个生物分类单元,经评估不符合列为极危、濒危或易危任一等级的标准,列为低危。低危等级又分为3个亚等级。

A. 依赖保护。该分类单元生存依赖对该分类类群的保护,若停止这种保护,将导致该分类单元数量下降,该分类单元5年内达到受威胁等级。

B. 接近受危。该分类单元未达到依赖保护,但其种群量接近易危类群。

C. 略需关注。该分类单元未达到依赖保护,但其种群数量接近受危类群。

⑦数据不足。对于1个生物分类单元,若无足够的资料对其灭绝风险进行直接或间接的评估时,可列为数据不足。

⑧未评估。未应用有关IUCN濒危物种标准评估的分类单元列为未评估。

(2)CITES 附录等级　为了控制野生动植物国际贸易,1973年在美国首都华盛顿签署了濒危动植物种国际贸易公约(CITES),目前已有120多个国家签署了该公约。

CITES管制的国际贸易野生动植物物种分别列入CITES附录1、附录2和附录3。CITES附录的制定和历次修订在很大程度上依据IUCN红皮书及红色名录的濒危等级。列入附录1、附录2和附录3的濒危物种是根据其生物学现状和贸易现状决定的。列入附录1的濒危物种标准与IUCN濒危物种等级中的濒危等级标准相似,列入附录2的濒危物种标准与IUCN濒危物种等级中易危等级标准相似。

①CITES附录1标准。根据CITES公约,“附录1应包括所有受到和可能受

到贸易影响而有灭绝危险的物种”。

②CITES 附录 2 标准。根据 CITES 公约，“附录 2 应包括所有那些目前虽未濒临灭绝，但如对其贸易不严加管理，以防止不利其生存的利用，就可能变成有灭绝危险的物种”。列入附录 2 的物种不必是目前濒临灭绝的物种，只要有迹象表明某一物种可能灭绝，则应将其列入 CITES 附录 2。此外，还应包括为了使以上指明的某些物种标本的贸易能得到有效的控制而必须加以管理的其他相似物种，或其所在分类单元中大多数种类被列入附录 2 或附录 1 之外的剩余种类。

③CITES 附录 3 标准。根据 CITES 公约，“附录 3 应包括任一成员国认为属其管辖范围内，应进行管理以防止或限制开发利用，而需要其他成员国合作控制贸易的物种”。

2. 国家标准

世界上大多数国家已经立法保护野生生物资源。各国对濒危物种保护等级的划分标准不一致。我国于 1988 年颁布了“国家重点保护野生动物名录”，1998 年发布了中国濒危物种红皮书，分别对我国野生动物的濒危等级进行了划分。

(1)国家重点保护野生动物等级　“国家重点保护野生动物名录”使用了 2 个保护等级，即Ⅰ级和Ⅱ级。将中国特产稀有或濒于灭绝的野生动物列为Ⅰ级保护，将数量较少或有濒于灭绝危险的野生动物列为Ⅱ级保护动物。

(2)中国濒危物种红皮书濒危物种等级　中国动物红皮书的物种等级划分参照 1996 年版 IUCN 濒危物种红色名录，根据中国的国情，使用了野生灭绝(Ex)、绝迹(Et)、濒危(E)、易危(V)、稀有(R)和未定(I)6 个等级。

三、野生动物受危的原因

野生动物受危的原因很多，既有动物内在的原因，也有外部环境的原因，二者相互影响，共同作用。

1. 内在的原因

物种特化、遗传衰竭、系统发育年龄往往是导致物种受危甚至灭绝的内在原因。

(1)物种特化　地方性特有类群，尤其是特有属更容易遭受濒危甚至灭绝的危险。某些种类的野生动物在长期的进化过程中，适应了某种特定的栖息环境而产生了特别的习性(包括食性)，使其难以适应变化了的新环境或其他环境，最终可能造成“不适者被淘汰”的结局。例如，我国特产动物大熊猫，长期的进化使其特化为主要以竹子为食，狭食特性使其一旦失去现有栖息地或竹子大面积开花枯死就会出现生存危机。

(2)遗传衰竭　一些野生动物在长期的演化过程中,由于种种原因造成种群数量稀少、遗传多样性下降、遗传力衰退,从而导致其种群数量难以恢复而趋于濒危甚至灭绝。例如有"东方宝石"之称的朱鹮,现存数量很少,在一定程度上存在近亲繁殖,再加上处于人类的半饲养状态,一些适应于野外生活的基因可能会逐步丢失,进而危及其生存。

(3)系统发育年龄　任何一个物种或类群都有发生、成长、昌盛和衰亡的过程,即物种的生命周期。一个物种在生命周期的初期发育阶段,由于缺乏对环境的有效适应而生命力较弱,其受危或灭绝速率往往较高;而在生命周期的衰亡阶段,也会同样因缺乏更多的适应性特征而生存力脆弱,其受危或灭绝速率同样也较高;只有处于生命周期的兴盛阶段,物种因进化水平较高而生命力旺盛,其受危或灭绝速率则较低。因此,处于生命周期的初期发育阶段和衰亡阶段的野生动物更容易受危。

2. 外部环境的原因

影响物种生存的外部环境因素包括物理环境因素、生物环境因素和人类活动。

(1)物理环境因素

①生境的改变与丧失。地质变化(包括地球板块移动、海域消失以及由此产生的大陆生态地理条件的缓慢变化等)和人类对自然环境的破坏(如砍伐森林、过度放牧、围湖围海造田等),直接造成了野生动物栖息地的改变或丧失,间接导致了野生动物的濒危或灭绝。研究表明,在现今生态条件下,野生动物栖息地的破坏是造成野生动物濒危或灭绝的最主要原因。

②气候变迁。野生动物的生存需要有适宜的栖息环境,地球自然环境具有显著的地带性分布规律,因此,不同的动物在陆地上具有不同而独特的地理分布区。气候的变迁往往会促使动物改变其原有的分布范围以适应环境,从而引起动物的迁移、濒危或灭绝。

③灾变事件。地球上物种大灭绝往往和重大的灾变事件相关联。在化石记录中,有 9 个高灭绝率的时期(Wilson,1989),如 3.5 亿年前,泥盆纪后期 30%的动物科灭绝,2.5 亿年前的二叠纪后期,估计有 77%～96%的海洋动物灭绝(Raup,1979),这些物种大灭绝事件均与地球经历重大灾变事件有关。这些灾变事件有些是地球内部的因素,如海退现象、火山爆发、造山运动;有些则是来自外部空间的干扰,如小行星撞击地球、超新星爆炸产生高辐射流等。

(2)生物环境因素

①竞争。竞争是生物之间最普遍的作用形式之一,亦是导致物种濒危或灭绝的因素之一。当两个物种寻求它们所需求的生存条件,而这些条件的供给量又低于它们的需求量之和时,两者就会发生竞争,获胜一方因获得资源而个体数目的增

加，落败一方因适合度降低而种群数量减少。因此，竞争可导致物种的种群密度和地理分布范围减少，竞争伴随其他影响因素，还有可能使物种走向濒危或灭绝。

②捕食。在自然界中，捕食者与猎物种群密度相互影响，处于动态平衡之中。当受到外界条件影响后，随机干扰可能会破坏捕食者与猎物种群密度的动态平衡，进而导致猎物种群的濒危或灭绝，或两个种群同时濒危或灭绝。

③疾病流行。由细菌、真菌、病毒、原生动物或寄生虫等病原体引起的多种疾病可在野生种群或圈养种群内传播流行，这些疾病极可能是某些濒危物种生存的最大威胁因素，特别是外来种带入的病原体对地方种群的威胁更大。

(3)人类活动　人类活动导致物种灭绝的原因有直接的，也有间接的。直接原因主要是乱捕滥猎；间接原因包括破坏野生动物栖息地、环境污染、外来种的引入等。

总之，野生动物受危的原因是多方面的，自然的或人类活动所造成的各种威胁因素对物种的濒危或灭绝具有综合作用(表 7-2)。不同国家间的野生动物受威胁格局不一样，不同物种的濒危机制也不一样。例如，我国脊椎动物面临的最大威胁是过度利用，威胁到 78%的红皮书物种，其他威胁依次为栖息地破坏(70%)、污染(20%)、外来种(3%)和疾病(小于 1%)(Li & Wilcove，2005)。因此，野生动物的保护对策需要根据不同地区物种自身的特点来制定。

表 7-2　促使物种灭绝和趋于灭绝的因素

(仿 Primack，1996)　%

分类	导致灭绝的各种因素[a]					
	生境丧失	过度开发[b]	外来种引入	捕食者	其他	未知
已灭绝类群						
哺乳类	19	23	4	1	1	36
鸟类	20	11	0	0	0	37
爬行类	5	32	0	0	0	21
鱼类	35	4	0	0	0	48
受灭绝威胁的类群[c]						
哺乳类	68	54	6	8	8	—
鸟类	58	30	28	1	1	—
爬行类	53	63	17	3	3	—
两栖类	77	29	14	—	—	—
鱼类	78	12	28	—	—	—

注：[a] 这些数据代表受给定因素影响的物种的比例，有些物种可能受一个以上的因素影响，因此有些行的数字相加可能超过 100%；[b] 过度开发是指为了各种目的如商业、体育和狩猎为生及其他目的的捕杀动物行为；[c] 受威胁的物种和亚种包括那些 IUCN 等级中的濒危、易危以及稀有种类。

第二节 野生动物保护的基本理论

野生动物的保护需要有科学的理论和方法。在长期的野生动物保护实践和科学研究中，形成了一系列理论和方法。岛屿生物地理学、小种群和复合种群三大理论已被广泛应用于野生动物物种和种群的恢复与保护中。

一、岛屿生物地理学理论

岛屿(island)通常是指地质运动形成的、被海水包围和分隔开来的小块陆地。在自然界中，任何边界明显的生态系统都可看做是大小、形状和隔离程度不同的岛屿，例如，湖泊可以看成是“陆地海洋”中的岛屿，林隙可以认为是“森林海洋”中的岛屿等，因此，一般将这一类类似岛屿的地方称为生境岛屿(habitat island)。

1. 岛屿上物种数目分布规律

20世纪60年代，生态学家MacArthur和Wilson(1963)在研究太平洋诸岛淡水鸟种数与岛屿面积之间的关系时，发现岛屿上的物种数目明显比临近大陆的少，并且面积越小，距离大陆越远，物种数目就越少。后来在世界其他地区的大量研究亦显示岛屿面积与隔离程度在决定物种数目上起着十分重要的作用。

研究表明，岛屿面积越大，岛屿上的物种数越多；岛屿面积与岛屿上物种数的关系可以用简单方程描述为：$S=cA^z$，其中，S为物种数目，A为岛屿面积，z、c为两个常数。

2. 岛屿生物地理学物种数目的平衡假说

关于物种数目随面积和隔离度变化的原因和机制有多种假说，如平衡假说、栖息地异质性假说、随机样本假说等。这里重点介绍处于主导地位的平衡假说。

(1)平衡假说概念模型　岛屿生物地理学平衡理论是由MacArthur和Wilson(1963,1967)创立的，亦称M-W模型。该理论认为，岛屿生物多样性是物种迁入和灭绝之间动态平衡的结果，竞争导致了新种迁入率随岛屿上物种数的增加而下降，而物种灭绝率却逐渐上升。当迁入率和灭绝率相等时，岛屿物种数达到动态的平衡状态。当岛屿面积增加时，迁入率将上升而灭绝率下降，当迁入率等于灭绝率达到新的平衡点时，这时岛屿物种数将增加。

(2)面积效应　岛屿生物多样性随岛屿面积增加而增加的现象称为“面积效应”。这是因为小岛屿面积小，物种对资源的竞争激烈，其允许容纳的物种数和种群数量也就相对较少，因此，小岛屿上物种灭绝率要比大岛屿快，当迁入率与灭绝率相等时，小岛屿的总物种数也小。

(3)距离效应 岛屿离陆地和其他岛屿越远，其上的物种数目就越少，这种现象称为“距离效应”。这是因为如果岛屿的面积相等，岛屿与陆地和其他岛屿之间的距离越远，其上的物种的迁入就越慢。

3. 岛屿生物地理学与生境片断化

生态系统片断化是形成生境岛屿的重要原因之一。生境片断化对物种的影响取决于物种利用生境行为。生境片断化主要通过影响物种的生存空间、多度、片断的占据率等而影响种群的生存。在生境片断化中，总生境面积降低直接影响种群的大小和灭绝率，而非连续的生境碎片主要影响扩散和迁入率。此外，生境片断化使种群变小，直接影响种群的遗传变异；种群小型化将使得物种发生近交的可能性增加，导致后代的遗传变异减少、杂合性降低并引起有害隐性等位基因的表达，从而降低其适合度。

二、小种群理论

为了能在环境胁迫下成功地保存物种，需要研究种群存活的最低条件，即小种群理论问题。

1. 种群生存力分析

种群生存力分析(population viability analysis，PVA)是指利用分析和模拟技术，估计物种以一定概率存活一定时间的过程，是一种寻找物种的需求量和其在环境中的资源量的有效性，确定物种是否有能力在某种环境中生存下去的方法。PVA 得出的主要结论是最小可存活种群(minimum viable population，MVP)，即种群以一定概率存活一定时间的最小种群的大小。

2. 最小可存活种群

最小可存活种群概念有两种，一种是遗传学概念，即在一定的时间内保持一定遗传变异所需的最小种群大小，主要考虑近亲繁殖和漂变对种群遗传变异损失和适合度下降的影响；另一种是种群统计学概念，即以一定概率存活一定时间所需的最小种群大小。

MVP 的最初研究认为，短期存活的种群其有效种群大小不得低于 50 个个体，长期存活的种群有效种群大小应该是 500，即 50/500 法则，但实际中此法则难以应用。现在的研究认为 MVP 包含 3 个要素：①作用于种群的各种随机效应；②保护计划中的时间期限；③种群存活的安全界限。由于不同物种种群特性、遗传学特性、所处的生态环境和受威胁程度不同，以及不同国家对 MVP 的保护时间期限和存活概率标准不同，因此，MVP 没有统一标准。通常把低于 100 年的存活时间称短期存活，把 100 年或大于 100 年小于 1 000 年的存活时间定为中期存活，而把 1 000 年或 1 000 年以上的存活时间称为长期存活（Shaffer，1987）。Thomas（1990）通过种群动态研究，提出种群大小为 1 000 能达到正常波动的种群中期和长期存活要求，种群大小为 10 000 能保证种群波动极大的鸟兽中期和长期存活。研究表明，种群的数量级在 10^3 以上能保证一般物种以较高概率中期和长期存活。

3. 影响种群存活力的因素

种群生存力分析研究表明，与物种灭绝有关的随机性因素主要有以下 4 种：

（1）种群统计学特征随机性　指个体在出生率、死亡率、性比等繁殖和生存特征方面的随机变异性。研究表明，种群统计学特征随机性只对小种群（通常个体数为几十至几百）才有显著作用。

（2）环境随机性　指气象条件、资源供应及捕食者、竞争者和寄生种群等方面的随机性变化。研究表明，环境随机性对多数种群的繁殖和生存具有重要影响，要克服环境随机性对种群持续存活的威胁，种群个体数量需要达到几百到几百万以上。

（3）遗传随机性　指奠基种效应、遗传漂变及近交衰退等引起种群遗传结构方面的随机性变异。遗传随机性通常对小种群产生明显负作用，由于近交衰退和基因漂变，种群的遗传多样性和变异性减小，适合度随之减小，进而导致种群存活概率下降，存活时间缩短。

（4）自然灾变　指如洪水、火灾、干旱等偶发性的极端环境随机因素。它的出现频率和强度往往决定了种群存活时间的上限。

对于种群存活前景而言，自然灾变的威胁最大，环境随机性居中但影响甚广，种群统计学特征随机性的威胁最小，对于小种群（尤其是稀有种和濒危种种群），遗传随机性和种群统计学特征的影响很可能导致其灭绝。在自然界中，这 4 种随机性可能以多种不同方式共同起作用。

4. 小种群遗传变异的丧失

（1）遗传漂变　遗传漂变是配子由亲代向子代非随机传递引起的等位基因频率的随机波动。在小种群中，等位基因传递到后代的频率只能简单地依靠交配个体的偶然性，当某些等位基因处于较低的频率时，遗传漂变就会造成一些等位基因的丢失，从而使种群内遗传多样性减少，杂合性降低。

（2）近交衰退　小种群因种群个体有限而使近亲繁殖概率增加，进而导致产生近交衰退。近交衰退的特征是后代较少、后代弱小或后代不育。

（3）小种群的不等性比　小种群随机的不等性比可降低有效种群数量，造成遗传变异的丧失。

(4)瓶颈效应　对于种群数量发生剧烈变化的种群，有效种群大小多由最小数量的年份决定。当种群数量急剧减少时，如果那些拥有稀有基因的个体没有生存下来并繁殖后代，那么，种群中的稀有基因将会丢失。随着基因减少和杂合性的降低，种群内个体的平均适合度也会降低。新种群的遗传变异性通常较原始大种群低。

(5)环境变化和自然灾变　环境变化和自然灾变可引起种群部分个体死亡或使一个地区整个种群消亡。种群个体数量的减少或消亡可造成种群遗传变异的丧失。

5. 小种群灭绝漩涡

种群个体数量越少，越易发生变化，遗传因素会更进一步使种群变小，这种小种群的数量向灭绝方向下降的倾向被称为“灭绝漩涡”。在环境因素、种群变动和遗传变异性丧失 3 个因素中，只要其中一种因素引起种群变小，那么 3 个因素将会一同起作用，结果使种群更易受其他因素的影响。一旦种群变小，除非有极适宜的生存条件，否则该种群将会灭绝。

6. 小种群保护的关键

小种群保护的关键是种群的遗传变化，以及种群统计随机性和环境随机性对种群灭绝的影响。因此，小种群保护首先要掌握种群地理分布、生态学、遗传特征以及人为活动等资料，并在此基础上进行种群生存力分析和参数的灵敏度分析，了解和掌握种群存活的基本条件、危害种群存活的关键因素、种群灭绝的过程、灭绝风险和不同人为管理措施对种群存活的影响等，以此为理论对小种群进行科学地管理。

基于小种群保护的生态学和遗传学原理，Woodruff(1989)提出了一套具体的保护管理措施，主要包括：①使有效种群最大。②使种群增长率方差最小。③尽可能地得到可存活种群。④调整奠基者效应的遗传贡献。⑤监测和保持质量遗传变异和数量遗传变异。⑥减少种群的近交或清理种群的近交衰退基因。⑦避免远交衰退。⑧保持多个种群(异质种群)。⑨避免选择某种类型或家养环境；提高自然行为格局，包括扩散、迁移和繁殖。⑩管理那些相互作用的种群，如传粉者、捕食物种、被捕食者、寄生者和竞争者。

三、复合种群理论

随着自然生境正在日益加速地丧失和破碎化，越来越多的物种不得不生存在片断化斑块环境中。由于生境在时间和空间上的异质性，将会对种群动态、群落结构、物种多样性以及种群内的遗传多样性产生重要影响，因此，20 世纪 60 年代著名生态学家 Levins 建立了的重要的复合种群(metapopulation)理论。

1. 复合种群的概念

复合种群指某一相对独立的地理区域内各局域种群(local population)的集合,这些局域种群之间因个体迁移而使复合种群系统成为一个有相互联系的整体。它是多个局域种群组成的种群(a population of populations)。复合种群又称异质种群、异质种群、集合种群、超种群、混合种群、组合种群、动态种群等,已被广泛应用于景观生态学、理论生态学和保护生物学等领域。

2. 复合种群的理论要点

复合种群理论的内涵十分丰富,目前该理论可归纳为如下几个要点:

①复合种群是指由一组空间隔离、相互有联系的局域种群所组成。

②局域种群之间的迁入率大于灭绝率,复合种群才能长期生存。

③复合种群越大、局域种群越多,种群能生存的时间越长。

④局域种群之间迁移率越高,复合种群的动态稳定性越高。

⑤局域种群栖息环境的不同对复合种群的生存有重要作用。不同栖息地局域种群遗传结构可能不同,通过迁移可增加复合种群的遗传多样性,提高抵御近亲衰退和遗传漂移的不良影响,从而提高种群的生存力。

⑥局域种群之间的距离、物种的扩散能力影响种群之间的扩散率,对复合种群的维持有重要作用。

⑦由一个大种群和许多小的卫星种群所组成的复合种群,如大种群的数量足够大或相互之间有一定的扩散率,那么对物种的保护十分有利。

3. 复合种群生存力分析

一般认为,局域种群数量不宜低于 20。当种群过分碎裂,局域种群数量太小时,由于统计上的随机性,复合种群将很快灭绝(Quinn 和 Hastings,1988)。但是,若局域种群个体数量不是太小,且不同局域种群之间又相互独立时,这样的一个复合种群要比一个大局域种群具有更高的生存力;因为这样的复合种群能较有效地抵御疾病流行、区域气候突变等环境因素的毁灭性作用;而且局域种群之间独立性越强,越能较好地对抗环境随机性带来的相关性灭绝的影响,但同时独立性强不利于再定居,对复合种群的生存力又会有不利的作用。

复合种群的生存力还与局域种群的隔离度密切相关。过分的隔离会使局域种群之间孤立,扩散和再定居困难,不利于持久生存;反之,局域种群间相距太近,关联性太强,相关性灭绝的概率就大,也不利于复合种群的生存。只有适度的隔离才有利于复合种群的长期生存。

四、3大理论的关系

3个理论研究的都是物种保护和种群动态问题，但研究的生态学问题不完全相同。岛屿生物地理学理论是研究破碎化生境和物种保护问题的基础，但它关注的是物种数量变化的外在条件，即无干扰的自然条件且系统边界比较清晰的生态系统中，制约物种丰富度及其稳定性的生态因素和机制；小种群理论是从种群自身的生物学和生态学特征出发，研究种群较长时间生存所需的空间和种群数量，小种群理论弥补了岛屿生物学只强调外因而忽视内因的缺陷，是对岛屿生物地理学的发展，使制定物种保护措施时能够更加全面和实用；复合种群理论则直接面对生境破碎化后的种群动态、生态学过程和物种保护问题，它侧重回答生境破碎化后物种保护面临的特殊问题。

第三节　野生动物的保护

自然选择择优汰劣，能保持野生状态下野生动物的活力。将野生动物作为生物圈中的一个有生存力的物种保护是最有效的保护。然而，尽管人们付出了极大的努力，但在全球变化的大背景下，许多野生动物仍丧失了在野外生存的能力，例如有近3 000种鸟类和兽类只有在迁地保护下才能生存。就地保护和迁地保护是野生动物保护的两种具体形式，未来的野生动物保护将采取迁地保护和就地保护相结合的形式。

一、就地保护

就地保护(in-situ conservation)是指为了保护生物多样性，把包含保护对象在内的一定面积的陆地或水体划分出来，进行保护和管理。就地保护是生物多样性保护中最为有效的一项措施。就地保护主要形式是建立自然保护区。

1. 自然保护区的概念

自然保护区是指对有代表性的自然生态系统、珍稀濒危野生动植物物种的天然集中分布区、有特殊意义的自然遗迹等保护对象所在的陆地、陆地水体或者海域，依法划出一定面积予以特殊保护和管理的区域。自然保护区可简单理解为“受到人为保护的特定自然区域”。

2. 我国自然保护区分级和分类

(1)按行政级别划分　我国自然保护区可分为国家级、省(自治区、直辖市)级、市(自治州)级和县(自治县、旗、县级市)级 4 级。

(2)按保护对象划分　可分为 3 个类别 9 个类型,即:

①自然生态系统类自然保护区。指以具有一定代表性、典型性和完整性的生物群落和非生物环境共同组成的生态系统作为主要保护对象的一类自然保护区;包括 5 个类型自然保护区,即森林生态系统自然保护区、草原与草甸生态系统自然保护区、荒漠生态系统自然保护区、内陆湿地和水域生态系统自然保护区、海洋和海岸生态系统自然保护区。

②野生生物类自然保护区。指以野生生物物种,尤其是珍稀濒危物种种群及其自然生境为主要保护对象的一类自然保护区,包括 2 个类型自然保护区,即野生动物自然保护区和野生植物自然保护区。

其中,野生动物自然保护区是以野生动物物种,特别是珍稀濒危动物和重要经济动物种群及其自然生境作为主要保护对象的自然保护区,如哺乳类、鸟类、鱼类、昆虫等动物类型的自然保护区。

③自然遗迹类自然保护区。指以具有特殊意义的地质遗迹和古生物遗迹作为主要保护对象的一类自然保护区,包括 2 个类型自然保护区,即地质遗迹自然保护区和古生物遗迹自然保护区。

3. 自然保护区的设计

自然保护区的设计主要以保护生物学原理为指导,自然保护区一般设计为 3 个功能区:即核心区、缓冲区和实验区。

(1)核心区　核心区是自然生态系统保存最好、珍稀濒危物种分布最集中和自然保护区内受人类干扰最少的区域,因此,核心区是自然保护区最重要的区域。核心区可以是一块或由几块组成,其面积应尽可能大到足以维持生态系统的自然演替和物种的繁衍。核心区区域未经批准任何人不得进入(生态监测和科考除外),禁止一切采伐、狩猎、旅游等生产性经营活动。核心区的主要任务是保护该区内的自然资源和自然环境,保证其生态系统和物种不受人为干扰,在自然状态下完成演替和繁衍。

(2)缓冲区　缓冲区位于核心区的外围,主要包括一部分原生生态系统和演替过渡阶段的次生生态系统或是零散分布的重点保护动植物的分布区域。缓冲区可以保护核心区免遭外界的影响和破坏,起到一定的缓冲作用。在不破坏生物群落及其生境的情况下,缓冲区可进行科学研究试验(如生态定位研究、濒危物种的繁衍与种群复壮研究等)、教学实习、考察和标本采集活动等,但禁止狩猎和经营性采伐活动,一般不开展旅游活动。

(3)实验区　实验区处于缓冲区的外围,起到对核心区更大的缓冲作用,是自然保护区与周围地区联系的纽带。实验区主要为一些次生的自然生态系统，或部分人工生态系统和荒山荒地等。实验区可以进行植物引种、栽培和动物的驯养繁殖研究，但要严格防止外来种入侵；实验区可进行适度的开发利用和进行地区持续发展的模式试验与推广，以增加自然保护区的经济收入和促进当地的经济发展，并可以划出一定区域适度开展旅游。

自然保护区各功能区具有各自独特的功能和管理要求，功能区间的有机结合、统一管理，可使整个自然保护区成为以保护为主，并协调科研、宣传教育、生产示范和旅游等开发活动的基地，以促进对保护对象的保护和自然保护区的发展。

二、迁地保护

物种长期保护的最好策略是就地保护，因为只有在自然群落中的种群才能确实大到足够防止遗传漂变，也只有在自然群落中的物种才能连续其进化过程，以适应不断变化的环境。迁地保护是使野外数量稀少的野生动物物种免遭灭绝的辅助措施，也是野生动物再引回原有栖息地的种质来源和未来驯化繁育物种的遗传物质的主要来源。

1. 迁地保护的概念与意义

迁地保护(ex-situ conservation)指将濒危动物等物种迁移到人工环境中或易地实施保护。在迁地保护中，人类可以利用现代科学技术作为辅助手段，在有限的空间内创造濒危动物生存的必要条件，通过保证其食物供应，治疗受伤和生病个体，采取节育或人工授精，淘汰某一年龄段个体等措施进行人工管理种群，使迁地保护种群处于最佳年龄结构。迁地保护的目的是增加濒危物种的种群数量，建立自然状态下可生存种群，而不是用人工种群取代野生种群。迁地保护是野生物种即将灭绝时的最后一套保护方案。

迁地保护的意义体现在：迁地保护种群在生物学和社会生物学基础研究中可以作为野生个体的代用材料；通过迁地保护可以取得野生种群的管理经验；迁地保护种群可以作为补充野生种群的后备基因库；为野外生境不复存在的物种提供最后的生存机会；为在新的生境中创建新的生物群落提供种源；迁地保护的成功有利于提高公众的自然保护意识，促进自然保护。

野生动物迁地保护的形式主要有两种，一是利用动物园、水族馆等进行迁地保护。二是建立基因资源库与繁育中心。

2. 迁地保护的理论基础

物种保护的重点通常是那些数量正在下降和濒临灭绝的物种。对面临生存危机的物种应当及时考虑实施迁地保护。一般来说，下列情况下应实施迁地保护：

①原有生境破碎成斑块状或原有生境不复存在的物种。

②种群数目下降到极低的水平、个体难以找到配偶的物种。例如，世界自然保护联盟(IUCN)建议当一个濒危物种的野生种群数量低于1 000只时，应当将人工繁育、迁地保护作为保护该物种的一项措施。

③生存条件突然变化而面临生存危机的物种。

(1)迁地保护与小种群问题　物种保护的目的是让种群的遗传变异达到一个平衡点，使物种同时具有生存力和继续进化的潜力。在小种群中，如果说由于遗传漂变可导致遗传多样性丧失而威胁到种群生存仅仅是一个长期的遗传效应的话，那么由于近交衰退而导致子代适合度的下降却能在短期内显现出来。因此，在物种迁地保护中必须重视小种群问题，要按照遗传学和种群生物学规律对小种群进行科学管理。

①迁地保护最小种群的确定。物种保护的目标是使种群在大于或等于最小生存种群的数量上达到结构稳定。迁地保护最小可生存种群的确定将直接关系到迁地保护的资金投入和可行性，以及种群和环境的随机性。

通常情况下，保存较稀少的遗传基因位点及较多的遗传变异需要较大的迁地种群。因此，迁地保护物种的遗传学和种群生物学特征决定了迁地保护种群的大小。迁地种群的最小可生存种群与种群的下列生物学特征有关：a. 迁地种群的存活率、繁殖率以及世代间隔；b. 有效种群大小；c. 种群的破碎程度；d. 建群者效应；e. 种群结构的变化速率；f. 作用于种群是遗传漂变、选择还是突变，种群间迁徒是否减轻了遗传漂变的作用等。

但是，并不存在一个对所有物种都适用的最小可生存种群，甚至对于一个特定的种群，其最小可生存种群也会因环境和时间而发生变化。据报道，在家养动物中，每个世代种群允许损失的杂合子频率为0.1%～1%，据此推算出保种时的最小可生存种群为50个个体。当存在着自然选择时，最小可生存种群大小则为500～1 000 000不等，其大小与选择的强度有关。

然而，由种群遗传变异程度导出的最小可生存种群可能并不是保证濒危物种存活的必要条件。如果迁地种群非常小，那么种群数量的随机波动带来的问题可能较遗传杂合性下降更为严重，因为许多随机因素(包括自然灾害、疾病感染、掳食者或竞争者大量爆发、后代同一性别等)都可能导致整个迁地种群的灭绝。

②建群者及遗传贡献。由于人工管理消除了不利因素(如捕食、疾病、营养不良、自然灾害等)对迁地个体的影响，因此，在人工管理下的迁地种群的寿命较野生个体长；迁地个体也因此能繁殖更多的后代，并且这些后代的生存概率较高，一般也能繁殖许多后代。于是，在迁地种群中基因重组配对的机会增多，这样就增加了

建群者效应，同时降低了基因型选择强度。与野生种群相比较，迁地种群具有较高的增殖潜能和较长的世代间隔。

A. 建群者基因频率。由于个体的繁殖成功率的不同，每一个建群者在迁地种群每一个世代中贡献的基因数量是不同的。这样经过几个世代后，繁殖成功率高的建群者的基因频率将会上升，而繁殖成功率低的建群者的基因频率则会下降。迁地种群中保存的建群者基因频率(fe)表示如下：

$$fe = 1/\sum_{Nf}(p_i)^2$$

式中：Nf 为建群者数量，p_i 为建群者 i 对迁地种群的遗传贡献。

B. 亲缘系数(kinship coefficients)。亲缘系数(f_{ij})，指 ij 两个个体中随机抽取的等位基因是来自同一祖先的概率。利用亲缘系数可以计算迁地种群中遗传重要性高的个体。一个个体活着的亲戚多，则说明其亲缘系数高。个体 i 平均亲缘系数(mki)为：

$$mki = (\sum_{\substack{i=1,N \\ j=1,N-1}} f_{ij})/N$$

C. 亲缘价(kinship value)。平均亲缘系数没有考虑迁地种群的年龄结构。迁地种群中既有繁殖期个体，也有性未成熟个体，还可能有已经过了繁殖年龄的个体。将迁地种群中的某一年龄段 x 的繁殖价(Vxy)对其亲缘系数进行加权平均，可以得到亲缘价(Kv)：

$$Kv = (\sum_{Nf} f_{ij}Vxj)/\sum_{Nf} Vxj$$

个体亲缘价低表明个体的大多数近亲已经过了繁殖期，个体的遗传价值高。反之，个体的遗传价值低。

③迁地种群的遗传管理。对于迁地种群的遗传管理，要尽可能选择无亲缘或亲缘关系较远的个体进行配对，让每一对繁殖个体产生数目大致相当的后代，并保持繁殖群具有相同的性比。

(2)迁地保护环境中的行为发育机制　动物具有复杂而精细的行为发育机制，需要社会交际空间。在迁地保护中应重视动物适宜生存环境的建设，即营造有利于动物个体行为发育的环境条件，以防止动物发生行为障碍。

①环境对动物行为的影响。环境对动物的行为及行为发育具有重要影响。人造环境中长大的动物一般都具有行为障碍，即表现为个体不能正常繁殖、形成了不正常的印痕、由于缺乏亲代哺育和群体交流环境而行为表现不正常或缺乏野外生

存所必需的技巧(如觅食、逃避天敌等)等。为减少环境的胁迫作用,在迁地保护规划时,应重视对迁地保护场所模拟野外环境的设计,要尽可能为迁地种群提供类似其野外生境的环境,以使动物个体行为表现正常。

②印痕对动物行为发育的影响。印痕(imprinting)是一种特殊的学习行为,指刚出生的动物个体在行为上容易受密切接触的另一个体的影响,并产生追随、模仿这一个体行为的现象。印痕仅在生命早期的某一特定阶段发生,一经形成,将保持相当长的时间,甚至终生不变,并可能影响个体成年后对配偶的选择。因此,在迁地保护中,应注意动物初生个体的印痕形成问题,尤其要注意保持母仔的接触、共处和自然哺乳,以利于形成正常的印痕。

③亲代哺育对动物行为发育的影响。灵长类动物哺育幼仔期长,亲代哺育对子代的行为发育有着特殊意义。灵长类幼仔出生后大多随母亲一起活动,与母亲紧密相伴,在母亲哺育下,学习各种生存必需的行为。

行为学家 Harlow(Barrett,1986)研究了猕猴的亲代哺育后,证明了初生猕猴母子接触的重要意义。例如,靠机器替代母亲喂大的小猕猴,长大后往往不能交配,产仔后常常遗弃幼仔,或粗暴地对待幼仔。幼仔阶段生活在隔离环境中的猕猴、大猩猩等灵长类动物长大后,表现为不能集中注意力,学习能力差,社会交往能力差,对适度刺激表现出不寻常的害怕等。

由于亲代哺育对动物行为发育具有重要影响,因此在迁地保护时(特别是灵长类),在保证正常营养和防疫的同时,要为动物提供适宜的环境,使其母仔正常接触、自然哺乳,保证它们的社会交往空间和行为正常发育的条件,以避免产生行为障碍而影响迁地保护的成功。

④环境对动物生存技能获得的影响。动物对捕食者的识别本领影响着其野外生存状况。除少数动物先天具有这种识别技能外,许多动物都是后天获得识别食物和潜在捕食者的本领的。由于人工饲养环境中不存在自然天敌,所以,迁地个体对天敌识别能力较差。对天敌识别能力的获得将直接影响迁地个体的野放效果。因此,培养迁地个体识别天敌的能力成为迁地保护的一项重要内容。

3. 迁地物种的管理

迁地保护需要经过科学论证后,在可靠的前提下进行。对迁地物种的管理依赖于个体标识与数据管理。因此,迁地保护种群个体的个体标识和有关数据(包括出生日期、出生重、耳号、产仔数目、死亡日期以及死亡原因等)必须详尽记录在案,对于人工繁育个体野放后的有关数据也应尽可能记录存档。

(1)新种群的建立　目前,建立初始迁地种群的途径主要有:

①重新引进计划(reintroduction program)。也称作重建(reestablishment)、

恢复(restoration)、移位(translocation)。即将野外采集的动物或笼养动物释放到它们已较长期未被发现的历史分布区,在原先的环境中创建一个新种群。此途径可以保证动物对释放地点的遗传适应性。

②增大计划(augmentation program)。即将在其他地方捕捉到的或笼养动物释放到现存种群中以增加其规模和基因库。

③引入计划(introduction program)。即将动物迁移到它们历史分布区以外的地方。此方法适用于一个种分布区内的环境条件已不适于该种的长期存活。但是,物种引入必须慎重,以防止引起生态入侵。

建立新种群时,对于建群者个体应明确捕获地点或来源、年龄、谱系和遗传组成,应尽可能选择没有亲缘关系和没有近交衰退迹象的个体作为建群者个体;并对建群者个体进行全面严格的健康检查,对染病个体应及时进行治疗或隔离治疗。

(2)繁育方案　在明确迁地种群每一个体的来源、年龄、谱系的基础上,应查明个体基因组成的差异,制定详尽的繁育方案,对迁地保护种群的年龄结构、性比、交配方案进行科学的人工管理。

①保种期。迁地保护初期的关键是保种期,这个时期的关键任务是迅速扩大迁地种群数量,脱离灭绝危险期。此时要充分发挥具有优秀繁殖力和表型性状的个体的繁殖潜力,即使这些个体具有潜在有害遗传因子,也应首先保存其遗传变异或生殖潜力。为尽量保存现有的建群者基因,当迁地种群扩大到 20 对潜在繁殖对时,应通过谱系分析,优化配对,尽量减少非优化的遗传配对。配对顺序应依次为建群者、子一代和子二代。

②扩繁期。在保种的基础上,应尽快建立其他繁殖群,通过扩繁避免灾害性事件可能引起的整群灭绝风险。扩繁时要搜集种群的谱系材料,并以此分析种群的适合度、种群结构及遗传特征,同时检测种群的遗传变异。扩繁亚群体配对要使建群者基因均匀分布于各亚群体,并分别进行封闭繁育,最终形成具有遗传基础的亚群体。

目前,已成立了国际物种信息系统(International Species Information System,简称 ISIS),它由全球 6 大洲 54 个国家的数百家动物园参加,已建立了一个包括 800 种动物种类的 213 000 只活动物以及这些动物的 600 000 只祖先的记录。自 1994 年 2 月起,ISIS 开始向 400 家已知系谱记录者提供《谱系记录者最新报告》,记录过去一年中登记动物的出生、转移和死亡。

③迁地种群的维持。迁地种群的大小应根据需要通过种群管理进行维持。迁地种群要利用遗传模型确保在特定时间内保存一定量的建群个体遗传变异,随着种群的增长,还要不断进行种群结构和遗传分析,并根据更新种群参数修正迁地保护计划。成熟的迁地种群应具有稳定的年龄结构,并能不断提供野外个体。

4. 迁地保护实例分析

(1)麋鹿(*Elaphodus davidianus*)　麋鹿隶属于偶蹄目鹿科鹿亚科麋鹿属。濒危等级:IUCN-野生灭绝(EW)等级、国家重点保护等级-Ⅰ级。

麋鹿曾是国际动物保护组织确认的一个"极危级"物种。麋鹿起源于约250万年前第四纪更新世。它曾分布于东经110°以东、北纬45°以南的广大地区。我国东南部、南至海南岛及东至朝鲜和日本都发现过麋鹿的化石和亚化石。20世纪中期,野生麋鹿种群在我国东南地区灭绝。我国历代皇家猎苑都调养过麋鹿。1869年以后,麋鹿被引入欧洲,而我国北京南海子麋鹿群则毁于1900年第二次鸦片战争之中。

19世纪末,英国11世Badford公爵从欧洲各地动物园收购了18头麋鹿放养在乌邦寺庄园。麋鹿在乌邦寺顺利繁殖,并被引种到世界上24个国家繁殖,至2003年,世界麋鹿数量已超过2 000头(图7-1)。我国于1985年和1987年分别将麋鹿引入到北京南海子和江苏大丰。麋鹿在这两地生长良好并形成繁殖群体。目前,中国麋鹿主要分布在三大保护区内——江苏大丰麋鹿保护区(截至2008年10月,有1 317头左右),北京大兴麋鹿苑(130多头),湖北石首麋鹿国家级自然保护区(600多头)。此外,在河南、江苏泰州等地也有一定规模的麋鹿繁殖基地。至2006年,中国境内的麋鹿总数量已突破2 000头。

图7-1　麋鹿(引自Richard Primack、季维智,2000)

1998—2006年,江苏大丰麋鹿国家级自然保护区先后野外放归4批麋鹿共

53 头。野放前，选择了体征优良的麋鹿进行适应性训练，包括环境的适应、可食植物的辨认和寻找水源等。目前，这些野放麋鹿已在野外繁殖 30 头幼鹿，其中 16 头完全是野外交配、产仔，麋鹿野生种群基本形成。

随着麋鹿种群的逐步扩大，麋鹿保护的重点将是在全球范围内开展麋鹿血统交换和基因研究，以避免过度近亲繁殖造成麋鹿近交遗传衰退现象的发生。

(2)朱鹮(*Nipponia nippon*) 朱鹮隶属于鹳形目鹮科朱鹮属，濒危等级：CITES 濒危等级-濒危(E)、IUCN 濒危等级-CITES 附录 I、国家保护等级-Ⅰ级、中国濒危动物红皮书-濒危。1960 年第十二届世界鸟类保护会议上将朱鹤列入“国际保护鸟”，被誉为“东方瑰宝”、“东方宝石”。

朱鹮(图 7-2)曾广泛分布于中国东部、日本、朝鲜、俄罗斯远东地区等地，但由于环境恶化等因素导致种群数量急剧下降，至 20 世纪 70 年代野外消失。我国经多年考察，于 1981 年 5 月在陕西省洋县姚家沟重新发现了 2 窝共 7 只朱鹮，这也是世界上仅存的野生种群。

图 7-2 人工养殖的朱鹮(引自：http://animal.ioz.ac.cn)

此后对朱鹮的保护和科学研究进行了大量工作。我国先后成立陕西朱鹮保护观察站、朱鹮救护饲养中心、陕西汉中国家级朱鹮自然保护区等。特别是在饲养繁殖方面，1989 年在世界上首次人工孵化成功，自 1992 年以来，雏鸟已能顺利成活。从 1993 年开始，我国又启动了朱鹮拯救工程，先后在陕西和北京建立了 3 个繁育中心，在野生朱鹮分布区建立总面积达 4 230 hm^2 的保护区，保护它们的生存环境，从而使朱鹮野生种群濒危状态得到明显缓解，种群数量明显增加。1995 年，我国的野生朱鹮种群约 35 只，饲养种群有 25 只；2005 年朱鹮总数达到 750 只；2006 年朱鹮总数突破 1 000 只，其中野外生活的种群数量为 300 多只。

随着人工饲养繁育研究工作的不断突破和朱鹮人工种群数量的迅速增加，为满足朱鹮人工饲养的要求和种群增长的需要，同时，为防止疾病对朱鹮圈养群体构成的巨大威胁，我国又对圈养朱鹮进行了异地饲养、栖息地再引入繁殖和野化放归。

在异地饲养繁殖和栖息地再引入方面，我国制定了明确目标。2001 年 1 月《全国野生动植物保护及自然保护区建设工程总体规划》确定“建立异地繁殖种群 2～3 处，选择适宜的重引入区域”，“并建立 2～3 处异地人工繁育基地，开展繁育和重引入准备工作”。2002 年 3 月，60 只朱鹮由洋县迁入位于秦岭北麓的西安市周至县（朱鹮原分布区）的陕西省珍稀野生动物抢救饲养研究中心进行异地养殖，并在周至县楼观台建立了大型人工模拟的朱鹮野外生存环境，这是我国第一个朱鹮异地繁育中心。

在野化放归方面，首先在洋县朱鹮救护饲养中心建立了一个高度为 35 m、占地面积达 7 240 m^2 的近似野外自然状态的野化实验大网笼。笼内完全模拟野生朱鹮的栖息环境，树、草、水融为一体的生态条件，为朱鹮的自然觅食、飞翔、繁育提供了良好的生存环境。首批进入大网笼的朱鹮为 4 对 5 岁以内的成鸟和 5 对亚成鸟。野化实验的研究成果为朱鹮人工种群野化放飞提供了技术支持。2004 年 10 月，陕西朱鹮保护观察站将 12 只人工饲养的朱鹮放归野外，目前已有 9 只朱鹮都已完全适应野外环境，并分别与野生朱鹮种群成功合群生活。朱鹮的成功野化放归将为朱鹮的野外栖息地再引入奠定基础，并将大大提高朱鹮种群抗击灾难性突发事件的能力。

5. 动物园、水族馆和基因资源库

动物园和水族馆是物种迁地保护的重要场所，这些机构肩负着对珍稀濒危动物种进行展示、保存和繁育的职能，同时它们还是对公众进行生物多样性和自然保护的教育基地。此外，物种迁地保护除了将物种迁入人工生境保护外，还可以将物种的遗传资源（包括动物的精液、胚胎等）进行长时期的保存，即建立基因资源库。物种遗传资源保存涉及采集、保存、启用等一系列环节。

（1）动物园　目前，全球的动物园饲养着 3 000 种、约 50 万只两栖动物、爬行动物、鸟类和哺乳动物。中国大陆目前有动物园 170 多个，饲养着 10 万余只动物，计 600 余种。动物园在进行公共教育的同时，其当前目标是建立珍稀濒危动物的圈养繁殖种群。由于许多珍稀濒危物种已在动物园繁殖成功，因此，动物园在濒危动物迁地保护中的作用已经愈来愈受到人们的重视。

然而,在世界各地动物园饲养的 274 种珍稀哺乳动物中,仅有约 10%具有足够数量的圈养种群以保持它们的遗传变异,而大部分珍稀哺乳动物需要从野外捕捉野生个体,以补充其迁地种群。因此,建立和扩大珍稀濒危动物繁殖群体是动物园及有关保护组织的主要工作。

近几年,各国动物园和有关保护组织正努力研究人工繁育技术,建立能依靠自我繁育而生存的迁地种群。随着科学技术的发展,新技术被广泛应用于提高圈养物种的繁殖率,现代生物学技术已使大多数脊椎动物能在人工饲养状态下长期繁殖。现代动物科学技术已经能提供营养均衡的日粮、麻醉技术、免疫技术、减轻运输和管理过程中胁迫的技术、人工控制光照周期、人工调节发情周期、人工授精、胚胎移植、人工哺乳等一系列技术。此外,动物园珍稀濒危动物的圈养繁殖还得到世界自然保护联盟(IUCN)物种生存委员会保护繁殖专家组的帮助和支持;为了减少迁地种群中的遗传漂变和近交,已经开始建立全球性的人工饲养野生动物谱系登记中心数据库——国际物种编目系统(ISIS),ISIS 为 59 个国家的 395 个动物协会的 4 200 种动物提供繁殖、研究记录信息,使不同动物园珍稀野生动物的跨园交配成为可能和现实。

(2)水族馆　与动物园一样,水族馆也担负着迁地保护和公众教育的双重使命。目前大约 580 000 种鱼类维持在水族馆中,其中绝大多数是从野外采集的。然而,在世界上包括鱼类在内的水生生物灭绝事件仍时有发生,为解决对水生生物的威胁,当前正在进行的主要工作是发展各种繁殖技术,以使珍稀物种能在水族馆中生存下去。现在人们应用水产养殖技术、观赏鱼类养殖技术等增加珍稀鱼类的繁殖(如欧洲鲈鱼、非洲大丽鱼等),有关研究相当活跃。

水族馆在濒危鲸类保护方面发挥着重要作用。人们已经能够在水族馆里利用人工授精和人工哺育维持一个迁地种群,并将人工繁育豚类放归自然水体,这些技术已应用到了白鳍豚、地中海斑豚的保护中(图 7-3)。此外,水族馆工作人员还会经常对搁浅或在浅滩迷失方向的鲸类提供帮助。但是,水族馆水体条件有限,在濒危水生生物保护工作中仍有许多问题亟待解决。

总之,动物园和水族馆在濒危物种迁地保护中,对开展濒危物种生长、发育、繁殖、营养、行为等方面的研究起到了重要的作用。但是,动物园和水族馆目前多存在以下问题:①个体太少,无法形成有生存力的种群,需要不断从野外捕捉个体予以补充;②不同的亚种、不同的生态型混养,使物种遗传混杂;③有意识和无意识的人工选择(如选择驯服的、野性弱的个体繁育和提供人工食物、恒温环境等)导致迁地个体的形态、行为、生理状态等发生变化,物种在人工环境中繁殖世代愈多,变异愈大。

图 7-3 水族馆中的海豚(引自 Richard Primack、季维智,2000)

(3)基因资源库 基因资源库主要由细胞库(包括生殖细胞库、体细胞库)、胚胎库、DNA 和其他生物制品等组成。建立基因资源库,可极大地促进种群内遗传结构的保存,使种群间的相互管理成为可能;利用基因资源库保存野生生物遗传物质是野生生物保护战略的有机部分,当野生种群的遗传多样性由于自然选择、遗传演变而部分丧失时,基因资源库仍为就地保护和迁地种群保存了遗传多样性;此外,利用基因资源库还可以减少饲养个体数目,延长个体的繁殖寿命,为改良动物品质和种间杂交提供野生种源并为地理隔离种群间的基因交流提供途径。

开展基因资源库工作最早的国家是美国,美国标准培养物收集中心(ATCC)就是专门从事收集、保存和分配各种微生物、动物和人细胞株的机构,它保存有1万多种材料或培养物,并具有一系列严格的细胞培养、保存程序和鉴定及特征化技术。对细菌、支原体、霉菌、原生动物的污染均有严格的检测和控制措施。

我国在基因资源库方面工作起步较晚,但已取得了快速的进展。中国科学院在上海细胞生物研究所和昆明动物研究所分别建立了细胞库。20 世纪 80 年代末,中国科学院上海细胞生物研究所负责筹建细胞库,1991 年正式启用,细胞库收藏有人和其他动物的正常细胞、遗传突变细胞、肿瘤细胞和杂交瘤细胞;而昆明动物研究所的细胞库则侧重中国西南地区生物多样性保护,收集了 170 多种野生动物的细胞,不少是中国特有的濒危物种,如滇金丝猴、黑麂、中国麂、毛冠鹿、赤斑羚、麋鹿等。“十五”期间,我国还建立了“中国濒危野生动物基因资源库”,以抢救性地收集并保存国家Ⅰ、Ⅱ级濒危野生物种的基因资源,基因资源库包括 3 个层次:一是器官组织,即活体器官的冷冻品;二是细胞库,包括生殖细胞库、体细胞库;

三是分子水平上的基因组 DNA 文库和 cDNA 文库。建立濒危野生动物基因资源库有助于研究物种的濒危机制，为进一步开发、利用珍稀动物的遗传性疾病、生殖或重要经济性状等相关功能基因的资源，建立基因资源材料平台。

基因资源库为保存野生生物的遗传多样性提供了新手段。目前许多家养动物和野生动物已经成功地利用解冻精液人工授精、体外受精、胚胎移植以及人工移植解冻冷冻胚胎等技术繁殖后代成功。国、内外许多研究机构和商业公司开始系统地搜集野生生物的遗传物质和组织，并出售冷冻精液和冷冻胚胎。

三、野外救助、放生和放归

随着人类生产活动范围的不断扩大，野生动物及其赖以生存的环境遭到极大的破坏，致使野生动物伤病、中毒现象不断增多，因此，野外救助、放生和放归已成为野生动物保护工作的重要内容之一。

1. 动物的野外救助

野外救助指对伤病、迷途等野生动物提供救护和帮助，野外救助是野生动物保护的重要措施之一，特别是对珍稀濒危野生动物更具有重要意义。为提高野外救助水平和效果，不同国家和地区针对各地区野生动物特点建立了相应的野生动物救护中心，使野生动物救助更加专业化。

(1)伤病动物的救助　伤病动物主要包括外伤、疾病、中毒和体弱等。对于体弱个体，不需要进行特殊治疗，而只需给它们提供一个适宜的环境、充足的食物，它们就可以自已恢复；对外伤个体，只要伤势不是十分严重，也可以在适合的环境条件下，自我调理恢复，对受伤严重的个体，则需要进行手术治疗；对疾病或中毒个体，则需要根据疾病或中毒的类别、发生程度等进行相应的治疗，以减少对动物个体的伤害。

(2)迷途动物的救助　迷途动物指陷入困境或偏离正常迁徙路线进入分布区以外区域的野生动物。由于分布区以外的区域缺乏野生动物适宜生境，因此亦可对迷途动物的生存构成威胁。对于迷途动物可采取引导或人工辅助措施，使其重返其自然栖息地。

2. 动物的放生和放归

(1)放生　放生指将被人类捉住的野生动物放回到自然界中。对于放生个体应注意以下问题，以保证放生个体的存活和自然生态系统的平衡。

①放生个体应健康无伤病。有伤病的个体应治愈后再放生，以保持其野外的生存能力。

②放生个体应在其天然分布区中释放。否则，可能因不适应当地的生态环境

而被淘汰，或因适应当地环境而快速发展，成为生态入侵种。

③放生的种类和数量应进行评估，以保证放生环境的生态平衡。因为在自然生态系统中，不同物种的生态地位是不同的，任何一个物种的剧增或骤降都可能引起生态失衡。

(2)放归　放归自然又称野放，指将人工繁育个体放归到自然环境中，或将捕获的野生动物释放到其已经灭绝的生境中或者新生境中。

①野放成功的标志。野放成功的标志是迁地种群野放个体能与野生个体形成群体，并发生交配，产生后代。

野放前需制定详细的野放方案，人工哺育个体还需要进行严格的长期训练，才能促进野放成功。

②野放方案。

A：人工繁育个体。人工繁育个体野放方案需考虑野放个体的选择、迁地种群与野生种群交流基因等内容。

野放个体必须具备野外生存能力，如熟悉生存环境，与野生个体形成群体，从群体中学习觅食技巧及生存技巧，熟悉季节性食物分布、迁移途径和学会集体捕食，与野生个体发生交配等。然而，在圈养环境长大的个体很难获得这些技巧，因此，迁地种群人工繁育个体在野放前必须经过严格的长期训练。

目前，人类在培养迁地个体的社会行为方面进行了许多尝试。一方面，人们通过直接训练和调教迁地个体的各项生存技能提高其野外生存能力，如在野放前，训练大猩猩利用树枝取食白蚁、训练赤狐捕食活的猎物、训练狮面狨打开结构复杂的食物盒，培养其打开野生果实的能力等。另一方面，人们将野生个体引入迁地种群中，使其成为人工繁育个体的行为模板，从而使人工繁育个体获得野外生存技巧，如将野外捕获狮面狨释放到人工繁育的群体中，使其成为群体，并最终一起释放到野外。

B. 野生动物。目前，对野生动物放归自然已经开展了许多研究，并取得了一些经验和教训。

例如，在20世纪70年代，毛里求斯隼(*Falco punctatus*)曾是世界上最濒危的猛禽，由于森林砍伐和引入哺乳动物天敌，当时仅剩下2对，通过人工孵化及将人工繁育个体释放到其他生境，现在毛里求斯隼的数目增加到170只，形成了4个种群，有30对繁殖个体。

我国是世界上野生动物种类较为丰富的国家之一，由于历史原因，我国许多珍贵野生动物一度濒临灭绝，如大熊猫野外种群因竹林开花，食物短缺而大量减少；朱鹮到1981年仅存7只；扬子鳄在20世纪80年代初仅存300～500条；而麋鹿、野马则已经在我国野外灭绝。面对严峻形势，我国启动了濒危物种拯救工程，经过抢救性保护、人工繁育扩大种群，我国已成功攻克了大熊猫、朱鹮、麋鹿、野马、扬子鳄等200多种珍贵、濒危野生动物的救护、繁育等技术难题，数十种极度濒危野生动物已建立稳定的人工繁育种群，到2006年年底，我国大熊猫人工繁育种群达到217只，朱鹮野外种群和人工繁育种群总数突破1 000只，麋鹿人工繁育种群超过2 000头，野马人工繁育种群逾300多匹，扬子鳄人工种群增长至1万多条。濒危野生动物抢救繁育工作取得成效，为实施放归自然、重新建立及最终恢复其野外种群奠定了基础，以朱鹮、麋鹿、野马、扬子鳄等一系列濒危野生动物成功放归自然为标志，我国濒危野生动物拯救，在经历抢救性保护、人工繁育扩大种群并取得成功后正进入回归自然的新阶段。

③野放个体监测。为提高野放成功率，需要对野放个体的生存状况进行定期监测，它是野放后的一项日常工作。特别是对人工繁育个体，在野放初期的适应期更应加强监测工作，对难以适应野生环境的野放个体，可以采用"软释放"，即在野放初期提供必要的补充食料和避难所，直到野放个体完全适应野外环境、不再回来为止。

④野放的经验。大量野放实验表明：野放草食动物较野放肉食动物容易成功；重新释放野外捕获的个体比野放人工哺育个体容易成功；在濒危物种的核心分布区释放人工哺育个体较在其分布区边缘释放容易成功；建立具有经济价值的野生动物种群较珍稀动物种群容易成功；鸟类和哺乳类形成可生存野放种群的概率随着野放个体数目的增加而上升，但释放个体数目超过100只，则这种概率不再上升。

四、狩猎与渔钓

狩猎与渔钓是生态旅游捕猎活动的重要内容之一，随着国内外生态旅游的蓬勃发展，对狩猎和渔钓动物的保护与福利显得越来越重要。

1. 狩猎和渔钓的理论基础

(1)野生动物种群数量的增长规律

①种群的指数式增长。在理想条件下，种群的数量在理论上决定于3个因素：出生率、死亡率和起始种群的个体数量。

设开始时的种群数量为N_0，过一个时段t后，种群数量变为N_t，它被出生率和死亡率所改变。可简单的以下列方程式表示：

$$N_t = N_0 e^{rt}$$

其中r为种群在单位时间或某段时间的增长率，即$r = \frac{N_t - N_0}{N_0} \times 100\%$

此式为不限环境下的指数式增长的数学模式，它是最简单的增长模型，其增长曲线为"J"形(图 7-4)。

②种群的逻辑斯谛(logist)增长。在自然种群中，由于环境资源是有限的，种群不可能按指数形式无限增长下去。

在一定空间范围内，当种群个体数目接近环境所能支持的最大值环境容纳量或负荷量(carrying capacity)(通常以 K 表示)时，即达到环境所能够维持的野生动物最大饱和数量时，种群将不再增长，而保持在该值左右(即当 $N=K$ 时，$dN/dt=0$)，甚至开始下降。该种种群的增长过程可用一个方程式来表示，即 Logist 增长方程(Logist 模型)：

$$dN/dt = rN\left(1-\frac{N}{K}\right)$$

Logist 增长曲线呈一条向环境负荷量(K)逼近的"S"形曲线(图 7-4)。Logist 增长为种群增长的普遍规律，称之为种群增长模型。

在 Logist 增长模型中，种群增长具有密度效应，密度增长对增长率下降的抑制效应是按比例的，即每增加一个个体，就产生 $1/K$ 的影响，Logist 增长曲线在 $N=K/2$ 处有一拐点，拐点处 dN/dt 最大，拐点前，dN/dt 值随种群上升而上升，称正加速期，拐点以后，dN/dt 值随种群上升而下降，称负加速期。

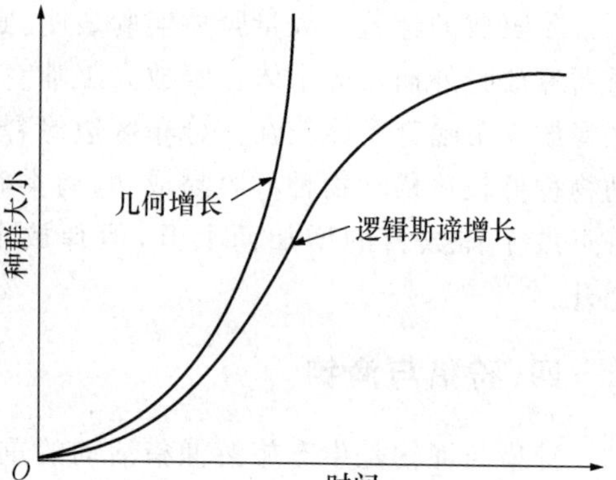

图 7-4 种群增长模型(仿 Krebs,1994)

因此，在开发利用某类动物资源时，只有在种群数量 $N\leqslant K/2$ 时，才能使种群的增长速度始终保持正加速，使该物种得以永续利用。

(2)最大持续产量(maximum sustained yield，简称 MSY)原理　最大持续产量原理就是要使产量达到最大，又不危害物种的持久利用。那么，什么样的种群水平能保证最大的产量呢？

根据 Logist 增长模型，要是能使 dN/dt 保持最大，就可以得到最大的持续产量了。由于当种群密度处于曲线的拐点($N=K/2$)的时候，dN/dt 最大，因此，如果通过猎捕，利用这个种群新增加的量，种群密度就不会降低，而此时的最大增加量也就是该种群的最大持续产量(MSY)了，此时的种群大小(N_{MSY})就是能提供最大持续产量的种群水平了(图 7-5)，即将 $N_{MSY}=K/2$ 带入 Logist 方程，得出最大持续产量 MSY 的公式为：

$$MSY=rK/4$$

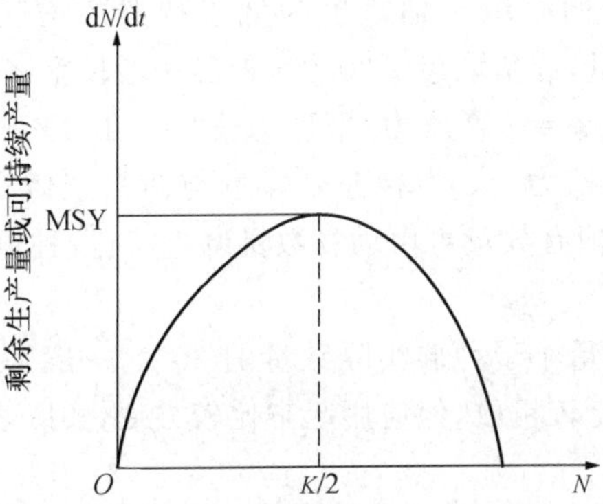

图 7-5　最大持续产量与 Logist 增长模型(仿 Clarke, 1976)

(3)生物学过捕现象　对于数量接近于环境容纳量 K 值的种群，其增长率接近于零，因此也就没有持续产量而言。为获取持续产量，首先需要通过猎取使种群数量由 K 值降下来，只有降低种群数量才能使种群增长率成为正值，也才有剩余产量可供持续猎取。狩猎和捕捞正是利用了使种群数量从 K 值降下来而“诱导”出的种群增长率。

根据 Logist 增长模型，由 K 至 $K/2$ 范围内，随着种群数量的下降，抛物线逐渐上升，它表示随着种群数量减少程度的增加，由此诱导出的增长率也越大，同时要求有更大的猎捕率才能使种群稳定，因此持续产量也越大，在种群数量下降到 $K/2$ 时，持续产量最大。但是，当越过 $K/2$ 以后，如果种群数量再进一步下降，不但种群增长率和持续产量变得越来越小，而且种群有灭绝的危险，这种现象叫做生物学过捕现象。

由此可见，$N=K/2$ 不仅是提供最大持续产量的种群水平，也是生物学过捕现象的临界水平。

2. 狩猎

狩猎是伴随人类进化的一种传统活动，为保护野生动物的自我更新能力，狩猎活动应制定科学的狩猎期、狩猎量和狩猎种类。

(1)狩猎期　狩猎应该避开动物的繁殖季节和幼仔生长季节。由于不同地区、不同种类动物的繁殖期不完全一致，因此，狩猎期应依据不同的狩猎对象和狩猎目的，因地制宜地制定。例如，狩猎毛皮兽，其目的是获取毛皮，冬季动物毛绒和皮板质量最好，最适于制裘，因此，狩猎期应在冬季。

(2)狩猎量　狩猎动物的猎取量，从理论上讲，应符合最大持续产量原理，防止生物学过捕现象。

目前，国际上通行的猎取量估算值为低于种群净增长量的 30%，即猎取量<30%×种群净增长量，或猎取量≤30%×种群净增长率×种群现有数量。

其中，种群净增长率=(繁殖力/繁殖力+2)×100%，繁殖力=新生个体数量-死亡幼仔数量，繁殖力+2 为补充个体量与两只亲体之和(对于一雄多雌动物，2 可能偏大)；种群现有数量可由动物数量调查获得，种群净增长量=种群现有数量×种群净增长率。

因此，实际的猎取量小于种群实际数量的 30%，一般为种群现有数量的 20% 左右。这一数值虽然比较粗放，但应用起来比较方便，实践表明对野生动物种群影响不大。

(3)狩猎动物的保护　狩猎不论是作为一种生产活动，还是作为一种体育活动，过度狩猎都会造成野生动物的濒危，因此，世界各国普遍增强了对狩猎的管理，如颁布相关的法律法规、签发狩猎证、制定合适的狩猎期和猎取量等，并收取一定的税金或资源补偿费以补偿野生动物保护管理的费用。不少国家还建立了狩猎者协会，开展有组织的狩猎活动，不仅提高了狩猎效率，还防止了滥捕乱猎。目前，世界上不少国家都实行了猎人登记制度，无证狩猎者被视为非法偷猎，猎人登记制度等措施的实行对遏制滥捕乱猎和对猎物的合理狩猎与利用起到了积极的作用。

3. 渔钓

钓鱼是一项具有悠久历史的活动。随着社会生产力的进步，钓鱼已成为人类休闲娱乐和体育活动的一种形式。目前，钓鱼活动在世界各国都很活跃，中国国家体育总局已经把垂钓列为全国正式比赛项目。

可供渔钓的种类包括淡水鱼类(如鲫鱼、鲤鱼、鲢鱼、草鱼、青鱼、鳙鱼和鲶鱼等)和海洋鱼类(如黄鱼、石斑鱼、比目鱼、鳕鱼、金枪鱼、黄姑鱼等)。随着水环境污染的加剧、水利工程的兴建以及人类对鱼类资源的高强度开发利用和渔钓活动的增多，自然界鱼类资源带遭受了极大的威胁和破坏，很多传统的渔钓资源正在急剧下降。因此，加强渔钓资源的保护和管理已逐渐受到人类的重视。

为此，世界上许多国都制定了相应的渔钓管理规则。钓鱼管理应该以保护自然生态环境和鱼类资源为主要目标，其最常见形式是组织各级钓鱼协会，会员要获取钓鱼许可证，按相关法律法规允许的方法进行钓鱼，使用法律允许的钓鱼工具，并遵守国家制定的各种钓鱼规定。对珍稀濒危鱼种应该禁止垂钓,并制定严格的垂钓时间和季节,产卵期应禁止垂钓。

小　结

目前,物种受危与灭绝的问题越来越严重,IUCN 最近的统计表明,5%～20%的脊椎动物面临绝灭的威胁。IUCN 将濒危物种划分为灭绝、野生灭绝、极危、濒危、易危、低危、数据不足和未评估 8 个等级;CITES 管制的国际贸易野生动植物物种分别列入 CITES 附录 1、附录 2 和附录 3;我国"国家重点保护野生动物名录"使用了Ⅰ级和Ⅱ级 2 个保护等级;中国濒危物种红皮书使用了野生灭绝、绝迹、濒危、易危、稀有和未定 6 个等级。野生动物受危既有动物内在的原因,也有外部环境的原因,二者相互影响,共同作用;内在原因包括物种特化、遗传衰竭和系统发育年龄等;外部环境因素包括物理环境因素、生物环境因素和人类活动等。目前,岛屿生物地理学、小种群和复合种群 3 大理论已被广泛应用于野生动物物种和种群的恢复与保护中。就地保护和迁地保护是野生动物保护的两种具体形式,未来的野生动物保护将采取迁地保护和就地保护相结合的形式。野外救助、放生和放归亦是野生动物保护的重要内容之一。狩猎与渔钓都应符合最大持续产量原理,防止生物学过捕现象。

复习思考题

1. 简述受危动物的确认与物种濒危等级的划分。
2. 野生动物受危的原因有哪些?
3. 简述野生动物保护的基本理论。
4. 试述野生动物的保护措施。
5. 迁地保护的理论基础是什么?
6. 实施迁地保护时需要注意哪些关键问题?
7. 简述野外救助、放生和放归。
8. 简述最大持续产量原理和生物学过捕现象。

主要参考文献

1. 陈银瑞,杨君兴,李再云. 云南鱼类多样性和面临的危机. 生物多样性,1998,6(4):272-277.
2. 戈峰. 现代生态学. 北京:科学出版社,2002.
3. 蒋志刚,马克平,韩兴国. 保护生物学. 杭州:浙江科学技术出版社,1997.

4. 李俊清,李景文,崔国发. 保护生物学. 北京:中国林业出版社,2002.
5. 刘凌云,郑光美. 普通动物学. 3 版. 北京:高等教育出版社,1997.
6. 柳尚华. 中国移地保护工作的现状与展望. 成都国际大熊猫保护学术研讨会论文集,1994.
7. 孙儒泳. 动物生态学原理. 3 版. 北京:北京师范大学出版社,2001.
8. 薛建辉. 保护生物学. 北京:中国农业出版社,2009.
9. 郑淑玲. 圈养大熊猫繁殖计划. 成都国际大熊猫保护学术研讨会论文集,1994.
10. Wilson E. O.. Threats to biodiversity. Scientific American, 1989, 261(9): 108-116.
11. Williams J. E., Johnson J. E., Hendrickson D. A. *et al*. Fishes of north America endangered, threatened, or of special concern. Fisheries, 1989, 14(6): 2-20.
12. Shafer C. L.. Nature reserves: island theory and conservation practice. Washington D. C.. Smithsonnian instition press, 1990.
13. Richard Primack,季维智. 保护生物学基础. 北京:中国林业出版社,2000.
14. Richard B. Primack. 保护生物学概论. 长沙:湖南科学技术出版社,1996.
15. MacArthur R. H., E. O. Wilson. The theory of island biogeography. Princeton: Princeton University Press, 1967.
16. Li Y. M, Wilcove D. S.. Threats to vertebrate species in China and the United States. Bioscience, 2005, 55: 148-153.

第八章　工作动物的保护

学习要点

了解工作动物行为特性与使役的关系，以及如何利用动物的生物学特性为人类工作；了解国内外主要工作动物发展情况；了解使役牛、马的使役特点和饲养管理特点；了解大象及骆驼这两种工作动物的使役特征，以及在工作中如何给予保护；了解工作犬种类，如何应用犬的自身特征为类服务，以及人类如何去保护这些工作动物。

第一节　工作动物概况

今天人们已经越来越认识到各种动物有着不同的能力，即使在今天的现代化工业社会，虽然许多智能机器代替了动物的劳役，但仍有更多的动物用于工作，而且，这些工作中，工作动物所发挥的作用是用现代手段所无法达到的。马、大象与牛被使用于拉车及一些体力劳动。犬的敏锐嗅觉或鼠用作寻找毒品或爆炸等危险品，同时也能用于找寻丢失与受困的人。还有一些动物包括骆驼、驴、马和犬也用于运输、出乘、拉车与雪橇。还有其他的动物包括犬与猴子为一些视障与肢体伤残人提供帮助。

一、工作动物的种类

工作动物是指为人所养、训练且能为人完成一定任务的动物。这是一个大的家族，例如导盲犬和半驯化的动物，比如大象。

工作动物的历史早于农业，最早期是犬用于狩猎或提供皮毛。在全世界，数以百万的动物与它们的主人保持有一种工作关系。更多的动物被驯化繁殖以适用于不同的条件与使用者，特别是马与工作犬。工作动物一般以农养的方式饲养，也有一些是从野外掳获的，比如海豚和亚洲大象。

1. 力役动物(animals used for their strength)

一个工作动物被用于体力劳动，可用于运输、搬运，例如拉车、雪橇、犁地或运货。动物也可以用作使役劳动用于人及货物的搬运。也可去运送货物或是利用挽具控制一队动物去驱动一个交通工具。

有一种力役动物用作乘坐(riding animals or mounts)，包括马、小马、驴、骡、大象、鸵鸟、牦牛、骆驼。

有的力役动物作为驮兽(pack animals)，这类动物也同样属于乘马或是使用马具的动物，这些动物如马、骡与驴或是其他的阿拉伯骆驼作为一种特殊的运货品种。其他的物种仅被用于运货，如安第斯的无峰驼，还有中亚的双峰驼。

牛包括水牛(不包括美洲的野牛和极其危险的非洲黑色水牛，这两种都不能被驯化)、公牛、阉牛和牦牛(牦牛可用于喜马拉雅山脉的条件恶劣区)。其他物种可用于货运，包括犬、驯鹿和山羊群。信鸽可以通过空中，快捷地运送一些小的信件。

有一种力役动物是马具动物(harness animals)，单独或是成团队去拉雪橇或是有轮子的马车或是去犁地。

使役马通常被佩以马具，但总的来讲，它们同骡一样不够强有力去做非常沉重的劳力。小马与驴常被用来拉货和小的货车，从历史上看，小马通常用于拉一种小采矿车去采矿。而中型体重的马，包括标准竞赛用马和温血马通常被用于拉动较轻些的四轮马车，而这时它们的速度与形体是比较适合的。例如，亚米希人制造的用途较为广泛的二轮马车，而温莎灰马则主要用于一些英国皇家中。其他一些轻型的马被用于四轮马车以旅游为目的。犬在一些国家被用于拉较轻的车，特别是雪橇。驯鹿在北极和半北极的北欧国家及西伯利亚诸国也用于拉车。

动物也被用作去驱动机器、设施和犁地，特别是牛，在热带与亚热带地区帮助稻子的耕种，驴可用于磨面。大象在东南亚用于役用。

2. 利用嗅觉或天性的一些使役动物

(1)狩猎(hunting) 作为食肉动物，其本能会去追捕猎物，这就使得一些动物及鸟类有了更广泛的用途，这可以去减少不期望的一些害虫，这些害虫可能会对谷物、畜禽或环境有害。

猎犬或其他犬被用于追杀猎物，一些已经形成特定的品种。捕鼠动物(家中的猫用作捕捉小的鼠和鸟)是最早的工作动物之一，自从人类从事农业以来，它们便保护农作物和粮食等少受害虫的破坏，雪貂捕食生活在洞穴中的野兔；而驯鹰则可以在空中捕获害虫；水鸟，例如中国的鸬鹚，可以为渔夫去捕捉水中的鱼。

(2)搜救(searching for people) 犬有高度发达的嗅觉，因此利用其敏锐的嗅觉可以为人类服务，例如可以追捕越狱犯，或是找寻在遥远地区迷失的人。同时也可寻找受困于雪崩或建筑倒塌的人们。马能在遥远的地区帮助人类去探索与查寻大面积崎岖的地区，它们对周围环境有着天生的意识，能警示它的主人周围的一些意外的情况，比如迷路的远足者、猎人或其他的事物比如犬。另外，一些马还可以认识道路，有一定的察觉能力。

(3)帮助动物(assistance animals) 最为闻名的是为盲人服务的导盲犬，一些微型的马也用于这个目的。训练有素的非洲猴或是金毛猎犬可以为一些残疾人提供帮助，例如可打开邮箱和其他的一些家中的小任务。一些较有力的大型犬还可以为一些肢残人提供助力，拉动轮椅前进。还有一种助听犬，可以为失去听觉的人提供听觉上的帮助。

(4)放牧(herding) 与牧羊人工作关系最为密切的莫过于一只牧羊犬和他的畜群。一定品种的马也有一种先天的牧牛的天分，可以有效地带领牛仔去正确的时间与在正确的地点去驱赶畜群。

(5)采集(gathering) 犬与猪有比人类更高的嗅觉，于是能找到一些更有价值的东西，比如可以找到一种非常昂贵的隐没于林间生长的松露块菌。在法国，这个工作主要由猪来完成这个工作。在意大利主要用犬来完成这个工作。

(6)其他(other uses) 一些保护或是侵略性能的动物(利用牙爪)，可以保护人类免受其他动物的袭击。

护卫犬可以吠叫和攻击来警告入侵者。经过训练的大象在古代的战争中可发挥重要的作用，而在今天仍可作为运输的工具。大象的使用现在越来越少，因为大象是一个危险的物种，有时会侵犯人类。战马现在用得较少，但是在当今警察的工作中还常常看到。嗅探犬和猪除了可以嗅到松露，还能检测到走私品，特别是一些违禁的毒品。海豚可以带领水雷标记人员去找到水雷。在陆地上，犬可以被训练去找到地雷。老鼠比犬更轻，有更少的危险性去找到地雷，因此近来被使用得更加频繁。一些检测鼠经过培训，还可以被教会去确诊疾病，尤其是肺结核。

二、役用动物的特点

人们常常认为使役动物已经过时了，应该为机器所取代，而事实上，使役动物在发展中国家起着不可低估的作用，特别在非洲、拉丁美洲及亚洲的一些农业国家。因为多数的农民生活在一种勉强度日的生活水平线上，而现代机器的推广，则需要提供配件、技术工人和好的交通设施。

相比，使役动物的使用意味着，在提供农场动力的同时，动物的食物来自于当地的资源，而所用的一些设施也可来自于当地的铁匠，尽管动物需要食用一些农副产品,或是在公共的牧场放牧,但这并不会同人类的饮食生存形成竞争。

尽管人们开展了役用动物的研究,但事实上因为役用动物在西方一些国家的重要性一直在下降,因此这方面的研究在 20 世纪中期已经停滞。从 1977 年,爱丁堡的热带兽医中心(CTVM)已经努力去从事研究役物动物的研究。其他的机构例如埃塞俄比亚国际非洲畜禽中心及印度国际半干燥粮食研究所已经在一些领域进行研究。

1. 动物营养

役用动物不论干活或是休息都要消耗大量的食物,除了保持自身的能量消耗外,还需要更多的食物用于使役。爱丁堡的热带兽医中心的工作表明,使役动物所需摄入的能量需要是维持能量需要的 1.7 倍。然而在一些困难情况及不合理的管理下,只消耗 1.4 倍的能量需要,这会由于役用动物的食入过少,而对自身形成伤害。

动物使役的能量需要与维持需要和使役需要有关。对蛋白质需要,一般情况下,使役动物对蛋白质的需要不会因工作量的增加而增加,使役只会增加能量的需要,也会改变能量与蛋白质的比例,所以随着工作量的增加,日粮能量浓度与蛋白质的比例要注意改变。矿物质对动物使役很重要,如马在使役时,肌肉活动增强,对磷和钾的消耗增加,同时由于肌肉收缩,产生乳酸和磷酸也需要钠离子来平衡,而且马在使役时,排汗增加,会排出大量的矿物质,因此要注意矿物质的补充。

一只使役动物所吃的食物总量也非常重要,目前的结果表明,牛并不能增加一些营养少的粗饲料的摄入量去满足工作上的消耗。在许多热带地区,食物的质量非常低,甚至当这些使役动物不工作的时候,仅能维持体重,当被要求工作时,他们已经变得很瘦,但此时并不能通过吃更多食物来补偿营养上的损失。

如果食物的质量不能改善,它们仅能设法去吃更多,但这在许多发展中国家是不可能的。如果奶牛作为役牛去使役(这种情况在第三世界国家常常见到),如果要维持体重与产奶量,则意味着消耗维持能量的 2～2.2 倍的能量。这个水平的进食,就会与人类的食物供应形成竞争。一个可以选择的策略是让奶牛去工作时,勿选择在妊娠后期或是泌乳高峰期。

还有重要的一点是可提供的食物资源应该尽可能地有效。在所有的农业系统中,使役动物在一个时期内集中使用的负荷比较大。其中使役程度最严重的时间是开耕与播种时期,而这个时期却最不可能是动物精力最为旺盛的时期。

近来的工作已经表明,使役使动物维持能量的需要增加,且这种需要将持续至停止工作后 16 h。这个发现可能会影响我们对使役动物真实需要饮食的估计。

2. 改进使役舒适度与训练技巧

使役动物在耕种期的身体不适，对动物本身会形成伤害，还会耽误耕种和播种，这样可能会导致粮食的减产。目前，没有好的方法去评估这种使役动物的身体不适造成的粮食的损失。工作的负担，温度及在高的气温下工作能力都应该去检测后综合评定才可能找到其中的一些关系。正在使役中的马，经过检测了血中代谢物的变化，来找到与使役的关系，但没有证明与马的使役有明显的关系。近来，研究者在使役牛身上也得到类似的结论。身体健康及训练合理有利于使役工作，同时可使动物工作效率最高。

3. 改进设备

在许多情况下，在第三世界使役动物的器械设计已经几百年不改变了，这就说明这么多年来，人们未曾对役用动物的舒适性上付出过更大的努力，它的许多方面早就应该得到改进。在非洲与亚洲，瘤牛常被用作使役动物，瘤牛有单肩的牛轭，而在拉丁美洲，那里的牛没有驼峰，牛轭固定于它们的角上。这两个系役牛的办法可能就不如用颈圈，这种颈圈在欧洲与美国已经在役牛与马上使用多年。动物在工作中使用这种舒适的颈圈或加了厚垫的填充物的牛轭，一方面对使役动物本身会形成一定的保护，同时一定会增加役牛工作效率。

廉价、有效、设计好的使役器具，对使役动物非常重要。更好的田间设备使得付出更短的时间与更少的努力去完成雨季前的播种。这样可以使一些动物解脱出来去做其他的工作，或是同一项工作需要更少役用动物去完成。

4. 品种

在世界上对役用动物品种适合性的工作方面研究做得很少。在瑞典，不同的标准去限定马的役力级别。役力的测试使用固定或是移动的测力器，通过它，马在不同的条件下使用的自然力量可测量得到。

一些欧洲牛的品种，如夏洛来也被培育用作使役，就像马一样，选择的标准是体重的增加，而不是从体形较小的群中选择挽力大的动物。同样的方式也存在于发展中国家役用动物品种的选择，例如哈里亚纳牛是印度的役乳兼用牛。

在过去 40 年，研究工作者已经确定肉乳用动物的特点，及相应性状的遗传力。这些工作的结果，相当大地改进这些动物的效率。因为这个原因，有关使役能力的研究项目也在正在为人们所考虑。

简单的身体或是生化的测试，会对役用动物的选择有所帮助，但将其作为简单有效的标准用于去选择役用动物还不太可行。但如果一旦发现明显适合于拉力或持久力的特点被确定，我们就可以进行选择合适的役用动物，但同时也需考虑役用动物的食物使用、温度、身体热量产生及肉失去的能力等效率因素。

5. 疾病控制

役用动物的疾病通常会给农民造成严重的损失。类似牛瘟的瘟疫能使牛群严重减少,因此使用疫苗去保护牛群尤为重要。尤其是在开春时犁地与耕种的时节,役牛的损失对于农户主来说是一场灾难。畜禽的密集性在干旱季节结束期非常大,这将促进类似口蹄疫等疾病的流行。同样,使役会给役用动物带来潜在的感染。尼泊尔的水牛,严重感染肝吸血虫病后很快就不能做任何的使役工作。

锥体虫病存在的地区,引进一定类型的役用动物是困难的,而预防药与应用一些特殊品种的牛,如 Trypanotolerant,可以解决这个地区存在锥体虫病的问题。采用非洲特别的品种,例如非洲水牛和大羚羊也可进行一定的使役工作。

显而易见,役用动物是重要的农场劳力资源,在发展中国家多年来形成。在有利于使役动物前提下,改进驾驭器械、技术、营养、动物品种与健康,在发展中国家可能会产生很大的影响。

三、国内外工作动物保护概况

由于国际与国内经济、文化、气候等方面的差异,因此,在工作动物的使用上明显不同。

1. 国内工作动物概况

我国历史悠久,人民勤劳,在农用使役动物的利用及饲养方面积累了丰富的经验。牛、马、驴、骡等作为农用役力的主要品种,现主要分布于生产力较为落后的山区农村,因为那里的经济落后,以及自然地理的原因使得机械化难以普及,而役用动物便于在山区小道上工作。

由于牛力气大,性格温顺,饲养成本低,再加上使役用后还可以作肉用动物流入市场,牛在役用动物中所占的比例最大。其中我国的地方品种多是役肉兼用性的品种,黄牛主要分布于北方大部分地区,而南方水田较多的地区则主要以水牛居多,而在喜马拉雅山区有大量的牦牛作为使役动物。在西北一些沙漠和半沙漠地区,则有骆驼作为使役动物。

我国农用使役动物的房屋设施比较简单,因为其使役的原因,所以基本是单独饲养,在农村一般冬天有一个简易的茅舍,其他季节在很多情况下只是有顶的凉棚,在西北一些黄土高原地区,这些役用动物可以住进简单的窑洞,可以在冬天躲过严寒,夏天又非常凉爽。

我国农用使役动物的饲喂也比较粗放,通常在冬季辅以一些粮食或精料,再喂以贮备下来的农作物秸秆及草料,而在其他季节,则以放牧为主。有时在农忙或是家畜妊娠时,会增加一些精料作为营养补充。

农用使役动物如果管理好，通常可以一年一仔，可以提高家庭收入。我国的役用牛泌乳能力比较差，基本只能满足幼仔食用，而不足以作为副产品拿到市场上去出售。

由于农民对使役动物多为单独饲养，所以疫病不易流行，而且作为家里的重要财产，在使役的过程中，与主人有着良好的感情，主人一般可对其单独照料，所以对使役动物卫生管理较好，常被主人冲洗、刷毛，圈舍也比较干净，再加上自身运动多，对疾病的抵抗能力较一般的农养动物要强，所以疾病比较少，只是有些由于不合理或使役过度造成的疾病方面应多加注意。

我国对农用的使役动物没有作特别的标识，也无登记注册，以农户依靠市场的自身调节为主。在数千年的历史发展过程中，朴素的劳动人民利用自己的勤劳与智慧，在生产实践中，培育出了许多地方农用使役品种。在农忙的季节，这些使役动物价格相对较高，而农闲后，价格就会低一些。这农用使役动物在农忙时辛苦地工作，但在农闲时还可能会被快速育肥，作为肉用动物流入市场。

国内的工作动物，除了农用的使役动物外，还有其他的工作动物，比如说工作犬或是战马等，这些动物相对管理比较规范，有专门的专业人员对其管理，有规范的居住设施，标准的科学合理的营养饲喂系统，定期的卫生防疫，先进的标识。同时这些工作动物有专门的品种培育从业人员，对品种有严格而系统的繁养培育体系。这些工作动物主要分布于国防、公安、检疫等部门，有着不同的工作分工。

2. 国外工作动物概况

在欧美国家，最先发展起来的工业革命已经使得以役用或役肉兼用的畜禽越来越少，基本上不再利用农养动物使役，只是用于一些竞技类活动，或是利用动物嗅觉等来为人类服务的工作动物。而使役动物主要集中在发展中国家，如非洲、亚洲及南美一些国家。

在非洲，传统上使役动物在埃塞俄比亚的综合产量与畜禽生产系统起着很重要的作用，至从公元前 2000 年已有使役动物历史。埃塞俄比亚是典型的撒哈拉沙漠国家，使用役用动物最早，也是非洲第二大农业国。动物役用车交通在 19 世纪后期 20 世纪初才被移民引入，而后逐渐投入使用。

犁牛的使用在 18 世纪末，最早起源于马达加斯加岛，之后在博茨瓦纳与莫桑比克。在经济发达的时候，在一些比较开阔的土地上，犁牛得到很快的发展，在以后的 40 年，尤其是 19 世纪 30 年代，在一些殖民者与私有公司的促使下，在一些以英语和法语为母语的国家用来生产经济作物：花生在布基纳法索、加纳、马力、北尼日利亚、塞内加尔、冈比亚；大米在几内亚，马力和塞拉利昂；棉花在贝宁、肯尼亚、尼日尔、坦桑尼亚、乌干达。这些方案的实施很大程度上依赖于是否能够利于使役动物,因此役用动物的使用大大改进了人们的生活。

第二次世界大战以后,从19世纪50年代,直到20世纪70年代,许多国家逐步将人力与动物使役向机器化转变,但是,大规模的机器化项目因为不适合的配套设施,以及由于维护、修理及高昂的操作费用等问题,难于持续应用,同时油价的上涨及外汇的约束也影响了机器的使用。再加上由于农村的劳动主集中性比较严重,在很多时候,机器的使用效率不是很高,使得成本更高,人们又逐渐向役用动物方向努力,在20世纪70年代至80年代早期,使役动物的应用促进了农产品的增加。

在北非及埃塞俄比亚,役用动物犁地很早便被引入。在这些地区,所有农民都熟悉这些技术,已经发展到了农业生态所需的役用动物的数目了。同时,牛、马属动物及骆驼已经广泛地被作为人类的体力替代者。而在非洲其他国家,犁地只是在近来才被引入,还没有更加普及,因此,役用动物的使用还有待于进一步的发展。

在尼日利亚,工作动物包括马、牛、驴和骆驼。马并不被使用于使役的目的,驴通常被用作通过车运输农产品、秸秆或水,但不用作去犁地,骆驼主要是运输农产品、秸秆或水的工具。牛作为动物挽力的资源,对农业的贡献最大。

驴在北尼日利亚非常普及,尤其在小的农场。它们被用作去运输农产品去市场或是将收获的粮食从田地运送到拉粮车能到达的路边。当农民们卖一些种植品时,也通过驴将这些东西运送到农场去。同时驴也可以运送有机肥,或是运输用来浇灌的水。农民们更愿意去使用驴车,而驴并不用于去犁地,因为驴的蹄子不适合去作犁地的工作。

动物的使役力可以使农民生产不同的农产品,动物能被高效地使用着去拉水,或其他的运输。而限制人们使用役用动物的条件有:有限的投入到农场的资金、干旱或是气候的不适以及不充足的饲养役用动物的能力。

使用动物挽力的有利条件在于它的花费低,它可及时提供役力,它使增加种植区成为更大的可能,而机器并不能到达一些偏远的农场。动物使役在花费、回报上更优越于纯人力劳动或是机械化作业。要普及动物使役,除了有多的役用动物可以利用,同时还要有饲养畜禽传统。有调查表明,在尼日利亚,大多数利用动物使役的人不过30岁,65%的人有一对使役牛,31%的人有3～4只使役牛。62%的人有4～6块分开的大概总的1.5 hm^2 的田地,而役牛的平均价格可以去交换两头小公牛。

尼日利亚的农业发展主要依靠大量小型农场主,主要由他们提供役牛的饲粮。尤其是人口增长的今天,使得人们对粮食的需求更加增加。

气候对农业与畜禽的影响明显限制役牛的分布,在一些较湿地区,舌蝇的分布主要影响马与驴的发展，同时也显著影响牛的分布方式，因此抗锥虫病的畜禽得到了发展，尽管现在在一些西非品种(肯尼亚牛)能够抗锥虫，但这种牛在西非并不能得到发展。

在肯尼亚，随着机械化花费的减少，使役动物已经不再是一些小型农场主的首选，一个动物役力发展项目调查表明，尽管役牛已经广泛发展，但它们并不能有效地使用于农场工作。这些限制主要有：使役动物与农民的培训、可以替代的驾驭技术和传统应用的发展。现在农民使用一整套更适合的役具，利用动物使役在肯尼亚农业中已经占有统治地位。

使役动物在肯尼亚主要包括牛、驴及少数的骆驼。牛和驴遍及整个国家，牛的使用直到第一次世界大战之后才在肯尼亚应用，当时是被南非的一些移民引入，尽管当时肯尼亚的邻国埃塞俄比亚使用役用动物已经有几百年的历史了。

近来的研究表明，肯尼亚在役力的使用方面，牛被用作犁地，一般是 4 头牛一组，但一些农民使用 6 头一组；一般不考虑牛是否适合使役，有什么样的牛就用什么样的牛使役；奶牛不被用作使役，只用来产奶。没有标准的使役培训系统；所有的人都用“V”形的犁，同时也用作去种植或播种；农民在非耕作时节很少使用他们的役牛；驴并不用来做任何种植工作，只用来去驮水、拉柴、运送货物。这就表明，许多的役用动物并不能得到充分的应用。役牛每年利用 120～150 h，这说明一年中只有一个月的时间里每天工作 4 h，而其他的时间里却没有工作。而驴尽管不被用作种植，却被用作平均每天 5 h 的运输。

在非洲国家中，役用动物中牛所占比例大概为 90%，驴占 7%，马占 2%，其他动物占 1%。

第二节　工作动物的种类及保护

一、工作马的保护

1. 工作马的种类

人类数千年来利用马作为交通与战争的工具，随着人类历史上许多次长征与迁徙，各种古老品种的马都已遍布全世界。再加上人们不断以不同品种的马杂交来培育新品种，目前世界上大约有 150 个品种的马，大部分都不是单一血统的品种，而是经由培育之后固定下来的品种。

根据研究，大约在五六千年前，在北欧亚大陆存在有 4 种基本型的马，今天所有各种品种的马都是它们的后代。

在英国与法国,有品种较多的马,例如克莱兹代尔马是强健的拉车马、夏尔马、萨克福马和佩尔什马,均为使役目的所培育。这些动物体重达 1 300 kg,相比较于体形更小的马,它们能更好地完成工作。

相对来讲,我国的马体形较小,主要用于使役、运输或乘坐。现在我国有内蒙古马、新疆马、三河马、伊利马、白龙马等品种,主要用于乘坐或运输。

2. 工作马的保护

尽管不同的马有不同的照料方式,因为它们都比较强壮,马是比较容易照料的。但如果没有有规律的照料,它们的身体状况也会不好,同时,它们与人有较多的接触,也需要健康的身体。

对马的保护,在时间与金钱上需要付出很多,必须提供适合的马厩,要求干净,且有各种马的所需。基本马的照料包括有每日的饲喂,饮水,每日的练习,定期的药物及疫苗等内容。专门的照料可能会更有利于马的健康,马将会更好地为人类提供一个工作伙伴、宠物或是用于娱乐消遣。

(1)马的饲养工作环境　马要求有一个好的马厩去保护它们对付恶劣的天气,它们需要夏日里有阴凉,冬日里免受寒冷,这样马休息的地方可以是谷仓、树,或是小的阴凉地,这由气候所决定。如果是小的马亭,不应该小于 144(12×12)平方英尺,因为马需要转向,同时需要有足够空间去运动练习。栅栏应该及时修补,尽可能不要用有刺的铁丝网,因为马会为其所伤。草场或是畜棚区应该每隔几周去检查有毒的植物,以确保马不会吃到。门应该是安全的,最好是用链子去固定,因为马知道如何去打开它。如果一匹马被系于污泥或是沙中,它应该使用一些受限制措施以确保它不能吃到掉在地上的食物,这将减小对沙的采食,而采食沙将导致沙疝气。

(2)马的照料及饲喂　应该给予马持续的清洁的水、盐和矿物舔石。如果马是放牧的,那应该尽可能多地提供这些物质。尽可能一天两饲,早晚各一。马的食物主要是精饲料和干草,如果一个马在草地上,就不需提供干草。干草的数量与种类有赖于马的类型及马的使役程度,所以最好的方法是去咨询当地居民,或由兽医去决定什么样类型的干草适合什么品种的马。务必不要去饲喂高蛋白含量的草,如果马食用了大量的蛋白,而不去练习,这样可导致蹄子的问题。常常应该在使役的时候用两种干草混合饲喂去平衡采食,比如干草和高热量的紫花苜蓿。在饲喂谷类饲料多,而没有足够的使役,那么马容易得类似蹄叶炎的蹄病。马要远离燕麦和甜食,因为它们富含热量,让马兴奋。根据马的使役程度,调整适量的谷物。如果想给马增加体重,可以补加玉米油到谷物里。这些东西对于皮毛、关节或蹄子有很好的营养作用。切勿在使役后直接去饲喂马，这样可能会导致马消化道上的不适。

(3)马的刷理　马应该被有规律地刷理，这样可有助于保持良好的皮毛，还可以借此机会检测马的扁虱及健康状况。马蹄子应该被检测，以免有鹅卵石嵌入到蹄底的蹄缝中，在蹄底部看上去如果呈白色，马可能有霉菌，如果常常站在泥中可引起这种菌的生长。这种霉菌通常当马走到干的地方时会消失，有时除去这种霉菌需要借助于一些抗霉菌的药。

(4)妊娠马的照料　马的妊娠时间为11个月。照顾一匹妊娠马非常重要的。期间，母马应该有适应的使役，直到妊娠的最后两个月前结束，同时长距离行走对于母马保持健康很重要。好的营养也非常重要。妊娠期间，母马需有足够的粗饲料，并适当给予一点维生素，同时在产仔前4～8周，给母马注射破伤风针，这样这种免疫可以传送给小马。在预产期两周前，母马应该转至舒适的马厩。马厩要足够大，能让它生仔。除了适当的稻草，还要远离冷空气。

(5)马的行为　马是群居动物，如果在一个马厩里有很多马在一起，它们将建立一个等级制度。而领导将会是一匹母马。有时马之间的相互踢咬的事常有发生，但如果一匹马踢其他马太多，则应该分开。在一个牧场，马总是成群地采食，它们轮流作看守。如果是同一个牧场的一群马，它们在一起采食没有问题。但如果不是同一牧场的马，当它们同时饲喂干草，好的办法是几个饲养员分散开去喂马，以便于使每匹马都能采到足够的食物。也可以在饲喂的时间带马去马厩进食。马不喜欢离群，因此当人在骑着它们的时候，它们会不情愿离开，这对于一个乘坐者来说是件非常恼人的事情，因为马常会停停走走，而被虐待的马更渴望回到马厩。这就应该教他们习惯离开其他的马，同时不再返回到马厩中去。

二、工作牛的保护

役牛因为力气大，性情温驯，因此在农村是重要的农业役用动物。

1. 役牛的主要品种

使役动物中役牛是主要的耕种承担者，大部分地区的役牛主要分为3种，一种是普通的牛，一种是水牛或瘤牛，在高原地区还有牦牛。水牛与牦牛所占的比例比较小，这主要是气候原因造成的。水牛主要在雨量充沛的地区，可以用作耕种水田等工作，在世界少数的国家与地区，水牛比例超过50%的国家较少，只有越南、巴基斯坦、埃及以及东南亚等一些国家，在印度所占比例大概在25%～50%，而在中国、伊朗及哈萨克斯坦等国，所占比例为10%～25%。而牦牛主要在高原地区，特别是喜马拉雅山区的居民，可以使用牦牛做许多的山区高原的农役工作。牦牛主要分布在青藏高原，与青海、西藏交界的甘肃、四川、云南、新疆等省、自治区的山地。另外，前苏联、蒙古、阿富汗、尼泊尔、印度也有牦牛。我国牦牛约有 1 400 万头，占世界牦牛总数的 90%。牦牛对缺氧太阳辐射强烈环境适应性强，耐寒怕热，对高山草原低矮牧草有适应性，因而是青藏高原主要的驮、乘畜。

2. 役牛的保护

(1)饲喂不可过于单一　否则容易瘤胃积食，引进胃部膨胀。

(2)加强饲养　开春时，役牛一般体质差，因为经过漫长的冬季的粗放饮料，恢复体质需要较长的时间，而这里正值春耕大忙，所以要加强对耕牛的饲养，增强其体质，加强营养，可加草增料并科学喂养。俗话说："早喂喂在腿上，迟喂喂在嘴上"、"闲时没得食，农忙哪有力"，说明提早喂好役牛的重要性。在使役时，应按照耕牛的年龄、公母、强弱等情况，进行科学配给。有病的牛、刚配种的牛、临产的母牛，均不宜使役。怀孕初期、中期和哺乳母牛，要轻使役，而且要做到不上陡坡、不赶急路、不打头部、不打冷鞭、不急转弯，以防流产。同时，从农闲季节进入农忙季节，应在生产季节开始时，按从轻到重、从少到多、从短到长地逐步进行，不要一下子给耕牛负担过重的劳役，以免损伤牛的健康。俗话说："不怕千日用，只怕一时劳"，就是这个道理。进行科学使役，避免劳伤现象发生。否则，就会影响春耕生产的正常进行，还会对牛形成伤害。

(3)耕牛在越冬时，要平衡营养　除农作物秸秆和青贮料外，还需辅以精料，可以用糠麸、饼类和玉米煮了饲喂。一般成年牛每天精料 1.5～2 kg，并经常补喂胡萝卜、大麦等含维生素的饲料。同时每天补饲 10～20 g 骨粉，10～15 g 食盐。每天应供以温水。同时对牛舍做好防寒通风，清洁消毒，湿度要求尽量不超过 60%。同时在冬天可以寻机放牧，多晒太阳，在牛舍内可以点上电灯。同时在冬天应该合理使役，适当运动，以免产生逸伤症。

(4)增加饮水量　夏季农村比较繁忙，役牛的使用频率高，而此时气候炎热。所以在夏季劳役时，要增加饮水量，水质要干净凉爽，每千克体重每天喂 20 g 食盐。每工作 1～2 h，要休息 30 min。每工作两天后应该休息一天。气温较高时，不宜使役，在较潮湿地区，不宜工作时间过久，发现牛气喘、出汗、四肢不灵活时要即时休息。

(5)冬天不可在低温下长时间使役　役牛在冬天耕地时，在渍水烂泥中使役过长，易患上肿脚烂蹄病，所以不可在低温下长时间使役，同时使役后就清洗牛脚，并用抹布擦干。

(6)农忙使役注意事项　在农忙时，使役牛工作量加大，常因牛轭粗糙或使役不当，造成牛肩被磨破。所以牛轭应选用较软较结实的物质填充，牛肩磨破后要及时处理，以免感染。

(7)秋季使役注意事项　秋季是大牲畜使役最繁的季节,同时也是牛、马、驴等大牲畜最容易流产的季节。因为一般情况下,大牲畜都是在春季配种,到秋季已怀孕6～7个月。此时母体中的胎儿开始迅速发育,如果这时对怀孕母畜的饲养管理不当,很容易导致胎儿的生长发育受阻,甚至造成人为的流产和疾病。因此,秋季要特别注意怀孕母畜的管理,具体的应注意以下几点:增加营养;在饲养使役中,必须做到料净、草净、水净、圈净、畜体净,以防止病原微生物侵犯畜体,还要注意不喂凉冷的饲料,如霜草、露草等;合理使役,在使役时,不要用孕畜驾辕,不跑长途或干重活,使役做到勤干勤歇,如果孕畜疲劳过度,容易引起体内二氧化碳聚积,造成耗氧过多,致使胎儿得不到充足的氧气和营养,从而导致流产;控制饮水,不能空腹饮水,使役后不要马上饮水,要特别注意防止暴饮,暴饮会引起肠胃痉挛、引起子宫收缩,造成胎膜血管破裂而造成流产;还需预防疾病;另外可以适当地采用药物保胎。

(8)役牛调教注意事项　在役牛的调教时,黄牛一般在1.5～2岁时开始调教,水牛一般要晚半年,调教过程中要做到人畜亲和,胆大心细,温和耐心,正确接近,循序善诱,因役训练。不可使用暴力,乱发号令。

(9)穿鼻注意事项　役牛一般都要进行穿鼻,部位应选择在鼻中隔前部位最薄处,选在软骨处伤口难愈合,而选在鼻中隔前部则容易造成缺鼻。同时刚穿好鼻圈的小牛,须经10～15 d恢复后才可牵引使役,以免伤口发炎。

(10)牛套要合体　牛的套具要合牛体,枷的大小与角度要合适,套绳长短要调节好,犁耙要配套,以提高使役效能,避免损伤役牛。

三、工作大象的保护

大象是世界上现存最大的陆栖动物,主要外部特征为柔韧而肌肉发达的长鼻,具有缠卷的功能,是象自卫和取食的有力工具。长鼻目仅有象科1科共2属2种,即亚洲象和非洲象。亚洲象历史上曾广布于中国长江以南的南亚和东南亚地区,现分布范围已缩小,主要产于印度、泰国、柬埔寨、越南等国。中国云南省西双版纳地区也有小的野生种群。非洲象则广泛分布于整个非洲大陆。地域不同,大象的体型、身体比例、颜色不同。最大的大象位于北印度与南尼泊尔,且所有的大象均为一致的灰色。而在泰国,大象较小,而且有桃红或白色的斑块位于前额,或鼻子,或耳朵。大象有一种是白象,很少见。象喜欢群居。妊娠期长达600多天,一般每胎1仔。非洲象长鼻末端有2个指状突起,亚洲象仅具1个;非洲象耳大,体型较大;亚洲象耳小,身体较小,体重较轻。大象的嗅觉和听觉都很灵敏。最近研究表示大象可使用次声波进行远距离交流。

1. 大象自然特性

象的鼻子是身体最为敏感的部分，将鼻尖放到另外一只象的嘴边，这是非常友好的示意，表明它们相互信任。如果大象从小就被允许它们相互接触，那么这样更有利于被训练成为友好的使役者。生长的大象每天吃 150～300 kg 的植物，因饮食中的水分不同，饮用不等量的水，如果食料是干的，大象需要 100～200 L 的水，如果大象吃的是新鲜的蔬菜，饮水则会少很多。亚洲象是灭绝的猛犸象最近的亲缘，毛依然能被看到，尤其是青年象部比较明显。

大象有丰富的社会行为，许多友好的交流通过不同的鼻子接触表现出来。高声的叫是群体的社会信号的一种交流，而低的声音一般人听不到。

理解大象的自然行为，可以帮助我们弄明白它们被圈禁时的行为表现。有些时候，大象因为往自己身上洒尘土而受到体罚，是因为当大象身体感觉热时，它会往身上用鼻子洒水，用来降温，但是旁边没水的时候，它就会用尘土洒到身上以保护自己不受热的烧烤。

2. 工作大象的概况

大约有 1/3 的亚洲象被用于使役，无论在野外或是工作，大象是最聪明的陆地哺乳动物，有着复杂的社会行为与关系。亚洲今天有大概 15 000～16 000 头的使役象，分布于十几个亚洲国家。最多的使役大象分布于印度、缅甸和泰国。

背驮游客是象最为平常的工作，其他的工作不同的国家有不同的使役情况，一些国家用大象作为宗教的庆典，有一些作为表演。大象也用作伐木，也有用作去保护自然保护区。

大象用于自然保护包括很多的任务，包括非法狩猎巡逻、追捕狩猎者、保护科研人员及不同的营救任务。这些大象每天穿过尼泊尔等区域去保护印度白犀牛。许多南部的尼泊尔国家公园及其他国家，大象是唯一可行的适合各种地形的交通工具。

3. 工作大象的保护

大象在许多地区是作为一种神圣之物，因此这些地区的大象就受到好的待遇。傣族先民居住的地方都是适宜大象生息的热带地区，他们很早就掌握了驯养、使役大象的技能。自古以来，大象既作为他们的交通工具，也用来代牛耕田，一直在傣族社会生活中占有重要地位，被奉为神圣之物。

尽管大象有厚厚的皮肤，这并不意味着它们被体罚时感觉不到或是很少感觉到痛。如果大象的生活相当的压抑，那有时会发生相互咬伤的行为。但在一些地区，如东南亚地区，象作为使役或是表演时，常常会在训练中加入一些粗暴行为，进行体罚的训练，比如象夫会手拿一个刺棒刺大象的耳朵，因为大象的耳部皮薄，这样大象更容易痛，在这种刺激下，大象的耳朵常常会旧疤上加新伤，有时会将象的耳沿刺穿，有时留下很多的豁口，残不忍睹。在一些国家，如泰国，有一种错误的认识，他们认为大象的眼睛如果被刺瞎，将会更容易去控制，因此很多大象被人为地刺瞎。

4．科学合理的训练对大象的保护意义重大

大象在训练的过程中，很多时候加入了体罚，这样不仅对大象造成伤害，而且有时使得大象对人类进行报复，反过来会对人造成伤害。一种积极的培训方法是基于科学与实践基础上建立起来的技术，分为奖励、加强与放松、定型与习惯。通过一种科学的方法可以使象夫的安全与大象幸福得到和谐统一。增加安全性最大的受益者是象夫，而大象没有受到疼痛时，对人的攻击是非常少的。因此好的训练方法可以在雄象狂暴与兴奋的时候挽救象夫的生命。训练方法得当，可以更有效地减少大象与人的对抗。

象夫在很多国家都普遍存在，一些象夫是温柔的，而有一些象夫在训练过程中借助于不必要的粗暴。象夫需在合适的时间给出清晰的指令，同时象夫应该学习如何去激励大象在任何环境下去执行命令。这样象夫就在控制大象时免受痛苦，同时大象能很快掌握技能，会可靠准确地完成任务。如果象夫熟练应用奖励与加强放松，那么对大象就不需用类似于体罚的惩罚措施。

训练动物的关键是使动物将听到的口令与要执行的任务联系起来。在一种好的训练技术下，可以使得大象免受疼痛，也不会受伤，减少了大象的恐惧及对人的反感。而对于兽医来讲，经过好的训练技巧训练的大象，它会更愿意配合兽医去采血，或是类似于清洗大象鼻子这样的医疗行为，因为它对人有一种信任感，所以会配合很好。注意在训练大象时，在不同的时候，不同的环境要用不同的方法。大象的友好训练非常重要，在一些使役的地区，或是在一些动物园，都有使用友好训练的训导员。

训练与驾驭大象是一件危险的职业，因为在印度喀拉拉邦，每年有 60 个象夫被象所杀，许多死亡出现在一只雄象的发情期。然而这些侵略性起源的最显著的原因是来源于体罚的训练。如果使用非体罚的训练大象方法，就可以增加象夫的安全性，同时也会让象夫与大象有一个更深的友好关系。

一头雄象一旦性成熟，这个阶段称为性狂暴期，这时睾酮会明显比平时高，会表现得更加好斗，侵略其他的雄象。一个明显的性狂暴的信号是一种黑色的液体(temporal glands)会从他的腺体中流出。同时，这头象会增加对人的攻击性，如果象先前接受的是体罚的训练，那么这时对人进行侵犯的可能就会大很多。

四、其他工作动物的保护

1. 骡的保护

由于骡是驴与马的杂交后代，所有体现出了杂种优势，它使役力好，容易饲养，因此在许多农村地区作为一个很好的使役动物。骡属于哺乳类奇蹄目动物，有"马骡"与"驴骡"两种。"马骡"是雄驴和雌马交配所产的杂种。马骡与驴骡在外貌上虽有差别，但常难区分。"驴骡"是雄马和雌驴交配所产的杂种，体力比驴强，性情温顺活泼，寿命比马和驴都长，抗病力、耐力以及适应环境的性能都很强，常用来拉车和驮载。骡一般没有生殖能力。

它们的体格大小决定于双亲的体尺，但受母体影响较大。一般的骡体高130 cm左右，大型骡为140～150 cm。大型母马或一般母马用大型驴交配都能产生大型骡。

骡子生长发育快，耐劳易养，耐粗饲不易得病，使役能力强于马、驴、牛，养骡子是发展畜牧业使役畜种的重要组成部分，过去与现在对我国农业、运输业乃至国防上都起到了重要作用，在全面实现农业现代化的今天，仍是交通不便地区和偏远山区不可缺少的交通运输工具。

如何根据骡子的特点充分发挥其使役效率又能很好地保护骡呢？

①量力定活、定时、定速度，防止过度劳累。在正常饲养和平常速度下，耕地、驮运、拉车，每天使役以不超过8 h为宜。

②根据畜力情况和工作轻重，安排使役，合理配套，使役中要让其有规律地劳作和休息。饲喂后休息半小时左右再使役，使之恢复体力。

③使役时要由慢到快，停役前也要减速。驮鞍两侧的重量要均等，装卸货物时动作要轻，以防鞍伤。运输在上下坡时要缓慢，防止前失和滑车，损伤肢蹄；耕地时犁要正、要稳。地垄较长时，途中可休息片刻。冬季使役后不可随后就卸下鞍褥，待落汗后卸下，免受凉。卸套后，慢步溜达，随之散热消汗。决不可将出汗的骡子立即赶到较冷的厩舍和阴风之处，以防感冒。

④每次使役后，要进行全身查看，有否踢伤和创伤，发现应及时治疗。

养骡较多的国家有中国、墨西哥、巴西、埃塞俄比亚和摩洛哥等。驴骡也以中国最多，而其他国家很少。

2. 驴的保护

驴一般性成熟早，一般在12～15月龄表现性成熟。公、母驴约在2.5岁可配种。母驴发情特征明显，一生能产驹10头左右。公驴性欲旺盛，精液品质好，除作纯种繁殖外，还可用于改良其他地方品种驴。以德州驴为父本，与蒙古、新疆等地方品种的母马交配，所产的骡质量好。

我国驴的品种约在30种以上，其中优良品种产于山东省，关中驴、德州驴、佳米驴、泌阳驴、广灵驴、河西驴等久负盛名，体重为250～290 kg，身高1.1～1.3 m，拉载重量达250～350 kg，日行30～50 km，是农村特别是山区、半山区、丘陵地区短途运输、驮货、耕田、磨米面的好帮手。驴可耕作和乘骑使用。每天耕作 6～7 h，可耕地2.5～3亩。在农村还可乘骑赶集，适于山区驮运及家庭役用。

驴的病害相对于骡马牛羊少，特别是胃肠道疾病比马少。一般只需做好免疫、栏内经常保持清洁干燥、保持适应的光照、通风及饲养密度。驴极少生病。驴受精率和产驹率均为90%，育驹率和育成率达到95%。驴自然生态适应性广，耐热耐渴。饮水量少，耐寒性差。在干热地区分布较多。我国广大农村亦可以规模饲养。

驴奶价值也很高，驴奶与人奶极为相近，营养成分比例几乎占人奶所含成分的99%，是人奶的最佳替代品；且驴奶具有滋润皮肤、改善面部环境的作用。

(1)役用驴饲养管理要点　驴胃的容积与身体比例，与牛、羊相比小得多。其胃平均绝对容积只有3.5 L，对粗饲料消化能力比牛、羊差，加上胃与食道相连的贲门部分狭窄，食物不能呕吐，若喂得过多过急，就会引起消化器官疾病。因此，喂驴的饲料应体积小，营养多，易消化。毛驴具有嘴小、吃草细、咀嚼慢等生理特性，因此，喂的草料要铡细、粉碎，饲喂时间需要长些。要坚持喂盐，每头日喂盐量不少于35 g，驴最忌阴冷潮湿，圈舍必须清洁、干燥，空气新鲜。夏季每天清除舍内粪便，垫上干土或干沙；冬季最好铺上垫草，舍温应保持在8～10℃。

(2)使役技术　要做到量力定活、定时、定速度。驴驮载或拉车时，每小时保持3.5～4 km，每天工作以8 h为宜。按畜定役，合理配套。把年龄、挽力、速度相近的驴，搭配一块使役，力量发挥均衡，使役中间可休息半小时再使役。使役开始宜慢，逐渐加快，临近结束前，再逐渐变慢，以至停止；用于驮载时，驮鞍两侧重量要均匀，途中随时紧一紧肚带，防止滚鞍、鞍伤等。

(3)搞好役用驴品种保护与改良　驴在全国繁殖区域最广，饲养数量也多。但是体躯低，多在110 cm以下。体质粗糙结实，四肢强健，蹄质坚硬耐磨，羊肠小道也来往自如。具有适应性强，耐粗饲，耐劳苦，繁殖力强等优点，但体力单薄，尚不能满足农业生产和运输的要求。因此，要积极搞好毛驴的繁殖改良工作，可增加养驴的效益，首先，要引入优良大型驴种，如关中驴、德州驴等。驴驹出生后半个月左右，就可以进行补饲驴驹，可用麸皮、大麦粉用热水调成粥料来喂。开始每天喂150～200 g，到2月龄时逐渐增加到0.5 kg。每天坚持喂食盐、石粉各10～15 g。有放牧条件时，最好让驴驹跟随母驴一起放牧，能促进驴驹生长发育。

3. 役用骆驼的保护

在很多国家，骆驼是重要的使役动物之一，它可以在沙漠等地区为人类工作，因此有“沙漠之舟”的说法。骆驼是偶蹄目骆驼科骆驼属，分单峰驼和双峰驼。单峰驼只有一个驼峰，双峰驼又称大夏驼，有 2 个驼峰。骆驼四肢长，足柔软、宽大，适于在沙上或雪上行走。胸部及膝部有角质垫，跪卧时用以支撑身体。役用骆驼虽然是人工饲养的畜种，但是从它生活的环境和条件讲，与其他家畜最大的区别是骆驼几乎处于野生状态，自然环境对骆驼的影响远远大于人为因素。因此骆驼是荒漠地区生态系统中重要的组成部分，与荒漠草原和谐共存。骆驼有一种独特的步态，同侧的前后肢同时移动；具有两排睫毛以保护眼睛，耳孔有毛；鼻孔能闭合，视觉和嗅觉敏锐，这些均有助于适应多风的沙漠和其他不利环境。经过恰当训练和管理的骆驼性情温顺，但也容易发怒，尤其在发情期。发怒时口喷唾液，并会咬人、踢人，十分危险。骆驼约在 4 000 万年前原产于北美，后来其分布范围扩大到南美和亚洲，而在其产地则消失了。传统上骆驼被用作重要的驮畜。虽然双峰驼行进速度仅为每小时 3～5 km，但能长时间地背负重物，每日可行 50 km。单峰驼腿更长些，人骑坐时能保持每小时 13～16 km 的速度可行走达 18 h。

骆驼能以稀少的植被中最粗糙的部分为生，能吃其他动物不吃的多刺植物、灌木枝叶和干草，但如果有更好的食物，它们也乐意取食。食物丰富时，骆驼将脂肪储存在驼峰里，条件恶劣时，即利用这种储备。驼峰内的脂肪不仅用作营养来源，脂肪氧化又可产生水分。因此骆驼能不食不饮数日，据记载，骆驼曾 17 天不饮水仍存活下来。骆驼体内水分丢失缓慢，脱水量达体重的 25％仍无不利影响。骆驼能一口气喝下 100 L 水，并在数分钟内恢复丢失的体重。冬季，骆驼生长出蓬松的粗毛，到春天粗毛脱落，身体几乎裸露，直到新毛开始生长。雌骆驼每产一仔，哺乳期一年。骆驼的寿命为 30～40 年。

中国是世界上双峰骆驼主要产地之一。全国约有骆驼 60 万峰左右，主要分布在内蒙古、新疆、青海、甘肃、宁夏等省、自治区约 110 万 km^2 的干旱荒漠草原上。以内蒙古自治区为最多，约占全国骆驼总数的 67％，新疆维吾尔自治区次之，占 20％左右。从分布区域的广度看，以新疆维吾尔自治区分布最广。

从分布的生态地理规律看，则是由草原带向荒漠带过渡，荒漠化程度越高，其数量也就越多，即从内蒙古自治区的东部向西部，骆驼的数量逐渐增加，直到阿拉善左旗、阿拉善右旗、额济纳旗等草原荒漠化程度较高地带，乃是我国骆驼最集中的产地。这一地域约有 25 万 km^2，共有骆驼 24 万余峰，占全国骆驼总数的 40％左右。骆驼在世界地理上，根据它分布的地理区域气候条件，可分两个明显的类型，一种是亚洲北部寒冷沙漠地区的双峰骆驼，一种是非洲阿拉伯炎热沙漠区域及印度北部干旱平原上的、占骆驼总数90%左右的单峰骆驼。

从数量看，全世界大约有单峰、双峰骆驼约1.699万峰左右，其中以非洲数量最多，约占全世界骆驼总数的71.75%，亚洲次之，约占26.9%欧洲，大洋洲仅占1.35%。

从分布的国家看，全世界共有23个国家中有骆驼，其中总数在290万峰以上的国家有苏丹、索马里；95万峰以上的国家有印度、埃塞俄比亚；50万峰以上的国家有中国、蒙古、毛里塔尼亚和巴基斯坦；20万峰以上的国家有尼日尔、肯尼亚、阿富汗、伊拉克、苏联和摩洛哥。

(1)饲喂的方法　根据体格的大小、劳役的轻重、营养状况，以及放牧情况等，决定喂草、喂料的数量。畜力运输站的骆驼由于使役过重，放牧时间少，主要靠人工喂草喂料。在冬、春两季，对于终年放牧的怀孕母驼、哺乳母驼、幼驼以及种公驼等，也应适当补给草料。一般每天分3次喂给，日间在工作前和工作后以喂精料为主，少喂些粗料，晚上则以喂粗料为主。食盐和骨粉由骆驼自由取食。舍饲期间，每日饮水应让它饮足，要照顾到它的特性，不宜很快把它牵开。

(2)保护骆驼的生态学价值　骆驼是软蹄动物，蹄面积大而压强小，对草场践踏程度小，踩过的小草依然能正常生长，这对于维护荒漠地区脆弱的生态平衡有重要作用。骆驼牙齿坚硬，咬肌发达，所以能大量采食粗硬的灌木、顶端有针刺的植物。驼峰还是沉积脂肪的仓库，当食物充裕时保存脂肪，当食物不足时供应机体需要以保证骆驼耐饥饿，适应荒漠地区植物贫瘠和四季供应不平衡的环境。

与其他反刍动物相比，骆驼具有很高的杂食性。喜欢采食其他家畜不愿采食的带有刺、毛、强烈气味和盐碱重的菊科、藜科类植物，可采食草本植物、灌木、仙人掌和枝条，有时为生存必须吃富含纤维素和纤维而蛋白含量很少的植物。在采食过程中，一般边选边吃，留给植物充分的再生机会。

骆驼还采食一些成熟的牧草种子，种子在其消化道内经过一系列的生理生化反应，种皮发生改变，从而有利于发芽，并随着骆驼粪便的排出使植物种子得以传播。这种现象说明骆驼与荒漠草原的植物之间具有互相依存、互相利用的关系。

骆驼在长期进化中，适应了沙漠这一极端缺水环境，形成了独特的适应性，既保证了体内"贮存"大量的水，又保证了体内水分不至于过度散失，从而有效地解决了"水"这一沙漠动物生存所面临的最为突出的矛盾。

(3)保护骆驼的经济价值　起初，骆驼主要用来作为人类在沙漠中重要的一种交通工具，据报道，骆驼最多负重达250～300 kg，适于长途跋涉。骆驼的毛和皮也可以用来制作毛毯、地毯、垫子、帐篷和一些手工艺品。人们还可以用骆驼来娱乐，如在沙漠地区举行骆驼赛跑、骆驼高尔夫、骆驼摔跤等。在中国、蒙古国和俄罗斯双峰驼主要用来产驼绒。

尽管单峰驼作为乳用约公元前3000年就被驯化，主要用来产乳，但是骆驼作为食物来源直到现在才被人们接受。对于干热季节长达8多个月和降雨很少的荒漠地区来说，骆驼是理想的家畜。骆驼不但可作为役畜也可以为当地居民提供乳肉制品。尽管驼乳的产量在不同的生态和饲养管理条件下有差别，但是在同样的干热环境下却比牛更适合于作为产乳家畜，比牛能更好地为人们提供食物，更有助于当地牧民渡过漫长而炎热干旱的季节。另外，由于干旱地区居民的饮食结构中，绿色蔬菜和水果所占比例很少，而驼乳中高含量的维生素C、烟酸，这些具有重要的营养价值，在平衡饮食结构中发挥重要作用，所以驼乳也是生活干旱和半干旱地区农牧民非常重要的营养来源之一。

驼乳是干旱荒漠地区牧民基本的生活来源，成为当地牧民奶食品的重要来源之一。驼乳除用于奶茶外，还可以做奶油、干酪、酸奶等。总之，骆驼在当地牧民的生产生活和经济结构中占有重要地位。

(4)带羔母驼的饲养管理　母驼产羔后的最初几天，母性很强，常因守羔而不吃不喝，不愿远离，经驱赶后，勉强离羔，又总是几步一回头，频频眸叫，不安心吃草，膘情急剧下降。因此，产羔应准备足够的饲草料，予以补饲。首先，产羔母驼群，在天气炎热到来之前，即五月份以前，应作好转场，在天气炎热以后，就不能再远距离移牧。否则，会由于母驼留旧草场，采食减少，泌乳量下降，而影响驼羔的生长发育。其次，产羔母驼应每日饮水一次，在遇到风雪、雨天时，应将乏弱母驼的背上，搭盖毡片，以防御风寒，可不予饮水。产羔1个月后，除风、雪、雨天外，可让母驼带领驼羔，在附近放牧，归牧后应将驼羔进行系留，以防夜间母驼带领驼羔自行远离。产羔后3～4周，可剪去母驼的嗉毛、毛和肘毛。带羔母驼的被毛脱落，较其他骆驼迟，收毛时应先收四肢、腹下颈部和体侧毛，背部毛待到小暑后收掉。

(5)怀孕母驼的饲养管理　培育生产性能较高的骆驼，必须从胚胎期着手。怀孕母驼与怀孕母马一样，最易发生流产，尤其是怀孕6～7个月以前，往往由于惊吓、猛赶、拥挤、猛力打击头部和腹部、公驼的爬垮、异外的声音、役后立即吃碱柴、脱毛后受暴雨刺激，以及冬季空腹大量饮水等的刺激，而引起子宫强烈地收缩，发生流产。所以，对怀孕母驼的管理，应从这些方面作好保胎工作，为了作好这一工作，重要的是应对配种14 d后表现拒配的母驼，及早地进行早期妊娠诊断，凡是被确诊为受孕的母驼，都应细心护理，特别是4～5岁的青年母驼，常因性情活泼、好动，较易流产。

母驼怀孕后，应尽量减轻使役。一般在受孕15 d时则可做轻微的劳役，5个月时不能连续使役超过2周，6个月后可做零星的劳役，10个月后应停止使役。

初产青年母驼常常在临产时行动异常,突然离群,自寻产地,因此应密切注视,严加管理,归牧后可拴系或关入驼圈。此外,还应避免在有毒牧草的草场上放牧。

(6)使役过程中避免驼鞍伤 驼鞍伤主要由于鞍具不当,构造不良,装载失宜而进行长途驮运、骑乘等原因引起。

(7)合理发展养驼业 养驼业在开发荒漠和半荒漠土地中有重大的意义。骆驼具有如下经济性状,即高产奶量、役用性、产肉、产毛及对荒漠条件的适应性、驼蹄的结构使骆驼不至于破坏牧场的植被。骆驼能放牧育肥,并且能在驼峰上沉积大量(100~150 kg)脂肪。沉积的脂肪可用来应付意外情况,即在食物和饮水不足时加以利用。驼峰中沉积的脂肪消耗很快,在放牧饲养条件下恢复驼峰中的脂肪需要 3~4 个月。只有膘情好的骆驼才具有生理学的完全性,能抵抗外界环境的不良作用和传染病。全年内在良好的营养条件下饲养,是养驼业有效经营的基本条件。

五、工作动物有关的法律法规

自从人与动物相处以来,人们就试图利用法律的手段去保护和减少对动物的伤害。从最早的英国的 1876 年的产生的《动物虐待防止法》以来,各国产生了许多种与保护动物或动物福利有关的法律、法规。但有关役用动物或是工作动物的法律一直是空白,最早产生的是 2004 年由英国下议院环境食物及农村事务委员会出台的《役用动物福利法案》。

《役用动物福利法案》主要有以下一些内容:

(1)此法案的目的是保护由人类所役用的,以及由个人或团体所收养的动物。

(2)此法案明确规定了方案所指动物的范围:所有除人类以外为个人或是单位团体所养的脊椎动物、起初由人饲养后外逃动物、或暂时由人或单位团体所养的野生动物。

(3)此法案明确规定如果有人或团体没有正当理由获得管理部门允许,而使动物受到不必要的侵害,或对动物没有给予合理的照顾使动物受到侵害或生病,这种行为是违法的。

(4)此法案明确规定个人或团体不得从事动物格斗等行为,包括提供格斗场所、提供动物格斗资金及宣传、观看动物格斗、对动物格斗下赌注等,这种行为是违法的。

(5)此法案明确规定个人或团体确保动物福利,需合适的生活环境、适量的食物饮水、表达正常行为的环境、需同其他的物种分开、得到合适的安全疫病疾病疼痛等的照顾,否则是违法的。

(6)将动物出售转让给低于16岁以下的人是违法的。

(7)动物不得作为一种奖品而进行奖励行为。

(8)对动物标记或是牵引等需进行合理的改进。

(9)不得约束动物听、嗅、看、发声及其他行为,如是动物特殊需发给一定的许可证。

(10)检查员行使此法令,检查员有权在不做警告的情况下搜查动物所有人的处所,或将动物移到安全的地方,且动物转移过程中及饲养发生的费用由动物主人承担。

(11)检查员可以对正在受虐待的役用动物强行阻止、没收,并对虐待动物者予以警告、拘留、罚款等。

(12)检查员认为合理的情况下,可以杀死动物。

此外,法令还规定了违反该法令所应受到的处罚。

第三节 工作犬的保护

自从犬选择了在人们的居住地周围生活,就决定了它们必然要为人类服务。起初它们只作为看门护院或是伴侣,后来又协助狩猎成为猎犬。牧羊犬最初就是警戒犬,后来成为牧羊犬。在整个北半球,犬作为使役动物拉车和拉雪橇。几个世纪以来,犬在军事上也有非常广泛的用途。当今犬又有了新的作用,经过特殊训练的犬能为盲人领路,为聋人听声,帮助残疾人,以及在机场搜查毒品和参加救援工作。

一、工作犬的种类

1. 搜救犬

搜救犬是最受人们尊敬和赞扬的犬的热门职业之一。因为搜索与救援工作往往直接关系到挽救人类的生命或财产安全,因此搜索与救援犬(以下简称搜救犬)的工作就显得意义重大,在突发性灾难救援工作中发挥着突出作用。搜救犬的历史可以追溯到公元950年,在瑞士和意大利边境的一个修道院,一个修道士训练了一只犬,帮助救护了很多在该山区遭遇雪灾的人们,该犬成为历史上的第一只搜救犬。其后300年间,有记载表明搜救犬仅在该地区就挽救了2 500多人的性命。

搜救犬的工作范围非常广泛,包括在自然灾害现场搜索与救援失踪人,比如地震废墟,建筑物倒塌,雪崩,山上及水面等各种现场。根据救援环境又可分为山地救援和水上救援及陆地救援。搜救犬还要承担某些犯罪现场的搜索与救援工作。详细包括：寻找在山里失踪的野营者、猎人、游客等；寻找走失的精神病人；寻找失踪儿童；寻找可能埋有人的怀疑区域；寻找埋有人的雪崩现场；寻找可能埋有人的倒塌建筑物现场；辨认物品(比如在某犯罪现场发现一件衣服，被怀疑为犯罪人丢下的，可让犬先闻一下，然后让犬指出哪个嫌犯和那件衣服有同样的味道)。

2. 消防犬

犬在英、美、日等发达国家已广泛应用在消防工作中，被称为“消防犬”，它弥补了碳氢化合物探测设备造价高、操作困难、易损坏、不灵活，对大面积火灾现场搜寻时间长、效果差等不足。消防犬主要用于化工、坍塌事故、自然灾害等所有消防人员不能直接涉足的灾害事故现场对被困人员进行搜救工作。

据研究发现，消防犬的训练难度与警犬不同，警犬是借助被追捕者味道进行追踪，而消防犬是在完全没有遗忘物或足迹等的情况下，依靠空气中所漂浮的气体味道，在废墟等环境中寻找生存者或尸体。消防犬主要对坍塌现场被困人员进行救援及对过火现场遇难者遗体进行搜寻。一般来讲，消防犬必须要经过至少 200 多个工作日的专业培训，并经过专业考核合格后才能投入备勤。

目前，美国已有 20 多个州的火调人员借助警犬来寻找放火犯的作案证据，而且这些证据往往都得到法院的认可，这样可以在起诉罪犯时不至于让其脱罪。为了减少放火给农场主造成的巨大损失，农场主协会将继续支持这项工作，以使美国更多的消防队得到这样的消防犬。假如火势过猛把现场所有的证据都焚为灰烬，消防局就会出动训练有素的消防犬，嗅觉多达 20 种易燃物品的残留气味。受驯化的消防犬，嗅觉比最先进的电子仪器还要敏锐 200 多倍，能节省大量的时间，检查一个四居室住宅时，电子仪器需 3～4 h，消防犬只需要 15 min 就可以完成任务。英国伦敦南岸大学教授诺尔顿最新研究证实，一条优秀的消防犬能将 $1/10^9$ L 的汽油气雾都能分辨出来，而今英国法庭判决放火罪的最低证据下限是 $1/10^4$ L 易燃物品，即使易燃物品混入其他液体，或者易燃品连同其他气味强烈物品一起燃烧，也瞒不过消防犬灵敏的鼻子，消防犬辨别出的地点，方圆 30 cm 会成为重点搜集证据现场。

随着人类社会的不断进步和向前发展，更多的消防犬新用途正在为越来越多的国家和地区开发、研究与应用，以让可爱的消防犬更好地为人类服务。

3. 护卫犬

就是以保护财产、保护人身受到攻击并对有侵犯行为的人进行攻击的一种训练有素的犬，它可以看家护院，押运护送等工作，并对罪犯有一定的震慑作用。

护卫犬具备扑咬、守候、警戒、巡逻 4 种能力。根据实际训练情况可归纳为两大功能。首先能根据训导员的指挥进行扑咬、袭击。其次能够安静地同主人一起长时间守候。只要具备以上两种功能就可以完成护卫任务,以满足社会治安形势的需要。

要求护卫犬必须具有强大的咬合力和迅猛的攻击速度及精确的攻击能力。这就要求护卫犬能够一口将歹徒持有武器的手臂咬断或粉碎性骨折,这样才能够使歹徒立即丧失作案能力。护卫犬作为社会治安与社会稳定的需要而产生的一种工作犬,其工作的环境复杂多样,训练科目具有难度大、标准高的特点。因此对于护卫犬的选择有独特的要求。

4. 导盲犬

导盲犬是经过严格训练为盲人引导道路的犬,是工作犬的一种。经过训练后的导盲犬可帮助盲人去学校、商店、洗衣店、街心花园等。它们习惯于颈圈、导盲牵引带和其他配件的约束;懂得"来"、"前进"、"停止"等口令;可以带领盲人安全地走路,当遇到障碍和需要拐弯时,会引导主人停下以免发生危险。一条训练有素的导盲犬会引领主人穿梭在繁忙的人流和街道。此外,导盲犬还具有自然平和的心态,会适时站立、拒食、帮助盲人乘车、传递物品,对路人的干扰不予理睬,同时也不会对他们进行攻击。

5. 牧羊犬

专业从事放牧工作的犬,我们称之为"牧羊犬"。牧羊犬大致有德国牧羊犬、苏格兰牧羊犬、边境牧羊犬、喜乐蒂牧羊犬和比利时牧羊犬。

在过去千百年间,牧羊犬是负责牧羊、畜牧的犬种。作用就是在农场负责警卫,避免牛、羊、马等逃走或遗失,也保护家畜免于熊或狼的侵袭,同时也会大幅度地杜绝偷盗行为。

它不仅作为赶回家畜的看守者,也负责将牛羊运到市场进行交易,是农场主不可多得的,也是必不可少的好助手。随着历史的发展,牧羊犬逐步受到各国皇室的喜爱,以至于上流阶层和普通民众都逐渐把它当成玩赏犬饲养。

一条好的牧羊犬给人的印象是:结实、敏捷、肌肉发达、警惕且充满活力。非常平稳,前后躯非常和谐。体长略大于身高,身躯很深,身体轮廓的平滑曲线要胜于角度。身躯坚固而非细长,不论在休息时还是在运动中,给人的印象都是肌肉发达、敏捷,既不显得笨拙,也不显得软弱。理想的牧羊犬给人的印象是素质良好、性别特征非常明显,根据其性别不同,或显得雄壮,或显得柔美。

6. 猎犬

猎犬是打猎的好帮手,活泼、忠诚的天性赢得了家中爱犬的地位。在人们狩猎时期,猎犬发挥重要的作用,它可发现猎物,帮助主人对付猛兽,协同主人捕猎,抓捕受伤的猎物，找回猎物等。在当今，随着狩猎的禁止，狩猎已经成为一项娱乐活动，猎犬在此运动中仍起着非常重要的作用。

由于猎犬在各种工作犬中应用与驯化最早，所以其品种较多，培训历史长，与人类的关系更为密切，后来各种不同的猎犬被人们又应用于不同的工作中。

7. 检疫犬

检疫犬主要用于海关、机场、码头等地检查走私，或违禁物品，是很有效的一种工作犬，与其他工作犬都具有嗅觉灵敏、反应机警、能针对特定目标物发生反应等特点，但检疫犬同时具有与其他工作犬不同的特点，即样貌可爱、对人友善、不怕噪声、服从性好等，对动植物、有害病菌嗅觉灵敏，适合在口岸旅检现场使用。目前国际上常用的检疫犬有比格、斯宾格和拉布拉多 3 种，其中比格犬应用最为广泛。

检疫犬作为一种新的检疫查验手段，在改善检疫查验方式，防止境外有害生物传入等方面发挥了重要作用。检疫犬的应用可以弥补传统的人工查验和 X 光机透视检查的不足，通过建立人-机-犬查验新模式，有效地减少逃漏检现象的发生，提高查验的准确率和检出率，防止国外有害生物传入。该项工作填补了我国工作犬在检验检疫领域应用的空白，使我国成为继美国、加拿大、澳大利亚、新西兰、日本之后开展检疫犬应用的国家，进一步提高了我国检验检疫工作的有效性。

8. 缉毒犬

缉毒犬，就是指经过专门训练，能够按照警犬驯导员的指挥，能在各种不同场所对不同的行李物品进行查缉，从中发现隐藏有毒品物件的专业犬。缉毒犬在国外早以被广泛地应用，随着我国日渐严重的毒品犯罪活动。缉毒犬以它特有的经济、快速、高效、准确的工作，被各级公安机关、海关、边防武警部队等部门列为查毒、禁毒的有力武器，并开始被广泛地采用，已收到了显著效果。

经过专门训练的缉毒犬，应对毒品（海洛因、可卡因、鸦片、大麻等）气味形成牢固、特定的条件反射。缉毒犬应在一定范围内，在各种不同环境条件下有进行搜查的能力。一旦发现隐藏有毒品的地方、物品等，有明显的反应表示。

大多数缉毒犬品种中，德牧、比利时马林斯诺、昆明狼犬、金毛、拉布拉多这些品种占了大部分。

9. 助听犬

助听犬一般都是不同品种的犬交配产下的后代。动物收养机构会对所收养犬的性情和可训性进行评估，只有那些对人没有攻击性、不乱叫、不咬人、不乱闻乱嗅、更不对人奴性十足的犬才有可能被选中接受特别训练。

这些曾经无家可归的犬被选中后将接受几个月的复杂训练，它们首先要学会的就是对主人的服从。犬在训练中要学会坐下，学会独自在家，还要能够响应主人用犬链发出的召唤,能够对声音和手语做出反应。经过几个月的强化训练,狗就可以为听力有障碍的残疾人士服务了。助听犬用它的肢体语言来提醒主人各种声音。它可能在听到声音时前后移动,或直接引领主人到发出声音的地方。

经过训练的助听犬能够告诉主人如下的声音:电话铃声、门铃声、敲门声、烟雾报警器发出的声音、闹铃声、炊具的定时器发出的声音、有人叫主人的名字、当烟雾报警器或闹钟响时,助听犬会跳上床用身子蹭或用鼻子轻推正在熟睡的主人。

助听犬能够增加主人的安全感,因为它能够在有别人走近时向主人发出警告。

助听犬能够帮助听力有碍的主人和他人交流,从而使主人更随意且成功地进行社交活动。在助听犬的帮助下,这些残疾人士对他人的依赖性减弱了,从而大大增加了他们的自信和自尊感。

同人类友善也是助听犬的优点之一。许多主人都同他们的宠物犬建立了深厚的友情。他们喜欢对方的陪伴,更共同分享快乐的感觉。

10. 助力犬

能够陪一些肢残人员在一起,拉轮椅,或是在肢残人员起立,或是做其他动作时,给一定的支撑犬,一些助力犬还可力所能及地为主人取报纸、开门、开灯等行为。同时也是主人排遣寂寞的好伙伴。

11. 雪橇犬

雪橇犬是指借助挽具在雪或冰上,拉无轮载具行驶的犬只。雪橇犬能拉各式不同的雪橇,从短程竞速橇到塑胶底距离赛平底雪橇。雪橇犬也被用来拉货运橇和毛皮猎人的高缘窄平底橇,一支雪橇犬队可能有二三十只犬。现代犬队通常是用纵列相套来连接排列犬只,成对的上挽具犬只沿着一列拉车。毛皮猎人在深雪的状况使用平底雪橇会将犬只连接排成单一纵列,在极地住民的犬队通常是扇状连接。驾驭雪橇犬已经在北美和欧洲成为一项受欢迎的冬季娱乐和运动,雪橇犬现在甚至在不寻常的地方如澳大利亚和巴塔哥尼亚出现。

雪橇犬生性友善,独立性强;尽管非常机警,但在很多情况下缺乏守卫犬的进攻和防守意识。西伯利亚雪橇犬天生爱清洁,没有许多长毛犬身上的气味。这种犬对生活条件的适应能力极强,但天生喜欢闲逛,所以必须注意看管。明智的主人会发现无论在乡间还是在城市,西伯利亚雪橇犬都是非常好的伴侣,它们美丽的外表、友善的个性和广泛的用途赢得了众多人的喜爱。

12. 医疗犬

医疗犬(therapy dog)是工作犬队伍中比较年轻的一族。20 世纪 70 年代,治疗医生发现人们在与宠物特别是与犬拥抱或相处时会使血压下降、释放压力和紧张的情绪,减轻孤独和沮丧的感觉。

现代的科学实验证明了上述好处，于是犬被介绍到心理治疗过程中，帮助儿童及成年幽闭症患者，陪伴和安慰孤独的老年人、病人等有特殊需要的人群。医疗犬是通过把爱带给人们而使那些有特殊需要的人感受到任何药物和人类无法带给他们的安慰、温暖、信任和爱。

令人惊奇的是，人类无法做到的事，医疗犬不但做到了，而且有时能起到奇迹般的效果。医疗犬国际机构（TDI）在积累了成千上万的案例后这样评论：那些会忘掉生活中任何其他事情的人们会记住动物的名字。医疗犬还帮助那些孤独地住在医院里，内心充满恐惧和无奈地忍受疾病痛苦的儿童把眼泪变成微笑。这些犬好像有特殊的灵感，他们能感觉到哪些人需要安慰，他们会径直走进那个房间，只是简单地把头枕到膝盖上，奇迹就会发生，眼泪会立即变成幸福的微笑！

医疗犬并没有品种的限制，理论上任何一种犬，不论体型大小毛长毛短都可以训练成为医疗犬，但作为医疗犬最基本的素质和训练是：接受任何友好的陌生者；优雅地坐着让人们抚摸；可以不用牵着自由行走而不干扰其他人，不会有任何危险举动；在人群和轮椅旁行走；静静地坐着等待命令；与其他犬友好相处，不受外界干扰（比如噪声，人们的跑动等）。

严格的训练：要想成为医疗犬并且上岗工作需要接受一系列严格的训练，并且通过考试获得“医疗犬国际机构”颁发的资格证书，并且佩戴特制的身份标志，才可以持证上岗。在欧洲和北美，医疗犬被介绍到养老院、病老院（为老年人提供医疗护理的养老院）、医院、儿童治疗中心、学校等。

除了医疗犬，还有一种与病人在一起的病症提示犬，它们同宠物犬类似，整天陪伴主人左右，但当主人快要犯病时，如癫痫，犬会因自己的本能提早发现，于是提醒主人，这时主人可以将驾驶着的汽车停下来，或是到一个安全的地方，可以有效地减少主人及给他人带来的危险。

13. 军犬

犬很早就运用于战争，这就是军犬的由来。史料记载，早在公元前4600年，犬就被用于狩猎、警戒和进攻敌人。军犬至今已经有2 400多年的历史，古巴比伦、埃及、罗马等国都曾经驯养过军犬用于战争。在进攻中，军犬被置于战斗队形的最前列，而奴隶排在军犬的后面，士兵排在第三列。到第一次世界大战时，军犬开始被大量地用于战争，被训练成送信犬、护卫犬、探雷犬、炸堡犬。虽然现代科学技术使战争发生了很大变化，但军犬仍会发挥不可替代的重要作用。

军犬是现代特种作战的利器，军犬和战士构成奇正两个分队，追逃敌百公尺内转瞬及至，哪怕敌人钻进地缝也无法遁逃，它是我们无言的战友，无论何时何地，都是世界上最忠诚的士兵。军犬工作是军队工作的一个内容，是军队战斗力的一个组成部分，主要用于打击犯罪、执行特殊任务的一种专门技术手段。军犬工作研究不同的条件下使用军犬及军犬对客观情况的反应规律，不断提高军犬使用效能。

14. 救生犬

为落水者提供帮助的犬，它们可以快速为落水者提供救生圈，也可以为救生员提供救生圈。遇到危险情况，救生犬总会冲在最前面，它们可以轻松跳下直升机，飞速奔向溺水者；它们还可以轻而易举地从快艇和水上摩托车上纵身一跳，然后"狗刨"游到受困者身旁，向他们提供救生器具。它们是一支英勇善战的海上救生队。同时也被比作是"智能救生圈"。这个"救生圈"可以自动游向呼救者，然后自动游回来，寻找最佳上岸地点同时避开危险水流。

救生犬学校接受任何犬种，但它们的体重至少要达到 30 kg(66 磅)。不过拉布拉多猎犬、纽芬兰犬和金毛寻回犬是最常见的救生犬种，因为它们水性较好。每只受训犬都有一名救生员搭档，这名救生员同时担当它们的驯养师。

二、导盲犬的保护

犬是人类最忠实的伴侣，而导盲犬是专门为盲人提供服务的。对于视障人士而言，导盲犬就如同他们手中的盲杖一样须臾不离，它是视障人士日常生活的助手，可以带领视障人士安全地走路。一条训练有素的导盲犬在家里可以引领主人到厨房、厕所、大门、桌旁、床旁等；离家后导盲犬会带领主人在道路上行走，绕开障碍物（比如电线杆、行人）；横过马路时，会在信号灯前停下来等候；在带领主人出入商店时，遇到关闭的门、上下台阶或进出电梯，导盲犬会停（坐）下来示意主人注意，当主人发出前进的指令时才继续前进；当主人在办公室工作或做其他事情时，导盲犬会静静地等候。

在导盲犬的帮助下，视障人士可以方便地出入诸多场合，积极地融入社会生活，使生活充实而又自信，实现自我价值。导盲犬还是很好的伴侣犬，它们能很好地领会主人的意思，同主人一起快乐，为主人排解心灵上的忧郁与烦恼。导盲犬在工作时身上佩戴特制的鞍具，以便主人牵领。与主人行走时紧贴着主人的左边。可以说，导盲犬就是视障人士的眼睛。由于导盲犬能够切切实实地解决视障人士的许多生活问题，所以导盲犬也是用来衡量一个社会对视障人士的关注程度的重要指标之一。导盲犬是社会化文明程度提高的产物，可以让更多的人去关心视障人士。

1. 导盲犬的品种及个体要求

导盲犬的外观一般让人有一种亲和感。最初时，德国使用的是德国牧羊犬，但由于其外表不是很理想，现在逐渐将品种选择在金毛猎犬及拉不拉多犬。除了外观之外，导盲犬的选择在身体上不能太矮，否则不利于牵引，大致高低平于视碍者膝关节左右，同时，犬的应该性格温驯、聪明及便于训练。

导盲犬应该具备以下特征：基本训练要掌握大约30个口令，它们可以借助这些口令辨别方向或者到达不同的地方；搜索人行道、阶梯、门、售票处、空座位、交通工具等；不能惧怕声音、光、火；不攻击人和其他动物；无不良习惯，如异嗜、随地大小便、乱咬东西等；能沉着应对复杂环境，对突发事件能正确判断、处理；能够抗诱惑、拒食，有良好的耐性；身体强健。

2. 导盲犬的一生

哺乳阶段：45～60天。这一阶段小狗与人接触，人要确立幼犬之间的"规则"，即礼貌、规矩等，使狗知道该做什么不该做什么。

寄养阶段：50天至1岁。要求寄养人要有爱心。平时要使狗明白人是狗可以信赖的好朋友；1岁后返回基地，作为准导盲犬进行评定，标准是：不管什么环境都能沉着应对，过大的声音、其他的动物、食物都不能构成诱惑，可以进行培训，否则只能做宠物犬。

训练阶段：使狗听从指挥，完成训练科目。定时饲喂，定点定时排便；与视碍人士共同训练；通过考试合格后，成为导盲犬，走上工作岗位，在工作过程中训练师要经常检查，必要时要再训练。

退休。

导盲犬一般工作8～10年，最高可达12年，极限寿命15年左右。

3. 导盲犬成长、训练、工作以及退役后的保护

在成长过程中，饲喂固定的全价营养的犬粮，除了保证生长营养的需要外，不得乱喂，以免在工作的时候受到周围环境的干扰。

导盲犬属于大中型犬，运动是必不可少的，但是不可剧烈地运动，易引起关节等病症。

导盲犬幼犬就应该进行社会化训练，与人有更多的接触与交流，养成良好的适应人类社会生活习惯。

导盲犬的训练每日不得超过5 h，行走不得超过10 km。同时在周末时停止导盲犬的训练，以保证其正常的休息。

不可在烈日或高温下长时间地训练或工作。

雨天训练或是工作时，要穿上雨衣，如果被雨淋湿需及时擦干或是吹风吹干。

夜晚训练或是工作时，尽量避免车灯的直射。

在训练或工作的时候，不得进行体罚。对犬的体罚不但影响人、犬的感情，而且会影响犬的自主与判断能力。

每次在训练或是工作开始要带导盲犬到固定的地方大小便，在导盲犬训练或是工作结束后，要让它自由活动，给予饮水。

导盲犬的工作达到8年后，注意观察，若是工作能力下降，需及时退役，回到寄养家庭中过幸福的晚年生活。

导盲犬与人除了是一种工作关系外，更多的是伴侣关系，因此主人与导盲犬的关系一般来讲比较好，且对导盲犬也比较友善。除了科学的饲养外，不可以放松对导盲犬的管理。

小 结

现代化工业对于役用动物的取代势在必行，因此，更多的在以往以役用为主的家畜今后将转向于其他的用途，但是由于有些动物自身有机器不可代替的特性，于是一些动物也成为新的工作动物，但由于工作动物只占所有畜禽或是其他动物中较少的份额，传统的役用动物正逐渐退去，而新的工作动物却正在出现，再加上东西方地域及文化经济发展的不平衡，所以尚没有形成具体有效的保护措施，但随着行业的分工系统化，各个工作动物的品种及福利保护方法将会更具有可操作性。

复习思考题

1. 工作动物主要有哪些，各有什么工作内容，主要应用了它们的什么生物特点？
2. 如何实现对使役马的保护？
3. 役用的驴为什么越来越少？役用骡有什么好处？
4. 役用大象能为人类做哪些工作？对大象的训练应注意什么，主要在哪些方面做好对大象的保护？
5. 如何才能做好对骆驼的保护，发展养驼业？
6. 工作犬主要有哪些？如何对工作中的导盲犬实施保护？

主要参考文献

1. The Draft Animal Welfare Bill. House of Commons Environment, Fofd and Rural Affairs Committee.
2. Dibbits H. K., E. Y. H. Bobobee. Animal traction technology; Interim Report. National Agricultural Extension Project of Agricultural Extension Services. Ministry of Food and Agriculture, Accra, 1996.
3. Emmanuel Y. H. Bobobee. Role of draft animal power in Ghanaian agriculture

Agricultural Engineering Department University of Science and Technology Kumasi, Ghana.

4. Verity Ambler. the Welfare of Working Horses in Developing Countries. Biffa, D. & Woldemeskel, M. Causes and factors associated with occurrence of external Injuries in working equines in Ethiopia. International Journal of Applied Research in Veterinary Medicine, 2006, 4: 1 - 7.
5. Pearson R. A., Krecek R. C. Delivery of health and husbandry improvements to working animals in Africa. Tropical Animal Health and Production, 2006, 38: 93 - 101.
6. Pritchard J. C., Barr A. R. S., Whay H. R. Validity of a behavioural measure of heat stress and a skin tent test for dehydration in working horses and donkeys. Equine Veterinary Journal, 2006, 38: 433 - 438.
7. Pritchard J. C., Lindberg A. C., Main D. C. J., Whay, H. R. Assessment of the welfare of working horses, mules and Donkeys, Using Health and behaviour Parameters. Preventive Veterinary Medicine, 2005, 69: 265 - 283.
8. Swann W. J. Improving the welfare of working equine animals in developing countries. Applied Animal Behaviour Science, 2006, 100: 148 - 151.
9. Wilson R. T. Specific welfare problems associated with Working Horses. pp. 203 - 218 in N. Waran, (ed.). The Welfare of Horses. Kluwer Academic Publishers, Dordrecht, 2002.
10. Hagmann J, Prasad V L. The use of donkeys and their draft performance in smallholder farming in Zimbabwe. Project Research Report Ⅱ, Conservation tillage for sustainable crop production systems. AGRITEX Insititute for Agriculrural Engineering Borrowdale, Harare, Zimbabwe, 1994: 8.
11. Abalu G. O. L. Future prospects for food security in Africa. Paper presented at the Symposium Towards the Year 2000 on agricultural policy and African food security issues prospects and constraints. African Studies Centre University of Illinois, Urbana, Illinois, USA. (E), 1996.
12. Allagnat P., Koroma B. Socio-economic survey of the use of ox traction in the Mabole Valley, Bombali District. Sierra Leone Work Oxen Project and Association Française des Volontaires du Progrès Freetown, Sierra Leone. (E, F), 1994: 119.
13. Mathers J. C., Pearson R. A., Sneddon J. C., Matthewman R. W. and

Smith A. J. The use of draught cows in agricultural systems with particular reference to their nutritional needs. In: A. J. Smith (ed), Milk production in developing countries. Proceedings of conference held 2 - 6 April 2006. Edinburgh University Press, UK (E),2005:476 - 496.

14. Blench R. Social determinants of animal traction in Central Nigeria. Report to Agricultural Research Unit of the World Bank, Washington, DC, USA. (mimeo). (E),1997.

15. Fall,A. , Pearson,R. A. , Lawrence, P. R. and Fernandez-rivera, S. Feeding and working strategies ofr oxen used for draft purposes in semi-arid west Africa. ILRI(international livertock research institute), narirbi,Kenya,1997: 76.

16. Fakhruddin. Second edition. The Livestock and Poultry Wealth. NBS Publishers and Distributors, Rani Bazaar, Bikaner - 334001, 2004:21.

第九章　伴侣动物的保护

学习要点

了解常见猫的种类及习性；熟悉猫的饲养与保护，了解猫的一般训练方法；了解常见犬的种类及习性；熟悉犬的日常护理，了解犬的训练方法及原则；了解常见笼鸟的种类及鸟类的行为特征；熟悉笼鸟的日常护理，了解笼鸟的调教方法；了解家养水生动物的种类；了解观赏鱼及家养龟的生活条件及日常护理、疾病防治。

第一节　猫的保护

猫经过人类几千年的驯化，现在已是遍布世界的家庭宠物。从分类上看，猫属于真核域—动物界—脊索动物门—脊椎动物亚门—哺乳动物纲　食肉日—猫科—猫属。现代家猫是遍布于欧洲、非洲和南亚的小型野猫的后裔，它们的原始祖先很可能是非洲野猫。经过数千年的进化与繁殖，现在的猫大约分为 35 种。从热带雨林到冰天雪地，在世界各地都能见到猫的身影。

一、猫的种类

关于猫的品种分类，目前比较流行的分法有 4 种：按产地可分为西方品种和外来品种，这种分类法广泛流行于西方；按血统可分为纯种猫和杂种猫，纯种猫是指经人工定向培育出来，具有固定的毛色、体态且遗传性稳定的猫，而杂种猫则是经随机杂交获得的家猫，体态毛色不固定、遗传性不稳定；按生活环境可分为家猫和野猫，不过两者之间并无严格的界限；按被毛的长短则可分为长毛猫与短毛猫。

1. 短毛猫

短毛猫毛发较短，整齐光滑，肌理细腻，骨骼健壮，动作敏捷，不挑食，独立性强，具有一定的野猫特征。日常护理比较容易，温顺近人，作为伴侣动物，很招人喜爱。短毛猫品种较多，主要品种有：英国短毛猫、美国短毛猫、异国短毛猫、东方短毛猫、暹罗猫、卷毛猫、缅甸猫、哈瓦那猫、新加坡猫、曼岛猫(马恩岛猫)、埃及猫、孟加拉猫、苏格兰折耳猫、美国卷耳猫、加州闪亮猫、加拿大无毛猫(斯芬克斯猫)、日本短尾猫、科来特猫、阿比西尼亚猫、孟买猫、俄罗斯蓝猫。

2. 长毛猫

长毛猫通常毛长 5～10 cm,柔软光滑的长毛突显了它们雍容华贵的气质。它们身材优美,动作稳健;性格温顺,依赖性强,喜欢与人亲近;叫声柔和,在主人面前喜欢撒娇。长毛猫一般较为敏感且挑食,并且日常护理较为繁琐,每天需要梳毛刷毛。长毛猫的主要品种有:波斯猫(包括金吉拉猫和喜马拉雅猫)、缅因猫、伯曼猫、安哥拉猫、土耳其梵猫、挪威森林猫、西伯利亚森林猫、布偶猫、索马里猫。

二、猫的习性

猫的生理习性有食肉,昼伏夜出,自我意识强,运动协调能力强,喜欢洁净,贪睡等。

1. 喜食肉类

猫属于食肉性动物,虽然现在家养的猫也常吃粮食类的熟食,但这类食物并不能提供给猫足够的营养,特别是牛磺酸。牛磺酸是一种可增强夜视能力的物质,而猫体内不能自己合成该物质,而只能通过食物来补充。所以在猫的日常饲料中,应含有较高比例的肉类食物或动物性饲料,以保证正常的消化生理功能和营养需要,维持其夜视能力。

2. 昼伏夜出

猫是夜行动物,善于夜间活动。无论家猫还是野猫都有昼伏夜出的习惯,很多活动(如捕鼠、求偶交配等)常常是在夜间进行。虽然现在家猫大多与宠物主人作息时间一致,但夜间仍是他们的欢乐时光。

3. 贪睡

猫的睡眠时间大约是人的 2 倍,一天中总共有 14～15 h 在睡眠中度过,甚至有的猫要睡 20 h 以上,这就是为什么人们总称它们为“懒猫”。但是猫的睡眠中有 3/4 是浅睡眠,所以看上去猫一天 16 h 都在睡觉,其实熟睡只有 4 h,并且猫的睡眠是分成数次睡的,所以它能在夜晚的任何时候醒来。

4. 爱玩、好奇心旺盛

猫生性好动,好奇心很强,喜欢与人逗玩,爱做模拟捕捉猎物的游戏,对于捉到手的猎物也并不急于杀死或者吃掉,而是用嘴和爪反复拨弄。小猫还喜欢与主人嬉戏、撒娇,或抱腿,或舔手。有时来兴致它会自己玩耍,跳上跳下,不亦乐乎,直到玩得天翻地覆尽兴以后才会罢休。

5. 孤独而自由

猫是独立性很强的动物，喜欢孤独而自由的生活，通常都是单独行动，我行我素。除繁殖季节公母猫交配或母猫哺乳的需要外，很少过群聚生活。猫的习性，决定了猫喜爱外出活动，不愿做自己不喜欢的事情，反抗强迫行为，甚至会离家出走。

6. 警戒心和嫉妒心强

因为猫生性孤独，所以它的警戒心特强，即使在休息或睡眠状态下，也处于高度警觉的状态。一听到轻微的声音或见到陌生的事物，猫会立即睁大眼睛，盯住张望，并做好随时逃脱的准备，直到判定对它无任何威胁时，才缓步离去。

嫉妒心强是猫的普遍特点。如果家中同时养有多只猫，主人喜爱或抱起一只猫，另外的猫常会发出不满的声音或者在家中乱发脾气，而怀中的猫也会尽力阻止其他猫接近主人。猫不仅嫉妒同类，甚至有时对主人与孩子过多亲昵也会引起猫的愤愤不平。

7. 爱干净

猫是公认的最爱干净讲卫生的动物，它对卫生十分讲究。猫的食盆、水盆必须十分干净，它不乐意在不干净的地方吃食，通常也不愿意吃残剩食物。猫从不随地大小便，总是选择僻静、黑暗的角落和有土、灰的地方便溺，便后立即用土掩埋好。

爱干净的猫常舔身子，清理自己的毛发，去除异味和污物，保持被毛的干净、光泽，这对它来说也是一种放松运动。猫的舌头上有许多粗糙的小突起，这便是除去脏污最合适不过的工具。但猫舔毛会把一些脱落的毛吃进去，容易造成毛球症，需要主人特别注意。当觉得紧张、压力大时猫也会很用力地舔身子，舔得太频繁用力的话，会导致严重的掉毛脱毛。这时候就需要注意猫是否有什么心理问题。

8. 惧水畏冷

猫喜爱明亮、干燥、温暖的环境，他们喜欢卧在干燥明亮而且比较温暖的地方，比如家猫就喜欢经常卧在有阳光的阳台或窗台上晒太阳；而冬天则偏爱睡在暖气边、炉灶旁，或者床上、棉垫上，这点老猫更加突出。

猫很怕水，但这并不代表猫完全不会游泳，只不过猫的游泳能力很弱，在水中只能游 0.5～1 m。猫可以洗澡，而且也爱洗澡。刚开始可能会有点畏缩，但很快就会安静下来。久而久之，就会养成洗澡的习惯。

9. 情感表达方式丰富

猫的叫声不仅能传递信息，而且能表达感情，因而主人能通过观察、判断来读懂它，和它交流。比如“喵喵”叫表示“给我食物”或者“不要伤害我”，表示猫对外界事物有所需求；声音柔软、低沉的“喵呜——”声表示已经接收到别人所表达的信息，如“知道了”、“听到了”、“我发现了”、“又见到你了”等；而“呜呜”声表示猫在保卫它认为很重要的东西，不希望别人靠近；“呼噜呼噜”声则表示安全和满足。

猫的情绪变化很丰富，它们很善于利用“肢体语言”即耳、尾、毛、口、身子的动作来表达自己的心情和欲望。猫要是腻在你的脚下、身旁，用头蹭你，那是在跟你亲热；如果它像鸭子孵蛋一样，前脚往里弯的话，则表示安心和依赖。相反，猫在发怒、进攻时，毛发竖立，身子低伏，前腿压低，后腿抬高，做出一副随时准备向前扑击的姿势。

猫最喜欢人用手轻轻挠它的下颌，不论怎样生疏或不温驯的猫，一挠它的下颌，它就会俯首驯服。但是，猫很害怕人挠它的尾根，如果挠尾根，没有不立即逃走的，或者会用爪子反扑你。这是务必要注意的。

三、猫的调教与保护

1. 合理选择食物

可以使用自制的新鲜食物饲喂猫，但要注意猫是肉食性动物，动物性蛋白质饲料是猫的主食，馒头、玉米面窝头、大米饭等淀粉类物质不能作为主食。为防止微生物与寄生虫感染，肉类食品最好煮熟煮透后再饲喂。猫不能消化猪肉，牛羊肉也可能导致肠胃过敏。让猫适当地啃一些生的带肉的大骨头，可帮助猫磨牙并补充钙和磷，但不要给它们空心且容易咬碎的鸡骨头和鱼骨头，因为这些骨头非常尖锐，容易扎伤它们的牙龈、口腔及食道并有致命的危险。特别需要注意的是，自制食物绝不等同于人的残羹剩饭，过多的调料和盐分对猫十分有害。另外，维生素 A 及维生素 E、维生素 B_1、维生素 B_6、烟酸（维生素 PP）、叶酸、泛酸等不能在猫体内合成，必须由食物（如蔬菜）提供。另外一定要为猫准备新鲜、干净、充足的饮用水。

为猫选择的食物应新鲜、清洁、适口性好，使用清洁低浅的食盘，在安全、熟悉、固定的地方喂食。为了避免猫过胖，饲喂要注意定时、定点、定量，通常成年猫一天一次，幼猫一天两次。一般猫能够自己控制食量，所以如果觉得麻烦，可以在食盆里预留足够的食物，猫饿了会自己去吃的。但需注意饮食卫生，防止食物腐败变质。不要用人的零食或者过期食品喂猫。变质或者冰冻过久的食物，不清洁的饮水，或者一些人类食品的防腐剂如苯甲酸钠等都会导致猫的食物中毒。

如果猫身体不舒服或是在疾病的恢复期，一般食欲不太好，需要特别的香味来刺激食欲，接近体温的食物也会有助于猫进食。给猫换食物或添加新的食物时，要在原来的食物中逐渐添加，直到猫的消化系统能顺利地完全接受新的食物，以免发生消化不良。另外有些猫会对某些食品产生过敏反应，此时应立即带猫去就诊。

为了避免自己动手调配的麻烦和可能导致的营养不均，可选择市场上售卖的商品猫粮，并尽量让猫养成吃猫粮的好习惯。一般说来，较为干燥的猫粮易导致膀胱结石与尿潴留；而罐头类饲料适口性好，但长期饲喂时最好添加一些维生素B或富含维生素B的物质，以防止维生素B缺乏。阳光照射对于猫来讲是大有裨益的，多晒太阳对猫的好处很多，但维生素A摄入过量的猫不能晒太阳。不要用狗粮喂猫，因为狗粮中缺乏猫所必需的牛磺酸，长期食用会导致视力下降。

2. 幼猫的喂养

刚出生的小猫最好由母猫母乳喂养，在实在需要人工喂奶的情况下，应选择专门的猫奶粉，或者用婴儿低脂奶粉代替，不要用牛奶饲喂。因为猫体内缺乏消化乳蛋白的酶，用牛奶饲喂容易导致拉稀。另外还需要注意的是，使用婴儿奶粉喂养时应适当将奶粉冲稀些但不要太稀，冲得太稀会导致小猫粪便不成形，而太浓则会导致便秘，此时可适当喂些温水以促进排便。未满月的小猫，2～3 h就要喂奶一次。喝完奶用棉签蘸温水刺激一下小猫的肛门，这样有助于排便。满月后的小猫即可换用糊状的食物喂饲，3～4 h一次。2个月大的小猫即可独立生活，可换喂幼猫猫粮。

幼年是猫成长发育的重要阶段，对蛋白质的需求非常大。此时小猫的消化能力还比较弱，可选择易消化，味道鲜美，并含有适当比例的蛋白质、脂肪、矿物质及维生素的食物或者猫粮，不要吃过于油腻的食品。若担心小猫无法消化，可以事先将猫粮用温水泡软再饲喂。除了猫粮之外，建议每周给小猫吃一点儿肉类食物以补充动物性蛋白，但是量不要太大，豌豆大小的几块即可。同时也不推荐3个月以下的小猫食用猫罐头这种高能量、高蛋白质的食物，如果一定要喂建议可以用米饭拌一点儿罐头给猫吃。因为3个月以下的小猫消化器官还很娇嫩，缺少许多消化酶，大量食入猫罐头或单纯的肉类很容易引起消化不良。当小猫因为消化不良而拉稀便时，可以喂点乳酶生或益生菌来调理一下胃肠道功能。

3. 需要控制或禁止的食物

盐及含盐食物：猫对盐的需求量极少，盐是猫食物中的禁忌之一。虽然在食物中适当添加盐分能刺激食欲并帮助预防尿石症，但猫的味觉较差，往往会在不知不觉间摄入过多的盐分，加之饮水量较少，多余的盐分无法代谢便会遗留在肾脏，给猫的肾脏带来严重的负担，久而久之就容易患上肾炎、尿结石甚至肾衰竭、尿毒症等致死性疾病。所以不要给猫喂食过多的盐或者高盐分食物如火腿肠、鱿鱼丝等。

动物肝脏：动物肝脏含有蛋白质、脂肪、碳水化合物、维生素A、维生素D、磷等成分，营养价值高、适口性好且有独特的腥味，几乎被所有猫所钟爱，但长期食用肝脏对猫的身体却有着极大的危害。首先，肝脏中含大量的维生素A，长期食用会使猫维生素A摄入过量，若不能及时排出便会造成维生素A蓄积性中毒，引起疼痛、跛行和牙齿脱落；其次，肝脏中磷多钙少，而磷对钙的吸收又有抑制作用，长期食用动物肝脏会导致缺钙,引发佝偻病和软骨病,甚至会致使腰椎变形从而压迫脊椎神经导致瘫痪,这点在幼猫身上表现得尤为明显;再次,肝脏中含有丰富的脂肪和蛋白质,很容易造成猫肥胖和便秘。

生鱼及生肉:生鱼及生肉中含有大量寄生虫,比如绦虫、蛔虫、弓形虫等,误食生肉是猫感染寄生虫最主要的途径,轻则腹泻呕吐,重则引发全身黄疸和肝炎。而且,生鱼肉中有一种可以破坏维生素 B_1 的酶,而缺乏维生素 B_1 可能会导致猫的痉挛、心脏病、间歇性休克等。

碱性食物:作为肉食动物的猫属于酸性体质,强碱性食物如葡萄、鸡蛋蛋白等对猫的身体影响较大,尤其是葡萄,猫误食葡萄和葡萄干甚至会引起死亡。

刺激性的食物:辣椒、芥末等刺激性食物会破坏猫的味觉系统,造成猫味觉功能缺失。

洋葱:洋葱会破坏猫血液中的红血球,进而引起贫血,严重时会导致猫死亡。

油炸食物:煎炸过多次的植物油含有多量的过氧化物与其他有毒物质,易导致消化不良和中毒。

4. 提供良好的生活环境

猫生性好洁,并且对气味非常敏感,食盆和水盆必须及时清洗。所以最好选用便于洗涤,结实、较沉,不易打碎的瓷质、塑料或不锈钢制成的碗、盆,以防止猫在吃食或饮水时将其打翻打碎并划伤。有时猫在吃食时容易将食物弄出盆外,故在盆下面垫上一张报纸以利于清理和保持地面的干净。

猫通常有固定的排便场所,因此可在室内的一角放置一个铺有沙土、锯末、碎纸或炉灰渣等吸水性较强物质的浅皿做便盆,供猫大、小便用,以保持室内清洁。

猫窝可在宠物商店购买,或者也可用小木箱、篮子、藤筐、塑料盆、硬纸箱自己动手制作,材料以塑料、木、藤制品为最好,这样便于清洗和消毒。猫窝的内外面及边缘必须光滑、无尖锐硬物,以免损伤猫的皮肤。在底层可垫以废旧报纸、柔软垫草,上面再铺上旧毛巾或旧床单等,使猫窝既温暖又舒适。猫窝应放在房间干燥、僻静、不引人注意的地方,最好在阳光照射之处,不宜放在阴冷潮湿处。饲养时应保持猫窝干燥、清洁、温暖,每天至少打扫一次。经常更换猫窝的铺垫物,以便及时发现与消灭蚤、虱等体外寄生虫,并将换出的脏物扔掉或者烧掉。猫窝应经常拿到室外进行日晒,利用阳光中的紫外线杀菌、杀虫(如寄生虫幼虫)。若要使用消毒液消毒,应选用刺激性小、杀菌力强的消毒液,可用 0.1%新洁尔灭液浸泡食具及便盆 10~15 min,然后用清水冲洗干净。

5. 保持猫身的清洁

(1)梳毛　猫一般能自己梳理被毛。但由于猫舌面上布有乳头突起,常将脱落的毛勾入嘴内并吞咽入胃，导致毛球病。而在换毛的春秋两季，猫会更加频繁地梳理被毛，因此也会吃进比平日更多的毛发，更容易堵塞消化道而导致毛球症。而人为梳理则可及时清理掉脱落毛，最大限度地避免毛球病的发生，同时这也是一种与猫之间亲密沟通的行为，可以使你和你的猫更加亲近。给猫梳理被毛要定期进行，一般短毛猫每隔 2～3 d 梳理 1 次，长毛猫至少每天梳理 1 次，多从断乳以后开始梳理。每次梳理 3～5 min，时间长了猫会感到厌烦而不予配合。梳理完毕，要及时清洗梳子或其他用具，妥善处理脱落毛、表皮及污垢脏物，并应定期消毒用具。在脱毛季节，不能只顺毛梳理，还要逆毛梳理，以清除脱落的被毛，促进新毛生长。

若猫已经出现精神沉郁，食欲下降，呕吐、便秘等毛球病症状，可尝试喂食少量的猫草如大麦草、小麦草、狗尾草等，食入的草尖会刺激猫的胃黏膜而引发呕吐，这样就可以顺利地将毛团吐出，保持肠胃健康。另外，毛球症会引发便秘，食入的猫草纤维也会有助于便秘的缓解。但需注意的是，很多植物对猫来说是有毒的，需要仔细辨别，千万不要让猫误食。不爱吃草的猫可以服用化毛膏。化毛膏不仅能帮助猫清除体内积毛，其中含有的微量元素还能让猫的毛发更加健康亮泽。

(2)洗澡　洗澡不只是为了猫的清洁、美观，而且有防治体外寄生虫、皮肤病，还有促进血液循环、新陈代谢等健身防病的作用。因此要让猫从小就养成洗澡的习惯。患病的猫和正处于疾病恢复期的猫最好不要洗澡，可以用热毛巾擦去或用刷子刷去污物。

给猫洗澡不宜太勤，水温以 40～50℃为宜，且最好选用宠物专用香波。猫自身分泌的油脂对皮肤和被毛具有保护作用，如果洗得过于频繁或是水温太高、误用人用洗发香波，会使皮肤油脂大量丢失，被毛就会变得粗糙、脆而无光泽，皮肤弹性和保护能力也会下降，不仅影响美观，还易诱发各种皮肤疾病。通常短毛猫可以几个月洗一次，长毛猫 1 个月一次。

洗澡时室内要保持温暖，洗澡动作要迅速，防止猫着凉引起感冒。洗完后，迅速用干毛巾擦干，并吹风机吹干、梳理好。对于长毛猫，洗澡前可以将其被毛进行充分梳理，清除脱落的被毛，防止洗澡时造成纠结。

(3)剪指甲　猫的脚爪应经常修剪，以免利爪伤人或抓破衣物、木制家具等。修爪应从小猫开始，修剪应适度，只剪掉最尖端透明部分的指甲，避免伤及脚趾上的血管与神经。一般以每月修剪一次为佳。注意当猫挣扎的时候不要剪，否则很容易剪到血管。

(4)其他　当猫眼角有污物时，可用棉签蘸点水，轻轻擦掉污物，有必要时可滴入几滴抗生素眼药水避免发炎。对于耳朵的护理主要是定期清理耳垢，一般每月一次即可。

6. 四季护理重点

春秋季是猫进行求偶交配的繁殖季节，公猫、母猫均频频外出活动以择佳偶，平时饲养在家的猫此时往往也容易走失，也容易发生一些意外的伤害。因此在这段时期，应加强对猫的看管，防止猫外逃。若需要进行有目的的选配，则应帮助猫寻找合适的配偶，以获得较理想的后代。若不需要繁殖配种，则应对猫实行节育措施如阉割、注射或投服避孕药等。

春天也是换毛的季节，猫在此时脱去厚实的冬毛，换上较为稀疏的春毛，加之气温渐渐变暖，猫的皮肤毛孔开张，此时应经常给猫梳理被毛（尤其是长毛猫），以保持被毛、皮肤清洁，防止不洁被毛形成毡状，导致各种微生物、体外寄生虫的孳生繁殖，引起皮肤瘙痒和炎症。而秋季早晚温差大，容易感冒并继发气管炎、肺炎等呼吸道疾病。

夏季气温高，湿度大，食物容易受到各种细菌和霉菌的污染，因此在夏季，饮食卫生成为了日常管理的一个重点。第一，食物必须新鲜，饮水必须清洁，切忌用腐败、变质的食物和不洁净的水喂猫；第二，食物应加热煮熟，以杀死食物中的病原微生物和破坏某些细菌毒素；第三，由于天气炎热，猫常常食欲不佳，因此要适当控制喂食量，以免剩余食物腐败变质；第四，应及时清除残剩食物，清洗食盆。另外猫全身都有被毛覆盖，而且体表缺乏汗腺，对热的调节能力较差，在高温潮湿的夏天，体热尤其不易排出，特别是长毛猫种。所以夏季防止中暑也是日常饲养管理中要注意的另一个重要方面。为此应保持猫舍通风凉爽，提供足量的清洁饮水。若猫突然出现体温显著升高，呼吸困难，脉搏快而微弱，步态不稳的中暑症状时，应迅速地将猫转移至通风、阴凉处，并用冷水擦拭猫的身体，或用冷水灌肠，帮助降温。

冬季则需要注意保温防寒。可以在市场上买到宠物专用的小衣服给自己的爱猫穿上，既美观又保暖。

7. 预防接种

给刚出生的小猫吃母乳是十分重要的，因为母乳中含有大量的母源抗体，能被动提高小猫的抵抗力，帮助小猫抵御外界病毒和细菌的侵扰。但是断奶后，小猫失去了抗体来源，体内抗体水平逐渐下降，最终将变得不能抵御外来病毒。此时就需要对小猫进行预防接种，让其自身产生针对病毒的抵抗力。目前用于猫的疫苗多使用的是进口的猫三联疫苗，该疫苗能预防猫瘟热（猫泛白细胞减少症）、猫杯状病毒感染和传染性鼻气管炎。一般认为幼猫吃母乳 6 周以上会更健康，而免疫预防最早可在 8 周龄时进行。此外，对于 10 周龄以上的猫要坚持每 3 个月服用一次驱虫药，以驱除体内寄生虫。驱虫药的用法和用量要严格遵医嘱，以免发生意外。

但需要注意的是，有几种情况不能注射疫苗：①怀孕1个月以上的母猫和临产母猫不宜接种疫苗，打针易造成惊吓导致挤撞、压迫腹部，发生流产；②产后半个月内的母猫正处于泌乳旺期，接种疫苗可能会出现发烧和红肿热痛的局部炎症，从而影响泌乳；③患病的猫在发病期间抗病力下降，接种疫苗反而会使病情加重；④外伤未愈的猫不宜接种疫苗，因会加重应激反应，不利于伤口愈合。另外，注射疫苗期间不宜驱虫和使用抗生素，会影响免疫接种效果。

8. 猫的调教训练

猫的调教包括两方面，一个是生活习惯调教，另一个则是技能训练。猫天生性格孤傲，所以要想训练一只猫，养猫者应先与猫建立信任，善待猫，与猫和平相处，才能获得猫的认同与"友谊"，企图让猫盲目服从主人是不现实的。刚带进家的猫会表现得躁动不安，或整夜号叫，这是因为还不熟悉新环境的缘故。此时主人可以和猫玩耍，使它们尽快放松下来，适应新家。当猫开始用舌头整理被毛，并不再乱跑乱叫时，表明猫已经适应新居，可以开始生活习惯方面的调教了。

针对猫生活习惯的调教包括，训练猫在便盆里大小便及在猫窝里睡觉等良好习惯，同时纠正所具有的异常和不良行为，如吃盆栽植物，吃死鼠，随地捡食，捕食家鸡、兔及笼养鸟，随地排便及攻击人、上床睡觉等。

那么如何教一只猫在猫砂盆里上厕所呢？首先要知道，如果猫随地大小便，原因一般有两个：①没有及时清理便盆，猫砂盆太脏；②刚到新环境，没找到厕所在哪里。解决的方法是：①每天早晚各清理一次猫砂盆；②把小猫的排泄物放在猫砂盆里，然后带小猫过去闻。这样反复两三次小猫就知道上厕所的地点了。如果小猫是从别人家抱来的，可以从原来的主人家要一点使用过的猫砂，把这些用过的猫砂撒在新猫砂的表面，小猫来家的第一天就带它到便盆里去闻一闻，相信它能很快找到方便的地方的。

在猫的成长过程中，跑、跳、扑、抓、咬都是必修课。3个月大的时候，小猫开始长出爪子，它们会利用身边一切可以利用的东西来打磨它们的指甲，这时可以给猫准备一个专门的磨爪板供它磨爪。另外还要记得定期修剪指甲，以防家具被抓烂或者自己被猫抓伤。幼猫在4～5个月的时候会换牙，可能会乱咬东西，可以给它买些猫玩具，分散它的注意力。同时当你看到它乱抓乱咬不该咬的东西时，要教训它，严肃地告诉它这样做是错的。如果磨爪板和玩具都不能吸引它的注意力，可以在家具和不想被咬的东西上涂上一点儿辣椒油或者猫讨厌的味道（花露水之类），这样猫就不会去碰那些地方了。

如果你觉得猫的夜间活动非常影响自己的睡眠，可以在白天多抽些时间和猫玩耍，一段时间以后猫的生物钟便会调整到和人同步，不会影响人夜间的睡眠。

当猫对主人产生了明显的信任与依恋时,就可以开始技能训练了。技能训练最基本的命令是"来"。在喂食前,喊一声猫的名字,发出"过来"的口令,同时做招手的手势,猫就会过来。重复多次后,即使不给食物,只要给出口令,猫就可自觉到跟前来。当猫做对动作时,应马上给予奖励。训练的原则是因势利导,循序渐进,掌握原则,恩威兼施。比如猫天生顽皮好动,好奇心强,所以可将玩耍与训练结合起来,可以使训练内容丰富多彩,同时也便于控制训练时间与强度,不会导致猫的反感。

第二节 宠物犬的保护

犬是人类最早驯化的家畜之一,被称为"人类最忠实的朋友",也是人类最得力的助手,从古至今始终是人类的朋友。从巡逻、缉毒、追踪、救护伤员到为盲人引路,处处都有它们矫健的身影,而现今,家犬更是以其多样化的品种,友善的性格博得了宠物爱好者的喜爱,成为各国饲养率最高的宠物。一般家犬的寿命为10~20年,平均寿命以小型犬较长。

一、宠物犬的种类

世界上现存的犬一共有450余种,可分为工作犬、运动犬、狩猎犬、梗犬、玩赏犬、牧羊犬、家庭犬等种类。其中比较常见的有以下几种。

运动犬:波音达犬、金毛寻回猎犬、可卡犬、拉布拉多猎犬、史宾格、不列塔尼猎犬。

狩猎犬:阿富汗猎犬、比格犬、巴吉度猎犬、惠比特犬、腊肠犬、寻血猎犬、灵缇。

梗犬类:澳洲梗、凯利兰梗、罗福梗、猎狐梗、迷你雪纳瑞、牛头梗、苏格兰梗、万能梗、西高地梗、罗威士梗。

玩赏犬:博美犬、巴哥犬、贵宾犬、蝴蝶犬、京巴犬、吉娃娃、西施犬、约克夏、玛尔济斯犬、中国冠毛犬、查理王小猎犬。

家庭犬:大麦町(斑点)犬、法国斗牛犬、比熊犬、日本柴犬、松狮犬、沙皮犬、英国斗牛犬、比特犬、波利犬、贝灵顿、杜高犬、格力犬、高加索犬、柯基犬、卡斯罗犬、日本银狐犬、土佐犬、雪达犬。

二、犬的习性

犬对主人忠诚温驯,能为主人的利益顽强拼杀。防卫意识强烈,当受到侵犯时会奋起攻击。具有很强的记忆力与摹仿能力，能通过训练学会各种技巧。

1. 睡眠时间长

犬每天需要 14～15 h 的睡眠时间，在幼犬阶段时间更长，甚至可以达到 16～20 h。但它们不会一觉从早睡到晚，而通常是分成几次，而且在睡觉时也始终保持着警觉状态。另外，犬睡觉的姿势也总是将头朝向门的方向，以便随时能够感觉到外面的各种变化。这种习性使得犬成为了看家护院的不二选择。

2. 严格遵从等级制

犬属于群居动物，在犬的群体中，总有一条领袖犬支配、管辖着全群，领袖犬的地位至高无上，而其他成员则对其服从、忠诚，并遵从顺位等级，有秩序地进行各种活动。一般来说，犬恐惧、害怕比它们高大的动物，而跟它同高或个子小一些的，反而会因为好奇，进而产生强烈的保护欲望。对家犬而言，犬主人是最高等级，自己的地位最低，所以犬会听从其主人的命令并对主人忠心耿耿。因此在饲养时，主人应当树立起“头领犬”的形象，不要过于娇纵，而使狗狗认为它才是头领犬。

3. 忠诚

犬对主人的忠诚，来源于两个方面：一是对母亲的依赖和信任；二是对群体领袖的服从。对于从小就离开母亲身边的小狗来说，给予它食物，照顾并保护它远离伤害的主人就充当了母亲的角色。长大成年以后，狗狗急需确定他在群体(包括它自己和家人)中的地位，这时比它强大得多的、可以信赖的主人便成为了它心目中最伟大的领袖，它便会无条件地绝对臣服于主人。可以说，犬的忠诚实际上是一种等级心理的体现。

4. 领域观念和防卫意识强

犬和其他许多动物一样，都有很强的领地观念。它们习惯于以自己为中心，在固定的一些树干、路灯下或角落里，用自身气味标出“势力范围”，并经常更新。家养犬将主人、主人家及其周围环境均视为自己的领地，表现出强烈的占有欲和防御意识。一旦有陌生人或陌生犬闯入其势力范围时，犬或犬群将会竭尽全力攻击入侵者，保卫其领地和领地内的各种东西，如犬主人、主人家园及犬的床、垫草或食盆等。而如果到了陌生的地方或者闯进了别的犬的领地，它会表现得非常谨慎，尽力避免争斗。这就是为什么有的狗狗在自家很凶，到了外面却显得十分胆小。

5. 喜爱运动

犬十分喜欢运动，它们对于追捕兔、猫等小动物，或是追逐自行车、汽车乐此不疲。并且它们十分乐于和你一起玩耍，拔河、追逐、丢飞盘、拣骨头等都是狗狗十分喜爱的游戏。即使在下雨天，来了兴致它也会在家里发疯般窜来窜去，和你追逐打闹。

6. 肢体语言丰富

犬是一种感情非常丰富的动物，他们可运用多种肢体语言来表达自己的感受。比如受到奖励时会使劲摆动尾巴，向高处跳跃，显得十分高兴；被斥责时则会垂头丧气，两眼无光，向主人靠拢，并用乞求的目光望着主人；恐惧时会尾巴下垂或夹在两腿间，耳朵向后伸，全身被毛直立，两眼圆睁，浑身颤抖，躲于角落；而愤怒时则会表现为龇牙咧嘴、两眼圆睁、目光锐利、耳朵向斜后方向伸直，身体僵直，被毛竖立，发出“呼呼”威胁的声音。

7. 感情多样

犬对于自己难以理解的现象，往往表现出害怕和恐惧。例如没有生命气息而却有生命形态的标本，或者能发出鸟兽声音并且会动的玩具，都会使犬感到紧张不安，毛骨悚然。这点在对声音和火光的恐惧上表现得尤为明显。

犬也有虚荣心，它们总是喜欢取悦主人，当完成主人指定的任务并受到赞赏、抚摸或是小零食等奖励时，会显得心满意足、兴高采烈。犬的嫉妒心也很强，当同时饲养两只或以上的犬的时候，他们总是会争着向主人“献殷勤”，以求得到主人的奖赏，而那些没有得到奖赏的犬会对得到奖赏的犬表示不满，发出呜呜的警告声，有时甚至还会打起架来。有趣的是，狗狗也会害羞，如它做错了事或毛被剪得太短，它就会躲在什么地方，等肚子饿了才出来。

三、犬的日常护理

犬的日常护理与猫较为相似，其饲养原则和一般护理可以参照猫。

与猫一样，犬虽属于食肉动物，但除了动物蛋白和脂肪外，还需要摄入蔬菜水果中的各种维生素等成分，以保证自身的正常发育和健康。但它们的肠胃对粗纤维的消化能力差，并且进食时狼吞虎咽不加咀嚼，因此，给犬喂蔬菜时应洗净切碎、煮熟，不宜整块、整棵地喂。食物中不宜加入过多的盐，也不宜添加调料。饲喂定点定时定量，不宜剩余，避免腐败变质。一般大型成年犬一日一餐，小型成年犬一日两餐即可。幼犬喂养参照猫。

犬禁食的食品有：大葱、洋葱、韭菜、生肉等，巧克力与海鲜可以少量饲喂，但建议还是最好不要冒风险。不宜长期饲喂动物肝脏，会导致维生素 A 中毒。另外，不要让狗狗吃得过于油腻，这样容易导致胰腺炎的发生。也不宜使用猫粮喂狗，因为猫粮中所含的蛋白质太高。某些对嗅觉有高刺激性的食物或用品不要让狗闻，对狗的嗅觉有很大伤害。狗的呕吐中枢十分发达，可以引起呕吐反射从而把不该吃进去的东西吐出来。在消化不良时，狗偶尔也会吃草以达到清理肠胃的作用。

幼犬在 4 月龄左右换牙，这时它们会觉得牙根部发痒，喜欢到处胡乱啃咬，可以给它们买些狗咬胶或者玩具供它们磨牙。犬对运动的需求量较大，工作犬一般每天需要户外活动至少 1 h，运动型犬则需要更久的运动和奔跑。但幼犬运动量不宜过大，因为此时它们的骨骼还未发育定型，过重的负担容易导致骨骼变形。通常 1 岁以上的小型犬即可视为成年，而大型犬则为 1 岁半。

外出散步时，应戴好牵引绳，防止同其他狗打架时被咬伤，同时要注意避免狗狗被异物扎伤；注意防止狗狗乱捡东西吃而引起食物中毒；尽量少让狗狗钻到草丛中玩耍，因为草丛中有很多蜱、跳蚤、虱子等体外寄生虫会伺机跳到狗狗身上，引起各种皮肤疾病。

目前市场上犬疫苗的种类很多，有四联苗、六联苗、七联苗甚至八联苗，可根据所在地区传染病的流行种类进行选择。疫苗接种程序以进口辉瑞疫苗为例，首免在 6 周龄以上，共免疫 3 次，每次间隔 3 周。如同许多疫苗一样，疫苗使用后有时会出现过敏反应，此时建议首先应立即使用肾上腺素进行处理，然后再配合恰当的支持疗法。

另外幼犬也需定期驱虫，一般每季度做一次寄生虫检查并根据结果制定驱虫方案，也可在食物中加入驱虫药作预防性驱虫。目前常用的驱虫药有：拜宠爽（滴剂）、拜宠清（口服）、大宠爱等。

母猫虽然有发情期但没有月经，和猫有一点不同的是，母犬则会在发情期出现月经，这是正常现象，此时特别需要做好环境的清扫工作。

四、宠物犬的调教与保护

犬是十分聪明的动物，对于主人发出的口令或简单的语言，可以根据音调、音节变化建立条件反射，从而较好地完成主人交给的任务。经过训练的犬不仅可以做出许多技巧性的动作，还可以帮主人取报纸、拿拖鞋等，成为人们生活上的小帮手。

1. 训练前的准备

训练前要为狗狗准备好合适的项圈和绳子。现在市面上所售的项圈有很多种，有链圈、皮圈等，无论选购哪种，都一定要适合狗狗脖子的大小，不能太松也不能太紧，一般以套上后能放进两个指头为最佳。绳子长度控制在大约 2 m 为好，这样当狗狗在做坏事的时候可迅速绷紧绳子，平时则可保持松弛状态。随着训练难度的增加和狗狗体型的增大，绳子需要相应的增长，一般 3～4 m 即可。

另外还需要准备点狗狗爱吃的小零食，切碎成指甲盖大小，一次喂一块作为奖励。统一的口令是训练成功的基础。训练中要保证所有的人（包括驯犬员）都使用相同的命令，以免让狗狗产生困惑。最好是由狗狗较为亲近的一人专门负责训练，这样可以避免口令的不统一。

2. 训练计划的安排

狗的训练可分为两个阶段:生活训练需要从到家之日起就开始,例如在固定地方睡觉、吃食、排便等;技能训练的最佳时期则是出生后 70 d 至 1 岁左右,这个阶段幼犬尚未染上任何恶习,而且力量比较弱小,性格和行为习惯尚未成型,调教起来比较省力。

技能训练也称服从训练,其内容包括:来、坐、衔物、并行、扑、咬、追踪、看护物品等,一般可分为 3 个阶段:第一阶段最好选择在安静的环境中进行,利用语言和手势做指导,让犬完成指定动作并给予奖励;第二阶段可在稍微复杂的环境下(比如有其他人或犬在场时)按前一阶段的方式训练,并尽量训练狗狗只凭口令而不需手势便能完成动作;第三阶段是在更为复杂的环境中(如行人或其他犬较多的地方)进行训练,直到狗狗可以根据主人发出的口令准确地完成动作。这 3 个阶段必须由易到难,逐渐进行,并要不断重复训练内容,因为只有重复训练才能更好地巩固已经形成的条件反射。

技能训练最好每日进行,但每天训练时间不宜过长,最多不应超过 15 min。通常以一周为一个训练周期,每个周期教一些新内容并要不断温习旧内容,通常服从训练需要持续 8~10 周才能收到较好的效果。但如果主人没有充裕的时间,或者发现狗狗在训练中很难集中注意力时,就不能操之过急,可以适当延长训练的时间周期,只有当这个动作达到主人的要求后,才可进入下一个训练周期。

3. 基本训练方法

(1)机械刺激法　机械刺激法是在犬不听指令时,采用压迫、抖动及牵拉牵引带等方法,迫使犬按主人的意图完成相应的动作,适用于兴奋型犬。但应注意这种方法会使犬对训练者的信任度下降,并对训练产生一定的畏惧心理。

(2)食物奖励法　即用食物作为奖励手段,调动犬的训练积极性,鼓励行为与动作的完成。给予食物奖励,可以刺激犬的条件反射,使犬懂得服从和完成动作就能得到好处,从而加深对训练内容的记忆。但若犬对此食物兴趣下降,则会随之对训练失去兴趣,此时必须要换一种它感兴趣的食物或者换一种训练方法。

(3)结合训练法　这种方法是将机械刺激法与食物奖励法相结合,在强迫犬完成某些训练科目后,立即给予食物奖励。该方法能使驯犬者与犬之间建立起良好的牢固关系,是最常用的基本驯犬方法。但要注意机械刺激强度不能过大、过频繁,否则会使犬产生恐惧心理;另外奖励食物要适量,可以结合抚摸和口头表扬,以达到奖励的目的。

(4)摹仿训练法　将训练有素的犬与新训练的犬一同训练,让受驯犬观看一只训练有素的犬是如何接受训练并得到奖励的，从中受到影响和启发。这种方法可以生动直接地让犬明白要做什么，有效提高训练效果。

在实际训练中，单独使用一种方法往往不能起到很好的效果，这时就需要审时度势，具体问题具体分析，交叉使用各种方法，软硬兼施，恩威并用，从而使犬对训练保持较高的热情，积极主动地参加训练。

4. 训练原则

(1)口令清晰　在训练中，首先要做到的就是口令清晰而简短，一般不超过3个字，以便于狗狗理解记忆。过长的音节不利于记忆，而含糊不清的发音会使狗感到困惑。每次使用的口令必须一致，不要变来变去，这样狗狗就弄不明白你到底想要他做什么了。发出命令的时候要严肃但不要声音太大或者带有发怒的语气，这会让狗狗觉得你是在骂他，从而把训练和挨骂联系在一起，对训练产生排斥。

(2)奖惩及时　当狗狗做对动作的时候，应当及时给予奖励，可以是夸奖、抚摸或者是一小块零食，让狗狗把训练内容和奖励联系在一起，这样它就会很乐意按照你的命令行事。但是要注意避免多余的奖励，只有在它做对动作的时候才能给予奖励，如果动不动就奖励它，就会使它产生迷惑，不知道究竟是因为什么得到肯定的。

相对的，当狗狗正准备做那些“不可以做”的事情的瞬间，应大声、果断地制止它。事后教训是没有用的，狗狗不会明白你骂他的原因。并且在不明原因的情况下经常遭到训斥，狗就会渐渐地对主人产生不信赖感，变得不再听主人的话。

以体罚的方式来迫使狗狗服从是非常不明智的。站在狗狗的立场来看，不明原因的体罚是虐待，会降低犬对主人的信任与尊敬，产生抑制心理。若是非常强势的主人，狗也许会因为害怕而服从，但在这种环境下生活的犬极度缺乏安全感，有时会表现出攻击小孩或老人等弱者的行为，非常危险。

(3)善用语气　在训练中，语气是非常重要的一个因素，狗狗会根据语气来判断主人的心情想法，所以训练时应该特别注意语气语调的使用。

在刚开始教新内容的时候，语气应当温柔，并辅以适当的动作指引；当狗出现厌烦情绪时，及时用牵绳纠正它；若牵绳无效，则应改用强硬的口气呵斥它；如果狗狗确实不能集中于训练，最好及时停止以免使它对训练留下不好的印象，使以后的训练变得艰难。

当狗狗正确地按照主人的指令完成动作要求时，需要用愉快的语气来夸奖它、肯定它。但是不能为了训斥狗而用夸奖的话把它骗到身边。这会使狗觉得受骗，次数多了以后就会失去对主人的信任。当狗狗做错动作的时候，不要斥责它，而应耐心教导它正确的动作，严厉的斥责会伤害狗狗的感情。如果发出命令后，狗狗犹豫不决，迟迟不付诸行动，这时你需要检讨下自己是否要求太高、表达不清或者狗狗尚未明白；如果你确信狗狗已经明白指令，不过是在试探和揣测主人的态度时，则一定要用强硬的语气命令它，迫使它照办。

(4)坚持训练　训练是一个长期的过程，不要期待一两次的训练就能达到预期的效果。狗狗需要在不断反复的过程中形成并加强记忆，故训练时要遵循循序渐进，由简入繁的原则耐心教导，反复不断地坚持训练，而不能急于求成。没有狗狗是不可训练的，所以对自己的狗要有信心，不要中途放弃或者迁就它。对狗狗的训练并不受时间地点限制，在散步、吃饭等日常生活中，也应随时随地的教给狗狗哪些是“该做”的，哪些是“不能做”的。

(5)因犬施教　像人类一样，每条犬也有自己独特的性格。有的狂暴好斗，有的胆小懦弱，有的活泼好动，有的文静温驯。准确掌握每条犬的性格特征并加以合理的利用，可以使犬的训练达到事半功倍的效果。

兴奋型犬：这类犬的特点是容易兴奋，好动，攻击性强，接受能力强但遗忘也快，动作准确性不高。这种类型的犬在训练时应注重动作的准确性，并反复练习巩固以加深记忆。

活泼型犬：这类犬的特点是活泼，对于一切刺激反应都很快，动作迅速敏捷。接受较快，准确性也高。但是如果训练方法不当，易产生不良联系，因而在训练中要特别注意手段和方法。

安静型犬：这类犬具有较强的忍受性，但灵活性不好，条件反射形成较慢，但形成后却很牢固。所以这类犬训练时要有耐心，应重点放在培养犬的灵活性上，适当提高兴奋性。

抑制型犬：这类犬的特点是胆小，经常表现为胆怯，受到惊吓或遇到害怕的事物，会采取消极的被动防御。接受训练内容慢且不牢固。对于这种犬，应避免突然的惊吓，要用温和的音调和轻巧和缓的动作耐心诱导，使犬逐渐消除被动状态。

第三节　家养笼鸟的保护

鸟的种类繁多，目前全世界现存鸟类约有 156 个科 9 000 余种，共分为 3 个总目：平胸总目(Ratitae)，是现存体型最大的鸟类，善走而不能飞，如鸵鸟；企鹅总目(Impennes)，是一类善游泳和潜水而不能飞的鸟，如企鹅；突胸总目(Carinatae)，包括所有两翼发达能飞的鸟，是鸟纲中最大的一个总目，绝大多数鸟类属于这个总目。

我国的鸟类资源也十分丰富，境内共分布有 81 个科，1 186 种鸟类，是世界上鸟类种类最多的国家之一。鸟类家族中适于家庭饲养的玩赏鸟类不多，中国约有 100 种，但近年来不断有新的鸟种被人类驯化，加入玩赏鸟行列中来，使得玩赏鸟的队伍越来越庞大。

一、笼鸟的种类

我国共有百余种观赏鸟资源，它们大多小巧玲珑，羽色华丽，鸣声悦耳，逗人喜爱。家养笼鸟基本可以归为 3 大类：观赏型、实用型、鸣唱型，饲养时可根据个人的爱好选择相应的品种。

观赏型：外表华丽，羽色鲜艳，体态优美，活泼好动，深得广大玩赏鸟饲养者喜爱。包括有红嘴相思鸟、黄鹂、蓝翡翠等。

技艺型：聪明伶俐，经训练可能掌握一定的技艺与表演能力，有的能模仿人说话，有的能依照指示叼携物体，十分逗人喜爱。八哥、鹦鹉、鹩哥等都属于这一类。

鸣唱型：善于鸣叫，鸣声悦耳婉转，明亮多变，让人感觉到心旷神怡。典型的有金丝雀(芙蓉鸟)、画眉、云雀、百灵等。

二、鸟类行为特征

1. 鸟类的食性

鸟的种类繁多，生活习性各异，所采食的食物也十分复杂。准确判断鸟类的食性可以帮助保持其自然习性，以提高观赏价值。

根据其生活方式不同，鸟类大致分为 6 个类群，即陆禽、涉禽、游禽、攀禽、猛禽和鸣禽；而按食物的性质，又可分为食谷类、食虫类、杂食类与食肉类。家养笼鸟多为鸣禽类和攀禽类。攀禽包括有鹦鹉、翠鸟、啄木鸟、杜鹃、夜莺等，它们善于在树上攀缘，多生活于森林树洞中，嘴坚硬并有利钩，大部分以吃森林害虫为主，也有的种类以小型鱼虾和植物种子、果实为食。鸣禽约有 5 100 多种，在鸟类中占绝大多数，大部分属雀形目，体型较小，活泼机敏，善于鸣叫，例如百灵、画眉、八哥、黄鹂等；但因其种类多，生活环境复杂，食性也相应地较为复杂，其中食虫类居多。

2. 求偶行为

鸟类的求偶炫耀行为是动物界中最为复杂和多样的，季节和性激素是其决定因素。在春季，鸟类体内释放的性激素会促使筑巢行为，并使它的羽色和鸣叫发生改变，以吸引异性前来配对。比如大多数鸣禽如云雀、画眉、百灵等的雄鸟，在繁殖季节都能唱出某种曲调多变、婉转动听的歌声，以求获得繁殖机会；而体色艳丽的鸟类则会通过炫耀其华丽的羽毛来进行求偶。

3. 营巢行为

营巢即筑巢，属于发情求偶的早期行为，是鸟类的特征之一。一个安全舒适的巢穴利于卵的孵化和育雏，并且其隐蔽性能够有效保护鸟类自身、卵和正在发育中的雏鸟。并且营巢也可刺激鸟类体内性激素的分泌，促进繁殖活动的进行。

鸟巢大致可分为地面巢、水面浮巢、洞巢、编织巢，以及一些特殊形式的鸟巢，如泥巢、唾液巢、叶巢、织布鸟巢、冢巢等。不同种类的鸟，其营巢习性各不相同。例如云雀、柳莺的巢为地面编织巢，而麻雀的巢则是房洞巢；画眉与八哥在繁殖期有严格的巢区，鹦鹉科的小型种类则喜欢在同一棵树上共同营巢。弄清各种鸟类的营巢习性，帮助它们准备合适的巢穴，有助于玩赏鸟的顺利繁殖。此外，多数鸟类只认巢不认卵，所以在笼养条件下若亲鸟没有担负起孵育后代的责任，可找“保姆鸟”代为孵育。

4. 孵卵行为

当雌雄鸟交配后，雌鸟即会回巢产卵。因为卵的形成与产生不仅受雌鸟神经内分泌系统的控制，也受到环境因素的影响，所以鸟类的产卵期、窝数，以及每窝的窝卵数因种而异，并会因周围环境如光照、温度、降水、食物资源等的变化而变化。

鸟类一般在产完一窝的最后一个蛋后开始孵卵，其孵卵方式多种多样，大多数由两性共同孵卵，也有单亲孵卵，以及群体孵卵的方式。卵的孵化期因鸟种而异，体型较大的鸟为 30 d 左右，小型鸟为 18 d。孵卵鸟类的坐巢与离巢常按照一定的规律交替进行。在产卵期和孵卵的早期，许多亲鸟会因受到干扰而弃巢，这是一种自我保护行为，有利于逃避天敌的捕食。所以在家庭饲养笼鸟时，千万不要因为好奇而在亲鸟离巢时前去翻动鸟蛋。

三、家养笼鸟的日常护理

笼养鸟的种类繁多，每种鸟的生活习性也不一样，在精心的护理的同时也需要注意区别对待。但饲养笼鸟的基本方法是大致相同的。首先需要选择合适的鸟笼，其次要根据所养鸟的品种来确定饲料配比，此外还要注意根据四季气候变化的不同，采取不同的饲养、清洁及管理措施。

1. 选笼

为爱鸟选择一个合适的鸟笼，营造一个舒适的生活环境，是养鸟的第一步。鸟笼的材质很多，常见的有竹笼、木笼和金属笼；其形状也是多种多样，有长方形、圆形、方形、扁形、半圆形、房式、腰鼓形等。为适应不同鸟的生活习性，观赏鸟的鸟笼也根据鸟种类的不同而做了分类，大致分为食谷类和食虫类两类。食谷类鸟笼有金丝雀笼、黄雀笼、文鸟笼、百灵笼、绣眼笼等，食虫类鸟笼有画眉笼、点颏笼、八哥笼等。此外，还有适合饲养鹦鹉的虎皮鹦鹉笼及栖架，打扫鸟笼时转移用的串笼，洗澡用的水浴笼，繁殖用的繁殖笼等。

选择鸟笼时，笼的大小、材质、形状应符合鸟的生态习性与体型，一般体型较小的鸟选用笼条较密的小笼即可，而大鸟则应选用高大且笼条较密的笼，以免损坏尾羽。食谷鸟类如黄雀、金丝雀、文鸟等，其粪便干松，不污染笼底，笼底可封闭；而食虫、食肉及杂食性的鸟如画眉、八哥、鹦鹉等，粪便稀软，易污染笼底或腐蚀鸟足趾，因此笼底应为亮底，下有托粪板，以便于清理；百灵等虽然体形较小，但有高飞鸣唱的习性，最好用特制的高笼；而鹦鹉、交嘴雀等体型较大，嘴型特殊的硬食鸟儿，能咬啃木材，因此必须选择坚实耐用的金属笼或鸟架饲养。

鸟类生性活跃好动，喜爱飞翔攀援，故在家庭饲养时，应在笼中为爱鸟设置杠木、浪木等设施，可增加运动量，满足它对运动的需求。

2. 饲喂

鸟类新陈代谢旺盛，它们需要不断地进食来维持身体的能量需要，所以应尽可能不间断笼养鸟的食物与饮水供应，不能出现断水断粮的现象。喂给鸟儿的饲料要新鲜，不能使用变质发霉的饲料。特别是夏季，闷热潮湿，蛋黄与动物性饲料等易腐败，要贮存适当，最好现配现用，并及时清理食盒，更换掉吃剩的饲料。若担心饲料放久了会变质，可改为早晨、中午各喂一次主食，中间另喂一次辅助饲料，喂量以基本吃完为准。

硬食鸟类一般供给粒料，它们能将饲料的外壳剥去，吞食其中的籽粒。但是剥下来的壳往往与饲料混合在一起，造成食缸中有食的假象。所以在饲喂时，应注意随时检查食缸中饲料的多少，及时将空壳清理掉，添加进新的饲料。有的鸟十分挑食，会仅仅将爱吃的菜子、苏子、麻子等富含脂肪的食物挑出来吃掉，而将其他谷物如粟、黍、稗、稻谷等留于食缸。主人在添加饲料时，应平衡营养，减少新添饲料中脂肪的比例，从而迫使鸟取食混合饲料。

青绿饲料包括各种菜叶、胡萝卜、水果等，喂前要在水中浸泡清洗。应保证青绿饲料的新鲜，当发现菜叶变色或变蔫时应更换新鲜的蔬菜。对于食用青饲料不多的鸟类，可将少量青饲料切碎放入菜缸中；而饲喂那些对青饲料需求量大的鸟类，可以将大棵青菜插于竹扦上供鸟啄食，或用水泡于菜缸中以保持新鲜。

笼鸟的饮用水应保持清洁，以凉白开水或自来水为好，矿泉水水质太硬不适合喂鸟。因为鸟儿经常在笼中活动，不免会有污物掉入水缸，故应坚持每天换水。夏季高温及秋季干燥时，鸟的需水量大，要经常注意加水。可在水缸中放入一小块木炭，净化水质。

3. 饲料的选择和配制

鸟类的饲料常为配合饲料，有主食也有副食。在配置饲料时，应根据鸟的食性、当地饲料资源等因素综合考虑，保证营养全面，并利于鸟的消化吸收。一般说来，大多数鸟类均为杂食性，且以动物性食物为生。食谷鸟应注意添加青绿饲料作为副食，而杂食鸟需要动物性饲料，食虫与食肉鸟则应适当添加一些新鲜生肉或者活昆虫及青绿饲料。

作为主食的饲料可使用在市面上买的鸟类专用饲料，有粉型、小颗粒状和圆柱形颗粒状等形状。不同形状的饲料适应不同科目的鸟类，如百灵食粉状饲料，相思鸟食小颗粒饲料，画眉、八哥、鹩哥等食圆柱形颗粒，一般可根据鸟的体型大小来选择饲料颗粒的大小。好的饲料应该带有一股自然的谷物、豆类的香味，若味道刺鼻、鱼腥味重则要慎重考虑；用手捏拿，易碎的饲料较好，淀粉含量不高，而若结合紧密捏而不碎则说明淀粉含量较多，营养不全面。新买回的饲料应先在太阳下晒干再装入密封罐中，拿出来喂鸟前要注意检查是否霉变，不要喂给鸟发霉的饲料。

作为副食的饲料多种多样，有昆虫类饲料、动物性饲料、青绿饲料及矿物质饲料。

(1)昆虫类饲料　最常用的是黄粉虫，又叫面包虫，是一种高蛋白高钙高营养的昆虫，其营养价值高居各类活体动物蛋白之首。这种虫能给鸟带来蛋白质及钙质营养，增加脂肪厚度，帮助鸟类抵御寒冷，并且还能使羽毛光鲜亮丽。除黄粉虫外，蝗虫、蠡斯、蟋蟀、油葫芦、大袋蛾、玉米虫、蚯蚓、蝇蛆、蚕蛹、蝉等都是用于饲喂笼鸟的优质饲料，为多数鸣禽所喜食。但要注意蝗虫和蟋蟀等昆虫的口器及后肢均较坚硬，饲喂前应先将其除去，以免伤及笼鸟口腔或食道。

(2)动物性饲料　包括鱼、虾及肉类饲料，其中含有丰富的动物蛋白质和矿物质，可以替代昆虫类饲料，是食虫类鸣禽生活、求偶和繁殖所必需的。可以用小型的鲜鱼、鲜虾及鲜肉直接饲喂笼鸟，也可以将鱼、虾及肉类烘烤干后磨粉，添加进日常饲料中供笼鸟食用。

(3)青绿饲料　因为鸟类的身体不能储存维生素 C 及维生素 B_1、维生素 B_2，必须从青绿饲料中摄取，而维生素缺乏则会导致笼鸟体质衰弱、生长缓慢、站立不稳，所以青绿饲料的供给与笼鸟的健康及繁殖均有着极其密切的关系。大部分笼鸟能直接啄食多种青绿饲料，但也有少数不愿食用的，可将蔬菜水果等磨碎拌在其他饲料中饲喂。每天或隔天喂一次即可。

青绿饲料种类繁多。油菜、菠菜、小白菜、萝卜叶、茴香等新鲜的叶菜鲜嫩可口，深得鸟儿喜爱，是补充维生素的最佳选择，饲喂前必须洗净。青草类诸如马齿苋、苦麻菜、蒲公英叶等营养价值与叶菜相当并更为廉价，多数笼鸟更乐于采食，也是很好的选择。根茎类包括有胡萝卜、水萝卜、红薯、荸荠等，饲喂前需切碎或切片，以利于啄食。有很多种观赏笼鸟都极喜食各种瓜、果及鲜花，例如南瓜、西瓜、香瓜、苹果以及多种植物的鲜花，注意水果鲜花要新鲜。

(4)矿物质饲料　笼鸟所需矿物质极少，但却不可忽视。常用的有墨鱼骨、蛋壳粉、熟石灰、贝壳、砂砾、羽毛粉等。墨鱼骨、蛋壳粉、熟石灰、贝壳、沙砾等均含有丰富的钙质，能很好的强壮骨骼，并补充鸟在产卵繁殖中所流失的钙质。其中熟石灰最好选用水化已久的陈年熟石灰，而砂砾在补充钙质流失的同时还有助于其肌胃的研磨，帮助消化。羽毛粉则是专为观赏笼鸟换羽期准备的补充饲料，含有较多的蛋白质及矿物质，能促进笼鸟新羽的生长。

4. 清洁卫生

保持周围环境的清洁卫生是保证动物身体健康的重要因素，笼鸟也不例外。由于鸟类直肠粗短，并且没有膀胱，不能贮存粪便和尿液，所以鸟类一般排泄得较快，而且吃得多，排得多。因此在饲养时应格外注意做好清洁工作，及时清除鸟粪。通常盛粪板及被粪便或饲料污染的栖架、笼丝等需每天洗刷一次，食缸需每顿清洗，而水缸可隔天清洗一次。在炎热的夏季，还应视实际情况来增加清洗次数以保证环境的干净卫生。

5. 洗浴

鸟类的洗浴分 2 种：沙浴和水浴。不同的鸟因习性不同，对洗浴的要求也不同。如百灵、云雀等喜欢沙浴，而画眉则偏好水浴。沙浴应选用洁净干燥的细河沙，可经水洗后置于太阳下暴晒消毒，并且定期更换，一般 2～3 d 换一次。笼底的沙不用铺太厚，0.5 cm 左右即可让鸟充分沙浴。多数鸟喜欢水浴。水浴次数、一次水浴的持续时间应根据季节、天气温度、湿度及鸟的兴趣与健康状态加以确定。通常夏季可每天一次，然后慢慢延长，到冬天一般 4～5 d 洗一次。水浴后应立即进行日光浴或置温暖处，使羽毛尽快干松。

6. 四季的饲养管理重点

春季是繁殖季节，要为笼鸟提供合适的繁殖场地、巢箱、巢草等。并且这个阶段鸟的活动十分频繁而活跃，体能消耗增大，应减少饲料中脂肪的含量，增加蛋白质、维生素与矿物质。另外，春季早晚温差大，带鸟出去散步时应注意。

夏季管理的重点在防暑。鸟类无汗腺，不会出汗，只能靠呼吸等机制调节体温，因此不耐酷热。夏季饲养时，应将鸟笼放在凉爽通风处，避免阳光直晒，并保证充足的清洁饮水，尽可能地提供水浴与沙浴，以帮助鸟儿迅速散热。此外夜间还应用纱布等物质罩住鸟笼，防止蚊虫叮咬。

夏秋交替的时候是鸟类换羽的时节。在换羽前要停止脂肪性饲料的供给，以促进鸟迅速换羽；而当羽毛脱落后，应换喂蛋白、脂肪与维生素含量丰富的饲料以促进新羽生长。

冬季的主要工作是保暖。可在饲料中适当增加白苏子、葵花籽、麻籽等脂肪性饲料的比例，以帮助鸟儿安全越冬。

7. 疾病的预防

笼鸟的常见疾病与家禽相似，主要包括新城疫、禽霍乱、慢性呼吸道感染、禽巴氏杆菌病、鹦鹉热、痛风等。目前还未有一种较好的针对笼鸟的商品疫苗，因此加强饲养管理，保持环境的清洁卫生就显得尤为重要。首先，应在购买时仔细辨别，避免买入患病、带毒带菌的鸟；其次，要掌握所饲养鸟的生活习性，合理饲喂；再次，要保证环境卫生与饮食卫生，禁止喂霉变腐败饲料及不洁饮用水；最后，要随时注意观察鸟的健康状况及异常行为，做到及时发现问题并解决。

四、笼鸟的调教与保护

笼鸟的调教相对犬和猫来说要困难一些，一般从雏鸟开始喂养调驯较为容易成功。与犬猫类似，鸟的调教也要注意循序渐进，反复巩固。一般来说，教会鸟某一项技能需要 3 d 到两个星期不等，这需要很大的耐心。

对食物的渴望是鸟儿的天性，若充分利用这点加以训练，就不难使鸟儿乖乖听话。用于训练的食物不能太多，每次给一点，一定要让鸟处于半饥饿状态。训练的第一步是与鸟亲近，使其敢于和人接近，为此要多和鸟接触，可以直接用手给它喂食，让鸟站在手上玩，观察鸟儿洗浴等，使鸟意识到亲近人不仅是安全的，还有食物可以吃。训练期间，笼养、架养均可，当完全驯化后才可尝试散养，否则你刚买回的小可爱可能一下子就从你眼前逃走，消失得无影无踪了。训练的时间可因人而异、因时而异。同品种的鸟可以两只一起驯养，利用鸟的模仿能力可以大大减少调教的时间。另外还要让鸟多熟悉一下日常生活中的各种响声，如电视机的声音、手机铃声、鞭炮响声，经常带鸟去人多嘈杂的地方散步，可以使鸟逐步适应复杂的环境，不至于太胆小而受惊逃跑。

第四节 家养水生动物的保护

水生动物（aquatic animal），是在各种类型水域中繁衍生活的动物的总称，按照栖息场所可分为海洋动物和淡水动物 2 种。它们种类繁多，色彩绚丽，姿态万千，具有非常高的观赏价值。一般家养水生动物包括龟和各种观赏鱼类。由于水生动物生活条件要求较高，疾病防治较困难，饲养相对不易，所以远不如犬、猫普及。但近年来随着饲养设备的不断升级更新，饲养知识的不断普及，观赏型水生动物逐渐步入越来越多的普通家庭。

一、家养水生动物的种类

1. 鱼类

观赏鱼类主要分为金鱼、锦鲤和热带鱼3大类。锦鲤是拥有鲜艳的体色以及变幻多姿的斑纹的鲤鱼，非常华丽，但由于体型较大，不适合普通家庭饲养，故普及度不高。热带鱼则是指原栖息于热带和亚热带的水域中的具有观赏价值的鱼类，它们对水温和水质的要求较高，故饲养时需要较为专业的设备以保证鱼的健康生长。金鱼在我国是最为普遍的一种观赏鱼，有“水中花”的美称。中国是金鱼的故乡，经过千百年的选种培育，现在的金鱼大致可分为文种、龙种、蛋种、草种、龙背种5个品系。其中文种以狮头、帽子、珍珠、文金为代表；龙种以龙睛、蝶尾为代表；蛋种则以水泡、望天、虎头、兰寿为代表。

2. 龟类

龟，俗称乌龟，属于爬行纲，泛指龟鳖目的所有成员，是现存最古老的爬行动物。它们身上长有非常坚固的甲壳，性情温和，受袭击时会将头、尾及四肢缩回龟壳内以保护自己。现存龟的种类大约有230种，按生活环境不同可分为陆栖龟、水栖龟、半水栖龟、海栖龟、底栖龟5种类型，其中水栖或半水栖龟占多数。在自然界，龟多数分布在热带或接近热带地区，也有许多见于温带地区。若按食性，龟又可分为肉食性龟、植物性龟、杂食性龟3种。水栖龟类一般为杂食性，半水栖龟类多数为肉食性，陆栖龟类大多为植物性。所以，从蠕虫、螺类、虾鱼到鲜嫩植物的茎叶等都可作为龟的食物。

家养龟通常为水龟、半水栖龟和陆龟，陆龟的价格较水龟高，且喜暖怕寒，所以对饲养条件及设备的要求也相对较高。

二、观赏鱼的生活条件

水生动物在自然界中的生活条件极为复杂，人工养殖的环境显然与自然条件有着很大的不同，往往会给水生动物带来诸多不适。因此在家养时我们必须做到尽可能地模拟它们的自然生活环境，这样不仅可以降低饲养难度，也可以增强其观赏性。

家庭养鱼的设施主要包括：容器、过滤系统、增氧系统、换水装置。另外饲养中还应注意水质、水温、光照等。为鱼创造出合适的生活条件，才能让鱼健康生长。

1. 容器

容器的大小要根据鱼的个体大小、耗氧量、饲养密度等来决定，选择合适的容器是成功饲养的第一步。

传统饲养使用的陶盆、木盆等，透气性好，但采光较差，不宜饲养喜光照的鱼类。金鱼缸呈圆鼓形，方便小巧，使你可以在家中、办公室里的任何地方都能养上两条小鱼，平添一分生气。但金鱼缸体积小、深度浅、供氧少，只能用于饲养体型小、活动范围不大的观赏鱼类，如金鱼、孔雀鱼等。水族箱是除金鱼缸外最常用和常见的容器，其大小规格不定，可以在很大的范围内变化，以适应不同鱼种的需要。水族箱采光性强，便于观赏，还可以配置各种控制水温、水质的设备，满足多种不同的饲养要求，是较为理想的容器。并且在水族箱内还可以放置假山、种植水草等，既有助于改善鱼的栖息环境，也能使整个水族箱看起来更有情调。对于养鱼数量较多的家庭，建议另备一个暂养缸，在换水清缸时周转使用。

2. 过滤系统

家庭养鱼一般密度较大，加之有的鱼活动量较大，代谢废物较多，依靠水体自身很难净化掉水中的杂质和废物。这时就需要建立一个过滤系统来帮助保持良好的水质。外置过滤系统可选择顶部过滤盒或过滤桶。过滤的材质可选用生化海绵、活性炭等，并需根据水体污染程度进行更换。过滤盒(桶)的容积要足够大，以保证能放得下足够多的过滤材质。而水泵可促使水箱内的水形成一个循环水流，使水族箱中的每一个角落、裂缝都能够得到不停的更换。要控制好水泵的流量，不能太大也不能太小，保持每小时至少 5 次的水流循环速度是较理想的。泵头要定期拆卸清理以增强过滤效率。

3. 增氧系统

水中溶解的气体种类很多，但其中最为重要的是氧气，它是鱼生存生长的关键。饲养过程中必须保证水中有足够的溶解氧，否则鱼很可能会因为缺氧而死亡。但是家庭养鱼饲养密度高，用水量少，又加之氧气本身在水中溶解度较低，往往容易发生缺氧现象，特别是在炎热的夏季。

解决缺氧问题可以采用兑水或换水的办法，也可种植水草利用光合作用净化水质，产生氧气。此外，还可在市场上购买专用的增氧设备——气泵。用气泵加氧既方便又简单，其送出的空气会通过气泵扩溶在水中。但气泵的功率不能太大，否则会影响到鱼的正常生活，一般可根据鱼缸大小选择合适的气泵。

4. 水

养鱼先养水，这已经是养殖者的共识，良好的水质是鱼正常生活的基本条件，可以说是饲养成败的关键之所在。所以，如何在家庭中“养”好一缸清澈、无毒害的水就显得至关重要。

(1)水源　一般来说,鱼类对水的适应性较强,不同来源的水在矿物质含量、酸碱度等方面的差异对鱼类的生活没有太大的影响,因此泉水、井水、湖水、河水、水库水、自来水等均可用来饲养观赏鱼类,但要避免从受污染或富营养化的水体中取水。另外,除自来水外,其他的水中虽然有着丰富的浮游生物,非常适合鱼取食,可也非常容易混入对金鱼有害的水栖昆虫或致病微生物,所以在使用前最好先过滤消毒;而泉水含矿物质多,但温度较低,使用前需要调节水温;井水含氧低,使用前应先盛放 1～2 d 待其充分溶氧;自来水取用方便,含菌极少,但其含氯,应经暴晒处理或以硫代硫酸钠除氯后方可使用;若是饲养海洋水生动物,则应使用新鲜海水或配制人工海水饲养。

(2)水质　水质主要指水的硬度和酸碱度。水的硬度被用来标识水中含钙、镁、铁盐的含量多少,根据硬度不同,水可分为硬水、软水和中性水。井水、泉水多属于硬水;自来水、河水则大多数属于中性水;雨水属于软水。不适合的硬度会影响鱼体表的黏膜及卵的硬度,对鱼类的健康和繁殖造成伤害。饲养观赏鱼一般使用中性水即可,但热带观赏鱼更适宜于在软水中生活,有条件的话,应该对水做相应的软化处理。

除了硬度外,水体的酸碱度也会直接影响鱼类的生长、繁殖乃至生存。大多数鱼类喜欢微碱性的水,此时水体中的细菌生长最好,水的自净能力也最强。一般的淡水鱼的最适宜 pH 值为 7.5～8.0,而海洋鱼类则为 7.9～8.3。但也有例外,比如来自非洲的热带观赏鱼类就喜欢微酸性的水质。为保证水体的 pH 值稳定,应注意及时换水,换水量不应超过原水量的 1/3。也可使用小苏打、增碱剂、增酸剂等来调节 pH 值,但一次升高或降低不能过多,一般控制在 0.1 以内,通过多次调整逐步达到所需的 pH 值。

另外,饲养海洋鱼类还需注意盐度。可取新鲜海水或使用市售的海水盐自行调配人工海水,自行调配时将盐度控制在 0.3%～0.32%的范围内,即可保证大多数海水鱼的正常生活。

(3)水温　鱼类都属于变温动物,体温随环境的变化而改变,故水温对鱼类生活及繁殖的影响很大。不同鱼类对水温的适应范围不一样,例如金鱼和锦鲤对水温变化有很强的适应能力,而热带鱼则局限于 18～32℃之间。不过对于大多数鱼类来说,正常温度控制在 20～24℃,繁殖水温控制在 25～28℃即可。控制水温可选择将鱼缸放置在朝阳的房间,以阳光来增加水温;或是使用恒温、加热设备。

5. 光照

许多鱼类的正常生长发育需要一定的光照,阳光可杀灭鱼体表和水体中的病原微生物，促进鱼的生长繁殖，并保持其艳丽的体色和光泽。大多数鱼类喜欢折射的光线或短时间的弱直射光，所以合理的光照应该是，将水族箱置于明亮通风处，利用早晚的阳光照射 1～2 h 即可。若是没有阳光或阳光不足，可用白炽灯或日光灯等人工光源照射。

6. 水草

在水族箱中种植水草，首先，可吸收水体中的二氧化碳、氨气及鱼类的排泄物，净化水质，同时还能产生氧气，补充水中氧。其次，水草可抑制藻类过度繁殖，降低观赏型水生动物窒息的危险。再次，水草还为鱼类提供了栖息及产卵的良好环境。因此合理地种植水草是十分必要的。一般畏光喜静水的鱼类需要较多的水草，而活泼好动的种类不宜种草太多。

三、家养龟的生活条件

同每种宠物一样，龟对所生活的环境条件也有着各种各样的要求，选择合适的饲养场地，给予适宜的温度与光照，保证可口的食物，都是促使龟健康生长所必需的。

1. 饲养场地

家庭养龟有池养、缸养等多种方式，各有利弊，可根据自己所饲养龟的品种和环境条件来自行选择。一般家庭饲养观赏型水龟，可使用缸、盆等器皿，如有条件最好能为其在庭院内修筑一个半水半岸的水池，会更利于龟的生长。若水池不与陆地相连或者使用缸养、盆养，必须要放置石块、砖头等露出水面的平台，以供龟自由攀登、晒背、休息。此外，龟喜欢躲在洞穴中，如果能用砖头之类的东西为它搭建一个龟舍，或者直接买市售的龟舍供它休息，可以增加龟的安全感。

龟也是非常擅于攀爬的动物，所以饲养容器需要有一定的高度，大约为龟体长的 2～3 倍，并且器壁要光滑，防止龟逃跑。缸内可使用细沙、树叶等作为垫料。对于陆龟来说，因其不能长期生活在水中，所以应配置饮水盆 1 个，高 0.5 cm 左右为宜。并且陆龟喜暖怕寒，还应配备加热器适当加热保温。另外，龟的粪便及排泄物排于水中，会污染水质，很容易滋生细菌从而威胁到龟的健康，大大增加患病几率，因此最好准备一个强力过滤器，而且龟的生活环境应当至少每 6 个月消毒一次。

2. 水质及水量

与鱼类一样，水质对于龟的健康是非常重要的一个因素，必须保证水质清洁无害。饲养时应随时注意观察水的清洁程度，并及时换掉浑浊的脏水，补充进新鲜处理过的水。换水原则和方法可参考鱼类换水。但有一点需要注意的是，若在龟冬眠时换水，新加进的水应比平时的水温略高 2～3℃。

水量要足够，因为龟的许多活动都是在水中完成的。一般浅水饲养水面刚刚没过龟壳即可，深水饲养则需放置假山等露出水面、可供龟攀爬的物体，预防呛水。龟对环境湿度的要求较高，特别是半水龟。龟舍的湿度应与保持其自然环境相近，湿度过低（<35%）可导致龟皮肤的异常干燥和蜕皮障碍，而湿度过高（>70%）则会导致细菌或真菌的大量滋生，容易导致皮肤感染。除了早上晒太阳和平时的活动以外，大部分时间还是应该放入水中的。对于陆龟，有条件的情况下应该定期用温水泡澡，这样可以刺激体内血液循环，帮助龟更快地排出代谢废物。

3. 温度

龟类都属于变温动物，其摄食及活动等均受环境温度的影响，因此家庭饲养时应避免龟的环境温度过高、过低或大幅度波动。在冬天要保持恒定水温，最好房间内的空气也保持足够温暖。而在炎热夏季，养龟的房间不应使用空调，给龟舍加一个盖子遮挡阳光就足够了。一般热带龟的适宜温度为 27～38℃，温带龟为 20～35℃，而半水生海龟所要求的温度更低。当水温降到 10℃以下时，龟便开始进入冬眠状态，静卧水底淤泥或有覆盖物的松土中冬眠。冬眠期一般从 11 月份持续到次年的 4 月初。当水温上升到 15℃时，龟便开始出穴活动，大多数龟在水温 18～20℃便可开始摄食。

4. 冬眠

健康龟可自然冬眠。到冬眠时间，将龟放于沙土上，它会自己钻入沙土深处。在沙土上应覆盖保暖物，并保持沙土的潮湿。若没有条件准备沙土，应将龟放于齐背高的浅水中，不能全部浸于水中，也不能干养。整个龟舍此时应放置于阴暗、安静的环境，温度保持在 3～12℃，最佳冬眠温度为 8～10℃。冬眠期间环境温度不宜过高，也禁止晒太阳，否则龟会经常苏醒，极大地消耗体力，开春时很可能会因为体力不支而死亡。

到第二年春天，温度达到 15℃左右时，龟就会从冬眠中苏醒。刚复苏的龟体质较弱，不宜大量喂食。

5. 光照

多数龟都有晒背的习性，它们常常会离开水面，到岩石或圆木上去晒太阳。阳光不仅能晒干龟的背壳，其中的紫外线还可以杀毒消菌，预防真菌感染、烂甲等常见疾病。同时，UVB 紫外线有助于龟吸收食物中的多种维生素和钙质。需要注意的是，即使普通的玻璃也能隔离阳光中绝大多数的 UVB 紫外线，所以让爱龟晒太阳应该将它放在阳光能够直接照射到的地方。晒背的时间一般选在早上阳光不十分强烈的时候，晒 1～2 h 即可。不要在中午，特别是夏季的中午，将龟拿出去暴晒，不仅有可能中暑，还会导致晒伤。给龟晒背时最好准备一个可以遮阳的遮盖物，当它不想晒太阳的时候可以自己爬到下面躲起来。谨记病龟不可晒太阳。

四、观赏鱼的日常护理与疾病防治

1. 饲养密度

限于水体的溶氧能力和自净能力，在同一容器中所能饲养的观赏鱼也是有限的，宜少不宜多。通常每尾鱼要占用 10 L 水体，也就是说在长 40 cm、宽 25 cm、高 30 cm 的容器内，可饲养 6～8 尾鱼。但这个标准也不是一成不变的，例如在鱼体型较大的情况下，应少养；冬季可多养，夏季要少养；水温低时可多养，水温高时要少养。

2. 饲喂方式

定时定量地投饵有助于保持水质清纯，通常以每日投饵 1～2 次，每次饵料能在半小时内吃完为宜，饵料不要喂得太多。剩余饵料容易腐败发酵，使水质变差，并造成缺氧。一般在太阳能晒到鱼缸时投食，即春夏季 6:00～7:00，秋冬季 7:00～8:00，下午 3:00 左右可以添加一次少量投食，但切忌在傍晚大量投食。

3. 饲料选择

家养观赏鱼类种类繁多，习性差异较大，按其食性基本可分为 3 类——肉食性、素食性和杂食性肉食性鱼类。其中肉食性鱼类占绝大部分，杂食性与素食性鱼类仅占一小部分。

鱼类的饲料主要有两类：水生生物饲料和人工合成饲料。水生生物饲料是指鱼类可以摄食的水生动植物的活体或干品，包括浮萍、藻类、水草、水蚤（俗称"红蹦"）、剑水蚤（俗称"青蹦"）、血虫（俗称"红虫"）、水蚯蚓（俗称"线虫"），还有许多水生昆虫（摇蚊幼虫、蝇蛆）等。另外将鱼、虾、蟹、贝及陆生昆虫和蚯蚓等捣碎后，也可作为鱼类饲料。水蚤含有较丰富的蛋白质、脂肪和钙质，不仅营养全面也易于消化，并且金鱼产生的代谢物也不易分散。另外活水蚤还可以吞噬水中悬浮的细小污物，从而起到净化水质的的作用。因此水蚤可以说是最适合喂鱼的优质饲料。但水蚤的寿命较短，来源不稳定，不能满足家养金鱼全年生长的需要。血虫、水蚯蚓等又易于附着在沙床上，或悬浮在水中，不利于水质的清洁。此时便可以选择使用干鱼虫，注意要选择新鲜的颗粒松散的鱼虫，不要买陈旧发霉的干鱼虫来喂养。

人工合成饲料营养成分齐全，保存与使用方便，往往加有防治药物、诱食剂和着色剂，可在促进鱼生长繁殖、保持鱼体色彩鲜艳的同时还兼顾预防疾病，是日常喂养中一个非常不错的选择。饲料的选择也非常重要，优质饲料应保证蛋白质不低于 40%、粗纤维不高于 4%、粗脂肪不低于 4%，并且添加天然虾红素、螺旋藻、水质净化菌类，以及维生素和微量元素等物质。这样不仅有助于鱼的健康生长，对于保持和净化水质也有一定的作用。而劣质合成饲料不仅没有营养，且包含人工色素，会使水体变色，对鱼儿的健康造成威胁。

人工合成饲料依据形态的不同而分为颗粒饲料、粉状饲料、片状饲料、贴片饲料 4 种。颗粒饲料是最常见的金鱼饲料，一般在投饲后，饲料颗粒漂浮在水面上而不下沉，因此不易漏入沙床的缝隙中发生腐败。但对于习惯于在水底觅食的鱼类，则往往会因为找不到食物而挨饿。粉状饲料颗粒细小，遇水膨化，可以较长时间悬浮在水中，适合用于饲喂幼鱼，但非常容易落入沙床缝隙，也很容易使水体浑浊。片状饲料是较为理想的饲料形态，投饲后可飘浮于水面、悬浮于水中或是沉于水底，由于表面积较大，不易漏进底沙缝隙。但售价较高。贴片饲料一般作为其他饲料的补充，可粘贴在水族箱的侧面玻璃上，让鱼自由取食，适合于喂养游动活泼、身体强劲的品种。但要注意避免鱼儿在争抢饵食的过程中受伤。

4. 换水

鱼新陈代谢产生的废物以及剩余饵料的腐败都会影响到鱼缸中的水质，使水体浑浊，溶氧降低等。及时换水，保持水质清新，增加水体溶氧，才能保障鱼正常的生长发育。

换水需要事先准备几只大桶，并将预备用于养鱼的生水（未经处理的水）经暴晒、沉淀、消毒等处理，使其成为适合养鱼的新水。换水分为部分换水和全部换水。部分换水是日常护理的一部分，特别是在炎热的夏季，每天需坚持用胶管吸出鱼缸底部的粪便等脏物，清除水面灰尘及浮出的粪便，然后沿缸壁缓缓注入等量等温新水，尽量不要惊吓到鱼，并应避免鱼因水质变化太快而导致的不适应。每次换水量不应超过鱼缸总水量的 1/4。具体换水次数多少要根据鱼缸中的水的浑浊度而定，过滤好的水如水质较好可适当减少次数，水质较差的要适当增加换水次数。但换水不应太过于频繁，否则会导致鱼生病。这种换水方法不需要将鱼和水草等从缸中捞出，不易伤及鱼体，简便而安全，适合用于家庭鱼缸养鱼。

全部换水顾名思义，就是将鱼和水草等全部从缸中捞出，暂时放置于盆、桶等容器内，待鱼缸彻底刷洗干净，重新注入等温新水后，再将鱼放入缸内。捞鱼时要注意动作轻柔，避免伤及鱼鳍、鱼鳞等，那样会给鱼的健康和观赏性带来折损。全部换水常常用于水质严重败坏或青苔过多等情况，视水质好坏决定换水间隔，一般春秋季可每隔半月彻底换水一次，而在夏季高温季节，则应 5～7 d 就彻底换一次水，冬天因为水温很低，鱼的代谢活动减慢，食欲下降，水质不易败坏，故无特殊情况一般不用全部换水。若水中藻类生长过旺，可放养一些螺类或刮食性鱼类如“清道夫”来清除容器壁上附生的藻类，有助于保持水质清洁，减少换水次数和全部换水的麻烦。

5. 疾病防治

家养观赏鱼的疾病多数是由于人为的饲养不当所造成的，所以加强日常的饲养护理对预防观赏鱼疾病是非常重要的。不同的鱼类生活习性、食性不一样，对光照、水温、酸碱度、溶氧等的要求也是大相径庭，需要十分注意。

其实判断鱼的健康状况最好的办法就是观察鱼的活动情况。例如浮头通常是缺氧的表现，此时就需要采取增氧措施，否则鱼很容易死亡。另外常见的异常情况包括有离群缓游、喜爱独处、反应迟钝，或者狂躁不安、不停地旋转，甚至会出现鳞片脱落等症状。这就要求饲养者平时多熟悉鱼的正常摄食、休息、嬉戏行为，以准确区分非正常行为。

营养性因素、水质性因素和病原性因素是导致家养观赏鱼发病的主要原因。营养性疾病常见缺钙、缺磷或维生素缺乏，这是因为长期饲喂单一的人工饲料，难以保证营养成分的全面及比例的适当。当营养供应恢复正常后，这类疾病的症状即可逐渐消失。水质性因素中最常见和最具危害性的是缺氧，此外水体理化性质的不适合与显著变化均会引起鱼生理上的不适，从而表现为体色失常、精神不振、食欲下降等。病原性疾病往往较为复杂，可分为微生物感染和寄生虫感染，一定要在正确诊断后才能对症下药。

五、家养龟的日常护理与疾病防治

家庭饲养龟和鱼有许多相似之处，比如饲养密度、营养需求、环境卫生等，很多可以参照鱼的日常护理。这里重点介绍龟与鱼在饲养中需要注意的不同之处。

1. 饲喂方式

龟的饲喂也应定时定点定量。春、秋季气温较低，龟只在中午前后气温较高时摄食，故宜在上午 8:00～9:00 投喂饲料；而夏季中午太过炎热，投食以在下午 4:00～5:00 进行为宜。食物要保证新鲜，不要使用冰冻饲料。植物性饲料在投喂前需洗净，动物性饲料应将鱼虾等的坚硬外壳、头、刺等剔除干净，防止划破龟的口腔、食管或肠胃。投料最好剪碎成小块，植物性饲料还需先浸泡 2 h 以利消化。食料可直接投入水中，也可置于水陆交接的浅水处或近水斜坡处，便于龟咽水咬食。饲喂量视气温、水质、乌龟的食欲及其活动情况而定，一般可按体重的 5%～10% 投喂，在春、秋季气温适中、其食欲较旺时可适当增加投喂量。但饲喂不宜过多过饱，以免影响肠胃的消化功能。在适宜的温度范围内，温度越高龟的食量越大，温度越低食量越小。水温低于 20℃时禁止饲喂食物，否则容易造成消化不良等肠胃疾病。随着龟的成长，饲喂次数也相应减少。一般出生不久的苗龟每天喂 3 次，小龟每天喂 1 次，成龟 2～3 d 喂 1 次。下蛋季节母龟饲喂量要加大，而冬眠前夕则要多喂营养价值高的食物。

每餐投喂之后，要及时清理剩余食物，避免污染水质及其生活环境。最好的办法是，在饲喂时将龟拿到另外单独的容器中喂食，这样便于清理残余食物，而且由于龟进食后不久就会排便，稍等片刻待它们排泄之后再放回龟舍可以减少对龟生活环境的污染，也免去了频繁清理龟舍的麻烦。

2. 营养与饲料

龟所需要的营养主要有蛋白质、脂肪、碳水化合物、无机盐和维生素五大类，其中蛋白质、碳水化合物和脂肪是主要的营养物质。一般要求食肉龟饲料中的蛋白质含量应为18%～20%，食草龟应为11%～12%，此外还应含有一定量的淀粉类物质，钙、磷、钠、氯、镁、锌、铜、钴等必需无机盐类，以及多种维生素。

龟的食性很广，常吃的植物性食物有稻谷、玉米、叶类蔬菜、水果和各种水生植物等；而动物性食物则包括鱼、虾、昆虫、蜗牛、蚯蚓、蟋蟀、泥鳅、瘦猪肉等。由于植物性饲料缺乏热量、蛋白质和钙，而动物性饲料则缺乏维生素和其他矿物质，所以在饲喂时要注意适当的联合使用，以满足乌龟生长所需的各种营养，避免因饲料单一而生长发育不良和产生厌食症。另外龟对钙质的需求较大，应保证饲料中钙的供应，脆牛骨、牛骨粉碎、鸡蛋壳、碎牡蛎粉、乳酸钙片都是优质的钙源。还须注意的是，在生长的不同时期，应根据龟所需营养成分的不同给予不同的饲料，例如小龟多给予动物性饲料，随着它的长大，可以逐渐添加植物性饲料，以保证营养全面。

禁止以熟食、咸味食物、腐烂变质食物喂龟，禁止让龟食用面包、米饭、饼干、火腿肠等。

3. 疾病防治

疾病的防治重在预防，平时做好龟的饲养护理工作，加强管理，仔细观察，一般都能防患于未然。对于由于饲养管理不当而出现的疾病，改善饲养条件，去除不利因素，加强护理，一段时间后龟即可自行恢复健康。常见的疾病症状有：龟壳较软、畸形，通常提示缺钙；嗜睡和咽喉肿胀提示可能缺碘；眼睑水肿、皮肤过度角化可能预示着维生素A缺乏；传染性口腔炎的发生说明龟体内维生素C缺乏；而若出血与凝血时间延长，则通常是因为维生素K不足。

另外，龟还有很多的传染性疾病，如白眼病、腐甲病、腮腺炎、传染性口炎、败血症等，都是由于病原微生物感染所引起的。每种病的症状和治疗方法不一，但都需要做好环境和龟体的消毒。临床上可用于龟的生存环境消毒的药品有：生石灰(10%)、漂白粉、孔雀石绿(0.5 mg/L)、硫酸铜、氢氧化钠(2%)、氢氧化钾、高锰酸钾(2%～5%)、过氧乙酸(0.05%)等；而可用于龟体浸泡消毒的药品有：优氯净(0.6 mg/L)、食盐溶液(0.11%)、利凡诺(0.1%)、高锰酸钾 (0.1%)。一般龟池消毒后，换入新水，再对池水消毒1次后才可放龟入池；而龟体消毒时，应先让药物充分溶解，并使水温接近自然温度后再将龟放入，浸泡水位不可过深，以它的头能伸出水面为度，以免呛水。

小　结

伴侣动物经过漫长的进化演变，已经成为广泛存在于人们的生活、工作中的好伙伴。他们与人们共同生活，为人们排遣寂寞、舒缓精神压力，有的已经被视作家庭的一份子。因此，对伴侣动物的保护也越来越得到重视。饲养时应当提供营养全面的饮食和清洁的饮水，舒适的居住环境，注重日常护理；而调教时，需要特别注意针对每种动物不同的习性采用不同的方法；最后也是最重要的，要注意各种疾病的防治。只有这样，伴侣动物才能健健康康地与主人一同快乐生活。

复习思考题

1. 常见犬猫种类有哪些？家养笼鸟和家养水生动物有哪些？试分别举出3例。

2. 犬和猫不能吃哪些东西？猫的四季护理重点分别是什么？犬的四季护理重点又分别是什么？

3. 饲养笼鸟如何选笼？饲料如何选择搭配？四季饲养管理重点是什么？

4. 观赏鱼的生活条件包括哪些？如何做好观赏鱼的日常护理？

5. 家养龟的生活条件包括哪些？如何做好家养龟的日常护理？

主要参考文献

1. 董君艳. 巧法驯养宠物犬. 济南：山东科学技术出版社，2001.
2. 郭世宁，陈卫红. 最新实用养猫大全. 北京：中国农业出版社，2002.
3. 韩问. 龟的养殖. 长春：吉林摄影出版社，2005.
4. 浩瀚，徐萍. 小家宠物乐. 北京：北京科学技术出版社，2001.
5. 贾建兵，图立红，朱志红. 海水观赏鱼. 北京：中国林业出版社，2000.
6. 李群，周涛，赵林风. 观赏鱼的喂养. 南京：江苏人民出版社，2001.
7. 陆承平. 动物保护概论. 北京：高等教育出版社，1999.
8. 石松. 世界名犬的饲养与鉴赏. 北京：东方出版社，1993.
9. 王祥生. 爱犬训养与疾病防治大全. 北京：中国农业出版社，2001.
10. 吴庆荣. 犬猫养护：宠物良医经验谈. 上海：上海远东出版社，2001.
11. 谢慧胜，张力波. 实用宠物百科. 北京：农村读物出版社，1999.

12. 许祺源,诸中雅.中国名贵金鱼.上海:上海科学技术出版社,2000.
13. 占家智,赵玉宝,万鹏.观赏鱼养护管理大全.沈阳:辽宁科学技术出版社,2004.
14. 张晓琳,等.玩赏鸟养殖.2版.北京:科学技术文献出版社,2001.
15. 张振兴.小型宠物的饲养与保健.南京:江苏科学技术出版社,1995.
16. 郑经农,李超.世界名猫鉴赏与饲养.天津:天津科学技术出版社,1995.
17. 周婷,徐惠强,芦严,等.观赏龟的家庭饲养.上海:上海科学技术出版社,2001.
18. 祝建新.观赏鸟.北京:农业出版社,1992.
19. 庄秀端.笼鸟养殖技术.北京:中国盲文出版社,1999.

第十章　娱乐动物保护

学习要点

了解人类娱乐活动以及娱乐动物的种类；了解观赏动物的概念、种类；了解动物园的规划，包括规划内容、场地设计、动物馆舍的建设以及动物园的笼舍设计；了解动物园对野生动物的保护及存在问题；掌握园养动物的饲养管理技术、园养动物在人工环境下的繁殖以及园养动物的福利问题；了解水族馆的历史发展，水族馆地址选择的原则；了解水生动物生活条件的要求；重点掌握观赏水生动物的饲养和日常管理；了解表演动物的概念、分类；了解马戏团的历史，掌握马戏团表演动物的保护法；了解影视基地与动物保护；了解竞技动物的概念和种类；了解信鸽运动，掌握对信鸽的保护措施；了解斗牛、斗鸡、斗蟋蟀和赛马等竞技动物的概况，重点掌握斗鸡和赛马的日常管理和保护。

第一节　娱乐动物概述

人类利用动物从事的娱乐活动，包括生态旅游、动物艺术品、狩猎、渔钓、动物表演、动物竞技等诸多方面。生态旅游强调对自然景观的保护，是可持续发展的。动物艺术品包括关于动物的影视、歌曲、邮票等，通过对动物艺术品的收藏、传播，激励人们保护野生动物，爱护生态环境。随着社会的发展，竞技和表演动物的保健与福利也是必不可少的。

一、娱乐动物的分类

用于人类娱乐活动的动物，即为娱乐动物，包括观赏动物、表演动物和竞技动物。观赏动物是用于观看和欣赏的动物，并不使用和捕杀，一般为濒临灭绝和引人注目的动物。表演动物包括动物园和马戏团里用来表演的动物。竞技动物包括赛马、信鸽、斗牛、斗鸡等用于比赛的动物。

二、娱乐动物与人类的娱乐活动

生态旅游、动物艺术品、狩猎、垂钓渔业、动物表演和动物竞技等是人类利用动物从事的娱乐活动。

生态旅游是以吸收自然和文化知识为取向，尽量减少对生态环境的不利影响，确保旅游资源的可持续利用，将生态环境保护与公众教育同促进地方经济社会发展有机结合的旅游活动。生态旅游形式包括游览、观赏、科考、探险、狩猎、垂钓、田园采摘及生态农业主体活动等，呈现出多样化的格局。

艺术品，指内容和形式结合得比较完美的作品。动物的形象、神态和生活习性，能给人带来美的享受，启发艺术家的创作灵感，带来了许多动物艺术品。动物艺术品包括以动物为主题的影视作品、歌曲和乐曲以及以鸟类活动为造型的舞蹈等。

狩猎是伴随人类进化的一种传统活动，古代人类虽然对野生动物的狩猎量比较大，但一般不会造成过度捕猎，更不会造成野生动物的灭绝。

垂钓渔业是人类一项历史悠久和源远流长的活动。随着社会生产力的进步，已成为人类娱乐的一种形式。

各种动物无论是野生动物还是家养动物，通过人类驯化，建立特定的后效行为，都可以参与各种表演或竞技运动。如运动场上的赛马、斗牛、赛犬等；动物园内的狮子、老虎、大象、海狮、猴子、鹦鹉等表演，国内国际的信鸽比赛，民间的斗鸡、斗蟋蟀、斗鹅、斗羊、斗猪等。人类利用各种动物的生物学特性和行为生理反应，供人类娱乐或体育健身之用。

第二节 观赏动物的保护

观赏动物是人们喜爱的动物，其体色艳丽、姿态优美、活泼伶俐，能给人们生活增添乐趣，陶冶情操，消除疲劳，有益于人们的身心健康。古今中外有很多寓言、童话、小说和诗画都以观赏动物为题材。随着人民生活水平的提高，观赏动物进入千家万户，使家庭生活丰富多彩，因此，观赏动物在国内外市场上的需求量越来越大，逐渐成为一项很有经济效益的产业。

一、观赏动物概述

观赏动物由于体色美丽，体态优雅，活泼开朗等特点，主要用于人们观看和欣赏。观赏动物种类很多,常见的主要有观赏鸟和观赏鱼。

观赏动物养殖有很久的历史。我国古籍《诗经》、《礼记》、《吕氏春秋》、《孟子》、《山海经》等,有许多驯鹿、养猫、玩鸟的记载。唐代猫是宫廷中的宠物。被誉为我国观赏鱼的"国粹"——金鱼,是我国古代(1179 年的南宋)以野生鲫鱼人工培育而成的,品种繁多,现已成为世界著名的观赏鱼。狗是人类最早驯化的一种动物,它们和人类亲密相处已有 2 万年甚至更长。我国饲养观赏鸟大约有 3 000 年历史。在城市生活的居民,终日看到楼房、工厂、道路,听的是机器声、车辆声、嘈杂声,对大自然接触很少,特别对那些自然的羽色、自然的音韵,接触更少,然而,鸟却给人带来大自然的美,给生活增添欢乐、生动、活泼的气氛,从而丰富人们的精神生活,起到延年益寿的作用。

二、动物园与园养动物的保护

动物园是饲养各种动物,进行科学研究和科学普及并供群众观赏游览的地方,具有科普教育、自然保护、科学研究、休闲娱乐四大功能。动物园的规划以及园养动物的保护显得尤为重要。

1. 动物园的规划

(1)动物园规划设计的内容　全园总体布局规划,主要是对于动物园各个要素进行空间安排,将动物园中的空间资源进行合理配置。包括动物园山水骨架的形成,不同功能用地的划分、动物园主景的位置、出入口、动物园建筑、园路和基础设施布置等。动物园布局很大程度上决定着动物园的艺术风格。

饲养动物种类、数量,展览分区方案。

展览方式、路线规划,笼舍建筑和展馆设计,游览区及设施规划设计。

动物医疗、隔离和动物园管理设施。

基础设施规划设计。

商业、服务设施规划设计。

人员配制规划。

(2)动物园的场地设计　在动物园的场地安排上既要为动物提供适宜其生理要求的生活空间,也要为游人提供较好的观赏视角和最佳游览路线,设置时应以景物引导,符合人行习惯。同时,要使主要笼舍建筑和出入口广场、导游线有良好的联系,以保证全面参观和重点参观的游客能方便地到达、游览,有清晰的游线组织。通过对园路进行分级分类,形成主要园路、次要园路、游览便道、园务管理、接待专用园路等组成的导游方向明确、等级清晰的道路游览系统,使游人能进行全面及重点的参观,使园务管理与游客流线不交叉干扰。按照要求确定动物园的用地比例。

在动物展览区域划分上，要依据动物的进化、产地、食性和种类等因素综合考虑，布局要相对合理。可以按进化顺序，无脊椎动物→鱼类→两栖类→爬行类→鸟类→哺乳类，也可以按动物的地理分布如欧洲、亚洲、非洲、美洲、大洋洲等，创造不同景区的特色，给游人以明确的动物分布概念。也可按照地理学、生态学、科普三方面来考虑动物展览布局的形式。结合动物的生活及活动习惯，选择适当的展出方式，并进行合理的植物配置，创造适合动物生活的空间以及景色宜人的公园环境。

规划设计时要注意动物展览与饲养管理、游人游览的安全性。要考虑动物的野性和破坏性，兽舍建筑要有较强的防护和耐破坏能力，防止动物和游人的相互伤害，动物园四周应采取有效的安全防护措施，以防动物逃跑伤人，同时应能保护游人迅速安全地疏散。

(3)动物馆舍的建设　动物展馆是各类动物在动物园饲养展出的首要条件，动物园的场馆建设需要遵循的原则有：①安全原则，包括动物的安全和游客的安全，即在游客参观的过程中既要保证游客的人身安全，也要使动物免受游客的干扰；②动物展馆的设计与建设，必须根据动物生态环境，满足动物生活习性；③动物场馆的建设必须充分考虑动物的福利，提高动物的生活质量，避免动物产生异常行为。

动物园除了动物品种的本身展出外，各种动物展出所利用的场景环境也非常重要，动物展出场景应该摆脱家畜化的笼舍建筑，营造出模拟各种动物原生地的生态环境，让动物就像生活在它本来的生息地之中，参观者则犹如走进这一生态环境中，产生一种亲临其境的感觉。这种自然生态的展览方式不但使动物容易适应这种人工营造的生态环境，为野生动物的饲养、驯化和繁殖提供了良好的环境条件，使动物的成活率和繁殖率都得到提高，同时也增加了参观者的兴趣，丰富了动物的科普教育，而老式动物园的水泥地和铁栏杆根本无法实现这一目的。

设计动物展馆必须仔细考虑各方面因素：供热、空调、光照、下水道、水龙头、噪声、气味等。要兼顾动物、饲养员和游客的需要。除了考虑这些外在因素外，更重要的是要利用观察到的动物野外生活知识再现动物野外的生活情景。

在动物展出馆中还应挂有动物说明牌，因为动物说明牌是与游客交流的最直接、最基本的方式。动物说明牌应包括以下一些内容：动物的名称(中文名、英文名、学名以及汉语拼音)和动物照片。

(4)动物园的笼舍设计　与科研机构、保护区等保护机构相比，动物园在动物保护中具有特殊的作用。首先，动物园是多种动物集中的场所。其次，动物园面对的是广大公众，参观动物园后，人们可以了解有关的动物知识，为动物保护打下广泛的群众基础。再者，动物园不仅饲养动物，更重要的是为濒危动物提供合适的生活环境，增加种群数量。

在传统的饲养过程中，圈养动物生活在僵化的饲养管理规程之下，不得不面对每天重复、乏味的生活，在此生活条件下固然有一种压迫感。长期处于应激状态下的动物会影响身体各个系统的正常功能，甚至使动物出现偏执、狂躁等精神症状，使得动物自身的繁殖能力下降，这违背了动物园野生动物迁地保护的初衷。

在进行动物笼舍设计时要根据动物行为学理论合理设计笼舍，从动物行为学的角度出发，通过分析动物的行为与其生存的环境间的相互关系。动物在其生活环境中的行为表现的“好”或“坏”与笼舍的设计密切相关，所以在进行笼舍设计过程中必须充分考虑动物的行为需要，应用动物行为学合理设计。

动物的行为是指动物在生活过程中所做的一切动作，除了跑、游、爬和其他方式的位置转变外，还包括进食、求偶、呼吸、休眠等一切动与不动的变化。总之，人们直接可以观察到的动物的一切活动状态和对环境所产生的各种反应都是动物的行为，一般分为觅食行为、领域行为、迁移行为、社群行为、性行为、双亲抚育行为、节律行为、学习行为等。动物的行为大约20%取决于遗传，40%取决于饲料，30%～40%取决于环境条件。遗传潜力和饲养效力的发挥离不开环境，环境条件的改善可以使饲养效果和生产力水平显著提高。如果这些环境需要得不到满足，生命就会出现痛苦、疾病及死亡。

调查动物本身喜欢什么样的笼舍设计，选择那些使其受伤害少或更好的情绪状态的环境特征。在设计笼舍时可优先考虑那些对动物来说最重要的正面和反面的特征。对动物在不同环境(如温度、湿度、通风、饮食和饮水及休息空间等)中的行为表现进行一系列优选试验，找出动物优选的环境条件即动物自己喜欢的笼舍设计。

笼舍的质量主要取决于：采食与饮水空间的大小；休息空间的质量与大小；舍内气候的质量与通风；地面的质量；躲避场所的多少；行走路径的安全性；运动的自由度与限制量；噪声的高低；有无排泄场所；是否有隔离间；是否设有倾斜的运输通道等。

2. 动物园对野生动物的作用

(1)动物园对野生动物保护的积极作用　动物园对动物的保护作用不仅体现在为动物提供条件完善的栖息场所，同时还可以宣传保护动物，间接起到保护动物的作用。

现代动物园的基本功能之一就是宣传保护动物。据悉全球每年有10亿人次参观动物园，游客们在观赏的同时也会对野生动物产生极大的兴趣，在动物园的引导下，游客们还会了解到野生动物的相关知识：它们的习性，生活环境以及它们在生态环境中的地位和作用。游客们还会进一步地了解动物与人类的关系，如果这些人群能够了解到正确的保护信息，无疑会对保护野生动物和它们的环境起到巨大的作用。在国外，例如欧美的动物园就经常利用一些简单的道具生动地向游客展示相关的信息。而且欧美国家的动物园常常有志愿者的支持，不仅节省了一部分开支，也为动物园提供了更好的服务。在日本，由于拥有雄厚的财力支持，许多动物园都设有设施先进的展览馆，为游客们提供了一个良好的参观与学习的场所。而在我国的动物园正处在娱乐功能的鼎盛时期，教育功能相对十分脆弱。

同时动物园对于动物物种研究也有着非常重要的作用。动物园从初期在城市中出现起，一直是生物知识的重要来源。许多物种之所以能够进行很好的研究，是因为动物园为科学研究者提供了研究的材料，从而在解剖学、形态学、分类学、营养学等一系列研究中取得了大量成果。由于动物园认为开展科学研究是达到保护动物目的的一个重要途径，因此科学研究受到动物园的重视。在现代动物园 150 年的历史中，通过各项研究已积累了大量的知识，但对动物园动物及其生物学特性了解越多，产生的问题就越多，对科学研究各方面的需求就越多。动物园为进一步挖掘研究潜力，一方面与科研机构、大学和自然保护组织合作；另一方面要加强动物园之间关于数据和研究材料的交流。

动物园是城市生态环境的一部分，随着生态环境的恶化，野生动物的生存变得日益艰难，动物园在保护动物的同时也致力于相关的科学研究。许多动物园不仅使许多濒临绝种的动物恢复正常的种群数量，还尝试将野生动物放生，培养园养动物适应野外的自然环境，努力维持生态平衡。除此之外，许多动物园还进行了相关的科学研究，例如人工授精和胚胎移植等冷冻生物学工程方面的试验，并已取得初步的成果。如中国于 1978 年首次成功地进行大熊猫人工授精；大猩猩、猩猩、美洲狮的人工繁殖也都已成功。纽约动物园和辛辛那提动物园还分别把白肢野牛及非洲大羚羊的胚胎移植到荷兰种奶牛的子宫里并使之孕育成功。

(2)动物园对野生动物保护的潜在问题　随着经济体制的改革，传统的动物园遭受了前所未有的危机。首先，最严重的问题就是资金的短缺，在计划经济时代，动物园的主要资金来源基本是由政府提供，那时全国只有几家大型动物园，而目前城市动物园已多达 200 多家，大多数的城市动物园却仍然像计划经济时代一样，依赖于政府和财政的拨款。

充足的资金是保证动物生活质量的必要条件，许多野生动物每天的食物消耗量就很大，有些动物园甚至不能为动物提供充足的食物来源。而且为了保持动物的健康，动物园还需要做好预防和治疗的措施，这些措施也必须有资金的保证。资金不足导致城市动物园设施严重老化。许多动物园中，动物的生活面积狭小，而且生活设施还普遍严重老化，直接影响到动物正常的生养繁殖。

而由于游客观念落后，保护动物的意识较为薄弱，也时常造成动物伤害的事件。在城市动物园，游人投喂垃圾、塑料袋以及各种废弃物对动物造成的伤害已不是什么新闻。而我国目前只有一部《野生动物保护法》，通常只涉及达到保护级别的动物，人为伤害导致动物受伤或死亡的，动物园却无法进行处理。

3. 园养动物的饲养与日常管理

(1)饲料是维持动物生命的基础　动物体质的好坏，完全取决于饲料所含各种营养成分及动物自身的吸收机能。饲料与营养管理工作是野生动物在人工饲养条件下健康生长、发育、繁殖的基础和保障，饲料不仅是野生动物的物质保障，也是动物园饲养管理工作的中心和重点之一。动物的饲料必须适合于不同物种动物的体重、年龄以及身体状况，并且适合该物种动物所处的环境。必须根据广泛接受的专业实践和营养标准来配制饲料，饲料必须清洁，有益于健康，适口性好。饲喂量及营养成分应该有利于动物的健康和体重的平衡，应该满足动物每天的营养需要。

在动物饲料的日粮配备中，遵循的一般原则是尽可能多样，并与天然食物相接近。这就需要通过对生态学的研究，摸清园养动物的食性和营养需要。人工提供的饲料往往缺乏动物必需的微量元素和矿物质。对于大型的哺乳动物饲喂犊牛的肉，效果比较好。很多动物园用颗粒料来饲喂动物。颗粒饲料的优点主要是体积小，储存运输方便，饲料的消化率高，利于动物胃肠的消化吸收，可有效防止动物因挑食而造成摄入营养不均衡的现象，高温制粒过程进行了杀菌消毒，可有效减少动物的腹泻病、口腔炎和异食癖等。

野生动物在自然环境中取食的条件差，尤其是食肉兽类，找到食物时饱餐一顿，找不到食物时会饿上几天。园养动物则是定时定量地饲喂，并且饲料中的脂肪含量较大，导致了园养动物过度肥胖，对正常的生理功能产生了不利的影响，严重时甚至会缩短动物的寿命。一些动物的年老个体也常常患有肥胖症，且雌性个体多于雄性个体。究其原因，除了某些腺体的因素外，都是营养过剩或缺乏运动造成。所以，园养动物必须注意控制体重，防止过度肥胖。根据动物的体质，制定合适的减肥方式。减肥的方法有很多，如控制日粮标准，配制营养均衡、含高纤维、低脂肪及低热量的全价饲料；每周让动物绝食一天；设法增大动物的活动量等。在野外生活中，食肉动物往往有捕食“活食”的习性并且也常常取食一些植物，可能有促进胃肠运动和自疗疾病的作用。因此在动物园中应注意添加相应的附属设施以满足动物的这些需求。下面以绿孔雀为例介绍园养动物的饲养管理。

绿孔雀属鸟纲、鸡形目、雉科，被列为中国国家一级保护动物。其饲养管理可以参照以下原则：

饲养场地宜建在树多荫大、地势倾斜、半沙半土的半山坡上，环境要僻静。种灌木，植牧草，使活动之地绿草成片，尽量模拟野生环境，以利孔雀的驯化及饲养。孔雀可成对或雄雌比为 1∶(2～3)同笼饲养，也可大范围内放养，但需要固定喂食地点。用铁丝网或尼龙网围成，有防雨、栖息的栏舍，禽舍一般 3 m×2 m×3 m。运动场宜稍大，用铁丝网或尼龙网(网孔 1.5～2.0 cm)，有树木遮阴。禽舍应坐北朝南，地势高，向阳，冬季保温，夏季凉爽。禽舍地面为硬底，上铺细沙，1～1.5 m 高处定一栖杠。

根据绿孔雀的食性和营养需要配置全价料。动物性饲料：肉末、熟鸡蛋、昆虫、鱼虾、黄粉虫(面包虫)等。植物性饲料：高粱、玉米、大麦、麻籽、苏籽等粒料；饲料配方为：玉米粉 30%、高粱粉 10%、豆饼粉 20%、麸皮 10%、大麦渣 20%、鱼粉 4.5%、骨粉 3%、食盐 0.5%；叶菜、苜蓿、嫩草、瓜果、胡萝卜等青绿饲料，以及骨粉、贝壳及多种维生素等补充饲料。饲料调配主要是粒料、动物性饲料和青绿饲料的搭配。粒料如高粱、玉米、水稻、麻籽、苏籽等混合喂给。动物性饲料是由肉末同蛋混合饲料掺在一起饲喂。青绿饲料切碎与动物性饲料混喂或单独饲喂。

(2)保证园养动物充足的饮水　在自然条件下，动物一般有 3 条途径获取水分：即江河湖泊水、地表水、露水等自由水，多汁食物中的食物水以及体内消化产生的代谢水。园养动物对自由水的需求必须人为提供。每天动物园内的每个动物必须给予足够量的饮水，如果不能持续性地供水，那么每天应该至少供应 2 次，每次供应 1 h。饮用水的卫生是第一要求，有时还可以加入少量的葡萄糖和食盐，以补充食物中微量元素的不足。盛水的容器也必须经过严格的消毒，以确保清洁性和无传染性。

(3)选择正确的饲料投喂方式和投喂次数　由于不同种类的动物具有不同的食性，体型大小不同，需求量也不一样，因食物种类的差异而各具进食特点，因此，如何投喂饲料也是很需要研究的。

园养动物的饲喂要遵循按需定量、粗细结合的原则。对食草动物来说，以水果等为主投喂，但亦不可忽略给予一定的树叶和青菜等饲料，保证足量的精饲料外，还要采取少量勤添青料的方法，尽量延长进食时间。食肉动物应采取定量、间歇投喂的方法。

对园养动物的日饲喂次数各种动物有不同的要求，同种动物在不同季节也有差异，成体一般是每天 1～2 次，幼仔则要根据年龄段和生理需求适当加倍，但其基本原则是饲喂有规律。在日常的管理工作中，必须做到定时定量喂养，严格防止游客乱投食，尤其是节假日期间，应由专人负责，严加防范。通过专人喂养，逐步培养感情，有利于管理。

（4）为园养动物创造舒适、安静的生存环境　非原产地的动物引入动物园后，可能会面临气温和湿度的不适，有时可能会引发疾病，甚至导致死亡。因此，在日常管理中应尽量给园养动物提供必要的防暑降温和防冻保温设施或采取相应的措施，模拟动物的野生环境，改善饲养园区的人工小气候。给予鸟类适当的活动面积和飞翔的空间，两栖类的笼舍具备一定的水上面积和陆地面积，灵长类动物给予适合攀登和跳跃的树枝、假山、绳梯、铁锁链梯等，穴居动物则有相应类似的洞穴。动物园游人较多，声音嘈杂，虽然野生动物经过一段时间能够习惯人类的声音，但噪声对动物一般是有影响的。突然的响动会惊吓动物，影响其正常的采食、交配等行为。特别是对于处在哺乳期的动物，还有可能引起叼仔、食仔等异常行为。所以管理人员应该格外注意，避免异常响动，进入动物笼舍时，预先给动物一定提醒，绝不能惊吓动物。

（5）动物园还应注意防治虫害和鼠害　动物园的环境适于滋生有害的伴生动物，如蚊子、苍蝇、蝇蛆、牛虻等。这些伴生动物给动物园的日常管理、园养动物的疾病防治以及动物园的环境带来了严重的影响。老鼠伤害幼小动物、破坏饲料、传播疾病等现象在动物园也屡见不鲜。

4. 园养动物在人工环境下的繁殖

每种生物都有生有死，要使其种族延续不断，就要靠生物的繁殖。生物孳生后代的现象是生命的基本特征之一。通过生殖，生物繁衍了与其相似的子代，从而保证了种族的延绵不息，繁荣多样。当前，国外动物园都把野生动物的繁殖工作放在首要地位。繁殖种群的形成和不断扩大，小动物的出售和动物之间的相互交换，既有积极的社会效益，又有较大的经济效益。在人工环境下让野生动物自然繁殖，是保护物种、扩大动物个体数量、实现动物园自我维持的重要工作，也可以减轻捕捉动物对野外种群所造成的压力。

人工繁殖是园养野生动物保护的 3 个组成部分之一，与动物的就地保护和迁地保护并列。

野生动物在人工环境下的繁殖潜力是巨大的，因为动物园消除了野外天敌因素，动物幼仔的成活率大大提高。所以，一旦突破了人工繁殖和饲养的技术难关，迅速扩大饲养动物的种群就不难实现，有时甚至还会因种群数量过多而控制生育。

许多动物的繁殖要受光照的影响，如许多鸟类要在长日照刺激下才能产卵育雏，家燕就属此类，而有些动物要在短日照刺激下生殖器官才能成熟，如鳟鱼常在 12 月产卵。哺乳动物的季节性换毛，鸟类的季节性换羽，也都是受光照的影响。影响这些动物繁殖、季节性换毛、换羽等的主导因素是日照时间的长短。由于动物畏人，白天多躲在室内，特别是对于那些需要在长日照才能繁殖的动物，很容易出现繁殖困难，所以要考虑增加人工光照的时间。

多数野生动物在产仔之后，对人的气味和异常声音非常敏感或反感，不愿意有人近前触摸幼崽，有时甚至因此叼食幼崽。因此，除饲养保育人员外，尽量避免闲杂人员接近产仔动物，并保持周围环境的绝对安静。有些园养动物在产仔后奶水不足，或者不适合哺乳幼崽时，靠人工喂养奶粉或牛奶，往往不易成活。可采用“寄养”或者“义亲代养”的方式。最常见的是食肉动物的幼崽用母犬来代养。选取奶水充足、母性好、性格温顺的产仔母犬代养。代养的母犬产仔天数不能超过 5 天，代养时，先用医用棉将代养犬的乳汁或尿液沾湿，将代养的动物幼崽全身擦遍，放在代养母犬乳头处即可，这样做的目的是使母犬无法用气味辨认，是防止代养母犬发现异味咬幼崽，习惯后即可接受“领养”的子女。

野生动物在动物园繁殖的最大问题是经常出现的近亲交配生育。近亲繁殖指的是亲缘关系相近的个体间的繁殖行为，如同胞兄妹以及亲子之间所进行的婚配均视为亲姻。然而在动物界里，绝大多数动物都是营社群生活的，且社群相当稳定，如狮子、野狗、很多有蹄类和多数的灵长类动物。虽然稳定的社群成员有利于成员之间的彼此相互识别和相互学习，但同时又不可避免地导致近亲繁殖，从而引起种系退化和生活力下降。1977 年，packer 发现狒狒的近亲繁殖可引起生活力下降 40%。1978 年，Greenword 等人研究表明，大山雀近亲交配后代的死亡率约比非近亲交配后代的死亡率大 71%。以上研究表明，在雌雄异体的动物个体间，由于近亲繁殖将会产生很严重的后果。近亲繁殖使群体的杂合性降低，产生近交衰退现象，即近交后代表现生活力、生产力、繁殖力、抗逆性、适应性下降和生长发育缓慢等，造成种群退化或数量下降。克服近亲繁殖的办法，一是经常从野外补充新个体，更新血缘；二是在动物园之间或国家之间进行动物交换，以增加基因的变化。

通过各种人为技术人工繁殖野生动物，是解决各种野生动物在动物园不容易自然繁殖的有效方法。人工繁殖技术最早应用于家畜和家禽，动物园只是在 20 世纪 80 年代才真正获得成功，并显示出巨大的生命力和应用前景。使用人工繁殖技术，可以简化动物遗传物质的异地交流，避免近亲繁育；可以使有生理或繁殖障碍的个体参加饲养种群的基因传递；可以加速饲养种群的增长，尤其是只有极少个体的濒危物种；还可以调整饲养种群的性比和数量。

人工授精技术可以有效地促进动物繁殖，有的动物园还建有专门的精子库，如美国辛辛那提动物园和圣地亚哥动物园都建有大型的动物精子库，被誉为“冷冻动物园”。人工授精技术不仅能解决动物不自然交配的问题，还能提高动物的产仔率。

1980年，成都动物园用冷冻精液对大熊猫进行人工授精，获得成功，以后还采用了自然交配与人工授精并用的办法，提高了人工繁殖的成功率。人工授精易获得双胞胎，从1963—1993年国内外大熊猫繁殖成功的有北京、成都、福州、卧龙、重庆、墨西哥、日本等13处，共计100胎，产仔共148只，存活42只，其中有46胎为双胞胎，占总胎数的46%，53胎为单胎，占总数的53%，1胎产3仔1胎，占1%。在46胎双胞胎中，人工授精或人工授精兼自然交配的有22胎，占双胞胎总数的48%，自然交配的双胞胎仅占52%。在人工饲养下，繁殖成活的雌性大熊猫都具有再生育能力。例如北京动物园的雌兽“岱岱”，它出生于1974年9月16日，母亲为“娇娇”，父亲为“森森”。“岱岱”与雄兽“宝宝”结合，于1982年8月30日生子雌兽“文文”，而“文文”又于1987年10月1日产仔1只。

人工孵化也是动物园常用的技术之一，已研究出很多方法，对提高鸟类人工种群数量的增加有显著的效果。人工孵化育雏技术对珍贵鸟类的繁殖有着突出的意义。主要是靠提高其产卵的数量来增进其繁殖。鹤类正常每次产卵2～3枚，一年最多繁殖2～3只。利用取卵补卵的特性，使每只雌鹤产卵数量增加5～10倍，最多可产20枚，人工孵化育雏后，每对鹤可以繁殖10～15只。又如东方白鹤是晚成鸟，每窝产卵3～5枚，将卵取出后，还可产第二窝及第三窝。上海动物园利用人工孵化育雏技术，使一对白鹤产卵三窝，创成活11只记录。目前，此项技术已广泛应用于提高野生鸟类繁殖的工作，并取得良好的效果。对数量较多可供选择的动物，可以采取选种、实验调配种兽等措施来解决动物不交配、不生育的问题。

5. 园养动物的疾病与防治

刚从野外进入动物园的动物，一般都有外伤(如断肢)和体内寄生虫，因此要有针对性地进行治疗。野生动物离开自己的栖息地，住进动物园，对很多人类疾病缺少免疫力，容易感染各种病菌，这是野生动物在动物园死亡的主要原因。当今我国动物园动物疾病中仍以传染病的危害为重，而且在自然保护区、野生动物场与野生动物园和动物园混合感染、继发感染和条件性感染病例日趋增多，其中既有多种细菌的混合感染、细菌与病毒的混合感染，也有细菌或病毒与寄生虫的混合感染；一些呼吸道、消化道常在菌致病的病例也十分多见。寄生虫病居次，多数由病原扩散和环境污染引发。普通病中营养代谢病与中毒病较多发生。为使动物免受疾病之苦，必须实施综合性防控措施，才能收效。

园养动物的疾病诊断，应该遵照诊断学的理论与操作规程进行。危害最为严重的是传染病与各种形式的饲料中毒病，能在短时间内造成重大损失。因此，动物园必须首先牢固地树立起“防重于治”的思想。对主要传染病、寄生虫病采取完善的预防措施，已有疫苗防范的就必须落实好防疫计划。一旦传入某种传染病，应该立即早期诊断并采取严格的隔离措施，抢救尚处于病初的动物，并保护好尚未发病的动物。

要设法杜绝传染源，切断致病因素。新引进的动物至少需要隔离 30 d，在此期间，针对各种动物的各项诊断测验都需一一进行。患有传染病的人，尤其是呼吸道和肺部疾病的人，最好不要到动物园游玩，更不要接触动物。犬、猫、羊、牛、鸡等家养动物禁止进入动物园。对动物园动物粪便的处理更要严格，应就近消毒处理。

免疫接种是增强小动物对疾病抵抗力的必要措施，一般在动物出生后不久进行。根据动物的种类和防病目标，对小动物接种各种疫苗。此外必须定期、反复消毒动物笼舍、饲料舍用具、饲养员工具、动物水槽与饲料槽。一般以 5～7 d 消毒一次为好。根据疫病的来势、病原微生物的毒力和被消毒的环境、对象进行临时性消毒；动物疾病转轨结束，或传染病流行过后对动物生活环境进行终末消毒。注重环境卫生，工作人员的流动方向为从“清洁区”到污染区，动物的转移也必须遵照事先制定好的净化程序，不能让垃圾车满园转，这些对动物园也是非常重要的。

由于群体生活所需要的共同资源是有限的，因此，群体动物的个体之间为了获得某种有限的资源，就会互相竞争，发生敌对行动。动物为了保有资源，如食物、栖息地甚至是性伴侣等，就会表现出威胁、格斗等敌对行为。群养的动物个体之间的争斗往往会造成一定的外伤，因此要改善动物居住条件，提供足够大的生活空间、食物和饮水等。若将领域性动物和其他物种的动物共同饲养时，应该确保所有的动物都能得到一定量的饲料和生存空间。

6. 园养动物的福利

研究表明，动物园动物在特定的限制环境中容易产生许多异常行为，如回避、规避和异食等。动物如何得以展示正常的天性和行为？如何满足动物的审美、娱乐以及与其他伙伴相处的需要，针对以上问题，提出了动物园动物幸福指数的概念。

“幸福指数(happiness index)”本是指人类社会中一种主观感受状态。幸福感是一种心理体验，它既是对生活的客观条件和所处状态的一种事实判断，又是对于生活的主观意义和满足程度的一种价值判断。它表现为在生活满意度基础上产生的一种积极心理体验。

伴随着对外开放的步伐，动物福利这个源自西方发达国家的理念，逐步渗透到古老的中国大地，并且正与中国传统观念和习俗产生激烈的碰撞和冲击。特别是我国加入世贸组织后，动物福利问题已成为科技发展和国际贸易不可回避的问题。动物福利概念由 5 个基本要素组成：生理福利，即无饥渴之忧虑；环境福利，也就是要让动物有适当的居所；卫生福利，主要是减少动物的伤病；行为福利，应保证动物表达天性的自由；心理福利，即减少动物恐惧和焦虑的心情。

保障动物的福利，提高动物的幸福指数，需要做到：①要重视动物园行业的道德规范。动物的饲养方式必须合理并且保证动物享有有效的医疗措施。②尽可能地重建动物的自然环境，使动物园的环境和野外环境相适应，并尽量满足动物在行为及生理方面的需要。特别要注意让动物的身心得到舒展，使其自由展现其自然行为，不能因为口渴、饥饿、疼痛、疾病、恐惧和忧伤等而受苦。③根据动物的生态习性设计动物的笼舍和场地，保证足够大的面积和空间，足以让动物表现出它们的自然行为。④让动物的生存环境丰富化，行为多元化。对园养动物所处的物理环境进行修饰，改善环境质量，以提高生殖成功率和适应性等其物学功能，从而提高其福利水平。环境改善必须通过提供无伤害表达行为的方式来完成。应该用物种差异来决定环境改善的方式。环境改善包括改善栖息地、提供栖木、镜子和其他笼内辅助设施，提供玩具、不同的食谱、食物类型及供给方式，采用完成任务才可以进食的方案，同时还包括让有安全防护的工作人员和动物交流。丰富的生活环境能使动物行为变得丰富多彩。⑤严格执行《中华人民共和国野生动物保护法》，尽快制定中国动物园的《道德规范和动物福利标准》。

三、水族馆与观赏型水生动物的保护

水生动物种类繁多，有的姿态万千，有的色彩艳丽，颇具观赏价值，能给人带来美的享受，又能怡情悦性，甚至还能帮助治疗疾病。近年来，专门用于水生动物的饲养设施和饲料大量进入市场，因此观赏水生动物开始进入普通家庭。以观赏鱼为例，介绍观赏水生动物的保护。金鱼是观赏鱼的重要家族，以色彩艳丽、体态端庄、游姿典雅、恬静温柔而闻名于世。我国是金鱼的故乡，金鱼象征和平、幸福、富贵、快乐，是馈赠亲朋好友的珍贵礼品，1954 年周恩来总理为祝贺印度总理尼赫鲁 65 岁寿辰，特地选送 200 条名贵金鱼，至今仍被传为佳话。水族馆是收集、饲养和展览水生动物的机构。可专养海洋生物或淡水生物，也可兼养；既有供观赏或普及科学知识的公共水族馆，也有供科研及教学专用的水族馆。包括所谓的“海底世界”、“极地海洋世界”也属于水族馆。

1. 水族馆的历史发展

(1)雏形　苏美人(Sumerian)是最早的养鱼者，至少在 4 500 年前他们就修塘养鱼；养鱼记录还可上溯到古埃及。中国人早在公元前 1 000 年就饲养食用鲤鱼，他们很可能是最早在养鱼方面取得成就的，他们对观赏用的金鱼进行选择育种的方法，这种方法后来传入日本。在日本，对观赏用的鲤鱼的培育得到完善。古罗马人养鱼供食用和娱乐，他们是已知最早的海水生物贮养者；他们修建鱼塘，并注入新鲜的海水。虽然英国早在17世纪中期就能在玻璃器皿中饲养金鱼,但直到1个世纪后,人们了解了氧气和动植物的关系,鱼缸养鱼才得以确立。

(2)发展 到1850年,鱼、两生动物和爬虫类的饲养对于研究自然已很有助益。水族馆一词首次出现在英国鸟类学家戈斯(Philip Gosse)的著作中。他和其他人的著作引发了公众对水生生物的兴趣。世界上第一个供展览用的水族馆于1853年在英国摄政公园(Regent's Park)对公众开放。以后,柏林水族馆、那不勒斯水族馆、巴黎水族馆相继建立。

马戏团创办人巴纳姆认识到商业上利用活的水生动物的可能性,于1856年在美国纽约博物馆开设第一家供展览用的私营的水族馆。到1928年,全世界共有公立或私营的水族馆45所,此后,发展速度减慢,直到第二次世界大战后才出现了几个新的大型水族馆。在亚洲,第一座水族馆建于1930年,中国的青岛水族馆在蔡元培、杨杏佛等人倡议下,靠社会募捐建立。

(3)完善 现在世界上许多城市都设有公立的以及营业性的水族馆。另一类水族馆则主要以科学研究为目的,其中最著名的有那不勒斯水族馆、摩纳哥海洋学研究所的水族馆、英格兰普里茅斯海洋生物站的普里茅斯水族馆以及加利福尼亚州拉霍拉的斯克利普斯海洋学研究所的水族馆。还有一类水族馆则是在各世界博览会和展览会上供展览用的临时性的水族馆。

佛罗里达海洋世界是第一个大型海洋水族馆,于1938年向公众开放,为一私人企业;其特点是使用巨型鱼类水箱和经过训练的海豚。加利福尼亚帕洛斯弗迪斯(Palos Verdes)的太平洋海洋世界以及迈阿密的海洋水族馆都与此相仿。这一类型水族馆的特殊价值在于其巨型水箱,每个容量达100万加仑,各种鱼类放养其中,并不分隔开。而在正式的水族馆中,如芝加哥的谢德水族馆,不同种类的鱼是分隔开的。

至1970年,世界水族馆名录上已记载有468个水族馆。

(4)展望 水族馆饲养的金鱼和热带鱼不仅可供观赏,而且还可作医学、遗传选种、鱼类养殖、放射生物学和环境保护等的实验材料。大型饲养池不仅可驯化海豚作各种精彩表演,还可驯化海豚作"水下巡逻兵"以保护近海的鱼群。世界海洋鱼类资源日渐衰竭,海水水族馆日益成为开展多种鱼类的人工授精孵化鱼苗,提高水生动物养殖效率的重要实验基地。

2. 水族馆地址选择

水族馆选址除风景优美,交通方便外,取水的地方不能有工业和城市污水,海水水族馆取水处不能有河水流入;淡水水族馆要建在湖滨或河畔,以便取水,否则也可用自来水或井水,但有些要经处理后方能使用。

3. 观赏水生动物的日常管理与保护

(1)水质管理　观赏水生动物对水质的要求比较严格,用水要经过选择,自来水必须除氯;禁用雨水;饲养过程中,要勤排污、除粪、换水;放养密度要适宜,以保证水的质量;在养殖过程中要认真观察水质变化,必要时彻底清箱;换水时,新、老水的温差不要超过5℃,还要采取措施防止昼夜温差骤升骤降。

(2)饲养容器和工具的消毒　容器要经常刷洗和消毒。如果饲养池发生过传染性的水生动物病,必须用5 mg/L或1 mg/L的漂白粉消毒。具体做法是将动物转移到别处,放满水,估计水的容积,计算漂白粉的用量,再溶解,泼洒漂白粉。经过4～6 d,将池水放干,用自来水冲洗数次后,重新放好清水即可放水生动物。

如果发生过寄生虫性病,必须用4 mg/kg或8 mg/kg的硫酸铜消毒,放药后经过5～7 d,将池水放干,洗净后即可放水生动物。

水生动物缸、水族箱等可用3%～5%食盐水或10 mg/L高锰酸钾水浸泡1～2 d,也可用20 mg/L漂白粉消毒。

在观赏水生动物容易发病的季节,池塘、容器、用具要经常消毒,并定期进行水体消毒,以杀灭水中或水生动物体上的病原体,杜绝传染源。如果池塘、水泥池、水生动物缸等发生过水生动物疾病,必须彻底消毒。

(3)水生动物体消毒　新购进的观赏水生动物放养前,应进行水生动物体消毒。多年来的实践证明,外表看起来很健康的观赏水生动物,也或多或少带有一些病原体。因此消毒过的水生动物缸(池),若放养未经消毒的水生动物,就等于没有消毒。生产性、营业性饲养、水生动物类数量多,在易发生水霉病、车轮虫病、小瓜虫等病的季节,每次换水时最好对水生动物体消毒。

(4)避免水生动物体受伤　换水时要细心操作,避免水生动物体受伤。

(5)保证饲料质量　科学投喂饲料的质量不仅关系到水生动物的生长发育,而且关系到水生动物体的健康。饲料要新鲜、清洁、适口,发霉变质的饲料不能用投喂。从野外天然水体中捞取的水藻萍莎等,有可能将某些病原体带到水生动物池(水生动物缸)中。一旦条件适宜,病原体大量繁殖,就会使水生动物致病。因此,一般鲜活饵料在投喂前要进行消毒。用10 mg/L的高锰酸钾溶液浸洗10 min;10 mg/L漂白粉浸泡5 min,然后用净水冲去药液再投喂。投喂饵料要定时定量,要根据水生动物体大小,摄食和生长情况,定时定量投饲,不要随意多投或少投,更不要几天不投。还要根据季节气候等情况,调整投饲量。另外,经常投喂药饵,也是预防水生动物病的一种方法。

(6)加强饲养管理　要使水生动物生活正常、健康生长,必须加强日常管理,饲养管理与水生动物病的发生有着密切的关系。凡是加强管理，进行科学养水生动物的饲养者，一般都能较好地控制水生动物病的发生和流行。加强饲养管理，提高观赏水生动物的抗病力，为观赏水生动物创造良好的生活条件，是防治水生动物病的根本问题。放养的水生动物最好是同一品种，规格相近，以便管理。如果水生动物体规格差别大，体质强弱不同，抗病力不一样，就容易发病。其次要保持良好的水质环境，经常换水，清除杂物及污染，使观赏水生动物生活在良好的水体环境中。经常观察水生动物的活动状况，发现水生动物活动异常，要及时采取措施。如果发现死水生动物要及时捞出，并对其他水生动物采取积极的防治措施。

第三节 表演动物的保护

各种动物无论是野生动物还是家养动物，通过人类驯化，建立特定的后效行为，都可以参与各种表演，如动物园内的狮子、老虎、大象、海狮、猴、鹦鹉表演，马戏团的各种动物表演等。人类利用各种动物的生物学特性和行为生理反应，供人类娱乐之用。

一、表演动物概述

“动物表演”是一个处于边缘化状态的概念。虽然他所指的对象应该是明白无误的，但是我们至今没有对这种艺术样式和文化事象做过系统的回顾和全面的梳理。有时候人们把它归于戏剧的范畴，一些戏剧史著作中偶尔对动物表演也顺带写几笔。有时候人们把它归于杂技的范畴，事实上不少的杂技团里也有动物表演的节目，但是把动物表演放在杂技范畴里，必然会掩盖其文化的独特性与生动性。有时候人们把它归于马戏的范畴，这是最接近动物表演概念的一个通行的说法，虽然有时候广义的“马戏”容易同狭义的“马术”产生混淆。

对于动物的表演，人们其实存在许多模糊的看法。比如说，认为皇家宫苑中大型动物如驯象、驯马等表演才是真正的动物表演艺术，而在江湖卖艺的耍猴、耍蛇之类就不算艺术。又比如，认为在剧场里或者舞台上演出的斗熊、斗狮等表演才是正规的动物表演艺术，而在民间大棚进行的斗蟋蟀、斗鸡之类的就不算表演艺术。“动物表演”应该只有一个标准，即表演的主体是动物。至于动物的种类与大小。动物是否接受过人类的驯化与驯化程度的高低，动物表演场所的规模与性质，动物表演的观众是人类或者其他动物，动物表演的目的是商业营利还是自我娱乐——所有这些都并不影响“动物表演”这一概念的认定。

动物表演的节目千奇百怪，大致可分为技巧型和力量型两大类。汉代的“猕猴缘竿”，唐代的“百马齐舞”，宋代的“灵禽演剧”，都以技巧见长。鲁国的“季郡斗鸡”，金华的“斗牛之会”，宣德的“促织之戏”，均凭力量取胜。力量型的马戏是相当残酷的，因此失败的一方往往丧失性命，但中国人乐于此道。

动物的表演已经构成了人类传统文化生活的重要组成部分。从远古岩画上的涉猎题材，部落先民的仿生舞蹈，到近代梁祝戏曲的化蝶动作、西方动画的描述造型，都显示着动物与人的不可分割的联系。一方面，人从动物那里获得灵感与美感，从而模仿动物的舞姿；另一方面，人更主动地驯养动物，让动物按照人的意志进行表演。由此来看，动物表演至少包含两层意思：一是人类模仿动物姿态的表演，二是动物模仿人类姿态的表演。

关于动物表演，人类驯化动物的技术越高，越能够让动物表演高难度的动作，当然就证明人类的文明程度越高；但同时，动物也就越丧失自己的本性，越是以人类的意志来取代动物自己的意志，这恰恰又是对于现代文明的亵渎。也就是说，越是精彩的动物表演，就越能显示人类征服动物的能力，同时越体现出动物本性的悲剧性毁灭，而导致人类文明的异化。因此，动物表演既是一种“文化”，又是一种“反文化”。所幸的是，人类一直在企图寻求同动物的平等对话。传说孔子的学生公冶长懂得“鸟语”。晚清小说《九尾龟》第四十五回说，公冶长有个兄弟叫做公冶短，能通“兽语”。这当然只是说笑话，但未尝不是反映了人的一种与生俱来的良好愿望：与动物直接而平等地对话。许多古代笔记里说动物能讲人话。如《搜神记》载，牛能说话，《朝野佥载》载，犬能说话，《北梦琐言》载，猫能说话和《留青日札》载，猪能说话等。这些稗官野史当然不能尽信，但可以想象，古代中国人曾经幻想甚至试验过与动物直接对话。这种对话至今仍在继续，但绝不是通过马戏团驯兽师手中的皮鞭与诱饵，而是通过动物保护者和全体人类的理性与行动。也许在漫长的历史过程中，动物表演仅仅是人类文化史上的一个章节。这个章节既有开端，也就有终结。总会有一天，所有的动物都被人类放出牢笼，奔向远方，奔向它们的祖先栖息过的地方。

二、马戏团与表演动物的保护

马戏团是进行马戏表演的团体组织。它起源于古罗马的角斗士斗兽场，非常血腥残酷。当时有“只有面包和马戏”才能使罗马人快乐的说法。在英文里，马戏团叫做“circus”，源自拉丁文“圆圈”的意思，指圆形露天竞技场。现代的马戏团也在圆形场地中演出，因此演变成“马戏团”的意思。马戏的主要内容是动物表演，之所以被称为“马戏”，是因为最早的表演主角是马，以后才陆续出现其他的动物演员。

1. 马戏团的历史

马戏团传统起源于公元前约 500 年的古希腊，在最早的奥林匹克竞赛上，每个比赛项目间的娱性节目为：人们在竞技场上发出嘶吼并单脚骑乘在 2 匹没有上马鞍的马上来娱乐观众。

这项传统继而由罗马人慢慢整合建立起来。第一个同时也是最大型的马戏表演场是 Maximus 马戏表演场，它将近 1/3 英里长并设有 250 000 个座位，这个场地当初是为了两轮战车竞技、马术展览、斗剑者与追猎野兽用，不管是人或是野兽，最终都被迫相互决斗求生死。这是免入场费的，在休息时间，民众可以到马戏团外围的拱廊骑楼等地逛一逛，那里卖馅饼、水果派、点心、酒类和其他生活日用品。

公元一世纪基督徒的苦难变得格外有吸引力，而 Caligula 马戏团、Flaminius 马戏团、Gaius and Nero 马戏团、Maxentius 等马戏团，互相竞争，不断用更威惧的招式炫技，然而老练世故的罗马人终于厌倦血腥，开始鼓励学习有关杂耍、戏法、舞蹈等技能。

在这段期间马戏表演场和露天圆形竞技场开始建立于欧洲和非洲各城市。马戏表演者带给罗马驻扎军队一些家庭娱乐。他们在意大利、法国、西班牙、北非、土耳其、英格兰等地如雨后春笋般崛起。

2. 现代马戏团的起源

现在所知悉的马戏团起源于 1768 年当时由飞利浦艾斯特立市的前市长，杂技骑乘者 Philip Astleyhilip 在伦敦建立了艾斯特立英国骑学校，他第一个发现杂技骑乘的秘密，即如果人站在马背上而马原地绕圈驰骋，离心力会帮人维持平衡。他由此诀窍想到了要杂技、走绳索和一整群狗狗的表演。因此，艾斯特立被认为是现代马戏之父。

3. 马戏团表演动物的保护法

马戏团动物表演不仅仅停留在愉悦大众的表象，更多的是希望通过这种生动的展示形式，向公众传播“关爱动物，保护地球家园”的环保理念。

(1)马戏表演用动物的监督管理，由畜牧兽医行政管理部门、林业行政管理部门和文化行政管理部门共同负责　国务院畜牧兽医行政管理部门、林业行政管理部门和文化行政管理部门在征求中国演出家协会的意见后，制定马戏动物保护和管理标准和规范。

(2)禁止使用直接来源于自然的野生动物用于马戏表演　禁止以马戏表演为目的进出口国家重点保护野生动物。

(3)动物表演应以教育和知识普及为目的　禁止将虐待动物或者调戏、侮辱动物作为表演内容。禁止组织动物咬斗、残杀的活动或者组织此类活动作为娱乐表演,或者从此类活动中获取收益。媒体不得宣传或预告有关此类动物咬斗、残杀的表演信息。禁止组织动物同人角斗的活动或组织此类活动作为娱乐表演,或者从此类活动中获取收益。媒体不得宣传或预告有关此类角斗信息。

三、影视基地与表演动物的保护

影视基地指拍摄和制作电视电影的地方。会涉及一些表演动物,专家建议设立影视、广告拍摄用动物的保护法。

(1)影视、广告拍摄用动物的监督管理　由畜牧兽医行政管理部门和文化行政管理部门负责。国务院畜牧兽医行政管理部门在征求中国演出家协会的意见后,制定影视、广告拍摄用动物保护和管理标准和规范。

(2)所拍摄的动物影像,应当科学表现动物的天性,不得以虐待或者伤害动物的方式拍摄动物影像　拍摄电影、展览、广告确实需要动物伤亡镜头或者画面的,应当采取电脑合成或者其他技术处理方式获得。

第四节　竞技动物的保护

各种动物无论是野生动物还是家养动物,通过人类驯化,建立特定的后效行为,都可以参与各种竞技运动。如运动场上的各种赛马、斗牛、赛犬等;动物园内的狮子、老虎、大象、海狮、猴、鹦鹉表演,国内国际的信鸽比赛,民间的斗牛、斗鸡、斗蟋蟀、斗鹅、斗羊、斗猪等。这些被用来进行竞技运动的动物,称为竞技动物。人类利用各种动物的生物学特性和行为生理反应,供人类娱乐或体育健身之用。

一、信鸽运动与信鸽的保护

信鸽是鸽子家族中的一种,善于飞翔,有强烈的归巢性能。驯养鸽子源于古代。2 000 年前,中外均有把信鸽作为通讯工具的记载。

1. 信鸽运动

中国近代信鸽活动是 20 年代在上海等大城市发展起来。1929 年上海竞鸽会成立,举办过信鸽竞翔比赛。现代信鸽比赛项目有竞翔比赛和品评赛两种。前者是按不同距离以赛鸽归巢时间最快者为优胜的比赛。后者是对优胜赛鸽按其体型、手感和头部等综合评分决定优劣。1948 年国际信鸽联盟成立后,每年举行世界信鸽锦标赛,两年举行一次国际奥林匹克信鸽品评比赛。1984 年中国信鸽协会成立后，每年举行一次全国信鸽竞翔赛和品评赛。迄今已举办过四届中国国际公棚赛。中国信鸽协会在1990年迎接第十一届亚运会期间举行全国信鸽大赛和全国优胜赛鸽评品赛，1992年在上海首届东亚运动会举行全国幼鸽大赛。

国外的信鸽运动比较发达的国家有：比利时(比赛信鸽的发源地)、荷兰、德国、美国等。每年欧洲各国都要举办十几场国家级和国际级的比赛，其中尤以1 000 km级别的巴塞罗那国际赛最为知名。信鸽运动是社会和谐稳定、人民生活安康祥和的象征。

2. 信鸽的保护

信鸽的养殖，起源于汉朝，当时张赛、班超出使西域时，就是利用信鸽来传递信息的。对于信鸽的保护要做到如下几点。

(1)建立完整信鸽记录表　从幼鸽的出生开始，即详细填写记录表，一边掌握信鸽的年龄、品种以及放飞训练和竞翔归巢的情况，做到心中有数，不断提高科学管理水平。对不适合于竞翔的信鸽要及时淘汰。

(2)幼鸽不易过早放飞　一般情况下人们都想尽早使幼鸽锻炼出一身好本领，但绝不可操之过急。放飞过早会使幼鸽迷失，因为幼鸽的发育不成熟，记忆力不强，过早放飞必然要造成损失。年龄不足1岁的信鸽，只能进行短距离训练，不宜过早参加竞赛。1岁以后的信鸽可以参加300～400 km距离竞翔，2岁以上的信鸽生理机能等各方面功能已基本成熟，体质较好，可以参加800～1 000 km竞翔。

(3)为参加训练和竞赛的信鸽物色一个配偶　为了避免鸽子争夺巢房，参加竞翔信鸽的巢房必须及时关闭，以免归巢后与侵占巢房的鸽子打架，影响健康。另外，还要防止它的配偶与其他鸽子配对，以保持竞赛鸽的良好竞技状态。

(4)饲喂高营养的饲料　参加竞翔的信鸽要多喂高蛋白质和高脂肪的饲料，如油菜籽、豌豆、碎花生米等，以满足长途飞行所需要的能量。但放翔前应减少喂食。因吃饱时放飞，它就不急于返巢，会在中途游荡，养成不能准时归巢的坏习惯。

(5)适当休息　参加中、长距离竞翔的信鸽，归巢后因为体力和精力上消耗很大，要使它有一段安静休息的恢复时间。同时赛鸽在竞翔过程中难免受到细菌感染，而归巢后赛鸽最疲劳，抵抗力降低，容易生病，因此对归巢的信鸽要进行全面的清洁，包括脚部、嘴部、肛门、眼部、羽毛等，并让其排除体内杂物。

(6)减少孵抱幼鸽　凡参加竞翔的信鸽，不能让它孵抱幼鸽，或只许少孵幼鸽，以保持鸽体的健康。否则，由于体力不足，而无力归巢或延长归巢时间。一般参加竞翔的雌鸽，均不宜让它多产蛋，因过多产蛋会影响雌鸽体力。有的采取抱假蛋6～7 d，再将假蛋取出的办法；有的采取白天将雌、雄鸽暂时隔开，夜间再还原的办法。这样可以避免雌鸽多产蛋。

(7)为起落和归巢创造条件　为信鸽起落和归巢创造方便条件,起飞时能扶摇直上,降落时能方便入舍。

(8)保持原有鸽窝和配偶　参加竞翔的信鸽,一定要保持原有的鸽窝和配偶,绝对不能在这一时期中将雌、雄鸽拆对,否则势必造成它们精神上的创伤,影响归巢的速度。

二、斗牛、斗鸡、斗蟋蟀和赛马中的动物保护

斗牛、斗鸡、斗蟋蟀和赛马是除了信鸽之外主要的竞技动物。斗牛,是指牛与人、牛与牛或牛与狗间在斗牛场进行打斗的一项竞技活动。斗牛的渊源起于为祈祷畜牧业和农业的丰收而向神灵供祭死牛。斗牛是西班牙的国粹,风靡全国,享誉世界,尽管从动物保护的观点上看目前人们对此存在争议,但是作为西班牙特有的古老传统还是保留到现在,并受到很多人的欢迎。斗鸡是我国家鸡玩赏品种,以善打善斗而著称,又称咬鸡、打鸡和军鸡,属玩赏型鸡种。在动物学分类上属脊索动物门、脊椎动物亚门、鸟纲、突胸总目、鸡形目、雉科、鸡属,红色原鸡种。斗蟋蟀是中国一项古老的用蟋蟀相斗取乐的娱乐活动,也称"秋兴"、"斗促织"、"斗蛐蛐"的娱乐活动,流行于全国多数地区。斗蟋的寿命仅为100 d左右,这就将斗蟋蟀的季节限定在了秋季。而在古代汉字中,"秋"这个字正是蟋蟀的象形。斗蟋多为雄性,它们为保卫自己的领地或争夺配偶权而相互撕咬。赛马是一项已经存在很多世纪的马术运动,广义而言是使用人类马科动物比赛的赛事。了解这些活动的概况以及竞技动物的保护也是不容忽视的。

1. 斗牛

(1)斗牛场　以斗牛为国技的西班牙,全国有400多个斗牛场,其中25 000个座位的马德里拉斯本塔斯广场是西班牙最大的斗牛场,每年斗牛季3～12月吸引近6 000万的外国游客,举行戈雅斗牛大赛等。广西柳州市三江侗族自治县东方竞技斗牛场在2009年6月动工,兴建中国首家木制斗牛场,预计3 000万元,计划在2年内完工,由三江当地能工巧匠用传统木匠工艺建造。

(2)斗牛规则　西班牙斗牛规则:①一般是由当地德高望重的社会知名人士担任主席。一场斗牛由3个斗牛士出场,角斗6条公牛,每人两个回合。②整个斗牛过程包括引逗、长矛穿刺、上花镖及正式斗杀4个部分。如果长矛手失手被牛掀翻,则可以让替补长矛手上场再刺一次,也可让其本人再上马补刺一次。③花镖手刺镖双不中可以补刺一次。④主斗牛士刺杀牛有一定的时间和次数的限制,如果超过25 min或斗牛士3次入剑都未能刺中或刺死牛,则主席将通知斗牛士,终止

刺杀。但不幸的是，公牛将被再次引入牛栏后被其他人用剑刺死。但也有的地方，这种情况下，此牛将被当作神牛，不再杀戳，直至其老死后埋葬，亦不可食其肉。

(3)斗牛轶事　2009 年 1 月 24 日，墨西哥一名 11 岁被当地人誉为"斗牛神童"斗牛士米切利托·拉戈拉威尔在墨西哥梅里达的一个斗牛场 2 h 内杀死了 6 头 1～2 岁公牛，在争议下申请吉尼斯杀死牛最多和年龄最小的斗牛士两项世界记录证书。不过，吉尼斯总部以这个纪录过于血腥和残忍，表示"我们不会接受建立在对动物的杀戮和伤害基础之上的纪录"。拉戈拉威尔在事后称："我很高兴取得这一伟大的胜利"。墨西哥斗牛协会主席佩德罗·哈瑟斯表示："米切利托的胜利对于墨西哥在推广斗牛运动上有着积极的意义。现在墨西哥的斗牛士越来越少了，米切利托的出现，一定会使斗牛业重新火爆起来。"

斗牛运动，作为西班牙特有的古老传统仍保留至今。斗牛场面壮观，格斗惊心动魄，富有强烈的刺激性，受到很多人的欢迎。不过，在动物保护组织成员的眼里，斗牛是一项血腥、残忍的运动。每年，动物保护组织成员都会在西班牙马德里举行抗议活动，要求西班牙停止斗牛运动。

2. 斗鸡

(1)斗鸡的历史探源　斗鸡是供竞赛和娱乐用的鸡品种。斗鸡游戏起源于亚洲。中国是世界上驯养斗鸡的古老国家之一。斗鸡是以善打善斗而著称的珍禽，两雄相遇或为争食，或为夺偶相互打斗时，可置生死于度外，战斗到最后一口气。唐代的文学家韩愈曾用诗描写斗鸡的场面：裂血失鸣声，啄殷甚饥馁，对起何急惊，随旋诚巧给。

斗鸡是中国古老的鸡种，有 2 000 多年的历史。斗鸡作为一种娱乐活动，早在春秋时就相当流行，传承至唐代，风靡一时，并形成了于清明时斗鸡的习俗。鸡是中国古老的珍稀鸡种，其外貌威武雄健，生性好斗，是历代贵族观赏之物。

(2)斗鸡的日常饲养管理和保护　斗鸡的选择、饲养、调教、训练都有一套严格、科学的方法。

①鸡舍的建设。如果进行娱乐性养殖，一般只养三五只即可。鸡舍可大可小，选择背风向阳的屋顶阳台或房前屋后建造，按每只鸡 1 m^2 的面积设计，每只鸡一间舍，高 1 m 左右。鸡舍可全部用木条竹片钉成，也可采用砖瓦结构，但必须便于通风与采光。地面最好能铺上沙子或稻壳，以利鸡舍卫生。沙子还有磨利鸡爪的作用。

②斗鸡的食料。斗鸡的食料较广，五谷杂粮、瓜果蔬菜、小昆虫等皆可。如稻谷、小麦、高粱、豌豆、玉米等。但豌豆、玉米必须粉碎后投喂，否则会被整体排出。

③食料的投喂。在通常情况下 1 d 投食 2 次，上午和傍晚各 1 次。上午给少

量的食料,傍晚给充足的食料。食料最好用专门的盒子装好,和盛水的盒子一起挂在墙壁上,让鸡自由采食。斗鸡参赛前一周,需加强营养,可将鸡蛋煮熟后喂给蛋白,也可喂些瘦肉、昆虫。

④病害防治。斗鸡的抗病能力极强,一般不易得病,也不需采取预防措施。斗鸡之所以能保持其原始性,正是适应了"物竞天择,适者生存"的自然法则。将病、弱、残鸡淘汰掉,可以保证种群的质量。但是斗鸡受伤后应涂搽红霉素眼膏,或用酒精碘酒进行消毒处理。

(3)古代斗鸡趣味故事　传说唐玄宗在一次出游途中,遇一小儿贾昌玩木鸡。玄宗将小儿召入宫中,使其在鸡坊驯养雄鸡。因贾昌驯养有方,深得玄宗赏识,遂"金帛之赐,日到其家"。贾昌在当时号称"神鸡童",社会地位日变。他的父亲去世时,唐玄宗下令"县令为葬器丧车"。时人有诗讽刺说:生儿不用识文字,斗鸡走马胜读书,贾家小儿年十三,富贵荣华代不如。

唐朝的诗人们对斗鸡有着浓厚的兴趣,张仲素的《春游曲》:当年重竟气,先占斗鸡场。张籍的《少年行》:日日斗鸡都市里,赢得宝刀重刻字。于鹄的《公子行》:马上抱鸡三市斗,袖中携剑五陵游。在这些人笔下,斗鸡活动不光是一种娱乐,甚至与勇气、侠气相关联。

3. 斗蟋蟀

(1)斗蟋蟀的历史　中国蟋蟀文化,历史悠久,源远流长,是具有浓厚东方色彩的中国特有的文化生活,也是中国的艺术。它主要发源于中国的长江流域与黄河流域的中下游。真正的蟋蟀有名的产地,以山东齐鲁大平原而闻名全国,而山东的宁津县是蟋蟀王国王冠上的宝石,宁津种的蟋蟀头大、项大、腿大、皮色好,同时宁津蟋蟀还有北方干旱区虫的体质、顽强的斗性、耐力、凶悍,有咬死不败的烈性。所以近些年来全国蟋蟀大赛中,宁津种的蟋蟀多获冠军。历史上宁津蟋蟀为历代帝王斗蟋蟀的进贡名产地,历史上才有宁津蟋蟀斗慈禧的民间故事传说。

旧时城镇、集市,多有斗蟋蟀的赌场,今已被废除,但民间仍保留此娱乐活动。这项活动自兴起之后,经历了宋、元、明、清 4 个朝代,又从民国至今,前后八九百年的漫长岁月。这一活动始终受到人们的广泛喜爱,长兴不衰,呈现出年甚一年的趋势。古时娱乐性的斗蟋蟀,通常是在陶制的或磁制的蛐蛐罐中进行。两雄相遇,一场激战就开始了。

(2)斗蟋蟀的过程　首先斗蟋蟀猛烈振翅鸣叫,一是给自己加油鼓劲,二是要灭灭对手的威风,然后才龇牙咧嘴地开始决斗。头顶,脚踢,卷动着长长的触须,不停地旋转身体,寻找有利位置,勇敢扑杀。

几个回合之后,弱者垂头丧气,败下阵去,胜者仰头挺胸,趾高气扬,向主人邀功请赏。一只既能鸣又善斗的好蟋蟀，不但会成为斗蛐蛐者的荣耀，同样会成为蟋蟀王国中的王者。

(3)斗蟋蟀的保护　斗蟋蟀是历史悠久的民间游戏，以其独有的趣味，吸引着古往今来无数的王公贵族、文人墨客及市井百姓。斗蟋多为雄性，为保卫自己的领地或争夺配偶权而相互撕咬。对于斗蟋蟀的保护应做到以下几点。

①蟋蟀的选择。一般情况下，头大、腿大、触须直是善斗蟋蟀的特质。

②蟋蟀的喂养。食量很小，只吃少量米就够了。

③蟋蟀的保护。应避免给蟋蟀吃激素、苍蝇幼虫或迷幻药之类的非法药物以使蟋蟀更勇猛。

4. 赛马

(1)赛马的发展历史　马匹被驯化成家畜是在公元前 4 000 年至公元前 3 000 年，比狗、牛、羊、猪较晚。马具有强大的被利用能量，速力备受人类的重视。马匹作为得力的使役工具，主要被用于骑乘和运输上。由于马有惊人的快跑能力和完成重力劳动的优点，能够扩大人们活动范围。另外，随着人与马的广泛接触，马逐渐在人类社会的军事、农业和交通运输等领域里被重用。马在人类社会的各个发展里程中扮演了重要的角色，并与人类共存最终成为人类的朋友。马从被驯化为家畜到第二次世界大战为止的漫长的历史进程中，尤其在战争中，马成为重要的交通运输工具而活跃在战场上。

但是，工业革命之后随着机械化的发展，尤其是汽车、拖拉机等农业机械的普及，马逐步丧失了劳动力和运输等各个领域的主导作用。特别是在农村、牧区小型耕耘机和割草机的普及，马的数量明显减少。马在人们生活中的地位也逐渐降低了。但是，随着我国社会经济和文化的发展，人类不仅满足于物质文明的需要，更需要丰富的精神文明。因此，人们需要更多的体育和娱乐活动，马术、马上运动及宠物马丰富了人民的这种时代需求。

我国作为历史上的养马大国，马匹数量曾居世界之首，但一直以来我国的赛马却都是以天价从国外拍卖来的，我国没有培育出一种类似英纯血马的经济性马种。虽然有优秀的三河马和伊犁马等轻型乘挽兼用马，但其各方面性能距世界优秀马种还有相当距离。近年来，我国在赛马发展方面与世界先进国家的交流显著增加，国内马业企业家、马术运动员、教练员、马兽医、练马师(调教师)、学者、教授等先后到德国、法国、澳大利亚、中国香港等地进行交流学习；同时为配合现代马业文化铺垫的需要，2003 年中国马文化博物馆在北京成立，这也是亚洲最大的马文化博物馆。当然，中国现代马业的发展条件目前尚在培育和完善中，与先进国家相比还有很大的差距，需要做更大的努力。主要是观念的更新和转变；相应法律和政策的出台;组织机构的健全和有效运转;人才的储备和技术的提高等,这些条件准备得越充分,中国现代马业会迅速发展,这将对中国社会的良好发展和经济的腾飞做出巨大的贡献。在这样的背景条件下,自主开发培育出性能优良的赛马品种,建设1～2个国际水平的赛马场,建立一所高水平的骑术学校无疑将成为中国马业发展的时代要求。

(2)赛马的种类　在流行赛马的国家里,比赛的风格、距离和比赛的类型是各不相同的,很多国家国内的赛马类型也各不相同。拿英国来说,有一种叫国家狩猎赛马的障碍赛马(篱笆或者栅栏),还有在特定距离内的无障碍比赛(平地赛马)。

①平地赛马。平地赛马在世界上是主流赛事的一种,在世界大多数发展赛马的国家都会出现此类型的赛事。通常赛事距离由1 000～2 400 m,但会出现更长或更短的比赛,国际赛马联盟分为5种。场地有最普遍的草地,在北美地区最以泥地赛事作主流,另外亦出现经人工改造与泥地相似的全天候跑道。此外亦有用纤维沙的沙地比赛。

②跳栏赛马。跳栏赛马是需要马主跳过指定栏数的赛事。此赛事同样在英国发迹,并扩展至全世界发展。路程通常较平地赛远,最短程的赛事已是2 000 m以上。场地与平地赛马差不多,主要比赛以草地为主。跳栏赛马如果脚法不合的话,很容易在跳栏时受伤,更严重马匹被人道毁灭。

③赛马车。赛马车赛事在19世纪开始流行,在欧洲大陆(不包括英国及爱尔兰)等多数国家以赛马车为主流赛事,受欢迎程度较平地赛马为高,所用的马为标准竞赛马(祖先是纯种马),场地以泥地居多,路程有0.5～1 km。

④其他。在国际马术联盟还有一种比平地赛事更长的耐力赛马,除了使用纯种马外,会使用与纯种马混血的阿拉伯马甚至是纯血阿拉伯马比赛。

(3)赛马的日常管理与保护　赛马要耐心细致管理,调教时应在调教师指导下,由专用骑手进行,每次让2匹马同时训练,防止其恐惧,培养其赛跑竞争能力。赛马一般容易患四肢运动障碍,应注意经常检查和给予充分的护理。赛马期间应严格遵守作息时间。赛马在休闲时期,最好在较宽敞的牧地进行放牧饲养。

①护蹄。"无蹄则无马",说明了护蹄的重要性。蹄的健康与马的能力发挥有很大关系。马在运动的情况下,蹄角质生长与磨损可以保持平衡,但如果磨损过度或不足,都会引起蹄形不正常。因此,要做好平时的护蹄并定期削蹄,赛马要按期装钉蹄铁。

a. 平时护蹄。平时护蹄是保持马蹄机能正常的主要措施。厩舍的厩床应平坦而干湿适度。过于潮湿易使蹄质松软变形,日久形成广蹄;过于干燥,易发生裂蹄、狭蹄和高蹄。马蹄常在粪尿污泥中浸泡,易发生水疵病和蹄叉腐烂。要经常保持蹄部清洁，注意清理蹄底、蹄叉。必要时用温水洗净，同时应检查蹄部有无偏磨和损伤。在运动前、中、后，要检查蹄铁是否松动、脱落，有无蹄伤，做到早发现，早处理。

b. 削蹄。蹄壁不断生长，须适时削去过长的角质，一般是 4～6 周削蹄一次，正确的削蹄，应保持正常蹄形，能提高马的作业效率和延长使用年限。

削蹄是装蹄重要的一环。削蹄工具主要有蹄铲、蹄凳、蹄锉、镰形刀、剪钳等。削蹄要领及注意事项如下：

首先应测蹄尖壁长度，大蹄约为四指半(84～88 mm)，小蹄约为三指半(74～78 mm)，对延蹄的切削，要求比正常蹄留得稍长些。一般蹄尖壁应留的长度，也可根据该蹄所用的蹄铁号数来确定。

前蹄的蹄尖壁长度约为蹄踵壁的 2.5 倍；后蹄尖壁的长度约为蹄踵壁的 2 倍。按此比例削切蹄腹面。蹄角度基本上可以达到前蹄 45°～50°，后蹄 55°～60°的要求。

削切蹄腹面时，除要求蹄壁保持一定长度外，还要求内外侧蹄壁同高，腹面平坦，左右蹄的大小及蹄角度相同。

削蹄底时，要削除蹄底的枯角，并削成适当的穹窿度，注意观察蹄底角质的颜色变化和角质的硬度，如发现蹄角质颜色淡较湿润而软，淡黄线增宽，指压时有波动感受，则应停止削切，防止过削。

削蹄叉时，要削出蹄叉应有的形状。蹄叉的高度应与蹄腹面同高，装蹄铁马的蹄叉要高出蹄腹面，约为蹄铁厚的 1/2。如蹄叉过削，则影响蹄机，且易引起蹄叉干燥、萎缩，甚至发生蹄叉腐烂和蹄踵狭窄。削蹄支时，要保持内外侧蹄支同高，蹄支与蹄叉后端相连接的部位要彻底削开。

修整蹄形用蹄锉顺着角细管的方向，将蹄壁下部壁面凸凹不平部位锉平，使其保持应有的正常形状，轻轻地锉去蹄壁下缘锐角。在蹄叉尖前方蹄壁中央铁唇座位。

②装蹄铁。装蹄铁时，按规格号装铁，新式蹄铁能矫正与治疗病变蹄。应有适度的剩缘剩尾，以保护蹄机，钉细结实，少伤蹄壁。每装一次能走 3 000 km 以上，每一个半月改装一次即可，改良蹄铁很适合进口纯种马和杂种马使用。一般 2.5 岁以内参加运动的马不宜装蹄铁。

(4)赛马的保健　赛马的保健，除要加强饲养管理、合理使用和搞好环境卫生外，还应注意疾病的有效预防和控制。有计划地进行免疫接种，是预防和控制传染性疾病的重要措施之一。赛马必须经有关部门检疫，确认无马动脉炎、马传染性贫血、马鼻疽等感染，必须进行免疫注射的疾病，包括马传染性脑脊髓炎和破伤风，此外可接种疫苗预防的疾病，包括狂犬病、马腺疫、马流感、马传染性鼻肺炎、肉毒梭菌毒素中毒等。

赛马由于剧烈的运动，很易发生外伤，骨及关节损伤如扭伤、脱位、骨折，蹄底刺创及钉伤等。一些缓慢发生的跛行主要为关节及其周围组织的慢性疾病，如跛行随运动加重的，多为急性疼痛疾病，如蜂窝织炎、关节扭挫伤等。如跛行随运动而减轻的，多为慢性变形性骨关节炎、关节周围炎和风湿症等。

三、竞技动物的保护法

(1)竞技动物的监督管理，由畜牧兽医行政管理部门和体育行政管理部门负责禁止虐待动物　国务院畜牧兽医行政管理部门和体育行政管理部门，制定体育竞技动物的监督管理标准和规范。

(2)禁止虐待动物　在训练、体育竞赛或类似活动中，禁止使用马刺等尖锐物品或者钝器驱赶、虐待动物，不得对动物采取会给动物造成不必要的痛苦或伤害并影响其行为的手段训练和使用动物。

(3)禁止给动物服用禁用药物　在训练、体育竞赛或类似活动中，禁止给动物服用兴奋剂、麻醉剂和其他禁用药物。

小　　结

当前，人们常常会因繁杂的工作与家庭生活的负担引发不同程度的心理波动和心理问题。适当地进行一些娱乐活动，有助于缓解人类的压力，愉悦心情，陶冶情操。人类利用动物从事一些娱乐活动，如生态旅游、观看动物表演、动物竞技等。娱乐动物的生存环境对其能否健康、幸福地生活相当重要，如动物园、水族馆、竞技场的选址和建设规划等。掌握娱乐动物的日常饲养管理和相关的保护法律法规是娱乐活动能健康、持续发展的关键问题。在人类娱乐的同时应保证娱乐动物受到很好的保护，得到它们应得的福利，同时也激励人们保护野生动物，爱护生态环境。

复习思考题

1. 人类利用动物从事的娱乐活动主要有哪些？
2. 规划动物园时应注意哪些问题？现代动物园的主要功能是什么？
3. 园养动物的日常管理有哪些内容？
4. 如何保护马戏团的表演动物？
5. 请举例说明常见的竞技动物包括哪些？并说明保护竞技动物的主要途径。
6. 简述信鸽的日常管理技术措施。

7. 简述斗鸡选择、饲养、调教、训练的方法。

8. 简述赛马的历史以及赛马日常管理与保护措施。

主要参考文献

1. 陆承平. 动物保护学概论. 北京：高等教育出版社，2004.
2. 马建章. 中国野生动物保护使用手册. 北京：科学技术文献出版社，2002.
3. 高本刚，余梅. 观赏动物养殖与疾病防治. 北京：中国农业出版社，2003.
4. 金震，梁春辉，刘天才. 养鸟观鸟手册. 赤峰：内蒙古科学技术出版社，2003.
5. 顾宪红，时建忠. 动物福利与肉类生产. 北京：中国农业出版社，2008.
6. 董悦农. 猫的驯养及疾病防治全解. 北京：中国林业出版社，2004.
7. 郭世宁，陈卫红. 最新实用养猫大全. 北京：中国农业出版社，2002.
8. 柴同杰. 动物保护与福利. 北京：中国农业出版社，2008.
9. 朱曦. 观赏动物学. 杭州：浙江科学技术出版社，2005.
10. 李术. 宠物学概论. 北京：中国农业科学技术出版社，2008.
11. 史江彬，丁淑荃，鲍传和. 家庭宠物饲养. 合肥：安徽科学技术出版社，2006.
12. 高航飞，吴庚元，姜涛. 宠物犬的日常管理及保健措施. 养犬，2005，2：18 - 19.
13. 高本刚，余梅. 观赏动物养殖与疾病防治. 北京：中国农业出版社，2004.
14. 任忠芳，蔡剑豪，谢思远. 信鸽驯养大全. 北京：中国农业出版社，2002.
15. 王增年，安宁. 养鸽全书：信鸽、观赏鸽与肉鸽. 北京：中国农业出版社，2003.
16. 桂建. 全国首家木制斗牛场. 澳门日报，2009. 6. 22.
17. 11 岁斗牛神童 2 小时杀 6 公牛　残忍血腥吉尼斯不认. 成都商报，2009. 2. 18.